数学分析选讲

刘三阳　于　力　李广民　编

科学出版社
北　京

内 容 简 介

随着当代科学技术的日益数学化，许多工科专业对数学的需求与日俱增，在基础课设置上，越来越不满足于传统的高等数学，希望用数学分析取代高等数学. 另一方面，数学分析作为数学专业最重要的基础课，初学一遍，往往难以学深弄透、融会贯通. 基于上述原因，我们兼顾两方面的需要，编写了这本数学分析选讲，取材大体基于而又略深于高等数学和数学分析教材，可以视为其自然引申、扩充、推广、交融和深化，其中不少内容是其他书上没有的或不易找到的，希望使学生学到一些以前未学而又不难学会的知识和方法、得到一次综合训练和充实提高的机会，在新的起点上温故知新，进一步夯实基础、巩固知识、强化训练、开阔视野、融会贯通、掌握方法、提高能力.

本书注重理论、方法和实例的有机结合，例题、习题丰富多样(附有部分习题答案)，既重视一题多解(证)，又强调一法多用、多题一解(证)、以例示理、以题释法，易学易用.

本书可以作为理工科学生的补充、提高教材，也可作为数学教师的教学参考书和考研学生的复习参考资料.

图书在版编目(CIP)数据

数学分析选讲/刘三阳，于力，李广民编. —北京：科学出版社，2007
ISBN 978-7-03-019039-0

Ⅰ.数… Ⅱ.①刘…②于…③李… Ⅲ.数学分析-高等学校-教材 Ⅳ.O17

中国版本图书馆 CIP 数据核字(2007)第 077581 号

责任编辑：赵 靖 李晓鹏 张中兴 / 责任校对：刘亚琦
责任印制：赵 博 / 封面设计：陈 敬

科学出版社 出版
北京东黄城根北街 16 号
邮政编码：100717
http://www.sciencep.com
北京华宇信诺印刷有限公司印刷
科学出版社发行 各地新华书店经销
*
2007 年 6 月第 一 版 开本：720×1000 1/16
2024 年 12 月第二十三次印刷 印张：15 1/4
字数：290 000
定价：49.00 元
(如有印装质量问题，我社负责调换)

前　言

数学分析是数学专业最重要的基础课，对后续课程的学习和研究影响甚大，它不但是众多学科分支的重要基础和有力工具，而且对培养学生的思维能力、夯实学生的数学基础、加强学生的数学基本功具有重要的作用和功效. 可以说，学好这门课程是打开大学阶段数学学习局面的关键.

随着当代科学技术的日益数学化，各门学科对数学的要求也日益提高，体现在大学课程设置上，就是各个专业普遍希望数学课程开设得更深一些、更多一些. 比如许多高校工科专业希望用数学分析取代高等数学，其初衷可喜可嘉. 但是，一方面，通常的高等数学除了微积分外，还包含空间解析几何和常微分方程等内容；另一方面，工科专业能够提供的课时却有限，而数学专业的数学分析则集中围绕微积分（不含空间解析几何和常微分方程）进行深入细致的讲述，需用课时较多. 因此，在内容多而深、课时又偏少的情况下，用数学分析取代高等数学，实施效果常常并不如愿，这是一个矛盾. 为了避免事与愿违、得不偿失，防止高不成、低不就，我们权且采取一种比较积极稳妥的办法，这就是先教通常的高等数学，再开设数学分析选讲，作为高等数学内容的补充、引申和深化，使学生在更高的起点上得到强化训练和提升.

另一方面，考虑到数学分析即使对于数学专业许多学生而言，初学一遍，也难以学深弄透、融会贯通. 因此，很有必要对某些内容细嚼慢咽，进行细化、强化、深化、融合和扩充，使学生进一步夯实基础、巩固知识、加强训练、开阔思路、掌握方法、提高能力.

基于上述考虑，我们兼顾两方面的需要，编写了这本《数学分析选讲》，取材大体基于而又略深于高等数学和数学分析教材（实数理论、闭区间上连续函数的性质和一致收敛性等少数内容基本上选自数学分析教材，以供工科学生选学），与其若即若离，不即不离，是其自然引申、扩展、推广、交融和深化. 不少内容在其他书上是没有的或不易看到的，希望使学生温故知新，学到一些以前未学而又不难学会的知识和方法，得到一次综合训练和充实提高的机会. 在写法上注重理论、方法和实例的有机结合，范例和习题丰富多样，既重视一题多解（证），又强调多题一解（证）、一法多用、以例示理、以题释法、借题习法，使学生易学易用.

本书初稿曾以讲义的形式在西安电子科技大学工科本硕连读班、教改班、数学专业高年级和全校公选课中多次使用，效果显著，很受欢迎. 现在受西安电子科技大学教材出版项目资助出版. 在编写和修改过程中，祝向荣教授、熊必璠教授等讲义使用者提出了宝贵的意见和建议，杨国平同志承担了大量的打印和校对工作，吴事良、刘丽霞同志仔细校对了清样，科学出版社的编辑为本书的出版付出了辛勤的劳动. 在此，对他（她）们深表感谢. 在本书编写过程中，作者们参阅了大量书籍资料，恕不一一列举，特向有关作者谨致谢意.

由于时间紧迫、经验不足、水平有限，本书肯定存在不少缺点和问题，作者恳请读者批评指正.

编　者

2007 年 04 月

目　　录

第 1 讲　求极限的若干方法

极限理论是数学分析的重要基础，求极限贯穿于数学分析的始终，其方法多种多样，这一讲介绍几种比较简便的方法.

1.1　用导数定义求极限

导数是用极限定义的，现在反其道而行之，利用导数定义来求某些数列及函数的极限.

例 1.1.1　计算 $\lim\limits_{n\to\infty} n(\sqrt[n]{a}-1)$，$a>0$.

解　原式 $=\lim\limits_{n\to\infty}\dfrac{a^{\frac{1}{n}}-a^0}{\frac{1}{n}}=(a^x)'|_{x=0}=\ln a$.

例 1.1.2　计算 $\lim\limits_{n\to\infty}\dfrac{n(\sqrt[n]{n}-1)}{\ln n}$.

解　原式 $=\lim\limits_{n\to\infty}\dfrac{\mathrm{e}^{\frac{1}{n}\ln n}-\mathrm{e}^0}{\frac{\ln n}{n}}=(\mathrm{e}^x)'|_{x=0}=1$.

例 1.1.3　计算 $\lim\limits_{n\to\infty} n(\sqrt[n]{a}-\sqrt[2n]{a})$，$a>0$.

解　原式 $=\lim\limits_{n\to\infty} n a^{\frac{1}{2n}}\left(a^{\frac{1}{n}-\frac{1}{2n}}-1\right)=\lim\limits_{n\to\infty} a^{\frac{1}{2n}}\dfrac{a^{\frac{1}{2n}}-1}{2\cdot\frac{1}{2n}}=\dfrac{1}{2}(a^x)'|_{x=0}=\dfrac{1}{2}\ln a$，

或　原式 $=\lim\limits_{n\to\infty}\left[\dfrac{a^{\frac{1}{n}}-a^0}{\frac{1}{n}}-\dfrac{1}{2}\cdot\dfrac{a^{\frac{1}{2n}}-a^0}{\frac{1}{2n}}\right]=\ln a-\dfrac{1}{2}\ln a=\dfrac{1}{2}\ln a$.

例 1.1.4　计算 $\lim\limits_{x\to\infty} x\left[\sin\ln\left(1+\dfrac{3}{x}\right)-\sin\ln\left(1+\dfrac{1}{x}\right)\right]$.

解　原式 $=\lim\limits_{x\to\infty} 3\cdot\dfrac{\sin\ln\left(1+\frac{3}{x}\right)-\sin\ln 1}{\frac{3}{x}}-\lim\limits_{x\to\infty}\dfrac{\sin\ln\left(1+\frac{1}{x}\right)-\sin\ln 1}{\frac{1}{x}}$

$$=3\cdot(\sin\ln t)'|_{t=1}-(\sin\ln t)'|_{t=1}=2\,\frac{1}{t}\cos\ln t\Big|_{t=1}=2.$$

例 1.1.5 计算$\lim\limits_{x\to0}\dfrac{\sqrt[m]{1+\alpha x}-\sqrt[n]{1+\beta x}}{2^x-1}$，$m$，$n>1$，$\alpha$，$\beta\neq0$.

解 原式$=\lim\limits_{x\to0}\dfrac{\sqrt[m]{1+\alpha x}-1-(\sqrt[n]{1+\beta x}-1)}{x}\cdot\dfrac{x}{2^x-1}$

$$=\left(\alpha\lim_{x\to0}\frac{\sqrt[m]{1+\alpha x}-1}{\alpha x}-\beta\lim_{x\to0}\frac{\sqrt[n]{1+\beta x}-1}{\beta x}\right)\left(\lim_{x\to0}\frac{2^x-1}{x}\right)^{-1}$$

$$=\left[\alpha(\sqrt[m]{1+x})'|_{x=0}-\beta(\sqrt[n]{1+x})'|_{x=0}\right]\cdot\left[(2^x)'|_{x=0}\right]^{-1}=\frac{n\alpha-m\beta}{mn\ln2}.$$

例 1.1.6 计算$\lim\limits_{x\to0}\dfrac{(a^x-b^x)^2}{a^{x^2}-b^{x^2}}$，$a\neq b$，$a>0$，$b>0$.

解 原式$=\lim\limits_{x\to0}\dfrac{b^{2x}\left[\left(\frac{a}{b}\right)^x-1\right]^2}{b^{x^2}\left[\left(\frac{a}{b}\right)^{x^2}-1\right]}=\lim\limits_{x\to0}\dfrac{\left[\dfrac{\left(\frac{a}{b}\right)^x-\left(\frac{a}{b}\right)^0}{x}\right]^2}{\dfrac{\left(\frac{a}{b}\right)^{x^2}-\left(\frac{a}{b}\right)^0}{x^2}}$

$$=\frac{\left\{\left[\left(\frac{a}{b}\right)^t\right]'\Big|_{t=0}\right\}^2}{\left[\left(\frac{a}{b}\right)^t\right]'\Big|_{t=0}}=\frac{\left(\ln\frac{a}{b}\right)^2}{\ln\frac{a}{b}}=\ln\frac{a}{b}.$$

例 1.1.7 求$\lim\limits_{x\to1}\dfrac{(1-\sqrt{x})(1-\sqrt[3]{x})\cdots(1-\sqrt[n]{x})}{(1-x)^{n-1}}$.

解 设$f_k(x)=x^{\frac{1}{k}}$，则

$$f'_k(1)=\lim_{x\to1}\frac{f_k(x)-f_k(1)}{x-1}=\lim_{x\to1}\frac{f_k(1)-f_k(x)}{1-x}$$

$$=\lim_{x\to1}\frac{1-x^{\frac{1}{k}}}{1-x}=\frac{1}{k}x^{\frac{1}{k}-1}\Big|_{x=1}=\frac{1}{k},$$

所以，原式$=\prod\limits_{k=2}^{n}f'_k(1)=\dfrac{1}{2}\cdot\dfrac{1}{3}\cdot\cdots\cdot\dfrac{1}{n}=\dfrac{1}{n!}$.

例 1.1.8 设$f(x)$在a点可导，$f(a)>0$，计算$\lim\limits_{n\to\infty}\left[\dfrac{f\left(a+\frac{1}{n}\right)}{f(a)}\right]^n$.

解 原式$=\lim\limits_{n\to\infty}\mathrm{e}^{\ln\left[\frac{f\left(a+\frac{1}{n}\right)}{f(a)}\right]^n}=\mathrm{e}^{\lim\limits_{n\to\infty}\ln\left[\frac{f\left(a+\frac{1}{n}\right)}{f(a)}\right]^n}=\mathrm{e}^{\lim\limits_{n\to\infty}\frac{\ln f\left(a+\frac{1}{n}\right)-\ln f(a)}{\frac{1}{n}}}$

$$=\mathrm{e}^{[\ln f(x)]'|_{x=a}}=\mathrm{e}^{\frac{f'(a)}{f(a)}}.$$

例 1.1.9 设$f(x)$在x_0处二阶可导，求$\lim\limits_{h\to0}\dfrac{f(x_0+2h)-2f(x_0+h)+f(x_0)}{h^2}$.

解　原式$=\lim\limits_{h\to 0}\dfrac{2f'(x_0+2h)-2f'(x_0+h)}{2h}$

$$=\lim_{h\to 0}\left[2\,\frac{f'(x_0+2h)-f'(x_0)}{2h}-\frac{f'(x_0+h)-f'(x_0)}{h}\right]$$

$$=2f''(x_0)-f''(x_0)=f''(x_0).$$

例 1.1.10　设 $f'(0)\neq 0$，计算$\lim\limits_{x\to 0}\dfrac{f(x)\mathrm{e}^x-f(0)}{f(x)\cos x-f(0)}$.

解　原式$=\lim\limits_{x\to 0}\dfrac{f(x)\mathrm{e}^x-f(0)}{x-0}\cdot\dfrac{x}{f(x)\cos x-f(0)\cos 0}$

$$=[f(t)\mathrm{e}^t]'|_{t=0}\cdot\lim_{x\to 0}\frac{x}{f(x)\cos x-f(0)\cos 0}$$

$$=[f(t)\mathrm{e}^t]'|_{t=0}/[f(t)\cos t]'|_{t=0}=\frac{f'(0)+f(0)}{f'(0)}.$$

例 1.1.11　设 $f'(a)$ 存在，计算$\lim\limits_{n\to\infty}n\left[\sum\limits_{i=1}^{k}f\left(a+\dfrac{i}{n}\right)-kf(a)\right]$.

解　原式$=\lim\limits_{n\to\infty}\sum\limits_{i=1}^{k}i\cdot\dfrac{f\left(a+\dfrac{i}{n}\right)-f(a)}{\dfrac{i}{n}}=f'(a)\sum\limits_{i=1}^{k}i=f'(a)\cdot\dfrac{k(k+1)}{2}$.

例 1.1.12　计算$\lim\limits_{n\to\infty}\left(a+\dfrac{1}{n}\right)^n\left(a+\dfrac{2}{n}\right)^n\cdots\left(a+\dfrac{k}{n}\right)^n\Big/a^{nk}$，$k$ 为自然数.

解　原式$=\lim\limits_{n\to\infty}\mathrm{e}^{\ln\left[\left(a+\frac{1}{n}\right)^n\left(a+\frac{2}{n}\right)^n\cdots\left(a+\frac{k}{n}\right)^n/a^{nk}\right]}=\mathrm{e}^{\lim\limits_{n\to\infty}\sum\limits_{i=1}^{k}\ln\left(a+\frac{i}{n}\right)^n-\ln a^{nk}}$

$$=\mathrm{e}^{\lim\limits_{n\to\infty}\sum\limits_{i=1}^{k}n\left[\ln\left(a+\frac{i}{n}\right)-\ln a\right]}=\mathrm{e}^{\lim\limits_{n\to\infty}\sum\limits_{i=1}^{k}i\cdot\left[\frac{\ln\left(a+\frac{i}{n}\right)-\ln a}{\frac{i}{n}}\right]}=\mathrm{e}^{\sum\limits_{i=1}^{k}\frac{i}{a}}=\mathrm{e}^{\frac{k(k+1)}{2a}}.$$

习　题　1-1

1. 计算下列极限.

(1) $\lim\limits_{n\to\infty}n\left[\left(1+\dfrac{1}{n}\right)^p-1\right]$，$p>0$；

(2) $\lim\limits_{x\to a}\dfrac{\sin x-\sin a}{\sin(x-a)}$；

(3) $\lim\limits_{x\to 1}\dfrac{\sqrt[m]{x}-1}{\sqrt[n]{x}-1}$，$m$，$n$ 为自然数；

(4) $\lim\limits_{n\to\infty}(2\cdot\sqrt[n]{a}-1)^n$，$a>0$；

(5) $\lim\limits_{x\to a}\dfrac{a^x-x^a}{x-a}$，$a>0$；

(6) $\lim\limits_{x\to a}\dfrac{a^{a^x}-a^{x^a}}{a^x-x^a}$，$a>0$；

(7) $\lim\limits_{x\to 0}\dfrac{(1+\tan x)^{10}-(1-\sin x)^{10}}{\sin x}$；

(8) $\lim\limits_{n\to\infty}\left[\sum\limits_{i=1}^{k}\dfrac{(n+i)^m}{n^{m-1}}-kn\right]$，$m$ 为自然数.

2. 设 $f(x)$ 在 x_0 处二阶可导，计算 $\lim\limits_{h\to 0}\dfrac{f(x_0+h)-2f(x_0)+f(x_0-h)}{h^2}$.

3. 设 $f'(x_0)$ 存在，计算 $\lim\limits_{x\to x_0}\dfrac{xf(x_0)-x_0f(x)}{x-x_0}$.

4. 设 $a>0$，$f(a)>0$，$f'(a)$ 存在，计算 $\lim\limits_{x\to a}\left[\dfrac{f(x)}{f(a)}\right]^{\frac{1}{\ln x-\ln a}}$.

1.2　用拉格朗日中值定理求极限

众所周知，拉格朗日中值定理是理论证明的有力工具. 实际上，它在计算某些函数的极限时也非常简便有效.

例 1.2.1　计算 $\lim\limits_{x\to 0}\dfrac{e^x-e^{\tan x}}{x-\tan x}$.

解　原式 $=\lim\limits_{x\to 0}e^{\xi}=1$，其中 ξ 位于 x 与 $\tan x$ 之间.

例 1.2.2　计算 $\lim\limits_{x\to 0}\dfrac{\sin(\tan x)-\sin(\sin x)}{\tan x-\sin x}$.

解　原式 $=\lim\limits_{x\to 0}\cos\xi=1$，其中 ξ 位于 $\sin x$ 与 $\tan x$ 之间.

例 1.2.3　计算 $\lim\limits_{x\to 0}\dfrac{\sin(xe^x)-\sin(xe^{-x})}{\sin x^2}$.

解　原式 $=\lim\limits_{x\to 0}\dfrac{\cos\xi\cdot x(e^x-e^{-x})}{x^2}=\lim\limits_{x\to 0}\dfrac{2xe^{\xi_1}}{x}=2$，其中 ξ 位于 xe^x 与 xe^{-x} 之间，ξ_1 位于 x 与 $-x$ 之间.

例 1.2.4　计算 $\lim\limits_{x\to 0}\dfrac{e^{ax}-e^{bx}}{\sin ax-\sin bx}$，$a\neq b$.

解　原式 $=\lim\limits_{x\to 0}\dfrac{e^{ax}-e^{bx}}{ax-bx}\cdot\dfrac{ax-bx}{\sin ax-\sin bx}$

$$=\lim_{x\to 0}e^{\xi_1}\cdot\frac{1}{\cos\xi_2}=1\ (\xi_1,\ \xi_2 \text{ 位于 } ax \text{ 与 } bx \text{ 之间}).$$

例 1.2.5　计算 $\lim\limits_{x\to +\infty}x^2[\ln\arctan(x+1)-\ln\arctan x]$.

解　原式 $=\lim\limits_{x\to +\infty}\dfrac{x^2}{(1+\xi_x^2)\arctan\xi_x}=\dfrac{1}{\frac{\pi}{2}}=\dfrac{2}{\pi}$

$$\left(x<\xi_x<x+1,\quad \frac{x^2}{1+(1+x)^2}<\frac{x^2}{1+\xi_x^2}<\frac{x^2}{1+x^2}\right).$$

例 1.2.6　计算 $\lim\limits_{n\to\infty}\dfrac{n^9}{n^{10}-(n-1)^{10}}$.

解　原式$=\lim\limits_{n\to\infty}\dfrac{n^9}{10\xi^9}=\dfrac{1}{10}$ $(n-1<\xi<n)$.

例 1.2.7　计算$\lim\limits_{x\to 0}\dfrac{a^{x^2}-b^{x^2}}{(a^x-b^x)^2}$，$a\neq b$，$a>0$，$b>0$.

解　原式$=\lim\limits_{x\to 0}\dfrac{e^{x^2\ln a}-e^{x^2\ln b}}{[e^{x\ln a}-e^{x\ln b}]^2}=\lim\limits_{x\to 0}\dfrac{e^{\xi_1}\cdot x^2(\ln a-\ln b)}{e^{2\xi_2}\cdot x^2(\ln a-\ln b)^2}$

$=\lim\limits_{x\to 0}\dfrac{e^{\xi_1}}{e^{2\xi_2}}\cdot\dfrac{1}{\ln a-\ln b}=\dfrac{1}{\ln\dfrac{a}{b}}$　（ξ_1 介于 $x^2\ln a$ 与 $x^2\ln b$ 之间，ξ_2 介于 $x\ln a$ 与 $x\ln b$ 之间）.

例 1.2.8　计算 $\lim\limits_{x\to+\infty}x^2[(1+x)^{\frac{1}{x}}-x^{\frac{1}{x}}]$.

解　原式$=\lim\limits_{x\to+\infty}x^2\left[x^{\frac{1}{x}}\left(1+\dfrac{1}{x}\right)^{\frac{1}{x}}-x^{\frac{1}{x}}\right]=\lim\limits_{x\to+\infty}x^2\cdot x^{\frac{1}{x}}\left[\left(1+\dfrac{1}{x}\right)^{\frac{1}{x}}-1\right]$

$=\lim\limits_{x\to+\infty}x^2\cdot e^{\frac{1}{x}\ln x}[e^{\frac{1}{x}\ln\left(1+\frac{1}{x}\right)}-e^0]=\lim\limits_{x\to+\infty}x^2\cdot e^{\xi}\cdot\dfrac{1}{x}\ln\left(1+\dfrac{1}{x}\right)$

$=\lim\limits_{x\to+\infty}x^2\cdot\dfrac{1}{x^2}=1$

$\left(0<\xi<\dfrac{1}{x}\ln\left(1+\dfrac{1}{x}\right),\quad \ln\left(1+\dfrac{1}{x}\right)\sim\dfrac{1}{x},\ x\to+\infty\right)$.

例 1.2.9　计算$\lim\limits_{n\to\infty}\left(1+\dfrac{a}{n^2}\right)\left(1+\dfrac{2a}{n^2}\right)\cdots\left(1+\dfrac{na}{n^2}\right)$，$a>0$.

解　原式$=\lim\limits_{n\to\infty}e^{\sum\limits_{k=1}^{n}\ln\left(1+\frac{ka}{n^2}\right)}=\lim\limits_{n\to\infty}e^{\sum\limits_{k=1}^{n}\ln\left[a\left(\frac{1}{a}+\frac{k}{n^2}\right)\right]}$

$=e^{\lim\limits_{n\to\infty}\sum\limits_{k=1}^{n}\left[\ln\left(\frac{1}{a}+\frac{k}{n^2}\right)-\ln\frac{1}{a}\right]}=e^{\lim\limits_{n\to\infty}\sum\limits_{k=1}^{n}\frac{k}{n^2}\cdot\frac{1}{\xi}}=e^{\lim\limits_{n\to\infty}\sum\limits_{k=1}^{n}\frac{k}{n^2}\cdot a}$

$=e^{\lim\limits_{n\to\infty}\frac{a}{n^2}\sum\limits_{k=1}^{n}k}=e^{\lim\limits_{n\to\infty}\frac{a}{n^2}\cdot\frac{n(n+1)}{2}}=e^{\frac{a}{2}}$，其中$\dfrac{1}{a}<\xi<\dfrac{1}{a}+\dfrac{k}{n^2}$.

例 1.2.10　计算$\lim\limits_{x\to a}\dfrac{\sin(x^x)-\sin(a^x)}{a^{x^x}-a^{a^x}}$，$a>1$.

解　原式$=\lim\limits_{x\to a}\dfrac{\sin(x^x)-\sin(a^x)}{x^x-a^x}\cdot\dfrac{x^x-a^x}{a^{x^x}-a^{a^x}}=\lim\limits_{x\to a}\cos\xi_1\cdot\dfrac{x^x-a^x}{a^{x^x}-a^{a^x}}$

$=\lim\limits_{x\to a}\cos a^a\cdot\dfrac{x^x-a^x}{a^{a^x}(a^{x^x-a^x}-a^0)}=\lim\limits_{x\to a}\dfrac{\cos a^a}{a^{a^a}a^{\xi_2}\ln a}=\dfrac{\cos a^a}{a^{a^a}\ln a}$（$\xi_1$ 位于 a^x 与 x^x 之间，ξ_2 位于 0 与 x^x-a^x 之间）.

用柯西中值定理更简单，记 $f(x)=\sin x$，$g(x)=a^x$，则

$$原式=\lim_{x\to a}\frac{f'(\xi)}{g'(\xi)}=\lim_{x\to a}\frac{\cos(\xi)}{a^{\xi}\ln a}=\frac{\cos a^a}{a^{a^a}\ln a}$$（ξ 位于 a^x 与 a^a 之间）.

习　题　1-2

1. 求下列极限.

(1) $\lim\limits_{x\to+\infty}(\sin\sqrt{x+1}-\sin\sqrt{x-1})$；

(2) $\lim\limits_{x\to0}\dfrac{\cos(\sin x)-\cos x}{\sin^4 x}$；

(3) $\lim\limits_{x\to0}\dfrac{e^{x^3}-e^{-x^3}}{\tan x\cdot\sin x^2}$；

(4) $\lim\limits_{x\to a}\dfrac{a^{x^2}-x^{a^2}}{x^2-a^2}$，$a>0$；

(5) $\lim\limits_{n\to+\infty}n^2\left(\arctan\dfrac{a}{n}-\arctan\dfrac{a}{n+1}\right)$；

(6) $\lim\limits_{x\to1}\dfrac{(1-\sqrt{x})(1-\sqrt[3]{x})\cdots(1-\sqrt[n]{x})}{(1-x)^{n-1}}$；

(7) $\lim\limits_{x\to+\infty}(\sqrt[6]{x^6+x^5}-\sqrt[6]{x^6-x^5})$；

(8) $\lim\limits_{n\to\infty}\dfrac{(\sqrt[n]{n+1}-\sqrt[n+1]{n})n^2}{\ln(n+1)}$.

2. 设 $f(x)$ 在 a 处可导，$f(a)>0$，计算$\lim\limits_{n\to\infty}\left[\dfrac{f\left(a+\dfrac{1}{n}\right)}{f\left(a-\dfrac{1}{n}\right)}\right]^n$.

1.3　用等价代换求极限

大家知道，若 $f(x)\sim f_1(x)$，$g(x)\sim g_1(x)$ $(x\to x_0)$，且$\lim\limits_{x\to x_0}\dfrac{f_1(x)}{g_1(x)}=A$($g(x)$，$g_1(x)$ 在 x_0 附近不为 0)，则$\lim\limits_{x\to x_0}\dfrac{f(x)}{g(x)}=\lim\limits_{x\to x_0}\dfrac{f_1(x)}{g_1(x)}=A$. 事实上，因为$\lim\limits_{x\to x_0}\dfrac{f(x)}{g(x)}=\lim\limits_{x\to x_0}\dfrac{f(x)}{f_1(x)}\cdot\dfrac{f_1(x)}{g_1(x)}\cdot\dfrac{g_1(x)}{g(x)}=A$，即等价代换不改变极限的存在性和极限值.

1. 由拉格朗日中值定理导出的若干等价代换及其应用

先利用拉格朗日中值定理给出下述一般命题：

命题 1.3.1　设

(1) $\alpha(x)$，$\beta(x)(\alpha\neq\beta)$在 x_0 的一个邻域内连续，且$\lim\limits_{x\to x_0}\alpha(x)=\lim\limits_{x\to x_0}\beta(x)=c$；

(2) $f(x)$ 在 $x=c$ 的一个邻域内可导且 $f'(x)$ 在 $x=c$ 处连续，$f'(c)\neq0$. 则

$$f[\alpha(x)]-f[\beta(x)]\sim f'(c)[\alpha(x)-\beta(x)]\quad(x\to x_0).$$

证　由拉格朗日中值定理和题设条件有

$$\frac{f[\alpha(x)]-f[\beta(x)]}{\alpha(x)-\beta(x)}=f'(\xi_x),$$

其中 ξ_x 介于$\alpha(x)$与$\beta(x)$之间. 于是

$$\lim_{x\to x_0}\frac{f[\alpha(x)]-f[\beta(x)]}{\alpha(x)-\beta(x)}=\lim_{x\to x_0}f'(\xi_x)=f'(c),$$

因此有

$$f[\alpha(x)]-f[\beta(x)]\sim f'(c)[\alpha(x)-\beta(x)]\quad(x\to x_0).$$

根据命题 1.3.1，对常见的初等函数可得下列等价关系，其中 α,β 可以是自变量，也可以是函数(每一个等价关系中极限过程相同)．为引用方便，特殊情形也单独编号.

① $\ln\alpha-\ln\beta\sim\dfrac{1}{a}(\alpha-\beta)\qquad(a>0,\alpha\to a,\beta\to a,\alpha\neq\beta)$；

② $\ln\alpha-\ln\beta\sim\alpha-\beta\qquad(\alpha\to1,\beta\to1,\alpha\neq\beta)$；

③ $\ln\alpha\sim\alpha-1\qquad(\alpha\to1)$；

④ $\sin\alpha-\sin\beta\sim\alpha-\beta\qquad(\alpha\to0,\beta\to0,\alpha\neq\beta)$；

⑤ $\tan\alpha-\tan\beta\sim\alpha-\beta\qquad(\alpha\to0,\beta\to0,\alpha\neq\beta)$；

⑥ $b^\alpha-b^\beta\sim\ln b(\alpha-\beta)\qquad(b>0,\ b\neq1,\alpha\to0,\beta\to0,\alpha\neq\beta)$；

⑦ $e^\alpha-e^\beta\sim\alpha-\beta\qquad(\alpha\to0,\beta\to0,\alpha\neq\beta)$；

⑧ $\sqrt{\alpha}-\sqrt{\beta}\sim\dfrac{1}{2\sqrt{a}}(\alpha-\beta)\qquad(a>0,\alpha\to a,\beta\to a,\alpha\neq\beta)$；

⑨ $\alpha^\lambda-\beta^\lambda\sim\lambda(\alpha-\beta)\qquad(\alpha\to1,\beta\to1,\alpha\neq\beta,\lambda\neq0)$；

⑩ $\alpha^\lambda-\alpha^\mu\sim(\lambda-\mu)(\alpha-1)\qquad(\alpha\to1,\ \lambda\neq\mu)$.

下面给出一些应用例题.

例 1.3.1　求 $\lim\limits_{x\to0}\dfrac{\sqrt[n]{1+x^2}-1}{\ln\dfrac{1+x^2}{1-x^2}}$.

解　由等价关系②、③有

$$原式=\lim_{x\to0}\frac{\ln\sqrt[n]{1+x^2}}{\ln(1+x^2)-\ln(1-x^2)}=\frac{1}{n}\lim_{x\to0}\frac{\ln(1+x^2)}{2x^2}=\frac{1}{2n}.$$

例 1.3.2　求 $\lim\limits_{x\to0}\dfrac{\cos x\sqrt{\cos2x}\sqrt[3]{\cos3x}-1}{\ln\cos x}$.

解　$原式=\lim\limits_{x\to0}\dfrac{\ln(\cos x\sqrt{\cos2x}\sqrt[3]{\cos3x})}{\ln\cos x}=\lim\limits_{x\to0}\dfrac{\ln\cos x+\frac{1}{2}\ln\cos2x+\frac{1}{3}\ln\cos3x}{\ln\cos x}$

$$=\lim_{x\to0}\frac{\ln\cos x}{\ln\cos x}+\frac{1}{2}\lim_{x\to0}\frac{\ln\cos2x}{\ln\cos x}+\frac{1}{3}\lim_{x\to0}\frac{\ln\cos3x}{\ln\cos x}$$

$$=1+\frac{1}{2}\lim_{x\to0}\frac{\cos2x-1}{\cos x-1}+\frac{1}{3}\lim_{x\to0}\frac{\cos3x-1}{\cos x-1}$$

$=1+2+3=6$ (用洛必达法则或等价代换).

例 1.3.3　求 $\lim\limits_{x\to0^+}\dfrac{\tan x\ln\cos\sqrt{x}}{3^{x^2}-2^{-x^2}}$.

解 原式$=\lim\limits_{x\to0^+}\dfrac{x(\cos\sqrt{x}-1)}{\ln3^{x^2}-\ln2^{-x^2}}=\lim\limits_{x\to0^+}\dfrac{x\left(-\dfrac{1}{2}x\right)}{x^2(\ln3+\ln2)}=-\dfrac{1}{2\ln6}$.

例 1.3.4 求 $\lim\limits_{x\to\infty}\dfrac{\left(1+\dfrac{1}{x}\right)^x-\mathrm{e}}{\dfrac{\pi}{4}-\arctan\dfrac{x}{1+x}}$.

解 注意分母是无穷小量，利用等价关系 $t\sim\tan t$ $(t\to0)$ 和①有

$$\begin{aligned}原式&=\lim_{x\to\infty}\frac{\mathrm{e}\left[\ln\left(1+\dfrac{1}{x}\right)^x-\ln\mathrm{e}\right]}{\tan\left(\dfrac{\pi}{4}-\arctan\dfrac{x}{1+x}\right)}\\
&=\mathrm{e}\lim_{x\to\infty}\left[\ln\left(1+\frac{1}{x}\right)^x-1\right]\div\frac{1-\dfrac{x}{1+x}}{1+\dfrac{x}{1+x}}\\
&=\mathrm{e}\lim_{x\to\infty}\left[\ln\left(1+\frac{1}{x}\right)^x-1\right]\cdot(2x+1)\\
&=\mathrm{e}\lim_{x\to\infty}2x\left[x\ln\left(1+\frac{1}{x}\right)-1\right]+\mathrm{e}\lim_{x\to\infty}\left[\ln\left(1+\frac{1}{x}\right)^x-1\right]\\
&=2\mathrm{e}\lim_{x\to\infty}x^2\left[\ln\left(1+\frac{1}{x}\right)-\frac{1}{x}\right]\\
&=2\mathrm{e}\lim_{t\to0}\frac{\ln(1+t)-t}{t^2}\\
&=2\mathrm{e}\lim_{t\to0}\frac{\dfrac{1}{1+t}-1}{2t}\\
&=2\mathrm{e}\lim_{t\to0}\frac{-\ln(1+t)-\ln1}{2t}=-\mathrm{e}.\end{aligned}$$

例 1.3.5 求$\lim\limits_{x\to0}\dfrac{\sin(x\mathrm{e}^{x^2})-\sin(x^2\mathrm{e}^{-x})}{\tan(\sin2x)-\tan(\sin x)}$.

解 利用等价关系④和⑤有

$$原式=\lim_{x\to0}\frac{x\mathrm{e}^{x^2}-x^2\mathrm{e}^{-x}}{\sin2x-\sin x}=\lim_{x\to0}\frac{x(\mathrm{e}^{x^2}-x\mathrm{e}^{-x})}{2x-x}=\lim_{x\to0}(\mathrm{e}^{x^2}-x\mathrm{e}^{-x})=1.$$

例 1.3.6 求$\lim\limits_{x\to0}\dfrac{(1+\tan x)^5-(1+\sin x)^5}{\sin(\tan x)-\sin(\sin x)}$.

解 利用等价关系④和⑨有

$$原式=\lim_{x\to0}\frac{5(\tan x-\sin x)}{\tan x-\sin x}=5.$$

例 1.3.7 求$\lim\limits_{x\to0}\dfrac{\sqrt[6]{1+x\sin x}-\sqrt[6]{\cos x}}{\sqrt[3]{\cos x}-\sqrt[4]{\cos x}}$.

解　利用等价关系⑨和⑩有

$$\text{原式}=\lim_{x\to 0}\frac{\frac{1}{6}(1+x\sin x-\cos x)}{\left(\frac{1}{3}-\frac{1}{4}\right)(\cos x-1)}=2\left(\lim_{x\to 0}\frac{1-\cos x}{\cos x-1}+\lim_{x\to 0}\frac{x\sin x}{\cos x-1}\right)=-6.$$

注　这一节参考和引用了甘泉教授的《高等数学解题精髓》一书中 2.4 节的部分内容，在此对作者表示感谢.

2. 加减运算下的等价代换

对乘除运算求极限，利用等价无穷小代换简便而有效. 而对加减运算则需格外谨慎. 下面定理给出了加减运算求极限时施行等价无穷小代换的条件.

命题 1.3.2　设 $\alpha,\alpha_1,\beta,\beta_1$ 均为 $x\to x_0$ 时的无穷小量，且 $\alpha\sim\alpha_1$，$\beta\sim\beta_1$，$\lim\limits_{x\to x_0}\frac{\alpha}{\beta}$ 存在，但不等于-1，证明：$\alpha+\beta\sim\alpha_1+\beta_1$ $(x\to x_0)$.

证　需证 $\lim\limits_{x\to x_0}\left(1-\frac{\alpha_1+\beta_1}{\alpha+\beta}\right)=0$　或　$\lim\limits_{x\to x_0}\left(\frac{\alpha+\beta-(\alpha_1+\beta_1)}{\alpha+\beta}\right)=0$. 因为

$$\frac{\alpha+\beta-(\alpha_1+\beta_1)}{\alpha+\beta}=\frac{\alpha-\alpha_1}{\alpha+\beta}+\frac{\beta-\beta_1}{\alpha+\beta},$$

注意到 $\lim\limits_{x\to x_0}\frac{\alpha}{\beta}\neq-1$ 故有

$$\lim_{x\to x_0}\frac{\alpha-\alpha_1}{\alpha+\beta}=\lim_{x\to x_0}\frac{\alpha-\alpha_1}{\alpha\left(1+\frac{\beta}{\alpha}\right)}=\frac{1-\lim\limits_{x\to x_0}\frac{\alpha_1}{\alpha}}{1+\lim\limits_{x\to x_0}\frac{\beta}{\alpha}}=0,$$

$$\lim_{x\to x_0}\frac{\beta-\beta_1}{\alpha+\beta}=\lim_{x\to x_0}\frac{\beta-\beta_1}{\beta\left(\frac{\beta}{\alpha}+1\right)}=\frac{1-\lim\limits_{x\to x_0}\frac{\beta_1}{\beta}}{1+\lim\limits_{x\to x_0}\frac{\alpha}{\beta}}=0.$$

注　显然条件 $\lim\limits_{x\to x_0}\frac{\alpha}{\beta}\neq-1$ 可换为 $\lim\limits_{x\to x_0}\frac{\alpha_1}{\beta_1}\neq-1$. 易知，若无穷小量 α 与 β（或 α_1 与 β_1）同时为正（负），且极限 $\lim\limits_{x\to x_0}\frac{\alpha}{\beta}$ 或 $\lim\limits_{x\to x_0}\frac{\alpha_1}{\beta_1}$ 存在，则有 $\alpha+\beta\sim\alpha_1+\beta_1$.

例 1.3.8　求 $\lim\limits_{x\to 0}\frac{\tan(\sin x)+\sin 2x}{\tan x-2\arcsin 2x}$.

解　因为 $x\to 0$ 时，$\tan(\sin x)\sim x$，$\tan x\sim x$，$-2\arcsin 2x\sim-4x$，且

$$\lim_{x\to 0}\frac{\tan(\sin x)}{\sin 2x}=\frac{1}{2}\neq-1,\qquad \lim_{x\to 0}\frac{x}{-4x}=-\frac{1}{4}\neq-1,$$

所以

$$\text{原式}=\lim_{x\to0}\frac{x+2x}{x-4x}=-1.$$

例 1.3.9　求 $\lim\limits_{x\to0}\dfrac{\sqrt{1+\tan x}-\sqrt{1-\sin x}}{e^{2\tan x}-e^{\sin x}}$.

解　因为 $x\to0$ 时，$\sqrt{1+\tan x}\to1$，$\sqrt{1-\sin x}\to1$，所以由等价关系⑦、⑧和命题 1.3.2 有

$$\text{原式}=\lim_{x\to0}\frac{\frac{1}{2}(\tan x+\sin x)}{2\tan x-\sin x}=\lim_{x\to0}\frac{\frac{1}{2}(x+x)}{2x-x}=1.$$

例 1.3.10　求 $\lim\limits_{x\to0}\dfrac{\sin x^2+1-\cos x}{1-\cos^3x-\tan^2x}$.

解　由等价关系⑨得 $1-\cos^3x\sim3(1-\cos x)$，由命题 1.3.2 有

$$\text{原式}=\lim_{x\to0}\frac{x^2+\frac{1}{2}x^2}{3(1-\cos x)-x^2}=\lim_{x\to0}\frac{\frac{3}{2}x^2}{3\cdot\frac{1}{2}x^2-x^2}=3.$$

例 1.3.11　计算 $\lim\limits_{x\to0}\dfrac{(1+x)^x-\cos2x}{(\tan2x-\sin x)(\sin2x-x)}$.

解　$\text{原式}=\lim\limits_{x\to0}\dfrac{e^{x\ln(1+x)}-1+1-\cos2x}{(2x-x)(2x-x)}=\lim\limits_{x\to0}\dfrac{x\ln(1+x)+\frac{1}{2}(2x)^2}{x^2}$

$$=\lim_{x\to0}\frac{x^2+2x^2}{x^2}=3.$$

例 1.3.12　求 $\lim\limits_{x\to0}\dfrac{\ln(x+\sqrt{1+x^2})-\ln(1+x)}{\ln(x^2+\sqrt{1+x^2})}$.

解　利用等价关系②、③和命题 1.3.2 得

$$\text{原式}=\lim_{x\to0}\frac{x+\sqrt{1+x^2}-(1+x)}{x^2+\sqrt{1+x^2}-1}=\lim_{x\to0}\frac{\sqrt{1+x^2}-1}{x^2+\frac{1}{2}x^2}$$

$$=\frac{2}{3}\lim_{x\to0}\frac{\ln\sqrt{1+x^2}-\ln1}{x^2}=\frac{2}{3}\lim_{x\to0}\frac{\frac{1}{2}\ln(1+x^2)}{x^2}=\frac{1}{3}.$$

习　题　1-3

1. 求下列极限.

(1) $\lim\limits_{x\to0}\dfrac{(1+x)^\lambda-1}{(1+x)^\mu-1}$，$\mu\neq0$；　　(2) $\lim\limits_{x\to0}\dfrac{1-\cos x\cos2x\cdots\cos nx}{\sqrt{1+x^2}-1}$；

(3) $\lim\limits_{x\to 0}\left(\frac{1}{x}-\frac{1}{e^x-1}\right)$；　　(4) $\lim\limits_{x\to+\infty} x^2\ [(1+x)^{\frac{1}{x}}-x^{\frac{1}{x}}]$；

(5) $\lim\limits_{x\to 0}\frac{1}{x^3}\left[\left(\frac{2+\cos x}{3}\right)^x-1\right]$；　　(6) $\lim\limits_{x\to 0}\frac{\cos x-e^{-x^2}}{\sqrt{\cos x}-\sqrt[3]{\cos x}}$.

2. 如何将命题 1.3.2 推广到三对无穷小量的情形?

3. 求下列极限.

(1) $\lim\limits_{x\to 0}\frac{1-\cos x-\ln\cos x}{e^{x^2}-e^{-x^2}-\sin x^2}$；　　(2) $\lim\limits_{x\to 0}\frac{\sqrt[3]{\cos x+\tan x}-\sqrt[3]{\cos x-\sin x}}{\ln(1+x)-\ln(1-\sin x)-\sin x}$；

(3) $\lim\limits_{x\to 0}\frac{\ln(x+e^x)+2\sin x}{\sin(2\tan 2x)-\sin(\tan 2x)-\tan x}$；

(4) $\lim\limits_{x\to 0}\frac{(1+ax)^{ax}-(1+bx)^{bx}}{(\tan 2x-x)(\sin x+x)}$，$a\neq -b$.

1.4　用 Taylor 公式求极限

Taylor 公式是用多项式逼近函数的一种有效工具，具有广泛的应用. 这里只介绍带 Peano 余项的 Taylor 公式在求某些极限过程中的应用. 带 Peano 余项的 Taylor 公式是下述无穷小增量公式

$$\Delta y = f'(x_0)\Delta x + o(\Delta x) \qquad (\Delta x\to 0)$$

或

$$f(x) = f(x_0) + f'(x_0)(x-x_0) + o(x-x_0) \qquad (x\to x_0)$$

的推广，即若 $f(x)$ 在 x_0 处存在 n 阶导数，则有

$$f(x) = f(x_0) + f'(x_0)(x-x_0) + \frac{f''(x_0)}{2!}(x-x_0)^2 + \cdots + \frac{f^{(n)}(x_0)}{n!}(x-x_0)^n + o((x-x_0)^n) \qquad (x\to x_0).$$

该公式需要的条件较少，只需 n 阶导数在 x_0 处存在，但由此可以推知 $f(x)$ 在 x_0 的某个邻域内存在 $k(k<n)$ 阶导数.

例 1.4.1　求 $\lim\limits_{x\to 0}\frac{\cos x-e^{-\frac{x^2}{2}}}{\sin x^2\cdot\tan^2 x}$.

解　原式 $=\lim\limits_{x\to 0}\frac{\cos x-e^{-\frac{x^2}{2}}}{x^4}$

$$=\lim_{x\to 0}\frac{1-\frac{x^2}{2!}+\frac{x^4}{4!}+o(x^4)-\left[1-\frac{x^2}{2}+\frac{1}{2!}\left(-\frac{x^2}{2}\right)^2+o(x^4)\right]}{x^4}$$

$$=\lim_{x\to 0}\frac{\frac{1}{24}x^4-\frac{1}{8}x^4+o(x^4)}{x^4}=\lim_{x\to 0}\frac{-\frac{1}{12}x^4+o(x^4)}{x^4}=-\frac{1}{12}.$$

例 1.4.2 求$\lim\limits_{x\to\infty}\left[x-x^2\ln\left(1+\frac{1}{x}\right)\right]$.

解 因为 $\ln\left(1+\frac{1}{x}\right)=\frac{1}{x}-\frac{1}{2}\left(\frac{1}{x}\right)^2+o\left(\left(\frac{1}{x}\right)^2\right)=\frac{1}{x}-\frac{1}{2x^2}+o\left(\frac{1}{x^2}\right)$，所以

$$原式=\lim_{x\to\infty}\left[x-x^2\left(\frac{1}{x}-\frac{1}{2x^2}+o\left(\frac{1}{x^2}\right)\right)\right]=\lim_{x\to\infty}\left[\frac{1}{2}-x^2\cdot o\left(\frac{1}{x^2}\right)\right]=\frac{1}{2},$$

或

$$原式=\lim_{t\to0}\left[\frac{1}{t}-\frac{1}{t^2}\ln(1+t)\right]=\lim_{t\to0}\frac{t-\ln(1+t)}{t^2}$$

$$=\lim_{t\to0}\frac{1-\frac{1}{1+t}}{2t}=\lim_{t\to0}\frac{t}{2t(1+t)}=\frac{1}{2}.$$

例 1.4.3 求$\lim\limits_{x\to0^+}\left(\frac{1}{x^5}\int_0^x e^{-t^2}\,dt-\frac{1}{x^4}+\frac{1}{3x^2}\right)$.

解
$$原式=\lim_{x\to0^+}\left[\frac{1}{x^5}\int_0^x\left(1-t^2+\frac{t^4}{2}+o(t^4)\right)dt-\frac{1}{x^4}+\frac{1}{3x^2}\right]$$

$$=\lim_{x\to0^+}\left[\frac{1}{x^5}\left(x-\frac{x^3}{3}+\frac{x^5}{10}+o(x^5)\right)-\frac{1}{x^4}+\frac{1}{3x^2}\right]$$

$$=\lim_{x\to0^+}\left[\frac{1}{10}+\frac{o(x^5)}{x^5}\right]=\frac{1}{10}.$$

例 1.4.4 求$\lim\limits_{n\to\infty}n\left[e-\left(1+\frac{1}{n}\right)^n\right]$.

解 1
$$原式=\lim_{n\to\infty}n\left[e-e^{n\ln\left(1+\frac{1}{n}\right)}\right]\qquad\left(n\ln\left(1+\frac{1}{n}\right)<\xi<1\right)$$

$$=\lim_{n\to\infty}ne^{\xi}\left[1-n\ln\left(1+\frac{1}{n}\right)\right]=\lim_{n\to\infty}ne^{\xi}\left[1-n\left(\frac{1}{n}-\frac{1}{2n^2}+o\left(\frac{1}{n^2}\right)\right)\right]$$

$$=\lim_{n\to\infty}ne^{\xi}\left[\frac{1}{2n}+o\left(\frac{1}{n}\right)\right]=\lim_{n\to\infty}\left(\frac{e^{\xi}}{2}+\frac{o\left(\frac{1}{n}\right)}{\frac{1}{n}}\right)=\frac{e}{2}\ (n\to\infty时,\ \xi\to1).$$

解 2
$$原式=\lim_{n\to\infty}n\left[e-e^{n\ln\left(1+\frac{1}{n}\right)}\right]=\lim_{n\to\infty}n\left[e-e^{n\left(\frac{1}{n}-\frac{1}{2n^2}+o\left(\frac{1}{n^2}\right)\right)}\right]$$

$$=\lim_{n\to\infty}n\left[e-e^{1-\frac{1}{2n}+o\left(\frac{1}{n}\right)}\right]=\lim_{n\to\infty}ne\left[1-e^{-\frac{1}{2n}+o\left(\frac{1}{n}\right)}\right]$$

$$=-\lim_{n\to\infty}ne\left[e^{-\frac{1}{2n}+o\left(\frac{1}{n}\right)}-1\right]=-\lim_{n\to\infty}ne\cdot\left[-\frac{1}{2n}+o\left(\frac{1}{n}\right)\right]=\frac{e}{2}.$$

例 1.4.5 设 $f(x)$ 在 $x=0$ 处二阶可导，且$\lim\limits_{x\to0}\left[1+x+\frac{f(x)}{x}\right]^{\frac{1}{x}}=e^3$，求 $f(0),f'(0),f''(0)$ 并计算$\lim\limits_{x\to0}\left[1+\frac{f(x)}{x}\right]^{\frac{1}{x}}$.

解　由 $e^{\lim\limits_{x\to 0}\frac{1}{x}\ln\left[1+x+\frac{f(x)}{x}\right]}=e^3$ 得

$$\lim_{x\to 0}\frac{\ln\left[1+x+\dfrac{f(x)}{x}\right]}{x}=3 \quad\Rightarrow\quad \lim_{x\to 0}\ln\left[1+x+\frac{f(x)}{x}\right]=0$$

$$\Rightarrow\quad \lim_{x\to 0}\left[x+\frac{f(x)}{x}\right]=0 \quad\Rightarrow\quad f(0)=\lim_{x\to 0}f(x)=0.$$

又

$$\lim_{x\to 0}\left[x+\frac{f(x)}{x}\right]=0 \quad\Rightarrow\quad \ln\left[1+x+\frac{f(x)}{x}\right]\sim x+\frac{f(x)}{x}\quad (x\to 0)$$

$$\Rightarrow\quad \lim_{x\to 0}\frac{\ln\left[1+x+\dfrac{f(x)}{x}\right]}{x}=\lim_{x\to 0}\frac{x+\dfrac{f(x)}{x}}{x}=3$$

$$\Rightarrow\quad \lim_{x\to 0}\left[1+\frac{f(x)}{x^2}\right]=\lim_{x\to 0}\left[1+\frac{f(0)+f'(0)x+\dfrac{1}{2}f''(0)x^2+o(x^2)}{x^2}\right]=3$$

$$\Rightarrow\quad \lim_{x\to 0}\frac{f(0)+f'(0)x+\dfrac{1}{2}f''(0)x^2+o(x^2)}{x^2}=2$$

$$\Rightarrow\quad f(0)=f'(0)=0,\quad \frac{1}{2}f''(0)=2$$

$$\Rightarrow\quad \lim_{x\to 0}\left[1+\frac{f(x)}{x}\right]^{\frac{1}{x}}=\lim_{x\to 0}\left[1+\frac{f(0)+f'(0)x+\dfrac{1}{2}f''(0)x^2+o(x^2)}{x}\right]^{\frac{1}{x}}$$

$$=\lim_{x\to 0}[1+2x+o(x)]^{\frac{1}{2x+o(x)}\cdot\frac{2x+o(x)}{x}}=e^2.$$

例 1.4.6　设 $f(x)$ 在 x_0 处二阶可导，求 $\lim\limits_{h\to 0}\dfrac{f(x_0+2h)-2f(x_0+h)+f(x_0)}{h^2}$.

解　原式

$$=\lim_{h\to 0}\frac{f(x_0)+f'(x_0)\cdot 2h+\frac{1}{2}f''(x_0)(2h)^2+o(h^2)-2\left[f(x_0)+f'(x_0)h+\frac{1}{2}f''(x_0)h^2+o(h^2)\right]+f(x_0)}{h^2}$$

$$=\lim_{h\to 0}\frac{f''(x_0)h^2+o(h^2)}{h^2}=f''(x_0).$$

例 1.4.7　设 $f''(x_0)$ 存在，$f'(x_0)\neq 0$，证明：

$$\lim_{x\to x_0}\left[\frac{1}{f(x)-f(x_0)}-\frac{1}{f'(x_0)(x-x_0)}\right]=\frac{-f''(x_0)}{2[f'(x_0)]^2}.$$

证　由公式 $f(x)=f(x_0)+f'(x_0)(x-x_0)+\dfrac{1}{2}f''(x_0)(x-x_0)^2+o((x-x_0)^2)$，

$$原式=\lim_{x\to x_0}\frac{f'(x_0)(x-x_0)-f(x)+f(x_0)}{[f(x)-f(x_0)]f'(x_0)(x-x_0)}$$

$$=\lim_{x\to x_0}\frac{-\frac{1}{2}f''(x_0)(x-x_0)^2+o((x-x_0)^2)}{[f'(x_0)(x-x_0)]^2+\frac{1}{2}f'(x_0)f''(x_0)(x-x_0)^3+o((x-x_0)^3)}$$

$$=\lim_{x\to x_0}\frac{-\frac{1}{2}f''(x_0)+o(1)}{[f'(x_0)]^2+\frac{1}{2}f'(x_0)f''(x_0)(x-x_0)+o(x-x_0)}=-\frac{1}{2}\cdot\frac{f''(x_0)}{[f'(x_0)]^2}.$$

习　题　1-4

1. 求 $\lim\limits_{x\to+\infty}\left(1+\frac{1}{x}\right)^{x^2}e^{-x}$.

2. 求 $\lim\limits_{x\to0}\frac{e^{x^3}-1-x^3}{\sin^6x}$.

3. 设 $f(x)$ 在 $x=0$ 处可导，且 $\lim\limits_{x\to0}\left(\frac{\sin x}{x^2}+\frac{f(x)}{x}\right)=2$. 求 $f(0)$，$f'(0)$ 和 $\lim\limits_{x\to0}\frac{1+f(x)}{x}$.

4. 求 $\lim\limits_{x\to0}\frac{\sqrt{x+1}-1-\frac{x}{2}}{\ln(1+x)-xe^{-x}}$.

5. 求 $\lim\limits_{n\to\infty}\frac{n(\sqrt[n]{n}-1)}{\ln n}$.

6. 设 $f(x)$ 在 $x=0$ 处可导，$f(0)\neq0$，$f'(0)\neq0$. 若 $af(h)+bf(2h)-f(0)$ 在 $h\to0$ 时是比 h 高阶的无穷小，试确定 a，b 的值.

7. 求 $\lim\limits_{n\to\infty}n^2\left(1-n\sin\frac{1}{n}\right)$.

8. 求 $\lim\limits_{n\to\infty}n\left[e^2-\left(1+\frac{1}{n}\right)^{2n}\right]$.

9. 求 $\lim\limits_{n\to\infty}n\left[e\left(1+\frac{1}{n}\right)^{-n}-1\right]$.

10. 设 $f'''(x_0)$ 存在，求极限 $\lim\limits_{h\to0}\frac{1}{h^3}[f(x_0+3h)-3f(x_0+2h)+3f(x_0+h)-f(x_0)]$.

1.5　斯托尔茨（Stolz）定理及其应用

定理 1.5.1(Stolz)　设 $\lim\limits_{n\to\infty}y_n=+\infty$ 且 y_n 从某一项开始严格单调增加，如果

$$\lim_{n\to\infty}\frac{x_n-x_{n-1}}{y_n-y_{n-1}}=l\quad（有限或+\infty，-\infty）\qquad (*)$$

则

$$\lim_{n\to\infty}\frac{x_n}{y_n}=\lim_{n\to\infty}\frac{x_n-x_{n-1}}{y_n-y_{n-1}}.$$

证　(1) 先设 l 为有限数，则对任意的 $0<\varepsilon<1$，存在 N，使得当 $n>N$ 时，有

$$\left|\frac{x_n-x_{n-1}}{y_n-y_{n-1}}-l\right|<\frac{\varepsilon}{2},$$

$$l-\frac{\varepsilon}{2}<\frac{x_n-x_{n-1}}{y_n-y_{n-1}}<l+\frac{\varepsilon}{2},$$

$$\left(l-\frac{\varepsilon}{2}\right)(y_n-y_{n-1})<x_n-x_{n-1}<\left(l+\frac{\varepsilon}{2}\right)(y_n-y_{n-1}),$$

于是有

$$\left(l-\frac{\varepsilon}{2}\right)(y_{N+1}-y_N)<x_{N+1}-x_N<\left(l+\frac{\varepsilon}{2}\right)(y_{N+1}-y_N),$$

$$\left(l-\frac{\varepsilon}{2}\right)(y_{N+2}-y_{N+1})<x_{N+2}-x_{N+1}<\left(l+\frac{\varepsilon}{2}\right)(y_{N+2}-y_{N+1}),$$

……

$$\left(l-\frac{\varepsilon}{2}\right)(y_n-y_{n-1})<x_n-x_{n-1}<\left(l+\frac{\varepsilon}{2}\right)(y_n-y_{n-1}),$$

相加得

$$\left(l-\frac{\varepsilon}{2}\right)(y_n-y_N)<x_n-x_N<\left(l+\frac{\varepsilon}{2}\right)(y_n-y_N),$$

即有

$$\left(l-\frac{\varepsilon}{2}\right)<\frac{x_n-x_N}{y_n-y_N}<\left(l+\frac{\varepsilon}{2}\right).$$

对固定的 N，因为 $\lim\limits_{n\to\infty}y_n=+\infty$，所以存在 $N_1>N$，使得当 $n>N_1$ 时，有

$$\left|\frac{x_N-ly_N}{y_n}\right|<\frac{\varepsilon}{2},\qquad 0<\frac{y_n-y_N}{y_n}<1,$$

于是

$$\left|\frac{x_n}{y_n}-l\right|=\left|\frac{x_n-x_N}{y_n}+\frac{x_N-ly_N}{y_n}-l\frac{y_n-y_N}{y_n}\right|=\left|\frac{x_N-ly_N}{y_n}+\frac{y_n-y_N}{y_n}\left(\frac{x_n-x_N}{y_n-y_N}-l\right)\right|$$

$$\leqslant\left|\frac{x_N-ly_N}{y_n}\right|+\left|\frac{x_n-x_N}{y_n-y_N}-l\right|<\frac{\varepsilon}{2}+\frac{\varepsilon}{2}=\varepsilon,$$

即

$$\lim_{n\to\infty}\frac{x_n}{y_n}=l.$$

(2) 若 $l=+\infty$，则由 (*) 知当 n 充分大时有 $x_n-x_{n-1}>y_n-y_{n-1}>0$，故

x_n 也严格递增趋于$+\infty$，于是（$*$）可等价地写为

$$\lim_{n\to\infty}\frac{y_n-y_{n-1}}{x_n-x_{n-1}}=0.$$

由结论（1）知，$\lim\limits_{n\to\infty}\frac{y_n}{x_n}=0$，故$\lim\limits_{n\to\infty}\frac{x_n}{y_n}=+\infty$.

（3）若 $l=-\infty$，记 $z_n=-x_n$，则$\lim\limits_{n\to\infty}\frac{z_n-z_{n-1}}{y_n-y_{n-1}}=-\lim\limits_{n\to\infty}\frac{x_n-x_{n-1}}{y_n-y_{n-1}}=+\infty$，由(2)知$\lim\limits_{n\to\infty}\frac{z_n}{y_n}=+\infty$，即得$\lim\limits_{n\to\infty}\frac{x_n}{y_n}=-\infty$.

与下一节的广义洛必达法则相似，Stolz 定理给出了一种求离散型$\frac{*}{\infty}$的极限的方法，它的几何意义是：在平面上有一无限折线$\overline{A_1A_2\cdots A_n\cdots}$，其中 $A_n=(y_n, x_n)$. 折线段$\overline{A_nA_{n+1}}$的斜率为$\frac{x_{n+1}-x_n}{y_{n+1}-y_n}$，矢径$\overline{OA_n}$的斜率为$\frac{x_n}{y_n}$. 当 Stolz 定理条件满足时，矢径的斜率与折线段的斜率在 $n\to+\infty$时趋于同一极限.

注　$l=\infty$时结论未必成立. 如 $x_n=\frac{1}{2}[1+(-1)^n]n^2$，$y_n=n$. 这时 $\{x_n\}=\{0, 2^2, 0, 4^2, 0, 6^2, \cdots\}$，虽然$\lim\limits_{n\to\infty}\frac{x_n-x_{n-1}}{y_n-y_{n-1}}=\infty$，但$\left\{\frac{x_n}{y_n}\right\}=\{0,2,0,4,\cdots\}$，$\lim\limits_{n\to+\infty}\frac{x_n}{y_n}\neq\infty$.

例 1.5.1　计算$\lim\limits_{n\to\infty}\frac{1!+2!+\cdots+n!}{n!}$.

解　由 Stolz 定理有

$$\text{原式}=\lim_{n\to\infty}\frac{(n+1)!}{(n+1)!-n!}=\lim_{n\to\infty}\frac{(n+1)!}{n!n}=\lim_{n\to\infty}\frac{n+1}{n}=1.$$

例 1.5.2　计算$\lim\limits_{n\to\infty}\frac{1^p+2^p+\cdots+n^p}{n^{p+1}}$，$p>0$.

解　由 Stolz 定理有

$$\text{原式}=\lim_{n\to\infty}\frac{n^p}{n^{p+1}-(n-1)^{p+1}}=\lim_{n\to\infty}\frac{n^p}{(p+1)\xi^p}=\frac{1}{p+1}\quad(n-1<\xi<n).$$

例 1.5.3　计算$\lim\limits_{n\to\infty}\frac{n}{a^{n+1}}\sum\limits_{k=1}^{n}\frac{a^k}{k}$，$a>1$.

解　由 Stolz 定理有

$$\text{原式}=\lim_{n\to\infty}\frac{a^{n+1}/(n+1)}{a^{n+2}/(n+1)-a^{n+1}/n}=\lim_{n\to\infty}\frac{n}{na-(n+1)}=\frac{1}{a-1}.$$

例 1.5.4　设$\lim\limits_{n\to\infty}a_n=a$，证明：

（1）$\lim\limits_{n\to\infty}\frac{a_1+a_2+\cdots+a_n}{n}=a$；

（2）$\lim\limits_{n\to\infty}\sqrt[n]{a_1\cdot a_2\cdot\cdots\cdot a_n}=a$ $(a_i>0, i=1,2,\cdots,n)$.

证　(1) 取 $y_n=n$，$x_n=a_1+a_2+\cdots+a_n$，则 y_n 严格单增，$\lim\limits_{n\to\infty}y_n=+\infty$，而且 $\lim\limits_{n\to\infty}\dfrac{x_{n+1}-x_n}{y_{n+1}-y_n}=\lim\limits_{n\to\infty}\dfrac{a_{n+1}}{1}=a$. 由 Stolz 定理得 $\lim\limits_{n\to\infty}\dfrac{x_n}{y_n}=a$.

注意其逆不成立，例如，$x_n=(-1)^n$.

(2) 令 $z_n=\sqrt[n]{a_1\cdot a_2\cdot\cdots\cdot a_n}$，则 $\ln z_n=\dfrac{\ln a_1+\ln a_2+\cdots+\ln a_n}{n}$. 取 $x_n=\ln a_1+\ln a_2+\cdots+\ln a_n$，$y_n=n$，则 $\lim\limits_{n\to\infty}\dfrac{x_n-x_{n-1}}{y_n-y_{n-1}}=\lim\limits_{n\to\infty}\dfrac{\ln a_n}{1}=\ln a$. 由 Stolz 定理得，$\lim\limits_{n\to\infty}\ln z_n=\lim\limits_{n\to\infty}\dfrac{x_n}{y_n}=\ln a$，即 $\lim\limits_{n\to\infty}z_n=a$.

例 1.5.5　设 $\lim\limits_{n\to\infty}a_n=a$，$\lim\limits_{n\to\infty}n(a_n-a_{n-1})=l$，证明：$l=0$.

证　根据例 1.5.4 (1) 有 ($a_0=0$)

$$
\begin{aligned}
l&=\lim_{n\to\infty}\frac{(a_1-a_0)+2(a_2-a_1)+\cdots+n(a_n-a_{n-1})}{n}\\
&=\lim_{n\to\infty}\frac{na_n-(a_0+a_1+\cdots+a_{n-1})}{n}=a-a=0.
\end{aligned}
$$

例 1.5.6　设 $a_n>0$，$\lim\limits_{n\to\infty}\dfrac{a_{n+1}}{a_n}=a$，求 $\lim\limits_{n\to\infty}\sqrt[n]{a_n}$.

解　令 $a_1'=a_1$，$a_2'=\dfrac{a_2}{a_1}$，…，$a_{n+1}'=\dfrac{a_{n+1}}{a_n}$. 则由例 1.5.4 (2) 得

$$
\begin{aligned}
\lim_{n\to\infty}\sqrt[n+1]{a_{n+1}}&=\lim_{n\to\infty}\sqrt[n+1]{a_1\cdot\frac{a_2}{a_1}\cdot\cdots\cdot\frac{a_{n+1}}{a_n}}=\lim_{n\to\infty}\sqrt[n+1]{a_1'\cdot a_2'\cdot\cdots\cdot a_{n+1}'}\\
&=\lim_{n\to\infty}a_{n+1}'=\lim_{n\to\infty}\frac{a_{n+1}}{a_n}=a.
\end{aligned}
$$

特别取 $a_n=n$，则 $\lim\limits_{n\to\infty}\dfrac{n+1}{n}=1$，所以 $\lim\limits_{n\to\infty}\sqrt[n]{n}=1$.

例 1.5.7　设 $u_n>0$，$\lim\limits_{n\to\infty}\dfrac{u_{n+1}}{u_n}=l$，试求 $\lim\limits_{n\to\infty}\left[\dfrac{u_n}{\sqrt[n]{u_1\cdot u_2\cdot\cdots\cdot u_n}}\right]^{\frac{1}{n}}$.

解　由例 1.5.6 知，$\lim\limits_{n\to\infty}\sqrt[n]{u_n}=l$. 令 $x_n=\sqrt[n^2]{u_1\cdot u_2\cdot\cdots\cdot u_n}$，则

$$
\ln x_n=\frac{\ln u_1+\ln u_2+\cdots+\ln u_n}{n^2}.
$$

由 Stolz 定理得

$$
\begin{aligned}
\lim_{n\to\infty}\ln x_n&=\lim_{n\to\infty}\frac{\ln u_n}{n^2-(n-1)^2}=\lim_{n\to\infty}\frac{\ln u_n}{2n-1}=\lim_{n\to\infty}\frac{\ln u_{n+1}-\ln u_n}{(2n+1)-(2n-1)}\\
&=\lim_{n\to\infty}\frac{\ln\dfrac{u_{n+1}}{u_n}}{2}=\frac{1}{2}\ln l=\ln\sqrt{l},
\end{aligned}
$$

所以$\lim\limits_{n\to\infty}x_n=\sqrt{l}$，因此

$$原式=\lim_{n\to\infty}\frac{\sqrt[n]{u_n}}{\sqrt[n^2]{u_1\cdot u_2\cdot\cdots\cdot u_n}}=\frac{l}{\sqrt{l}}=\sqrt{l}.$$

例 1.5.8　设$\lim\limits_{n\to\infty}a_n=a$，$\lim\limits_{n\to\infty}b_n=b$，证明：$\lim\limits_{n\to\infty}\dfrac{a_1b_n+a_2b_{n-1}+\cdots+a_nb_1}{n}=ab.$

证　设 $a_n=a+x_n$，$b_n=b+y_n$，其中 $x_n,y_n\to 0(n\to\infty)$．于是

$$\begin{aligned}z_n&=\frac{a_1b_n+a_2b_{n-1}+\cdots+a_nb_1}{n}\\&=\frac{(a+x_1)(b+y_n)+(a+x_2)(b+y_{n-1})+\cdots+(a+x_n)(b+y_1)}{n}\\&=ab+a\cdot\frac{y_1+y_2+\cdots+y_n}{n}+b\cdot\frac{x_1+x_2+\cdots+x_n}{n}\\&\quad+\frac{x_1y_n+x_2y_{n-1}+\cdots+x_ny_1}{n}.\end{aligned}$$

由 Stolz 定理知，上式第二、第三项极限为 0．对第四项，由于 $x_n\to 0$，$y_n\to 0$ $(n\to\infty)$，存在常数 $c>0$，使$|x_n|<c$．于是

$$\left|\frac{x_1y_n+x_2y_{n-1}+\cdots+x_ny_1}{n}\right|\leqslant c\,\frac{|y_1|+|y_2|+\cdots+|y_n|}{n}\to 0,$$

因此得证.

例 1.5.9　设$\{x_n\}$为正数列，且$\lim\limits_{n\to\infty}x_n=a$．证明：

$$\lim_{n\to\infty}(x_n+\lambda x_{n-1}+\lambda^2x_{n-2}+\cdots+\lambda^nx_0)=\frac{a}{1-\lambda}\quad(0<\lambda<1).$$

证　令 $p=\dfrac{1}{\lambda}$，则$\{p^n\}$严格递增，且$\lim\limits_{n\to\infty}p^n=+\infty$．由 Stolz 定理有

$$\begin{aligned}原式&=\lim_{n\to\infty}\frac{x_0+px_1+p^2x_2+\cdots+p^nx_n}{p^n}=\lim_{n\to\infty}\frac{p^{n+1}\cdot x_{n+1}}{p^{n+1}-p^n}=\frac{p}{p-1}\lim_{n\to\infty}x_{n+1}\\&=\frac{p}{p-1}a=\frac{a}{1-\lambda}.\end{aligned}$$

例 1.5.10　(1) 设$\lim\limits_{n\to\infty}(a_{n+1}-a_n)=a$，求证：$\lim\limits_{n\to\infty}\dfrac{a_n}{n}=a$.

(2) 设 $0<x_1<1,x_{n+1}=x_n(1-x_n),n=1,2,\cdots$．求证：

$$\lim_{n\to\infty}nx_n=\lim_{n\to\infty}\frac{n(1-nx_n)}{\ln n}=1.$$

证　(1) 根据 Stolz 定理有

$$\lim_{n\to\infty}\frac{a_n}{n}=\lim_{n\to\infty}\frac{a_{n-1}-a_n}{(n+1)-n}\lim_{n\to\infty}(a_{n+1}-a_n)=a.$$

(2) 易见 $x_n\in(0,1)$，$0<\dfrac{x_{n+1}}{x_n}=1-x_n<1(n=1,2,\cdots)$，得 $\{x_n\}$ 单调递减有下界，从而收敛，设 $\lim\limits_{n\to\infty}x_n=l$，则 $l=l(1-l)$，解之得 $l=0$.

令 $a_n=\dfrac{1}{x_n}$，则当 $n\to\infty$ 时，

$$a_{n+1}-a_n=\frac{1}{x_{n+1}}-\frac{1}{x_n}=\frac{1}{x_n(1-x_n)}-\frac{1}{x_n}=\frac{1}{1-x_n}\to 1,$$

由 (1) 知 $\lim\limits_{n\to\infty}\dfrac{a_n}{n}=1$，即 $\lim\limits_{n\to\infty}nx_n=1$.

或者这样证：由 $\lim\limits_{n\to\infty}x_n=0$ 和 $\{x_n\}$ 严格递减知，$\dfrac{1}{x_n}$ 严格递增趋于 $+\infty$. 于是由 Stolz 定理有

$$\lim_{n\to\infty}nx_n=\lim_{n\to\infty}\frac{n}{\dfrac{1}{x_n}}=\lim_{n\to\infty}\frac{1}{\dfrac{1}{x_{n+1}}-\dfrac{1}{x_n}}=\lim_{n\to\infty}\frac{x_nx_{n+1}}{x_n-x_{n+1}}=\lim_{n\to\infty}\frac{x_nx_{n+1}}{x_n^2}$$

$$=\lim_{n\to\infty}\frac{x_n(1-x_n)}{x_n}=\lim_{n\to\infty}(1-x_n)=1,$$

据此和 Stolz 定理得

$$\lim_{n\to\infty}\frac{n(1-nx_n)}{\ln n}=\lim_{n\to\infty}\frac{nx_n\left(\dfrac{1}{x_n}-n\right)}{\ln n}=\lim_{n\to\infty}\frac{\dfrac{1}{x_n}-n}{\ln n}=\lim_{n\to\infty}\frac{\dfrac{1}{x_{n+1}}-\dfrac{1}{x_n}-1}{\ln(n+1)-\ln n}$$

$$=\lim_{n\to\infty}\frac{\dfrac{1}{x_n(1-x_n)}-\dfrac{1}{x_n}-1}{\ln\left(1+\dfrac{1}{n}\right)}=\lim_{n\to\infty}\frac{n\left[\dfrac{x_n}{x_n(1-x_n)}-1\right]}{n\ln\left(1+\dfrac{1}{n}\right)}$$

$$=\lim_{n\to\infty}\frac{n\left(\dfrac{1}{1-x_n}-1\right)}{\ln\left(1+\dfrac{1}{n}\right)^n}=\lim_{n\to\infty}\frac{nx_n}{1-x_n}=1.$$

例 1.5.11　设 $a_1>0,a_{n+1}=a_n+\dfrac{1}{a_n},n=1,2,\cdots$，证明：$\lim\limits_{n\to\infty}\dfrac{a_n}{\sqrt{2n}}=1$.

证　显然 $\{a_n\}$ 严格递增，假若 $\{a_n\}$ 收敛于有限数 a，则由递推公式得 $a=a+\dfrac{1}{a}$，矛盾！于是，$\lim\limits_{n\to\infty}a_n=+\infty$，即 $\lim\limits_{n\to\infty}\dfrac{1}{a_n}=0$，对 $x_n=a_n^2$，$y_n=2n$，应用 Stolz 定理得

$$\lim_{n\to\infty}\frac{a_n^2}{2n}=\lim_{n\to\infty}\frac{a_{n+1}^2-a_n^2}{2(n+1)-2n}=\frac{1}{2}\lim_{n\to\infty}(a_{n+1}^2-a_n^2).$$

而由递推关系有 $a_{n+1}^2=a_n^2+\dfrac{1}{a_n^2}+2$，即 $a_{n+1}^2-a_n^2=\dfrac{1}{a_n^2}+2$，代入上式有

$$\lim_{n\to\infty}\frac{a_n^2}{2n}=\frac{1}{2}\lim_{n\to\infty}\left(2+\frac{1}{a_n^2}\right)=1,$$

因此有$\lim\limits_{n\to\infty}\frac{a_n}{\sqrt{2n}}=1$.

例 1.5.12 设 $x_0\in\left(0,\ \frac{\pi}{2}\right)$, $x_n=\sin x_{n-1}$, $n=1,2,\cdots$, 证明：$\lim\limits_{n\to\infty}\sqrt{n}x_n=\sqrt{3}$.

证 因为 $x_n=\sin x_{n-1}<x_{n-1}$，所以 $\{x_n\}$ 严格递减有下界，易知极限为 0. 由 Stolz 定理

$$\lim_{n\to\infty}nx_n^2=\lim_{n\to\infty}\frac{(n+1)-n}{\dfrac{1}{x_{n+1}^2}-\dfrac{1}{x_n^2}}=\lim_{n\to\infty}\frac{x_n^2x_{n+1}^2}{x_n^2-x_{n+1}^2}=\lim_{n\to\infty}\frac{x_n^2\sin^2x_n}{x_n^2-\sin^2x_n}$$

$$=\lim_{n\to\infty}\frac{x_n^4}{\dfrac{1}{3}x_n^4+o(x_n^4)}=3\left(\text{用到 } x_{n+1}=\sin x_n=x_n-\frac{1}{3!}x_n^3+o(x_n^4)\right),$$

因此有$\lim\limits_{n\to\infty}\sqrt{n}x_n=\sqrt{3}$.

例 1.5.13 设级数 $\sum\limits_{n=1}^{\infty}a_n$ 收敛，又 $\{p_n\}$ 为严格递增的正值无穷大量. 证明：

$$\lim_{n\to\infty}\frac{p_1a_1+p_2a_2+\cdots+p_na_n}{p_n}=0.$$

证 令 $S_n=a_1+\cdots+a_n$, $n\in\mathbf{N}$，由 $\sum\limits_{n=1}^{\infty}a_n$ 收敛，记$\lim\limits_{n\to\infty}S_n=S$. 于是 $a_1=S_1$, $a_n=S_n-S_{n-1}$, $n=2,3,\cdots$，且

$$\begin{aligned}&\lim_{n\to\infty}\frac{p_1a_1+p_2a_2+\cdots+p_na_n}{p_n}\\&=\lim_{n\to\infty}\frac{p_1a_1+p_2(S_2-S_1)+\cdots+p_n(S_n-S_{n-1})}{p_n}\\&=\lim_{n\to\infty}\left[\frac{S_1(p_1-p_2)+S_2(p_2-p_3)+\cdots+S_{n-1}(p_{n-1}-p_n)}{p_n}+S_n\right]\\&\xlongequal{\text{Stolz公式}}\lim_{n\to\infty}\left[\frac{S_n(p_n-p_{n+1})}{p_{n+1}-p_n}+S_n\right]=\lim_{n\to\infty}(-S_n+S_n)=\lim_{n\to\infty}0=0.\end{aligned}$$

例 1.5.14 设正项级数 $\sum\limits_{n=1}^{\infty}a_n$ 发散，记 $A_n=\sum\limits_{k=1}^{n}a_k$ $(n\in\mathbf{N})$. 若有$\lim\limits_{n\to\infty}\frac{a_n}{A_n}=0$，证明：

$$\lim_{n\to\infty}\frac{1}{\ln A_n}\sum_{k=1}^{n}\frac{a_k}{A_k}=1.$$

证 应用 Stolz 定理有

$$\begin{aligned}\text{原式}&=\lim_{n\to\infty}\frac{a_{n+1}/A_{n+1}}{\ln A_{n+1}-\ln A_n}=\lim_{n\to\infty}\frac{a_{n+1}/A_{n+1}}{-\ln[(A_{n+1}-a_{n+1})/A_{n+1}]}\\&=\lim_{n\to\infty}\frac{1}{\ln(1-a_{n+1}/A_{n+1})^{-(A_{n+1}/a_{n+1})}}=\frac{1}{\ln e}=1.\end{aligned}$$

习　题　1-5

1. 计算下列极限.

(1) $\lim\limits_{n\to\infty}\dfrac{1+\dfrac{1}{\sqrt{2}}+\cdots+\dfrac{1}{\sqrt{n}}}{\sqrt{n}}$；　(2) $\lim\limits_{n\to\infty}\dfrac{\sqrt{1}+\sqrt{2}+\cdots+\sqrt{n}}{n\sqrt{n}}$；

(3) $\lim\limits_{n\to\infty}\dfrac{1+a+2a^2+\cdots+na^n}{na^{n+2}}$，$a>1$；　(4) $\lim\limits_{n\to\infty}\dfrac{1}{n^{\lambda k}}\sum\limits_{k=1}^{n}k^{\lambda k}$，$\lambda>0$.

2. 设 $\lim\limits_{n\to\infty}a_n=a$，求

(1) $\lim\limits_{n\to\infty}\dfrac{a_1+2a_2+\cdots+na_n}{n^2}$；　(2) $\lim\limits_{n\to\infty}\dfrac{1}{\sqrt{n}}\sum\limits_{k=1}^{n}\dfrac{a_k}{\sqrt{k}}$；

(3) $\lim\limits_{n\to\infty}\dfrac{1}{\ln n}\sum\limits_{k=1}^{n}\dfrac{a_k}{k}$；　(4) $\lim\limits_{n\to\infty}\dfrac{n}{\dfrac{1}{a_1}+\dfrac{1}{a_2}+\cdots+\dfrac{1}{a_n}}$，$a_i\neq0, i=1,2,\cdots,n$.

3. 设 $\lim\limits_{n\to\infty}(x_n-x_{n-2})=0$，求 $\lim\limits_{n\to\infty}\dfrac{x_n}{n}$ 和 $\lim\limits_{n\to\infty}\dfrac{x_n-x_{n-1}}{n}$.

4. 设 $0<x_1<\dfrac{1}{q}$，其中 $0<q\leqslant1$，并且 $x_{n+1}=x_n(1-qx_n)$，证明：$\lim\limits_{n\to\infty}nx_n=\dfrac{1}{q}$.

5. 设 $x_1>0$，$x_{n+1}=\ln(1+x_n)$ ($n=1,2,\cdots$)，证明：$\lim\limits_{n\to\infty}nx_n=2$.

6. 证明 $\dfrac{0}{0}$ 型的 Stolz 定理：设 $\{a_n\},\{b_n\}$ 都是无穷小量，$\{b_n\}$ 是严格单调递减数列，且 $\lim\limits_{n\to\infty}\dfrac{a_{n+1}-a_n}{b_{n+1}-b_n}=l$（有限或 $\pm\infty$），则有 $\lim\limits_{n\to\infty}\dfrac{a_n}{b_n}=l$.

1.6　广义洛必达法则及其应用

众所周知，洛必达法则是求不定型极限的有力工具，一大批极限问题可以用其求解，但对有些极限问题却无能为力，例如：设 $f(x)$ 在 $(a,+\infty)$ 内可微，且 $\lim\limits_{x\to+\infty}f'(x)=A$，求 $\lim\limits_{x\to+\infty}\dfrac{f(x)}{x}$. 这里因为没有假设 $\lim\limits_{x\to+\infty}f(x)=\infty$，不能使用传统的洛必达法则. 试问这样的假设真的必不可少吗？不！这个假设条件可以去掉，即有下面广义洛必达法则.

定理 1.6.1$\left(\dfrac{*}{\infty}\text{不定型极限，L'Hospital 法则}\right)$　设 $f(x)$ 和 $g(x)$ 在 $(a,a+r]$，$r>0$ 上可导，若满足

(1) $g'(x)\neq0$；

(2) $\lim\limits_{x\to a^+}g(x)=\infty$；

(3) $\lim\limits_{x\to a^+}\dfrac{f'(x)}{g'(x)}=A$（$A$ 为有限数或$\pm\infty$，或$-\infty$）；

则有 $\lim\limits_{x\to a^+}\dfrac{f(x)}{g(x)}=A$.

注　与传统洛必达法则相比，对分子上的函数 $f(x)$ 假设条件减弱了：$f(x)$ 可以无极限、可以有极限、极限可以有限. 当然证明的难度相应加大了.

证 1　仅考虑 A 为有限常数的情形.

因为 $\lim\limits_{x\to a^+}\dfrac{f'(x)}{g'(x)}=A$，所以对任意的 $\varepsilon>0$，存在 $\rho>0$（$\rho<r$），使得当 $0<x-a<\rho$ 时，

$$\left|\frac{f'(x)}{g'(x)}-A\right|<\varepsilon,$$

取 $x_0=a+\rho$，因为 $g'(x)\neq 0$，由柯西中值定理，对任意的 $x\in(a,x_0)$，存在 $\xi\in(x,x_0)\subset(a,a+\rho)$ 满足

$$\frac{f(x)-f(x_0)}{g(x)-g(x_0)}=\frac{f'(\xi)}{g'(\xi)},$$

于是得到

$$\left|\frac{f(x)-f(x_0)}{g(x)-g(x_0)}-A\right|=\left|\frac{f'(\xi)}{g'(\xi)}-A\right|<\varepsilon,\qquad (*)$$

故当 $x\neq x_0$ 时有

$$\frac{f(x)}{g(x)}=\frac{f(x)-f(x_0)}{g(x)}+\frac{f(x_0)}{g(x)}=\frac{g(x)-g(x_0)}{g(x)}\cdot\frac{f(x)-f(x_0)}{g(x)-g(x_0)}+\frac{f(x_0)}{g(x)}$$
$$=\left[1-\frac{g(x_0)}{g(x)}\right]\frac{f(x)-f(x_0)}{g(x)-g(x_0)}+\frac{f(x_0)}{g(x)},$$

于是

$$\left|\frac{f(x)}{g(x)}-A\right|=\left|\left[1-\frac{g(x_0)}{g(x)}\right]\frac{f(x)-f(x_0)}{g(x)-g(x_0)}+\frac{f(x_0)}{g(x)}-A\right|$$
$$\leqslant\left|1-\frac{g(x_0)}{g(x)}\right|\cdot\left|\frac{f(x)-f(x_0)}{g(x)-g(x_0)}-A\right|+\left|\frac{f(x_0)-Ag(x_0)}{g(x)}\right|.$$

又因为 $\lim\limits_{x\to a^+}g(x)=\infty$，所以存在 $\delta<\rho$，使得当 $0<x-a<\delta$ 时有

$$0<1-\frac{g(x_0)}{g(x)}<1,\qquad \left|\frac{f(x_0)-Ag(x_0)}{g(x)}\right|<\varepsilon.$$

综上可知，对任意 $\varepsilon>0$，存在 $\delta>0$，当 $0<x-a<\delta$ 时有

$$\left|\frac{f(x)}{g(x)}-A\right|\leqslant\varepsilon+\varepsilon=2\varepsilon,$$

从而

$$\lim_{x\to a^+}\frac{f(x)}{g(x)}=A.$$

证 2　由（$*$）可得 $A-\varepsilon<\dfrac{f(x)-f(x_0)}{g(x)-g(x_0)}<A+\varepsilon$. 因为 x 充分趋近 a 时，可使 $1-\dfrac{g(x_0)}{g(x)}>0$，上式两边同乘以 $1-\dfrac{g(x_0)}{g(x)}=\dfrac{g(x)-g(x_0)}{g(x)}$ 并移项得

$$\left[1-\frac{g(x_0)}{g(x)}\right](A-\varepsilon)+\frac{f(x_0)}{g(x)}<\frac{f(x)}{g(x)}<\left[1-\frac{g(x_0)}{g(x)}\right](A+\varepsilon)+\frac{f(x_0)}{g(x)},$$

因为 $\lim\limits_{x\to a^+}g(x)=\infty$，在上述不等式两边取上、下极限得到

$$A-\varepsilon\leqslant\varliminf_{x\to a^+}\frac{f(x)}{g(x)}\leqslant\varlimsup_{x\to a^+}\frac{f(x)}{g(x)}\leqslant A+\varepsilon,$$

再令 $\varepsilon\to0^+$ 得

$$A\leqslant\varliminf_{x\to a^+}\frac{f(x)}{g(x)}\leqslant\varlimsup_{x\to a^+}\frac{f(x)}{g(x)}\leqslant A,$$

$$\lim_{x\to a^+}\frac{f(x)}{g(x)}=\varliminf_{x\to a^+}\frac{f(x)}{g(x)}=\varlimsup_{x\to a^+}\frac{f(x)}{g(x)}=A.$$

证 3　因为 $\lim\limits_{x\to a^+}\dfrac{f'(x)}{g'(x)}=A$，故对任意 $\varepsilon>0$，存在 $0<\rho<r$，使得对任意的 $x\in(a,a+\rho]$ 有 $A-\varepsilon\leqslant\dfrac{f'(x)}{g'(x)}\leqslant A+\varepsilon$. 取 $x_0=a+\rho$，则因 $\lim\limits_{x\to a^+}g(x)=\infty$，当 x 充分接近 a 时总有 $g(x)\geqslant g(x_0)>0$ 或 $g(x)\leqslant g(x_0)<0$，从而有 $0<1-\dfrac{g(x_0)}{g(x)}<1$，于是得

$$\begin{aligned}\varlimsup_{x\to a^+}\frac{f(x)}{g(x)}&=\varlimsup_{x\to a^+}\frac{f(x)-f(x_0)}{g(x)}=\varlimsup_{x\to a^+}\frac{f(x)-f(x_0)}{g(x)-g(x_0)}\cdot\frac{g(x)-g(x_0)}{g(x)}\\&=\varlimsup_{x\to a^+}\frac{f'(\xi_x)}{g'(\xi_x)}\left[1-\frac{g(x_0)}{g(x)}\right]\leqslant\varlimsup_{x\to a^+}(A+\varepsilon)=A+\varepsilon,\end{aligned}$$

其中 $\xi_x\in(a,x_0)$. 令 $\varepsilon\to0^+$，有 $\varlimsup\limits_{x\to a^+}\dfrac{f(x)}{g(x)}\leqslant A$.

同理可证 $\varliminf\limits_{x\to a^+}\dfrac{f(x)}{g(x)}\geqslant A$，从而得出 $\lim\limits_{x\to a^+}\dfrac{f(x)}{g(x)}=A$.

注　极限过程 $x\to a^+$ 可以换为 $x\to a^-,x\to a,x\to\pm\infty,x\to\infty$.

为了复习和熟悉前面的知识，下面再用 Stolz 定理和 Heine 归结原理对 $x\to+\infty$ 的情形加以证明.

定理 1.6.2　设 $f(x)$ 和 $g(x)$ 在 $(a,+\infty)$ 上可导，且满足

(1) $g'(x)\neq0$;

(2) $\lim\limits_{x\to+\infty} g(x)=\infty$；

(3) $\lim\limits_{x\to+\infty}\dfrac{f'(x)}{g'(x)}=A$（$A$ 为有限数或 $\pm\infty$）；

则有 $\lim\limits_{x\to+\infty}\dfrac{f(x)}{g(x)}=A$.

证　仅证 A 为有限常数的情形.

因 $g'(x)\neq 0$，对任意 $x\in(a,+\infty)$，由达布定理可知 $g'(x)$在（$a,+\infty$）上不变号. 不妨设 $g'(x)>0$，于是 $g(x)$ 在（$a,+\infty$）上严格单调递增，再由 $\lim\limits_{x\to+\infty} g(x)=\infty$可知 $\lim\limits_{x\to+\infty} g(x)=+\infty$.

现任取一严格递增的正无穷大数列 $\{x_n\}$，在 $[x_n,x_{n+1}]$ 上用柯西中值定理有

$$\frac{f(x_{n+1})-f(x_n)}{g(x_{n+1})-g(x_n)}=\frac{f'(\xi_n)}{g'(\xi_n)},\qquad x_n<\xi_n<x_{n+1},$$

可见有$\lim\limits_{n\to\infty}\xi_n=+\infty$. 因为 $\lim\limits_{x\to+\infty}\dfrac{f'(x)}{g'(x)}=A$，从而有

$$\lim_{n\to\infty}\frac{f(x_{n+1})-f(x_n)}{g(x_{n+1})-g(x_n)}=\lim_{n\to\infty}\frac{f'(\xi_n)}{g'(\xi_n)}=\lim_{x\to+\infty}\frac{f'(x)}{g'(x)}=A,$$

注意到当 $\{x_n\}$ 严格递增时相应的函数数列 $\{g(x_n)\}$ 也严格递增，且有$\lim\limits_{n\to\infty}g(x_n)=+\infty$. 由 Stolz 定理得出

$$\lim_{n\to\infty}\frac{f(x_n)}{g(x_n)}=\lim_{n\to\infty}\frac{f(x_{n+1})-f(x_n)}{g(x_{n+1})-g(x_n)}=A,$$

再由 Heine 定理得出 $\lim\limits_{x\to+\infty}\dfrac{f(x)}{g(x)}=A$.

条件放宽了，应用范围和作用就更大了，许多较难的题目，包括某些证明题可以利用广义洛必达法则迎刃而解，显得十分简单. 下面再看一些例题.

例 1.6.1　设 $f(x)$ 在（$a,+\infty$）内可微，且 $\lim\limits_{x\to+\infty} xf'(x)=A$，求 $\lim\limits_{x\to+\infty}\dfrac{f(x)}{\ln x}$.

解　原式$=\lim\limits_{x\to+\infty}\dfrac{f(x)}{\ln x}=\lim\limits_{x\to+\infty}\dfrac{f'(x)}{(\ln x)'}=\lim\limits_{x\to+\infty} xf'(x)=A$.

例 1.6.2　设 $f(x)$ 在（$a,+\infty$）内可微，且 $\lim\limits_{x\to+\infty}[f(x)+f'(x)]=A$. 证明：

$$\lim_{x\to+\infty} f(x)=A,\qquad \lim_{x\to+\infty} f'(x)=0.$$

证　$\lim\limits_{x\to+\infty} f(x)=\lim\limits_{x\to+\infty}\dfrac{f(x)\mathrm{e}^x}{\mathrm{e}^x}=\lim\limits_{x\to+\infty}\dfrac{\mathrm{e}^x[f(x)+f'(x)]}{\mathrm{e}^x}=A$，由此可得 $\lim\limits_{x\to+\infty} f'(x)=0$.

例 1.6.3　设 $f(x)$ 在 $(a,+\infty)$ 上可微，且 $\lim\limits_{x\to+\infty}\left[f(x)+\dfrac{1}{\alpha}f'(x)\right]=A$，$\alpha$ 为正数，求 $\lim\limits_{x\to+\infty}f(x)$ 和 $\lim\limits_{x\to+\infty}f'(x)$.

解　因为 $\lim\limits_{x\to+\infty}f(x)=\lim\limits_{x\to+\infty}\dfrac{f(x)\mathrm{e}^{\alpha x}}{\mathrm{e}^{\alpha x}}=\lim\limits_{x\to+\infty}\dfrac{\alpha\mathrm{e}^{\alpha x}f(x)+\mathrm{e}^{\alpha x}f'(x)}{\alpha\mathrm{e}^{\alpha x}}=\lim\limits_{x\to+\infty}\left[f(x)+\dfrac{1}{\alpha}f'(x)\right]=A$，所以

$$\frac{1}{\alpha}\lim_{x\to+\infty}f'(x)=\lim_{x\to+\infty}\left[f(x)+\frac{1}{\alpha}f'(x)-f(x)\right]=A-A=0.$$

例 1.6.4　设 $f(x)$ 在 $(a,+\infty)$ 上可微，$\lim\limits_{x\to+\infty}\left[f(x)+\dfrac{x}{\alpha}f'(x)\right]=A$，$\alpha$ 为正常数，求 $\lim\limits_{x\to+\infty}f(x)$ 和 $\lim\limits_{x\to+\infty}xf'(x)$.

解　根据广义洛必达法则有

$$\begin{aligned}\lim_{x\to+\infty}f(x)&=\lim_{x\to+\infty}\frac{x^{\alpha}f(x)}{x^{\alpha}}=\lim_{x\to+\infty}\frac{\alpha x^{\alpha-1}f(x)+x^{\alpha}f'(x)}{\alpha x^{\alpha-1}}\\&=\lim_{x\to+\infty}\left[f(x)+\frac{x}{\alpha}f'(x)\right]=A,\end{aligned}$$

进而可得 $\lim\limits_{x\to+\infty}xf'(x)=0$.

例 1.6.5　设 $f(x)$ 在 $[0,1]$ 上可微，且 $\lim\limits_{x\to0^+}[f(x)-xf'(x)]=A$，求 $\lim\limits_{x\to0^+}f(x)$ 和 $\lim\limits_{x\to0^+}xf'(x)$.

解　根据广义洛必达法则有

$$\begin{aligned}\lim_{x\to0^+}f(x)&=\lim_{x\to0^+}\frac{\frac{1}{x}f(x)}{\frac{1}{x}}=\lim_{x\to0^+}\frac{f(x)\cdot\left(-\frac{1}{x^2}\right)+\frac{f'(x)}{x}}{-\frac{1}{x^2}}\\&=\lim_{x\to0^+}[f(x)-xf'(x)]=A,\end{aligned}$$

进而可得 $\lim\limits_{x\to0^+}xf'(x)=0$.

例 1.6.6　设 $f(x)$ 在 $[a,+\infty)$ 上连续，$\lim\limits_{x\to+\infty}f(x)$ 存在，$\int_a^{+\infty}f(x)\mathrm{d}x$ 收敛，证明：$\lim\limits_{x\to+\infty}f(x)=0$.

证　$0=\lim\limits_{x\to+\infty}\dfrac{1}{x}\displaystyle\int_a^x f(t)\mathrm{d}t=\lim\limits_{x\to+\infty}\dfrac{\left[\int_a^x f(t)\mathrm{d}t\right]'}{(x)'}=\lim\limits_{x\to+\infty}f(x)$.

例 1.6.7　设 $f(x)$ 在 $[a,+\infty)$ 上连续，$\lim\limits_{x\to+\infty}\left[f(x)+\displaystyle\int_a^x f(t)\mathrm{d}t\right]=A$，证

明：$\lim\limits_{x\to+\infty}\int_a^x f(t)\mathrm{d}t = A$，$\lim\limits_{x\to+\infty} f(x)=0$.

这是例 1.6.2 的变形.

例 1.6.8　设 $f(x)$ 在 $[0,+\infty)$ 上连续，且 $\lim\limits_{x\to+\infty} f(x)=A$. 证明：

$$\lim_{x\to+\infty}\frac{1}{x}\int_0^x f(t)\mathrm{d}t = \lim_{x\to+\infty}\frac{1}{x+\alpha}\int_0^x f(t)\mathrm{d}t = \lim_{x\to+\infty}\frac{1}{\sqrt{x^2+\alpha}}\int_0^x f(t)\mathrm{d}t = A,$$

$$\lim_{x\to+\infty}\frac{1}{x+\alpha}\int_x^{x+\beta} f(t)\mathrm{d}t = 0,$$

其中 α,β 为任意常数.

证　根据广义洛必达法则有 $\lim\limits_{x\to+\infty}\frac{1}{x}\int_0^x f(t)\mathrm{d}t = \lim\limits_{x\to+\infty} f(x) = A$，由此可知

$$\lim_{x\to+\infty}\frac{1}{\sqrt{x^2+\alpha}}\int_0^x f(t)\mathrm{d}t = \lim_{x\to+\infty}\frac{\int_0^x f(t)\mathrm{d}t}{x}\cdot\frac{x}{\sqrt{x^2+\alpha}} = A,$$

同理

$$\lim_{x\to+\infty}\frac{\int_x^{x+\beta} f(t)\mathrm{d}t}{x+\alpha} = \lim_{x\to+\infty}[f(x+\beta)-f(x)] = A-A = 0.$$

例 1.6.9　设 $f(x)$ 在 $[0,+\infty)$ 上连续，且 $\lim\limits_{x\to+\infty} f(x)=A$，求

$$\lim_{n\to+\infty}\int_0^1 f(nx)\mathrm{d}x.$$

解　令 $t=nx$，则

$$\int_0^1 f(nx)\mathrm{d}x = \frac{1}{n}\int_0^n f(t)\mathrm{d}t.$$

由例 1.6.8 得

$$\lim_{n\to+\infty}\int_0^1 f(nx)\mathrm{d}x = \lim_{n\to+\infty}\frac{1}{n}\int_0^n f(t)\mathrm{d}t = A.$$

例 1.6.10　设 $f(x)$ 在 $[0,+\infty)$ 上连续，$\lim\limits_{x\to+\infty}\frac{1}{x}\int_0^x f(t)\mathrm{d}t=A$，且 $\lim\limits_{x\to+\infty} f(x)$ 存在，证明：$\lim\limits_{x\to+\infty} f(x)=A$.

证
$$A = \lim_{x\to+\infty}\frac{1}{x}\int_0^x f(t)\mathrm{d}t = \lim_{x\to+\infty} f(x).$$

例 1.6.11　求 $\lim\limits_{x\to+\infty}\frac{1}{x}\int_{\frac{1}{x}}^1 \frac{\cos 2t}{t^2}\mathrm{d}t$.

解
$$\lim_{x\to+\infty}\frac{1}{x}\int_{\frac{1}{x}}^1 \frac{\cos 2t}{t^2}\mathrm{d}t = \lim_{x\to+\infty} -\frac{\cos\frac{2}{x}}{\frac{1}{x^2}}\cdot\left(-\frac{1}{x^2}\right) = \lim_{x\to+\infty}\cos\frac{2}{x} = \cos 0 = 1.$$

习　题　1-6

1. 设 $f(x)$ 在 $(a,+\infty)$ 内可微，且 $\lim\limits_{x\to+\infty}\frac{f(x)}{x}=A$，则当 $\lim\limits_{x\to+\infty}f'(x)$ 存在时，证明：$\lim\limits_{x\to+\infty}f'(x)=A$.

2. 设 $f(x)$ 在 $(a,+\infty)$ 内二阶可导，且 $\lim\limits_{x\to+\infty}f''(x)=A$，证明：$\lim\limits_{x\to+\infty}\frac{f'(x)}{x}=A$，$\lim\limits_{x\to+\infty}\frac{f(x)}{x^2}=\frac{A}{2}$.

3. 设 $f(x)$ 在 $(a,+\infty)$ 上可微，$\lim\limits_{x\to+\infty}f(x)$ 和 $\lim\limits_{x\to+\infty}f'(x)$ 存在，证明：$\lim\limits_{x\to+\infty}f'(x)=0$.

4. 证明例 1.6.7，即：设 $f(x)$ 在 $[a,+\infty)$ 上连续，$\lim\limits_{x\to+\infty}\left[f(x)+\int_a^x f(t)\mathrm{d}t\right]=A$. 证明：$\lim\limits_{x\to+\infty}\int_a^x f(t)\mathrm{d}t=A$，$\lim\limits_{x\to+\infty}f(x)=0$.

5. 设 $f(x)$ 在 $(a,+\infty)$ 上可导，且对任意的 $\alpha>0$，$\lim\limits_{x\to+\infty}[\alpha f(x)+xf'(x)]=\beta$，证明：$\lim\limits_{x\to+\infty}f(x)=\frac{\beta}{\alpha}$.

6. 设 $f(x)$ 在 $(a,+\infty)$ 上存在有界的导函数，证明：$\lim\limits_{x\to+\infty}\frac{f(x)}{x\ln x}=0$.

7. 设 $f(x)$ 在 $(a,+\infty)$ 上可导，$a>0$，若有 $\lim\limits_{x\to+\infty}[af(x)+2\sqrt{x}f'(x)]=l$，证明：$\lim\limits_{x\to+\infty}f(x)=\frac{l}{a}$.

第 2 讲　实数系的基本定理

有关实数系的基本定理，我们在高等数学中讨论数列极限存在准则时，曾给出过其中的两个，即数列的单调有界定理和柯西收敛准则（当时没有严格的数学证明）. 除此之外，还有确界存在原理、区间套定理、致密性定理和有限覆盖定理. 以上六个基本定理用不同的方式从各个角度刻画了实数系非常重要的一种特性，通常称之为实数系的连续性，这六个定理是相互等价的，即从其中的任何一个可推得另外五个.

在学习这些基本定理之前，我们先简略介绍一下实数系.

2.1　实　数　系

大家知道，任何两个自然数之和与积必定还是自然数，即自然数集合 $\mathbf{N}$ 对于加法与乘法运算是封闭的. 但是 $\mathbf{N}$ 对于减法运算不封闭，即任意两个自然数之差不一定还是自然数. 当数系由自然数集合扩充到整数集合 $\mathbf{Z}$ 后，关于加法、减法和乘法都封闭了. 但是 $\mathbf{Z}$ 对于除法运算不封闭. 因此，数系又由整数集合 $\mathbf{Z}$ 扩充到有理数集合 $\mathbf{Q}$，有理数集合 $\mathbf{Q}$ 关于加法、减法、乘法和除法都是封闭的.

显然，有理数集合 $\mathbf{Q}$ 的每一个元素 $\frac{q}{p}$（$p\in\mathbf{N}$，$q\in\mathbf{Z}$）都能在数轴上找到对应的点，这些点称为有理点. 容易知道，在数轴上的任意一段长度大于 0 的线段上，总存在无穷多个有理点. 粗想一下，有理点在数轴上密密麻麻，我们称有理数集合具有“稠密性”.

尽管有理点在数轴上密密麻麻，但它并没有布满整个数轴，其中留有许多“空隙”. 比如说，用 c 表示边长为 1 的正方形的对角线的长度，这个 c 就无法用有理数来表示. 下面我们用反证法来证明：根据勾股定理，$c^2=2$，若 $c=\frac{q}{p}$（$p,q\in\mathbf{N}$，且 p,q 互质），则有 $q^2=2p^2$. 因为奇数的平方仍为奇数，所以 q 就是偶数. 设 $q=2r$，$r\in\mathbf{N}$，又得到 $p^2=2r^2$，即 p 也为偶数，这与 p，q 互质的假设矛盾，所以 c 不是有理数（图 2-1）.

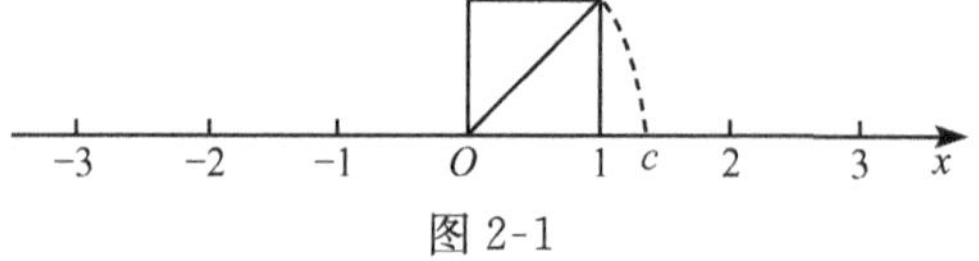

图 2-1

这正说明与 c 对应的点位于有理数集合的“空隙”中，换言之，有理数集合 $\mathbf{Q}$ 对于开方运算是不封闭的. 由于有理数一定能表示成有限小数或无限循环小数，所以扩充有理数集合 $\mathbf{Q}$ 的最直接的方式之一，就是把所有的无限不循环小数（称为无理数）吸收进来，让无理数填补有理数在数轴上的所有“空隙”. 我们把全体有理数再加上全体无理数所构成的集合称为实数系 $\mathbf{R}$，实数填满了整个数轴. 这样一来，每个实数都可以在数轴上找到对应的点，而数轴上的每个点又可以通过自己的坐标表示唯一一个实数. 实数集合的这一性质称为实数系 $\mathbf{R}$ 的“连续性”，亦称“完备性”.

实数系的连续性是分析学的基础，在数学分析以及泛函分析、拓扑学等数学分支中起着极其重要的作用.

习　题　2-1

1. 若自然数 n 不是完全平方数，证明$\sqrt{n}$是无理数.
2. 设 a，b 是两个不同实数，证明在 a 和 b 之间一定存在有理数.
3. 设 x 为无理数，证明存在无穷多个有理数$\dfrac{p}{q}$（p,q 为整数，$q>0$）使得$\left|x-\dfrac{p}{q}\right|<\dfrac{1}{q^2}$.

2.2　上确界与下确界

设 E 是一个非空数集，如果存在 $M\in\mathbf{R}$，使得对任意 $x\in E$，有 $x\leqslant M$，则称 M 是 E 的一个上界；如果存在 $m\in\mathbf{R}$，使得对任意 $x\in E$，有 $x\geqslant m$，则称 m 是 E 的一个下界. 当数集 E 既有上界，又有下界时，称 E 为有界数集.

例 2.2.1　$E=\left\{1,\dfrac{1}{2},\dfrac{1}{3},\cdots,\dfrac{1}{n},\cdots\right\}$是有界数集，1 是 E 的一个上界，0 是 E 的一个下界.

例 2.2.2　$E=\{x\mid x<0,\ x\in\mathbf{R}\}$ 有上界 0，但没有下界.

显然，如果一个数集 E有上界的话，那么它一定有无穷多个上界. 同样，如果有下界的话，一定有无穷多个下界. 这时，我们自然会问，在这无穷多个上界中，有没有一个最小的上界呢？在这无穷多个下界中，有没有一个最大的下界呢？为了回答这个问题，数学家引进了上确界和下确界的概念.

定义 2.2.1　设给定一数集 E，若存在这样一个数 β，满足下面两个条件：

(i) 集 E中的一切数 $x\leqslant\beta$；

(ii) 对任意给定的正数 ε，至少存在一个数 $x_0\in E$，使 $x_0>\beta-\varepsilon$；

则称 β 为 E 的上确界，记为

$$\beta=\sup E \quad 或 \quad \beta=\sup_{x\in E}\{x\}.$$

这里，sup 是拉丁文 supremum 的缩写.

上面第一个条件是说 β 是数集 E 的一个上界，而第二个条件则指出凡小于 β 的任何数都不是 E 的上界. 换言之，β 就是 E 的最小的上界.

同样，对给定的数集 E，若存在这样一个数 α，满足下面两个条件：

(i) 集 E 中的一切数 $x\geqslant\alpha$；

(ii) 对任意给定的正数 ε，至少存在一个数 $x_0\in E$，使 $x_0<\alpha+\varepsilon$；

则称 α 为 E 的下确界，记为

$$\alpha=\inf E \quad 或 \quad \alpha=\inf_{x\in E}\{x\}.$$

这里，inf 是拉丁文 infimum 的缩写.

第一个条件是说 α 是 E 的一个下界，而第二个条件则说凡大于 α 的任何数都不是 E 的下界，也就是说 α 是 E 的最大下界.

由定义可以证得，如果数集有上（下）确界，则上（下）确界是唯一的. 然而一个有上（下）界的数集是否一定有上（下）确界呢？下面定理给出了答案.

定理 2.2.1（确界存在原理） 非空有上界的数集一定有上确界；非空有下界的数集一定有下确界.

这个定理直观上并不难理解，但其严格证明需要繁琐的实数理论，这里略去证明.

显然，任何一个有限数集，其上下确界不但一定存在，而且最大数就是它的上确界，最小数就是下确界. 值得注意的是：一个无限数集 E，既使它有上确界 β（或下确界 α），然而这个 β（或 α）可属于 E 也可不属于 E.

例 2.2.3 $E_1=\left\{1,\frac{1}{2},\frac{1}{3},\cdots,\frac{1}{n},\cdots\right\}$，$\alpha=0$，$\beta=1$，$\beta\in E_1$，而 $\alpha\notin E_1$.

$E_2=\{1,2,3,\cdots,n,\cdots\}$，$\alpha=1$，$\alpha\in E_2$，$\beta$ 不存在.

$E_3=\{x\,|\,0\leqslant x<1\}$，$\alpha=0$，$\beta=1$，$\alpha\in E_3$，而 $\beta\notin E_3$.

例 2.2.4 设 $E=\{x\,|\,x^2<2，x\in\mathbf{Q}\}$，验证 $\sup E=\sqrt{2}$，$\inf E=-\sqrt{2}$.

证 仅验证 $\sup E=\sqrt{2}$. 一方面对任意 $x\in E$，由 $x^2<2$ 得 $x<\sqrt{2}\Rightarrow\sqrt{2}$ 是 E 的一个上界. 另一方面，设 $\beta_1<\sqrt{2}$，由有理数集在实数系中的稠密性，在区间 $(\beta_1,\sqrt{2})$ 中必有有理数 x'，则 $x'^2<2\Rightarrow x'\in E$ 且 $\beta_1<x'\Rightarrow\beta_1$ 不是 E 的上界，于是，按上确界的定义，$\sup E=\sqrt{2}$.

类似可验证 $\inf E=-\sqrt{2}$.

注 易见本例中数集 E 在有理数 $\mathbf{Q}$ 范围内无上、下确界，这表明确界存在原理在 $\mathbf{Q}$ 内不成立.

例 2.2.5 设数集 E 有上界，$\beta=\sup E$，证明：存在数列 $\{x_n\}\subset E$，使

$\lim\limits_{n\to\infty}x_n=\beta$.

证　如果数集 E 的上确界就是 E 的最大数，即 $\beta=\sup E\in E$，则只要简单取 $x_n=\beta$ $(n=1,2,3,\cdots)$ 即可，这时 $\{x_n\}$ 是常值数列. 下面讨论 $\beta\notin E$ 的情形.

由于 $\beta=\sup E$，按上确界的定义以及 $\beta\notin E$，(i) 对一切 $x\in E$ 都有 $x<\beta$；(ii) 对任意给定的 $\varepsilon>0$，存在 $x_0\in E$ 使 $x_0>\beta-\varepsilon$. 特别取 $\varepsilon_n=\dfrac{1}{n}$ $(n=1,2,3,\cdots)$ 则存在 $x_n\in E$，使

$$\beta-\frac{1}{n}<x_n<\beta,$$

应用夹逼准则得 $\lim\limits_{n\to\infty}x_n=\beta$.

定理 2.2.2　单调有界数列必有极限.

证　不妨设数列 $\{x_n\}$ 单调增加且有上界. 根据确界存在原理，必有上确界 $\beta=\sup\{x_n\}$，下面证明 β 恰好就是 $\{x_n\}$ 的极限，即 $x_n\to\beta$ $(n\to\infty)$.

由上确界的定义有：

(i) $x_n\leqslant\beta$ $(n=1,2,3,\cdots)$；

(ii) 对任意给定的 $\varepsilon>0$，存在 x_N：$x_N>\beta-\varepsilon$.

由于 $\{x_n\}$ 是单调增加数列，因此当 $n>N$ 时，有

$$x_n\geqslant x_N,$$

从而 $x_n>\beta-\varepsilon$，也就是说，当 $n>N$ 时，有

$$0\leqslant\beta-x_n<\varepsilon,$$

所以

$$x_n\to\beta\qquad(n\to\infty).$$

这里不仅证明了单调有界数列的极限存在，而且还证明了：如果数列是单调增加的，则极限就是它的上确界.

同样可证，单调减少且有下界的数列极限必存在，并且极限就是它的下确界.

习　题　2-2

1. 求下列数集的上、下确界.

(1) $\left\{1-\dfrac{1}{n}\,\middle|\,n\in\mathbf{N}\right\}$；　　(2) $\left\{\left(1+\dfrac{1}{n}\right)^n\,\middle|\,n\in\mathbf{N}\right\}$；

(3) $\left\{(-1)^n+\dfrac{1}{n}(-1)^{n+1}\,\middle|\,n\in\mathbf{N}\right\}$；　　(4) $\left\{y\,\middle|\,y=x^2,x\in\left(-1,\dfrac{1}{2}\right)\right\}$.

2. 设 $E=\{x\mid x^2<2,x\in\mathbf{Q}\}$，验证 $\inf E=-\sqrt{2}$.

3. 用定义证明上（下）确界的唯一性.

4. 试证收敛数列必有上确界和下确界，且上下确界中至少有一个属于该数列. 趋于$+\infty$的数列必有下确界，趋于$-\infty$的数列必有上确界.

5. 证明：单调减少有下界的数列必有极限.

2.3　区间套定理

定义 2.3.1　如果一列闭区间 $\{[a_n,b_n]\}$ 满足条件：

(i) $[a_{n+1},b_{n+1}]\subset[a_n,b_n],n=1,2,3,\cdots$；

(ii) $\lim\limits_{n\to\infty}(b_n-a_n)=0$；

则称这一列闭区间为一闭区间套，简称区间套.

定理 2.3.1（区间套定理）　如果 $\{[a_n,b_n]\}$ 为一区间套，则存在唯一的点 ξ：$\xi\in[a_n,b_n],n=1,2,3,\cdots$，并且有

$$\lim_{n\to\infty}a_n=\lim_{n\to\infty}b_n=\xi.$$

证　由条件 (i) 知区间的左端点所成的数列 $\{a_n\}$ 单调增加且有上界，右端点所成的数列 $\{b_n\}$ 单调减少且有下界，从而二者都有极限，设$\lim\limits_{n\to\infty}a_n=\xi$. 因为$\lim\limits_{n\to\infty}(b_n-a_n)=0$，所以$\lim\limits_{n\to\infty}b_n=\xi$.

又由 $\xi=\sup\{a_n\}=\inf\{b_n\}$ 知对任何 n，有

$$a_n\leqslant\xi\leqslant b_n,$$

因此 $\xi\in[a_n,b_n]$，即 ξ 是所有闭区间 $[a_n,b_n]$ 的公共点.

若还有 ξ' 使得 $\xi'\in[a_n,b_n]$，$n=1,2,3,\cdots$，则由

$$a_n\leqslant\xi'\leqslant b_n,$$

及夹逼准则知

$$\xi'=\lim_{n\to\infty}a_n=\lim_{n\to\infty}b_n=\xi,$$

这就证明了满足要求的 ξ 是唯一的.

值得注意的是，如果把定理条件中的闭区间列 $\{[a_n,b_n]\}$ 改成开区间列 $\{(a_n,b_n)\}$，则点 ξ 不一定存在. 比如取开区间$\left(0,\dfrac{1}{n}\right)$为 (a_n,b_n)，显然它们是逐个包含的，即 $(a_{n+1},b_{n+1})\subset(a_n,b_n)$，且区间的长度 $b_n-a_n=\dfrac{1}{n}\to0$ $(n\to\infty)$. 但是，却没有任何 ξ 能同时属于所有这些开区间. 事实上，若$\xi\leqslant0$，显然 ξ 不能属于这些开区间；若 $\xi>0$，则只要 $n>\dfrac{1}{\xi}$便有$\dfrac{1}{n}<\xi$，因此 ξ 也不属于 (a_n,b_n).

例 2.3.1　设函数 $f(x)$ 在 $[a,b]$ 上单调增加，且有

$$f(a)\geqslant a,\qquad f(b)\leqslant b,$$

证明存在 $x_0\in[a,b]$，使 $f(x_0)=x_0$，即 $f(x)$ 在 $[a,b]$ 上有不动点.

证 若 $f(a)=a$ 或 $f(b)=b$，则结论已成立. 故设 $f(a)>a$，$f(b)<b$.

记 $[a_1,b_1]=[a,b]$，$c_1=\frac{1}{2}(a_1+b_1)$，若 $f(c_1)=c_1$，则已得证；若 $f(c_1)<c_1$，则记 $a_2=a_1$，$b_2=c_1$；若 $f(c_1)>c_1$，则记 $a_2=c_1$，$b_2=b_1$. 按此方式继续下去，得到区间套 $\{[a_n,b_n]\}$，而且具有性质：$f(a_n)>a_n, f(b_n)<b_n, n=1,2,3,\cdots$. 若在此过程中某一中点 c_n 使 $f(c_n)=c_n$，则已得证. 否则由区间套定理，存在 $x_0\in[a_n,b_n], n=1,2,3,\cdots$. 下面证明 $f(x_0)=x_0$.

因为 $a_n\leqslant x_0\leqslant b_n$，且 $f(x)$ 单调增加. 所以 $a_n<f(a_n)\leqslant f(x_0)\leqslant f(b_n)<b_n$，而 $\lim\limits_{n\to\infty}a_n=\lim\limits_{n\to\infty}b_n=x_0$，由夹逼准则知 $f(x_0)=x_0$.

前面在承认确界存在原理的基础上证明了区间套定理，反过来，若承认区间套定理，也可由此证明确界存在原理.

例 2.3.2 用区间套定理证明确界存在原理.

证 仅证有上界的数集 E 必有上确界. 设 b 是 E 的一个上界，a 不是 E 的上界，则 $a<b$.

令 $c_1=\frac{1}{2}(a+b)$，若 c_1 是 E 的上界，则取 $a_1=a$，$b_1=c_1$；若 c_1 不是 E 的上界，则取 $a_1=c_1$，$b_1=b$.

令 $c_2=\frac{1}{2}(a_1+b_1)$，若 c_2 是 E 的上界，则取 $a_2=a_1$，$b_2=c_2$；若 c_2 不是 E 的上界，则取 $a_2=c_2$，$b_2=b_1$.

……

将上述步骤无限进行下去，得一区间套 $\{[a_n,b_n]\}$，而且具有性质：a_n 不是 E 的上界，b_n 是 E 的上界（$n=1,2,3,\cdots$）.

由区间套定理知存在 $\xi\in[a_n,b_n]$（$n=1,2,3,\cdots$）且 $\lim\limits_{n\to\infty}a_n=\lim\limits_{n\to\infty}b_n=\xi$.

下证 $\xi=\sup E$.

(i) 对任意 $x\in E$，有 $x\leqslant b_n$（$n=1,2,3,\cdots$），而 $\xi=\lim\limits_{n\to\infty}b_n\Rightarrow x\leqslant\xi$，即 ξ 是 E 的一个上界.

(ii) 对任意 $\xi'<\xi$，因为 $\lim\limits_{n\to\infty}a_n=\xi$，所以当 n 充分大以后，有 $a_n>\xi'$. 而 a_n 不是 E 的上界 $\Rightarrow\xi'$ 不是 E 的上界. 这就证明了 ξ 是 E 的上确界.

注 1 利用区间套定理证明某个结论时，对于具体问题，所构造的区间套一定具有某种特殊性质. 构造过程中要将这个性质保持下去，然后通过区间套定理把这个特性“凝聚”到一个点 ξ. 比如在例 2.3.1 中构造的区间套，要求每个 $[a_n,b_n]$ 其左端点必须满足 $f(a_n)>a_n$，右端点满足 $f(b_n)<b_n$. 在例 2.3.2 中则要求每个 $[a_n,b_n]$ 其左端点 a_n 不是 E 的上界，而右端点 b_n 是 E 的上界.

注 2 上面两个例子构造区间套的方法都是将前一个区间二等分，取其中符合要求的一半作为后一个区间，这种“二分法”是构造区间套常用的方法.

下面我们再用区间套定理来证明实变函数论中的一个重要结论：区间 $[0,1]$ 为不可列集. 为此先简要介绍一下可列集的概念.

给定数集 S，若存在 S 与正整数集 $\mathbf{N}$ 之间的一一对应，则称 S 为可列集. 可列集的特点是这个集合中的一切数可按与 $\mathbf{N}$ 中正整数相对应的顺序一一排列出来：

$$x_1,x_2,\cdots,x_n,\cdots.$$

不是可列集的无穷数集称为不可列集.

显然，整数集 $\mathbf{Z}$ 是可列集. 还可以证明，有理数集 $\mathbf{Q}$ 也是可列集.

例 2.3.3 用区间套定理证明：区间 $[0,1]$ 为不可列集.

证 用反证法. 假设区间 $[0,1]$ 为可列集，则有

$$[0,1]=\{x_1,x_2,\cdots,x_n,\cdots\}.$$

将 $[0,1]$ 三等分，分成三个闭子区间，其中至少有一个子区间不含 x_1，记此区间为 $[a_1,b_1]$；

再将 $[a_1,b_1]$ 三等分，至少有一个子区间不含 x_2，记此区间为 $[a_2,b_2]$；

……

将上述步骤无限地进行下去，得一区间套 $\{[a_n,b_n]\}$，它具有性质：任一 $[a_n,b_n]$ 不含 $x_1,x_2,\cdots,x_n$ $(n=1,2,3,\cdots)$. 由区间套定理，存在 $\xi\in[a_n,b_n]$，$n=1,2,3,\cdots$. 于是，一方面有 $\xi\neq x_n$，$n=1,2,3,\cdots$得 $\xi\notin[0,1]$；另一方面又有 $\xi\in[a_n,b_n]\subset[0,1]$，从而引出矛盾.

习　题　2-3

1. 用区间套定理证明：有下界的数集必有下确界.

2. 设 $f(x)$ 在 $[a,b]$ 上无界. 证明必存在 $x_0\in[a,b]$，使得 $f(x)$ 在 x_0 的任意邻域内无界.

3. 设 $f(x)$，$g(x)$ 在 $[0,1]$ 上满足 $f(0)>0$，$f(1)<0$，若 $g(x)$ 在 $[0,1]$ 上连续，$f(x)+g(x)$ 在 $[0,1]$ 上单调递增. 证明存在 $\xi\in[0,1]$，使 $f(\xi)=0$.

2.4　子　　列

为了更深入地讨论极限问题，我们引入子列的概念. 在数列

$$x_1,x_2,\cdots,x_n,\cdots$$

中，保持原来次序自左往右任意选取无穷多项，如

$$x_2,x_5,x_{11},\cdots,x_{46},\cdots$$

这种数列称为 $\{x_n\}$ 的子列. 为了与数列 $\{x_n\}$ 区别，记 x_{n_1} 为子列的第一项，

x_{n_2} 为第二项，…，x_{n_k} 为第 k 项，那么数列 $\{x_n\}$ 的子列可表示为 $\{x_{n_k}\}$：

$$x_{n_1},x_{n_2},\cdots,x_{n_k},\cdots$$

k 表示 x_{n_k} 是子列中的第 k 项，即 k 为子列的序号，n_k 表示 x_{n_k} 是原数列中的第 n_k 项，即 n_k 为原数列的序号. 不难看出下标 n_k 的两个重要性质：(1) $n_k \geqslant k$；(2) $n_{k+1}>n_k$.

子列 $\{x_{n_k}\}$ 收敛于 a 是指：对任意的 $\varepsilon>0$，存在正整数 K，当 $k>K$ 时，有 $|x_{n_k}-a|<\varepsilon$，记为 $\lim\limits_{k\to\infty}x_{n_k}=a$.

一个数列 $\{x_n\}$ 的收敛性（极限）与它的子列的收敛性（极限）之间有什么关系呢？下面的定理回答了这些问题.

定理 2.4.1　数列 $\{x_n\}$ 收敛于 a 的充要条件是：其任何子列 $\{x_{n_k}\}$ 都收敛于 a.

证　若 $\lim\limits_{n\to\infty}x_n=a$，则对任意的 $\varepsilon>0$，存在正整数 N，当 $n>N$ 时，有

$$|x_n-a|<\varepsilon.$$

取 $K=N$，则当 $k>K$ 时，有 $n_k>n_K=n_N\geqslant N$，于是有

$$|x_{n_k}-a|<\varepsilon,$$

这就证明了 $\lim\limits_{k\to\infty}x_{n_k}=a$.

反之，因 $\{x_n\}$ 也是它自身的一个子列，而任一子列都收敛于 a，故有 $\lim\limits_{n\to\infty}x_n=a$.

实际上，根据偶数项子列和奇数项子列的收敛性就可确定原数列的收敛性. 即有如下定理.

定理 2.4.2　数列 $\{x_n\}$ 收敛于 a 的充要条件是：其偶数项子列和奇数项子列都收敛于 a.

证　必要性. 对任意的 $\varepsilon>0$，因为 $\lim\limits_{n\to\infty}x_n=a$. 故存在正整数 N，当 $n>N$ 时，有 $|x_n-a|<\varepsilon$. 取 $K=N$，当 $k>K$ 时，有 $2k>2K=2N>N$，$2k-1>2K-1=2N-1\geqslant N$，故 $|x_{2k}-a|<\varepsilon$，$|x_{2k-1}-a|<\varepsilon$. 从而 $\lim\limits_{k\to\infty}x_{2k}=a$，$\lim\limits_{k\to\infty}x_{2k-1}=a$.

充分性. 对任意的 $\varepsilon>0$，由 $\lim\limits_{k\to\infty}x_{2k}=a$ 知存在正整数 K_1，当 $k>K_1$ 时，有 $|x_{2k}-a|<\varepsilon$. 又由 $\lim\limits_{k\to\infty}x_{2k-1}=a$ 知存在正整数 K_2，当 $k>K_2$ 时，有 $|x_{2k-1}-a|<\varepsilon$. 于是，当 $n>N=\max\{2K_1, 2K_2-1\}$ 时，必有 $|x_n-a|<\varepsilon$，所以 $\lim\limits_{n\to\infty}x_n=a$.

我们将数列 $\{x_n\}$ 本身以及去掉 $\{x_n\}$ 有限项后得到的子列称为 $\{x_n\}$ 的平凡子列，不是平凡子列的子列称为 $\{x_n\}$ 的非平凡子列. 基于此我们还有比定理 2.4.2 更强的结论，即有以下定理.

定理 2.4.3　数列 $\{x_n\}$ 有极限（有限数 a 或 $+\infty$ 或 $-\infty$）的充要条件为 $\{x_n\}$ 的任一非平凡子列都有极限（有限数 a 或 $+\infty$ 或 $-\infty$）.

证　只考虑 a 为有限数的情况. 必要性. 对任意的 $\varepsilon>0$，因为 $\lim\limits_{n\to\infty}x_n=a$. 故存在正整数 N，当 $n>N$ 时，有 $|x_n-a|<\varepsilon$. 当 $n_k\geqslant k>K=N$ 时，有

$|x_{n_k}-a|<\varepsilon$，所以$\lim\limits_{k\to\infty}x_{n_k}=a$.

充分性. 由假设知，数列$\{x_n\}$的非平凡子列$\{x_{2k}\}$，$\{x_{2k-1}\}$，$\{x_{3k}\}$均有极限. 由于$\{x_{6k}\}$既是$\{x_{2k}\}$的子列，又是$\{x_{3k}\}$的子列，故由上述必要性，可知$\lim\limits_{k\to\infty}x_{2k}=\lim\limits_{k\to\infty}x_{6k}=\lim\limits_{k\to\infty}x_{3k}$. 同样，$\{x_{6k-3}\}$既是$\{x_{2k-1}\}$的子列，又是$\{x_{3k}\}$的子列，故有$\lim\limits_{k\to\infty}x_{2k-1}=\lim\limits_{k\to\infty}x_{6k-3}=\lim\limits_{k\to\infty}x_{3k}$. 于是，$\lim\limits_{k\to\infty}x_{2k}=\lim\limits_{k\to\infty}x_{2k-1}$，即$\{x_n\}$的偶子列$\{x_{2k}\}$和奇子列$\{x_{2k-1}\}$有相同的极限. 由定理 2.4.2 即得$\{x_n\}$有极限.

由上述证明过程可知，若$\{x_{2k}\}$，$\{x_{2k-1}\}$和$\{x_{3k}\}$极限都存在，则$\{x_n\}$收敛.

判别数列$\{x_n\}$不收敛时，用上述定理常常是很方便的. 如果$\{x_n\}$有一个子列不收敛，或有两个子列不收敛于同一极限，则数列$\{x_n\}$就不收敛.

例 2.4.1 (1) 数列$x_n=(-1)^n\cdot n+n$：

$$0,4,0,8,0,12,\cdots.$$

因为它的一个子列 4,8,12,…不收敛，所以$\{x_n\}$发散.

(2) 数列$x_n=\sin\dfrac{n\pi}{4}$，取它的两个子列：

$$x_{4k}=\sin\frac{4k\pi}{4}=0,$$

$$x_{8k+2}=\sin\frac{(8k+2)\pi}{4}=1,$$

这两个子列分别收敛于 0 和 1，因而$\{x_n\}$发散.

例 2.4.2 设正值数列$\{x_n\}$收敛于 0，证明它存在严格递减的子列收敛于 0.

证 因为$\lim\limits_{n\to\infty}x_n=0$，所以对$\varepsilon_1=1$，存在$n_1$使$0<x_{n_1}<1$；

对$\varepsilon_2=\min\left\{\dfrac{1}{2},x_{n_1}\right\}$，存在$n_2>n_1$使$0<x_{n_2}<\varepsilon_2$；

对$\varepsilon_3=\min\left\{\dfrac{1}{3},x_{n_2}\right\}$，存在$n_3>n_2$使$0<x_{n_3}<\varepsilon_3$；

……

对$\varepsilon_k=\min\left\{\dfrac{1}{k},x_{n_{k-1}}\right\}$，存在$n_k>n_{k-1}$使$0<x_{n_k}<\varepsilon_k$.

这样得到的子列$\{x_{n_k}\}$严格递减趋于 0.

下面介绍海涅（Heine）归结原理，它是沟通函数极限与数列极限的桥梁，用它可以将许多函数极限问题归结为熟悉的数列极限问题去处理.

定理 2.4.4(海涅归结原理)　$\lim\limits_{x\to x_0}f(x)=A$的充分必要条件是：对于任何满足$\lim\limits_{n\to\infty}x_n=x_0$且$x_n\neq x_0$ $(n=1,2,3,\cdots)$的数列$\{x_n\}$都有$\lim\limits_{n\to\infty}f(x_n)=A$.

证　必要性. 由 $\lim\limits_{x\to x_0} f(x)=A$ 知，对任意的 $\varepsilon>0$，存在 $\delta>0$，当 $0<|x-x_0|<\delta$ 时，有

$$|f(x)-A|<\varepsilon.$$

由于 $\{x_n\}$ 收敛于 x_0 且 $x_n\neq x_0$ $(n=1,2,3,\cdots)$，故对上述 $\delta>0$，存在 N，当 $n>N$ 时，有

$$0<|x_n-x_0|<\delta,$$

从而当 $n>N$ 时，便有

$$|f(x_n)-A|<\varepsilon,$$

这就证明了 $\lim\limits_{n\to\infty} f(x_n)=A$.

充分性. 用反证法. 如果 $\lim\limits_{x\to x_0} f(x)\neq A$，则存在 $\varepsilon_0>0$，对任意的 $\delta>0$，存在 x 满足 $0<|x-x_0|<\delta$ 使

$$|f(x)-A|\geqslant\varepsilon_0.$$

取一列 $\delta_n=\dfrac{1}{n}$ $(n=1,2,3,\cdots)$.

对 $\delta_1=1$，存在 x_1：$0<|x_1-x_0|<1$ 使 $|f(x_1)-A|\geqslant\varepsilon_0$；

对 $\delta_2=\dfrac{1}{2}$，存在 x_2：$0<|x_2-x_0|<\dfrac{1}{2}$ 使 $|f(x_2)-A|\geqslant\varepsilon_0$；

……

对 $\delta_n=\dfrac{1}{n}$，存在 x_n：$0<|x_n-x_0|<\dfrac{1}{n}$，使 $|f(x_n)-A|\geqslant\varepsilon_0$. 于是得到数列 $\{x_n\}$ 满足 $\lim\limits_{n\to\infty} x_n=x_0$，$x_n\neq x_0$ 使

$$|f(x_n)-A|\geqslant\varepsilon_0,$$

这说明数列 $\{x_n\}$ 满足定理中的条件，但相应的函数值数列 $\{f(x_n)\}$ 并不以 A 为极限，与已知条件矛盾.

这个定理经常用来证明某些函数的极限不存在.

例 2.4.3　当 $x\to 0$ 时，$\sin\dfrac{1}{x}$ 不存在极限.

证　取 $x_n^{(1)}=\dfrac{1}{n\pi}$，$x_n^{(2)}=\dfrac{1}{2n\pi+\dfrac{\pi}{2}}$ $(n=1,2,3,\cdots)$，显然

$$x_n^{(1)}\to 0,\qquad x_n^{(2)}\to 0\quad (n\to\infty),$$

但由于 $\lim\limits_{n\to\infty}\sin\dfrac{1}{x_n^{(1)}}=0$，$\lim\limits_{n\to\infty}\sin\dfrac{1}{x_n^{(2)}}=1$，由海涅归结原理可知当 $x\to 0$ 时，$\sin\dfrac{1}{x}$ 不存在极限.

海涅归结原理还有一种形式：

定理 2.4.5　$\lim\limits_{x\to x_0}f(x)$存在的充分必要条件是：对满足$\lim\limits_{n\to\infty}x_n=x_0$且$x_n\neq x_0$ $(n=1,2,3,\cdots)$的任一数列，相应的函数值数列$\{f(x_n)\}$均收敛.

证　只须证明充分性. 为此只要证明对任何数列$x_n\to x_0$，$x_n\neq x_0$，数列$\{f(x_n)\}$的极限都相同.

用反证法. 假若存在两个数列$\{x_n^{(1)}\}$，$\{x_n^{(2)}\}$分别满足条件

$$x_n^{(1)}\to x_0,\quad x_n^{(1)}\neq x_0\quad 及\quad x_n^{(2)}\to x_0,\quad x_n^{(2)}\neq x_0,$$

而且有

$$f(x_n^{(1)})\to A_1,\quad f(x_n^{(2)})\to A_2(n\to\infty),\quad A_1\neq A_2.$$

现在把$\{x_n^{(1)}\}$和$\{x_n^{(2)}\}$合并起来，构造一个新数列$\{x_n^*\}$：

$$x_1^{(1)},x_1^{(2)},x_2^{(1)},x_2^{(2)},\cdots,x_n^{(1)},x_n^{(2)},\cdots$$

显然$x_n^*\to x_0$，$x_n^*\neq x_0$，但相应的$\{f(x_n^*)\}$的奇数项子列$\{f(x_n^{(1)})\}$和偶数项子列$\{f(x_n^{(2)})\}$分别收敛于不同的极限，与已知条件矛盾，这就证明了定理.

习　题　2-4

1. 证明下列数列发散.

(1) $x_n=\dfrac{1}{2}+(-1)^n\dfrac{n}{2n+1}$，$n=1,2,\cdots$;

(2) $y_n=\dfrac{1}{n}-\dfrac{2}{n}+\dfrac{3}{n}-\cdots+(-1)^{n-1}\dfrac{n}{n}$，$n=1,2,\cdots$.

2. 证明：单调数列收敛的充要条件是其存在一个收敛子列.

3. 设极限$\lim\limits_{x\to+\infty}(a\sin x+b\cos x)$存在，证明$a=b=0$.

4. 设在x_0的某个邻域内有$g(x)\leqslant f(x)\leqslant h(x)$，且$\lim\limits_{x\to x_0}g(x)=\lim\limits_{x\to x_0}h(x)=A$. 证明$\lim\limits_{x\to x_0}f(x)=A$.

5. 设$f(x)$在x_0的一个邻域$(x_0-\delta,x_0+\delta)$内有定义. 若对任意满足下列条件的数列$\{x_n\}\subset(x_0-\delta,x_0+\delta)$，$x_n\to x_0(n\to\infty)$，$0<|x_{n+1}-x_0|<|x_n-x_0|$都有$\lim\limits_{n\to\infty}f(x_n)=A$. 证明$\lim\limits_{x\to x_0}f(x)=A$.

6. 证明$\lim\limits_{x\to+\infty}f(x)=A$的充要条件是：对每个严格单调递增的正无穷大数列$\{x_n\}$都有$\lim\limits_{n\to\infty}f(x_n)=A$.

2.5　致密性定理

我们知道，有界数列不一定有极限，由此给我们在解决许多问题时带来困难. 由德国数学家魏尔斯特拉斯（Weierstrass）首先证明的致密性定理可以部分地克服这一困难.

定理 2.5.1(致密性定理)　任何有界数列必有收敛的子列.

先看一下证明的思路：已知数列 $\{x_n\}$ 有界，即 $\{x_n\}$ 落在某个区间 $[a,b]$ 内. 我们希望找到 $\{x_n\}$ 的一个收敛子列，不妨设子列收敛于点 ξ，那么在 ξ 的任意邻域内必然含有 $\{x_n\}$ 的无穷多项，这就提示我们可以利用区间套定理来证明. 第一步先构造一个合适的区间套，即要求每个 $[a_n,b_n]$ 含有 $\{x_n\}$ 的无穷多项，再通过区间套定理将这个特性“凝集”到点 ξ；第二步证明 ξ 即为所求.

证　设 $\{x_n\}$ 为有界数列，则存在 a，b，使 $a\leqslant x_n\leqslant b$ $(n=1,2,3,\cdots)$. 等分区间 $[a,b]$ 为两个子区间，则至少有一个区间含有 $\{x_n\}$ 中的无穷多项，将这一区间记为 $[a_1,b_1]$（如果两个子区间都含有 $\{x_n\}$ 的无穷多项，则任取其一作为 $[a_1,b_1]$），再等分 $[a_1,b_1]$，记含有 $\{x_n\}$ 中无穷多项的区间为 $[a_2,b_2]$. 按这种方式不断地进行下去，得一区间套 $\{[a_n,b_n]\}$，而且具有性质：每一个 $[a_n,b_n]$ 都含有 $\{x_n\}$ 的无穷多项，且 $b_n-a_n=\dfrac{b-a}{2^n}\to 0$ $(n\to\infty)$. 由区间套定理，必有唯一点 $\xi\in[a_n,b_n](n=1,2,3,\cdots)$，且 $a_n\to\xi$，$b_n\to\xi$. 此时这个结果还没有达到我们要找一个收敛子列的目标.

从闭区间 $[a_1,b_1]$ 中任取 $\{x_n\}$ 的一项，记为 x_{n_1}，即 $\{x_n\}$ 的第 n_1 项. 由于 $[a_2,b_2]$ 也含有 $\{x_n\}$ 的无穷多项，则它必含有 x_{n_1} 以后的无穷多项，任取一项记为 x_{n_2}，则 $n_2>n_1$. 继续在每一个 $[a_k,b_k]$ 中都这样取出一个 x_{n_k}，即得到 $\{x_n\}$ 的一个子列 $\{x_{n_k}\}$，其中 $n_1<n_2<\cdots<n_k<\cdots$，且 $a_k\leqslant x_{n_k}\leqslant b_k$. 令$k\to\infty$，因为 $a_k\to\xi$，$b_k\to\xi$，所以 $x_{n_k}\to\xi$，这就是定理所要的结果.

致密性定理有时也称为魏尔斯特拉斯定理.

作为致密性定理的一个应用，同时也是对致密性定理的一个扩展，请看下面例题.

例 2.5.1　一个数列如果不是无穷大量，就一定有收敛子列.

证　设有数列 $\{x_n\}$，它不是无穷大量. 我们先写出无穷大量的定义，即

对任意的 $G>0$，存在 N，对任何 $n>N$，成立 $|x_n|>G$.

由此可写出数列 $\{x_n\}$“不是无穷大量”的正面陈述：

存在 $G_0>0$，对任意 N，存在 $n>N$，有 $|x_n|\leqslant G_0$.

现在对 $N=1$，取 $n_1>1$，使 $|x_{n_1}|\leqslant G_0$，再对 $N=n_1$，取 $n_2>n_1$，使 $|x_{n_2}|\leqslant G_0$，继续作下去，可以得到数列 $\{x_n\}$ 的一个有界子列 $\{x_{n_k}\}$：$|x_{n_k}|\leqslant G_0$ $(k=1,2,\cdots)$. 再对 $\{x_{n_k}\}$ 应用致密性定理，得到 $\{x_{n_k}\}$ 的一个收敛子列 $\{x'_{n_k}\}$. 它也是 $\{x_n\}$ 的子列（一个数列的子列的子列仍然是数列的子列），这样就找到了数列 $\{x_n\}$ 的一个收敛子列 $\{x'_{n_k}\}$.

注　在需要得到收敛数列的分析问题中，往往是先构造一个有界数列，然后再利用致密性定理得到收敛子列. 致密性定理的这种用法，形象地说，即是从无

序中找出了秩序.

还有一点值得注意，当数列无界时，虽然不能应用致密性定理，但也有一个结论，它刻划了无界数列的特性.

性质 若 $\{x_n\}$ 是无界数列，则存在子列 $\{x_{n_k}\}$，使 $\lim\limits_{k\to\infty}x_{n_k}=\infty$.

证 因为 $\{x_n\}$ 无界，故对任意的 $M>0$，存在 n' 使得 $|x_{n'}|>M$.

取 $M=1$，存在 n_1，使得 $|x_{n_1}|>1$；

取 $M=2$，存在 $n_2>n_1$，使得 $|x_{n_2}|>2$；

取 $M=3$，存在 $n_3>n_2$，使得 $|x_{n_3}|>3$；

……

这样便得到一列 n_k，$n_1<n_2<n_3<\cdots<n_k<\cdots$，使得 $|x_{n_k}|>k$（$k=1,2,3,\cdots$），这就证明了 $\lim\limits_{k\to\infty}x_{n_k}=\infty$.

习 题 2-5

1. 设 $\{a_n\}$ 是有界数列. 若 $\{b_n\}$ 满足 $\lim\limits_{n\to\infty}(a_n-b_n)=0$，证明存在 l 和子列 $\{a_{n_k}\}$，$\{b_{n_k}\}$ 使 $\lim\limits_{k\to\infty}a_{n_k}=l=\lim\limits_{k\to\infty}b_{n_k}$.

2. 设有界数列 $\{x_n\}$ 发散. 证明：存在两个子列 $\{x_{n_k}^{(1)}\}$ 和 $\{x_{n_k}^{(2)}\}$ 收敛于不同的极限.

3. 用致密性定理证明：若 $f(x)$ 在 $[a,b]$ 上无界，则存在 $x_0\in[a,b]$，使 $f(x)$ 在 x_0 的任意邻域内无界.

4. 设定义在 $[a,b]$ 上的函数 $f(x)$ 对任意 $t\in[a,b]$，均存在极限 $\lim\limits_{x\to t}f(x)$. 证明 $f(x)$ 在 $[a,b]$ 上有界.

5. 设函数 $f(x)$ 在 $[a,b]$ 上只有第一类间断点. 证明 $f(x)$ 在 $[a,b]$ 上有界.

2.6 有限覆盖定理

在数学分析中与致密性定理关系密切，并起着同等重要作用的还有一个定理，即有限覆盖定理，或称 Heine-Borel 定理. 下面先给出区间覆盖的概念.

设 E 为一区间集（即 E 中的元素均为区间），I 为一区间（开或闭都可以）. 若对 I 中任一点 ξ，可以在 E 中至少找到一区间 Δ，使 $\xi\in\Delta$，则称 E 覆盖 I，或称 E 为 I 的一个覆盖.

定理 2.6.1（有限覆盖定理） 若开区间所成的区间集 E 覆盖一个闭区间 $[a,b]$，则总可以从 E 中选出有限个开区间，使这有限个区间覆盖 $[a,b]$.

证 用反证法. 设 $[a,b]$ 不能被 E 中有限个区间所覆盖. 等分 $[a,b]$ 为两个子区间，则至少有一个不能被 E 中有限个区间所覆盖，把这一区间记为 $[a_1,b_1]$. 再等分 $[a_1,b_1]$，记不能被 E 中有限个区间所覆盖的那个区间为 $[a_2,b_2]$. 照此继续作下去，得一区间套 $\{[a_n,b_n]\}$，而且具有性质：每一个 $[a_n,b_n]$ 都不能被 E

中有限个区间所覆盖. 由区间套定理，存在唯一点 $\xi\in[a_n,b_n]$ $(n=1,2,3,\cdots)$，且 $\lim\limits_{n\to\infty}a_n=\lim\limits_{n\to\infty}b_n=\xi$.

因为 E 覆盖 $[a,b]$ 且 $\xi\in[a,b]$，所以必有开区间 $(\alpha,\beta)\in E$，使 $\xi\in(\alpha,\beta)$，即 $\alpha<\xi<\beta$，又因为

$$\lim_{n\to\infty}a_n=\xi,\qquad \lim_{n\to\infty}b_n=\xi,$$

故存在 N，当 $n>N$ 时，有

$$\alpha<a_n<b_n<\beta,$$

即当 $n>N$ 时，有

$$[a_n,b_n]\subset(\alpha,\beta),$$

这与每个 $[a_n,b_n]$ 都不能被 E 中有限个区间所覆盖矛盾，定理得证.

注 1　在应用有限覆盖定理时，要特别注意条件："开区间集 E 覆盖闭区间 $[a,b]$". 否则，结论不一定成立.

例如区间集 $\left[0,\frac{1}{2}\right)$，$\left[\frac{1}{2},\frac{2}{3}\right)$，…，$\left[\frac{n-1}{n},\frac{n}{n+1}\right)$，…及 $[1,2]$ 覆盖了闭区间 $[0,2]$，但选不出有限个区间覆盖 $[0,2]$.

又如区间集 $\left(0,\frac{2}{3}\right)$，$\left(\frac{1}{2},\frac{3}{4}\right)$，…，$\left(\frac{n-1}{n},\frac{n+1}{n+2}\right)$，… 覆盖了开区间 $(0,1)$，此时也选不出有限的子覆盖.

注 2　有限覆盖定理的重要性在于它将无限转化为有限，便于从局部性质推出整体性质.

例 2.6.1　设函数 $f(x)$ 在区间 $[a,b]$ 上无界，证明：存在 $x_0\in[a,b]$，使 $f(x)$ 在点 x_0 的任意邻域内无界.

证　用反证法. 假若不然，即对任何 $x'\in[a,b]$，都存在 x' 的一个邻域 $O(x',\delta)$，使 $f(x)$ 在这个邻域内有界，即存在 $M'>0$，有 $|f(x)|\leqslant M'$，$x\in O(x',\delta)$. 由于 x' 是 $[a,b]$ 上的任一点，从而 $[a,b]$ 上的每一点都能得到这样的一个邻域（即开区间）. 这些开区间的全体构成一开区间集 $E=\{O(x,\delta_x)\mid x\in[a,b]\}$，它覆盖了区间 $[a,b]$. 应用有限覆盖定理，从 E 中可选出有限个开区间覆盖 $[a,b]$，记它们为

$$(x_1-\delta_1,x_1+\delta_1),\quad(x_2-\delta_2,x_2+\delta_2),\quad\cdots,\quad(x_k-\delta_k,x_k+\delta_k),$$

相应的 M' 分别记为 $M_1,M_2,\cdots,M_k$.

令 $M=\max\{M_1,M_2,\cdots,M_k\}$，则 $|f(x)|\leqslant M$，$x\in[a,b]$，这与 $f(x)$ 在 $[a,b]$ 上无界相矛盾，从而命题得证.

例 2.6.2　用有限覆盖定理证明致密性定理.

证　设 $\{x_n\}$ 为有界数列，$a\leqslant x_n\leqslant b$，于是下列两种情形之一成立：

(i) 存在 $x_0\in[a,b]$，使在 x_0 的任何邻域中都有 $\{x_n\}$ 的无穷多项；

(ii) 对任何 $x\in[a,b]$，都存在 x 的一个邻域 $(x-\delta_x,x+\delta_x)$，使其中只含 $\{x_n\}$ 的有限多项.

如果 (ii) 成立，则开区间 $\{(x-\delta_x,x+\delta_x)|x\in[a,b]\}$ 构成 $[a,b]$ 的一个开覆盖. 于是由有限覆盖定理知，其中必有有限子覆盖. 由于每个开区间中都只含 $\{x_n\}$ 的有限多项，故有限个开区间之并也只含 $\{x_n\}$ 的有限多项. 但另一方面又应该包含 $\{x_n\}$ 的所有项，矛盾. 这表明 (ii) 不能成立，即必是 (i) 成立.

考察 x_0 的邻域序列 $\left\{\left(x_0-\frac{1}{n},x_0+\frac{1}{n}\right)\right\}$. 由 (i) 知，每个邻域中都含有 $\{x_n\}$ 的无穷多项. 首先在区间 (x_0-1,x_0+1) 中取一项，记为 x_{n_1}. 因为 $\left(x_0-\frac{1}{2},x_0+\frac{1}{2}\right)$中也含 $\{x_n\}$ 的无穷多项，故可在其中取得下标大于 n_1 的一项，记为 x_{n_2}. 一般地，当 $x_{n_k}\in\left(x_0-\frac{1}{k},x_0+\frac{1}{k}\right)$取定之后，由于$\left(x_0-\frac{1}{k+1},x_0+\frac{1}{k+1}\right)$中仍含有 $\{x_n\}$ 的无穷多项，故又可从其中取出下标大于 n_k 的一项，记为 $x_{n_{k+1}}$. 这样可以得到子列 $\{x_{n_k}\}$，满足条件

$$|x_0-x_{n_k}|<\frac{1}{k}\qquad(k=1,2,3,\cdots),$$

于是有 $\lim\limits_{k\to\infty}x_{n_k}=x_0$，即 $\{x_{n_k}\}$ 为 $\{x_n\}$ 的收敛子列.

注　有限覆盖定理有时被初学者错误地理解为“一个闭区间能够被有限个开区间所覆盖”. 如果这样理解的话，显然任何一个闭区间只要用一个比它稍大些的开区间就可覆盖了，那么该定理岂不是毫无意义了.

事实上，有限覆盖定理的意思是说，从 $[a,b]$ 的任何一个开覆盖中可以取出 $[a,b]$ 的有限开覆盖. 在应用有限覆盖定理时，我们往往是根据问题的需要先构造一个开覆盖，然后再取其有限开覆盖，而不是事先随意地去作一个 $[a,b]$ 的覆盖. 因此，定理的结论就不能说是显然的了.

习　题　2-6

1. 设 $f(x)$ 在 (a,b) 内有定义，$a<c<d<b$. 若对任意的 $x\in[c,d]$，存在 $M_x>0$ 及$\delta_x>0$，使得 x'，$x''\in(x-\delta_x,x+\delta_x)$，有

$$|f(x')-f(x'')|\leqslant M_x|x'-x''|,$$

证明：存在 $M>0$，对一切 x'，$x''\in[c,d]$，有

$$|f(x')-f(x'')|\leqslant M|x'-x''|.$$

2. 设 $f(x)$ 在 $[a,b]$ 上连续且恒正，试用有限覆盖定理证明：$f(x)$ 在 $[a,b]$ 上存在正的下界.

3. 用有限覆盖定理证明区间套定理.

2.7　柯西（Cauchy）收敛准则

最后，我们给出数列收敛的一个充分必要条件，它的重要性在于从数列 $\{x_n\}$ 本身的特征可以判断 $\{x_n\}$ 是否收敛. 为此，先引进柯西列（也称基本列）的概念.

定义 2.7.1　如果数列 $\{x_n\}$ 具有以下特性：对于任意给定的 $\varepsilon>0$，存在正整数 N，当 n，$m>N$ 时，有

$$|x_n-x_m|<\varepsilon,$$

则称 $\{x_n\}$ 是一个柯西列.

柯西列的另一等价定义是：对任意的 $\varepsilon>0$，存在正整数 N，当 $n>N$ 时，对任何正整数 p，有

$$|x_{n+p}-x_n|<\varepsilon.$$

定理 2.7.1(柯西收敛准则)　数列 $\{x_n\}$ 收敛的充分必要条件是：$\{x_n\}$ 是柯西列.

证　先证必要性. 设 $\lim\limits_{n\to\infty}x_n=a$，按定义，对任意的 $\varepsilon>0$，存在 N，当 n，$m>N$ 时，有

$$|x_n-a|<\frac{\varepsilon}{2},\qquad |x_m-a|<\frac{\varepsilon}{2},$$

于是

$$|x_n-x_m|\leqslant|x_n-a|+|x_m-a|<\varepsilon,$$

即 $\{x_n\}$ 为柯西列.

再证充分性. 先证明柯西列一定有界.

已知 $\{x_n\}$ 是柯西列. 则对 $\varepsilon=1$ 存在 N，当 n，$m>N$ 时，有 $|x_n-x_m|<1$，取定 $m=N+1$，则当 $n>N$ 时，就有 $|x_n|\leqslant|x_n-x_{N+1}|+|x_{N+1}|<|x_{N+1}|+1$.

令 $M=\max\{|x_1|,|x_2|,\cdots,|x_N|,|x_{N+1}|+1\}$，则对于一切 n，成立

$$|x_n|\leqslant M.$$

由致密性定理，数列 $\{x_n\}$ 必有收敛的子列 $\{x_{n_k}\}$，设

$$\lim_{k\to\infty}x_{n_k}=\xi,$$

因为 $\{x_n\}$ 是柯西列，所以对任意的 $\varepsilon>0$，存在 N，当 n，$m>N$，有

$$|x_n-x_m|<\frac{\varepsilon}{2},$$

在上式中取 $x_m=x_{n_k}$，其中 k 充分大，满足 $n_k>N$，并且令 $k\to\infty$，于是得到

$$|x_n-\xi|\leqslant\frac{\varepsilon}{2}<\varepsilon,$$

此即表明数列 $\{x_n\}$ 收敛.

直观地讲，柯西收敛准则刻划了收敛数列的这样一个特性：数列的充分后面的任何两项是任意接近的.

例 2.7.1 设数列 $\{b_n\}$ 有界，令 $a_n=\frac{b_1}{1\cdot 2}+\frac{b_2}{2\cdot 3}+\cdots+\frac{b_n}{n(n+1)}$，证明数列 $\{a_n\}$ 收敛.

证 取常数 $M>0$，使得 $|b_n|\leqslant M(n=1,2,3,\cdots)$，然后对任意正整数 p 作估计

$$\begin{aligned}|a_{n+p}-a_n|&\leqslant M\left[\frac{1}{(n+1)(n+2)}+\frac{1}{(n+2)(n+3)}+\cdots+\frac{1}{(n+p)(n+p+1)}\right]\\&=M\left[\left(\frac{1}{n+1}-\frac{1}{n+2}\right)+\cdots+\left(\frac{1}{n+p}-\frac{1}{n+p+1}\right)\right]\\&=M\left[\frac{1}{n+1}-\frac{1}{n+p+1}\right]<\frac{M}{n+1}.\end{aligned}$$

因此，对任意的 $\varepsilon>0$，取 $N=\left[\frac{M}{\varepsilon}\right]$，就可使 $n>N$ 和 $p\in\mathbf{N}$ 时，成立 $|a_{n+p}-a_n|<\varepsilon$，这就证明了 $\{a_n\}$ 是柯西列，根据柯西收敛准则知 $\{a_n\}$ 收敛.

注 由于 $\{b_n\}$ 除了有界条件以外，没有其他性质，因此 $\{a_n\}$ 谈不上有单调性，从而单调有界数列的收敛定理在这里无法使用. 在此我们也看到柯西收敛准则是判断数列敛散性的一个有力工具.

例 2.7.2 设 $x_n=1+\frac{1}{2}+\frac{1}{3}+\cdots+\frac{1}{n}$，证明数列 $\{x_n\}$ 发散.

证 由于

$$|x_{2n}-x_n|=\frac{1}{n+1}+\frac{1}{n+2}+\cdots+\frac{1}{2n}\geqslant n\cdot\frac{1}{2n}=\frac{1}{2},$$

可见对 $\varepsilon=\frac{1}{2}$和任何 N，当 n，$m>N$ 时，只要取 $m=2n$，不等式$|x_n-x_m|<\frac{1}{2}$就不可能成立，这表明 $\{x_n\}$ 不是柯西列，因此发散.

注 柯西收敛准则也称为实数的完备性定理，也是实数连续地布满实轴的反映，它表明由实数构成的柯西列 $\{x_n\}$ 必存在实数极限. 需要注意的是，有理数集不具有完备性. 例如$\left\{\left(1+\frac{1}{n}\right)^n\right\}$是由有理数构成的柯西列，但其极限 e 却不是有理数.

习　题　2-7

1. 用柯西收敛准则判定下列数列的收敛性.

(1) $x_n=\frac{\cos1}{2}+\frac{\cos2}{2^2}+\cdots+\frac{\cos n}{2^n}$;

(2) $x_n=1-\frac{1}{2}+\frac{1}{3}-\cdots+(-1)^{n+1}\frac{1}{n}$;

(3) $x_n=a_0+a_1q+a_2q^2+\cdots+a_nq^n$ ($|q|<1, |a_k|\leqslant M$, $k=0,1,\cdots$).

2. 满足下列条件的数列 $\{x_n\}$ 是不是柯西列?

(1) 对任意自然数 p，都有 $\lim\limits_{n\to\infty}|x_{n+p}-x_n|=0$;

(2) $|x_{n+1}-x_n|\leqslant k|x_n-x_{n-1}|$，($0<k<1$，$n=2,3,\cdots$);

(3) $\sum\limits_{k=1}^{n}|x_{k+1}-x_k|\leqslant M$ ($n=1,2,\cdots,M>0$).

3. 证明 $\lim\limits_{x\to+\infty}f(x)$ 存在的充要条件是：对任意给定的 $\varepsilon>0$，存在 $X>0$，当 x'，$x''>X$ 时，恒有 $|f(x')-f(x'')|<\varepsilon$.

第 3 讲　闭区间上连续函数性质的证明

在高等数学中，我们已经知道闭区间上的连续函数具有许多重要性质，例如有界性、最值性及介值性等等. 这些性质从直观上看很明显，但实际上是与实数理论密切相关的，所以当时无法在数学上严格论证. 下面我们一一加以证明. 此外，还将介绍一致连续性的概念和有关定理.

3.1　有界性定理与最值定理

定理 3.1.1（有界性定理）　若函数 $f(x)$ 在闭区间 $[a,b]$ 上连续，则它在 $[a,b]$ 上有界.

证　可用致密性定理来证.

用反证法. 假设 $f(x)$ 在 $[a,b]$ 上无界，按无界定义可推得，存在互异点列 $x_n\in[a,b]$ $(n=1,2,3,\cdots)$，使 $|f(x_n)|>n$，亦即

$$f(x_n)\to\infty \qquad (n\to\infty).$$

这样，我们得到有界数列 $\{x_n\}$：$a\leqslant x_n\leqslant b$ $(n=1,2,3,\cdots)$.

由致密性定理可知，$\{x_n\}$ 存在收敛子列 $\{x_{n_k}\}$，设 $\lim\limits_{k\to\infty}x_{n_k}=x_0$，由 $a\leqslant x_{n_k}\leqslant b$ $(k=1,2,\cdots)$ 知 $x_0\in[a,b]$. 由于 $f(x)$ 在点 x_0 处连续，从而当 $x\to x_0$ 时有 $f(x)\to f(x_0)$. 根据函数极限与数列极限的关系可得

$$\lim_{k\to\infty}f(x_{n_k})=f(x_0).$$

另一方面，按照前面的讨论 $f(x_n)\to\infty$ $(n\to\infty)$，再由子列的性质可知，对于 $\{x_{n_k}\}$ 亦有 $f(x_{n_k})\to\infty$ $(k\to\infty)$.

在此有两个互相矛盾的结论：

$$f(x_{n_k})\to f(x_0) \quad 及 \quad f(x_{n_k})\to\infty \quad (k\to\infty).$$

也就是说，$f(x)$ 在 $[a,b]$ 上无界的假设不成立，这样就证明了定理.

注 1　函数 $f(x)=\dfrac{1}{x}$ 虽然在区间 $(0,1)$ 连续，但是在 $(0,1)$ 无界，这说明开区间上的连续函数不一定有界. 从证明过程可知子列 $\{x_{n_k}\}$ 的极限 x_0 可能会是端点 a 或 b.

注 2　用确界存在原理、有限覆盖定理或区间套定理都不难证明有界性定理.

一般而言，有界函数不一定能够取得最大值或最小值，但对闭区间上的连续

函数，则有下述性质.

定理 3.1.2　（最值存在定理）若函数 $f(x)$ 在闭区间 $[a,b]$ 上连续，则它在 $[a,b]$ 上必有最大值与最小值，即存在 ξ_1 和 $\xi_2\in[a,b]$，对于一切 $x\in[a,b]$，成立

$$f(\xi_1)\leqslant f(x)\leqslant f(\xi_2).$$

证　因为 $f(x)$ 在 $[a,b]$ 上连续，所以一定有界，不妨设其上确界为 $M=\sup\limits_{x\in[a,b]}\{f(x)\}$，下确界为 $m=\inf\limits_{x\in[a,b]}\{f(x)\}$. 现在要证明存在 $\xi_1\in[a,b]$，使得 $f(\xi_1)=m$.

按照下确界的定义，一方面对任何 $x\in[a,b]$ 有 $f(x)\geqslant m$；另一方面，对任意给定的 $\varepsilon>0$，存在 $x\in[a,b]$，使得 $f(x)<m+\varepsilon$. 于是取 $\varepsilon=\dfrac{1}{n}$ $(n=1,2,3,\cdots)$，相应地得到数列 $\{x_n\}$，$x_n\in[a,b]$，并且满足

$$m\leqslant f(x_n)<m+\frac{1}{n}.$$

由于 $\{x_n\}$ 是有界数列，根据致密性定理，$\{x_n\}$ 存在收敛子列 $\{x_{n_k}\}$，设

$$\lim_{k\to\infty}x_{n_k}=\xi_1\quad 且\quad \xi_1\in[a,b].$$

考虑不等式

$$m\leqslant f(x_{n_k})<m+\frac{1}{n_k}\qquad (k=1,2,3,\cdots),$$

令 $k\to\infty$，由极限的夹逼准则与 $f(x)$ 在点 ξ_1 的连续性得到

$$f(\xi_1)=m.$$

这说明 $f(x)$ 在 $[a,\ b]$ 上有最小值 m. 同样可以证明，存在 $\xi_2\in[a,\ b]$，使得 $f(\xi_2)=M$.

注　开区间上的连续函数既使有界，也不一定能取到最大（小）值.

例如，$f(x)=x$ 在 $(0,\ 1)$ 连续而且有界，因而有上确界和下确界

$$M=\sup_{x\in(0,1)}\{f(x)\}=1,\qquad m=\inf_{x\in(0,1)}\{f(x)\}=0,$$

但是，$f(x)$ 在区间 $(0,\ 1)$ 取不到 $M=1$ 与 $m=0$.

习　题　3-1

1. 设定义在 $[a,b]$ 上的函数 $f(x)$ 在 (a,b) 内连续，且 $\lim\limits_{x\to a^+}f(x)$ 和 $\lim\limits_{x\to b^-}f(x)$ 存在（有限）. 问 $f(x)$ 在 $[a,b]$ 上是否有界？是否能取得最值？

2. 试用确界存在原理或有限覆盖定理证明有界性定理.

3. 设 $f(x)$ 是 $[0,+\infty)$ 上的连续正值函数，若 $\lim\limits_{x\to+\infty}f(f(x))=+\infty$. 证明 $\lim\limits_{x\to+\infty}f(x)=+\infty$.

4. 设 $f(x)$ 在 $(-\infty,+\infty)$ 内连续，且 $\lim\limits_{x\to\pm\infty} f(x)=+\infty$. 证明 $f(x)$ 在 $(-\infty,+\infty)$ 内可取得最小值.

5. 设 $f(x)$ 在 $[a,b]$ 上连续，若开区间 (a,b) 内任一点均非 $f(x)$ 的极值点. 证明 $f(x)$ 在 $[a,b]$ 上单调.

6. 设 $f(x)$ 在 $[a,b]$ 上连续，且对任意 $x\in[a,b]$ 总存在 $y\in[a,b]$ 使 $|f(y)|\leqslant\frac{1}{2}|f(x)|$. 证明 $f(x)$ 在 $[a,b]$ 上存在零点.

7. 用有界性定理证明最值存在定理.

3.2　零点存在定理与介值定理

这两个定理有着密切的关系. 从内容上看，后者包含了前者. 但实际上前一个定理是核心，由它出发作一个辅助函数即可推出后一个定理.

定理 3.2.1（零点存在定理）　若函数 $f(x)$ 在闭区间 $[a,b]$ 上连续，且 $f(a)\cdot f(b)<0$，则一定存在 $\xi\in(a,b)$，使 $f(\xi)=0$.

证　用区间套定理. 不妨设 $f(a)<0$，$f(b)>0$. 记 $a=a_1$，$b=b_1$，将 $[a_1,b_1]$ 二等分，令中点 $c_1=\frac{a_1+b_1}{2}$. 若 $f(c_1)=0$，则取 $\xi=c_1$ 即可；若 $f(c_1)\neq0$，则或者 $f(c_1)<0$ 或者 $f(c_1)>0$. 当 $f(c_1)<0$ 时，令 $a_2=c_1$，$b_2=b_1$；当 $f(c_1)>0$ 时，令 $a_2=a_1$，$b_2=c_1$. 再将 $[a_2,b_2]$ 二等分，令中点 $c_2=\frac{a_2+b_2}{2}$，若 $f(c_2)=0$，则取 $\xi=c_2$ 即可. 若不然，可以继续下去，于是有两种可能：

1. 进行若干次后，某分点 c_n 处函数值 $f(c_n)=0$，此时取 $\xi=c_n$ 即可；

2. 分点处函数值不为零，以上过程可以无限地作下去，得一区间套 $\{[a_n,b_n]\}$，它具有特性：$f(a_n)<0$，$f(b_n)>0$. 由区间套定理，必有 $\xi\in[a,b]$，使 $\lim\limits_{n\to\infty}a_n=\lim\limits_{n\to\infty}b_n=\xi$. 现在只要证明 $f(\xi)=0$.

因为 $f(x)$ 在 $[a,b]$ 上连续，所以在 $x=\xi$ 处也连续，因而 $f(\xi)=\lim\limits_{n\to\infty}f(a_n)\leqslant0$ 和 $f(\xi)=\lim\limits_{n\to\infty}f(b_n)\geqslant0$，即 $f(\xi)=0$.

定理 3.2.2（介值定理）　若函数 $f(x)$ 在闭区间 $[a,b]$ 上连续，则它一定能取到最大值 M 和最小值 m 之间的任何一个值.

证　由最值存在定理，存在 α，$\beta\in[a,b]$，使得

$$f(\alpha)=m,\qquad f(\beta)=M.$$

不妨设 $\alpha<\beta$，对任何一个中间值 A，$m<A<M$，考察辅助函数

$$\varphi(x)=f(x)-A,$$

因为 $f(x)$ 在 $[a,b]$ 上连续，所以 $\varphi(x)$ 在闭区间 $[\alpha,\beta]$ 上连续，而且有

$\varphi(\alpha)=f(\alpha)-A<0$，$\varphi(\beta)=f(\beta)-A>0$，由零点存在定理，必有 $\xi\in(\alpha,\beta)$，使得 $\varphi(\xi)=0$ 即 $f(\xi)=A$.

习　题　3-2

1. 设 $a_1,a_2,a_3>0$，$b_1<b_2<b_3$. 证明：方程 $\frac{a_1}{x-b_1}+\frac{a_2}{x-b_2}+\frac{a_3}{x-b_3}=0$ 在（b_1,b_2）和（b_2,b_3）内恰好各有一个实根.

2. 闭区间 $[a,b]$ 上具有介值性的函数是否一定在 $[a,b]$ 上连续?

3. 设函数 $f(x)$ 在开区间（a,b）上连续，且 $f(a+0)$ 和 $f(b-0)$ 存在，证明：$f(x)$ 可取到介于 $f(a+0)$ 和 $f(b-0)$ 之间的一切值.

4. 设 $f(x)$ 在 $[a,b]$ 上连续，$x_n\in[a,b]$，$\lim\limits_{n\to\infty}f(x_n)=A$. 证明存在 $\xi\in[a,b]$ 使 $f(\xi)=A$.

5. 设 $f(x)$ 在 $[a,b]$ 上连续，$f(a)=f(b)$. 证明：存在 c，$d\in[a,b]$，$d-c=\frac{b-a}{2}$ 使得 $f(c)=f(d)$.

6. 设函数 $f(x)$ 在 $[0,1]$ 上连续，n 是任一自然数.

(1) 若 $f(0)=f(1)$. 证明存在 α，β，$0\leqslant\alpha<\beta\leqslant1$，$\beta-\alpha=\frac{1}{n}$，使 $f(\alpha)=f(\beta)$；

(2) 若 $f(0)=0$，$f(1)=1$. 证明存在 $\xi_n\in(0,1)$ 使 $f\left(\xi_n+\frac{1}{n}\right)=f(\xi_n)+\frac{1}{n}$.

3.3　一致连续与康托尔（Cantor）定理

我们曾经学过连续的概念，那是对一个点定义的，所谓函数 $f(x)$ 在一个区间 I 上连续，是指 $f(x)$ 在区间 I 上的每一点连续（对区间端点而言则指单侧连续）. 因此，连续是一个局部性的概念. $f(x)$ 在 $x_0\in I$ 连续可表述为：

对任意的 $\varepsilon>0$，存在 $\delta>0$，当 $x\in I$ 且 $|x-x_0|<\delta$ 时有

$$|f(x)-f(x_0)|<\varepsilon.$$

需要注意的是，这里的 $\delta>0$ 依赖于两个因素：ε 和 x_0，所以记 δ 为 $\delta=\delta(x_0,\varepsilon)$.

当考虑 $f(x)$ 在区间 I 上的连续性时，即使对同一个 $\varepsilon>0$，I 上不同的点相应的 δ 一般是不同的. 那么能否对区间上的所有点找到一个公共的 $\delta>0$，也就是说能否找到一个只依赖于 ε，而不依赖于具体点的普遍适用的 δ 呢?

请看一个例子，$f(x)=\frac{1}{x}$，$x\in(0,+\infty)$ 函数曲线越往右越平坦，越往左越陡峭. 从图形上看，对同样的带宽 ε，自变量越接近原点，需要的 δ 越小，不存在一个最小的、统一共同的正数 δ 适合区间上所有的点（图 3-1).

形象地讲，就是对 $f(x)=\frac{1}{x}$ 所表示的曲线，我们找不到一段细管子，能从

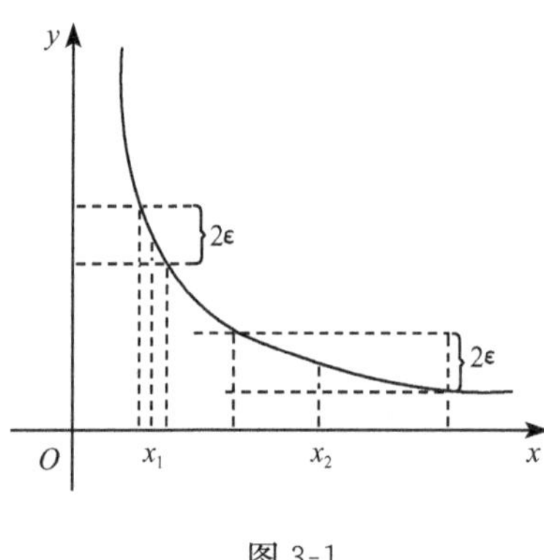

图 3-1

曲线的一端沿水平方向穿过另一端.

一般而言，上述问题的答案不仅与所讨论的函数 $f(x)$ 有关，还与区间 I 有关. 因此涉及函数在区间上的整体性质. 这就引出了一个新的概念—— 一致连续.

定义 3.3.1 设函数 $f(x)$ 在区间 I 上有定义，若对任意的 $\varepsilon>0$，存在 $\delta>0$，使得对 I 内任意两点 x'，x''，当 $|x'-x''|<\delta$ 时，有

$$|f(x')-f(x'')|<\varepsilon,$$

则称 $f(x)$ 在 I 上一致连续.

直观地说，$f(x)$ 在 I 上一致连续是指，对任意的 $\varepsilon>0$，存在 $\delta>0$，不论 x' 与 x'' 在 I 中的位置如何，只要它们的距离小于 δ，就可使 $|f(x')-f(x'')|<\varepsilon$. 这里的 x'、x'' 都可以变，不像在一点 x_0 连续的定义中，x_0 是固定不变的，而 x 只能在 x_0 的某个邻域内变. 显然，如果函数 $f(x)$ 在区间 I 上一致连续的话，它在区间 I 上必定连续，反之不然.

例 3.3.1 试证函数 $f(x)=\sqrt{x}$ 在 $[0,+\infty)$ 上一致连续.

证 对任意 x'，$x''\geqslant 0$，$x''>x'$ 有

$$\left|\sqrt{x''}-\sqrt{x'}\right|=\frac{|x''-x'|}{\sqrt{x''}+\sqrt{x'}}\leqslant\frac{|x''-x'|}{|x''-x'|^{1/2}}=|x''-x'|^{\frac{1}{2}}$$

$$(\because \sqrt{x''}+\sqrt{x'}\geqslant\sqrt{x''}\geqslant\sqrt{x''-x'}).$$

于是，对任意的 $\varepsilon>0$，取 $\delta=\varepsilon^2$，则对任意的 x'，$x''\in[0,+\infty)$，当 $|x'-x''|<\delta$ 时，有 $\left|\sqrt{x''}-\sqrt{x'}\right|\leqslant|x''-x'|^{1/2}<\delta^{1/2}=\varepsilon$.

例 3.3.2 证明函数 $f(x)=\dfrac{1}{x}$ 在区间 $(0,1)$ 连续，但不一致连续.

证 作为初等函数，$f(x)=\dfrac{1}{x}$ 在其定义区间 $(0,1)$ 内必定是连续的，下面证明它不一致连续. 对于任意给定的 ε，$0<\varepsilon<1$，通过具体解出 $\delta(x_0,\varepsilon)$，用以说明不存在适用于整个区间 $(0,1)$ 的 $\delta>0$. 对任意 x，$x_0\in(0,1)$，关系式

$$\left|\frac{1}{x}-\frac{1}{x_0}\right|<\varepsilon,$$

即为

$$\frac{1}{x_0}-\varepsilon<\frac{1}{x}<\frac{1}{x_0}+\varepsilon \quad\Leftrightarrow\quad \frac{x_0}{1+x_0\varepsilon}<x<\frac{x_0}{1-x_0\varepsilon},$$

$$\frac{-x_0^2\varepsilon}{1+x_0\varepsilon}<x-x_0<\frac{x_0^2\varepsilon}{1-x_0\varepsilon},$$

故取

$$\delta(x_0,\varepsilon)=\min\left\{\frac{x_0^2\varepsilon}{1+x_0\varepsilon},\frac{x_0^2\varepsilon}{1-x_0\varepsilon}\right\}=\frac{x_0^2\varepsilon}{1+x_0\varepsilon}.$$

但当 $x_0\to 0$ 时，有 $\delta(x_0,\varepsilon)\to 0$，这说明不存在适合 $(0,1)$ 中一切点的统一的 $\delta>0$. 可见 $f(x)=\frac{1}{x}$ 在区间 $(0,1)$ 不一致连续.

例 3.3.3　证明函数 $f(x)=\frac{1}{x}$ 在 $[a,+\infty)$ 上一致连续 $(a>0)$.

证　对任意的 $\varepsilon>0$，任取 x'，$x''\in[a,+\infty)$. 欲使 $|f(x')-f(x'')|=\left|\frac{1}{x'}-\frac{1}{x''}\right|=\frac{|x''-x'|}{x'x''}\leqslant\frac{|x''-x'|}{a^2}<\varepsilon$，只要取 $\delta=a^2\varepsilon$. 则当 $|x'-x''|<\delta$ 时，便有

$$|f(x')-f(x'')|\leqslant\frac{|x''-x'|}{a^2}\leqslant\frac{a^2\varepsilon}{a^2}=\varepsilon.$$

由此可见，同一个函数在不同的区间有不同的结论.

一般情况下，要像上例那样精确的解出 $\delta(x_0,\varepsilon)$ 是很困难的. 因而仅仅靠定义判断某一函数在某一区间上是否一致连续是不够的. 下面要介绍的定理是一致连续的充要条件，但更多的时候是用来判断不一致连续的.

定理 3.3.1　设函数 $f(x)$ 在区间 I 上有定义，则 $f(x)$ 在 I 上一致连续的充分必要条件是：对任何点列 $\{x_n'\}\subset I$，$\{x_n''\}\subset I$，只要 $\lim\limits_{n\to\infty}(x_n'-x_n'')=0$ 就有 $\lim\limits_{n\to\infty}(f(x_n')-f(x_n''))=0$.

证　必要性. 设 $f(x)$ 在 I 上一致连续，则对任意的 $\varepsilon>0$，存在 $\delta>0$，对任意 x'，$x''\in I$，当 $|x'-x''|<\delta$ 时有 $|f(x')-f(x'')|<\varepsilon$.

对上述的 $\delta>0$，由 $\lim\limits_{n\to\infty}(x_n'-x_n'')=0$，可知存在 N，当 $n>N$ 时有 $|x_n'-x_n''|<\delta$，从而有

$$|f(x_n')-f(x_n'')|<\varepsilon,$$

这就证明了 $\lim\limits_{n\to\infty}(f(x_n')-f(x_n''))=0$.

充分性. 用反证法. 函数 $f(x)$ 在 I 上不一致连续可表述为：存在 $\varepsilon_0>0$，对任意的 $\delta>0$，存在 x'，$x''\in I$，$|x'-x''|<\delta$ 但 $|f(x')-f(x'')|\geqslant\varepsilon_0$.

取 $\delta_n=\frac{1}{n}$ $(n=1,2,3,\cdots)$，于是存在 x_n'，$x_n''\in I$，满足

$$|x_n'-x_n''|<\frac{1}{n},\qquad \text{却有}\ |f(x_n')-f(x_n'')|\geqslant\varepsilon_0.$$

即 $\lim\limits_{n\to\infty}(x_n'-x_n'')=0$，但 $\{f(x_n')-f(x_n'')\}$ 不收敛于 0，矛盾.

例 3.3.4　证明 $f(x)=\sin x^2$ 在 $(-\infty,+\infty)$ 上不一致连续.

证 取 $\varepsilon_0=\frac{1}{2}$，$x_n'=\sqrt{n\pi+\frac{\pi}{2}}$，$x_n''=\sqrt{n\pi}$（$n=1,2,3,\cdots$），则有

$$\lim_{n\to\infty}|x_n'-x_n''|=\lim_{n\to\infty}\frac{\pi}{2}\frac{1}{\sqrt{n\pi+\frac{\pi}{2}}+\sqrt{n\pi}}=0,$$

但 $|f(x_n')-f(x_n'')|=\left|\sin\left(n\pi+\frac{\pi}{2}\right)-\sin n\pi\right|=1>\frac{1}{2}=\varepsilon_0$，所以 $f(x)=\sin x^2$ 在 $(-\infty,+\infty)$ 上不一致连续.

对上述例 3.3.2，现在只要取 $x_n'=\frac{1}{2n}$，$x_n''=\frac{1}{n}$（$n=2,3,\cdots$），则 x_n'，$x_n''\in(0,1)$，且 $\lim\limits_{n\to\infty}(x_n'-x_n'')=0$ 但 $\lim\limits_{n\to\infty}(f(x_n')-f(x_n''))=\lim\limits_{n\to\infty}(2n-n)=\infty$，所以 $f(x)=\frac{1}{x}$ 在 $(0,1)$ 内不一致连续.

我们知道一致连续性与区间密切相关，连续函数在无限区间和有限开区间上都可能不一致连续. 但对于有限闭区间上的连续函数，我们有下述著名定理：

定理 3.3.2（康托尔定理） 若函数 $f(x)$ 在闭区间 $[a,b]$ 上连续，则 $f(x)$ 在 $[a,b]$ 上一致连续.

证 用致密性定理证. 反证法. 假设 $f(x)$ 在 $[a,b]$ 上不一致连续，则存在 $\varepsilon_0>0$，对任意的 $\delta>0$，在 $[a,b]$ 上可以找到两点 x'，x''，虽然 $|x'-x''|<\delta$，但 $|f(x')-f(x'')|\geqslant\varepsilon_0$. 现取 $\delta=\frac{1}{n}$（$n=1,2,3,\cdots$），我们得到 $[a,b]$ 上两个点列 $\{x_n'\}$ 和 $\{x_n''\}$ 满足：对于 $\delta=\frac{1}{n}>0$，

$$|x_n'-x_n''|<\frac{1}{n},\qquad \text{却有}\,|f(x_n')-f(x_n'')|\geqslant\varepsilon_0.$$

因为 $\{x_n'\}$ 有界，由致密性定理，存在收敛子列 $\{x_{n_k}'\}$：$\lim\limits_{k\to\infty}x_{n_k}'=x_0$，$x_0\in[a,b]$. 在 $\{x_n''\}$ 中再取子列 $\{x_{n_k}''\}$，则由 $|x_{n_k}'-x_{n_k}''|<\frac{1}{n_k}$（$k=1,2,3,\cdots$），得到 $\lim\limits_{k\to\infty}(x_{n_k}'-x_{n_k}'')=0$，因此就有 $x_{n_k}''\to x_0$.

另一方面，由于 $f(x)$ 在点 x_0 连续，亦即

$$\lim_{x\to x_0}f(x)=f(x_0),$$

按函数极限与数列极限的关系有

$$\lim_{k\to\infty}f(x_{n_k}')=f(x_0),\qquad \lim_{k\to\infty}f(x_{n_k}'')=f(x_0),$$

从而

$$\lim_{k\to\infty}(f(x_{n_k}')-f(x_{n_k}''))=0,$$

这与 $|f(x_{n_k}')-f(x_{n_k}'')|\geqslant\varepsilon_0$ 矛盾，亦即假设 $f(x)$ 在 $[a,b]$ 上不一致连续是不

成立的，从而证明了定理.

习　题　3-3

1. 判断下列函数的一致连续性.

(1) $f(x)=\sin^2 x$，$x\in[0,+\infty)$；　　(2) $f(x)=x^2$，$x\in(-\infty,+\infty)$；

(3) $f(x)=\sin\dfrac{1}{x}$，$x\in(0,1)$；　　(4) $f(x)=\sqrt[3]{x}$，$x\in[0,+\infty)$.

2. 设 $f(x)$，$g(x)$ 在有限开区间 (a,b) 内均一致连续. 证明 $f(x)\cdot g(x)$ 也在 (a,b) 内一致连续. 若 (a,b) 换为无限区间，结论还成立吗?

3. 设 $f(x)$ 在有限开区间 (a,b) 内连续. 证明 $f(x)$ 在 (a,b) 内一致连续的充要条件是：极限 $\lim\limits_{x\to a^+}f(x)$ 和 $\lim\limits_{x\to b^-}f(x)$ 均存在.

4. 设 $f(x)$ 在有限开区间 (a,b) 内一致连续. 证明 $f(x)$ 在 (a,b) 内有界.

5. 设 $f(x)$ 在有限区间 I 上有定义，证明 $f(x)$ 在 I 上一致连续的充要条件是 $f(x)$ 把柯西列映射成柯西列，即对任何柯西列 $\{x_n\}\subset I$，$\{f(x_n)\}$ 也是柯西列.

第 4 讲　单调函数的极限与连续性

单调函数和连续函数一样是常用的一类重要函数，具有许多特殊性质和重要应用. 这一讲主要介绍单调函数的极限存在性、间断点的特点、连续性等内容. 与单调数列的情况类似，单调函数的单侧极限（包括$\pm\infty$）总是存在的，即有

定理 4.1　设 $f(x)$ 在点 x_0 的左邻域 $(x_0-\delta_0,x_0)$ 内单调递增（递减），则 $f(x_0-)=\lim\limits_{x\to x_0^-}f(x)$ 存在，且当

(1) $f(x)$ 在点 x_0 的左邻域内有上界（下界）时，$f(x_0-)$ 为有限数；

(2) $f(x)$ 在点 x_0 的左邻域内无上界（下界）时，$f(x_0-)=+\infty(-\infty)$.

证 1　(1) 在 $(x_0-\delta_0,x_0)$ 中任取一严格单调递增数列 $\{x_n\}$，且 $\lim\limits_{n\to\infty}x_n=x_0$ $(x_0-\delta_0<x_n<x_0)$，设 $f(x)$ 单调递增有上界，则数列 $\{f(x_n)\}$ 也单调递增有上界，因而收敛. 记 $\lim\limits_{n\to\infty}f(x_n)=a$，从而对任意 n，有 $f(x_n)\leqslant a$. 对任意 $\varepsilon>0$，存在自然数 k，使得当 $n>k$ 时，$a-\varepsilon<f(x_n)\leqslant a$，取 $\delta=x_0-x_{k+1}$，当 $x\in(x_0-\delta,x_0)=(x_{k+1},x_0)$ 时，总有 $n_0>k+1$，使得 $x_{n_0}>x$（因 $x_n\to x_0$）. 于是

$$a-\varepsilon<f(x_{k+1})\leqslant f(x)\leqslant f(x_{n_0})\leqslant a<a+\varepsilon,$$

故

$$f(x_0-)=\lim_{x\to x_0^-}f(x)=a.$$

(2) 因 $f(x)$ 在点 x_0 的左邻域内单调递增无上界，故任意 $M>0$ 不是 $f(x)$ 的上界，于是总存在 $\bar{x}\in(x_0-\delta,\ x_0)$，使得 $f(\bar{x})>M$. 令 $\delta=x_0-\bar{x}$，当 $x\in(x_0-\delta,x_0)=(\bar{x},x_0)$ 时，$f(x)\geqslant f(\bar{x})\geqslant M$，即 $f(x_0-)=\lim\limits_{x\to x_0^-}f(x)=+\infty$.

证 2　仅考虑 $f(x)$ 在 $(x_0-\delta_0,x_0)$ 上递增的情形.

(1) 因为 $f(x)$ 在 $(x_0-\delta_0,x_0)$ 上有上界，故必有上确界，记上确界为 A，即

$$\sup_{x\in(x_0-\delta_0,x_0)}f(x)=A<+\infty,$$

则对任意 $\varepsilon>0$，由上确界的定义，存在 $x_\varepsilon\in(x_0-\delta_0,x_0)$，使得

$$A-\varepsilon<f(x_\varepsilon)\leqslant A,$$

记 $\delta=x_0-x_\varepsilon$，则对 $x\in(x_0-\delta,x_0)$，有 $x_\varepsilon=x_0-\delta<x<x_0$，由 $f(x)$ 的递增性有

$$A-\varepsilon<f(x_\varepsilon)\leqslant f(x)\leqslant A<A+\varepsilon,$$

即当 $x_0-\delta<x<x_0$ 时，有 $|f(x)-A|<\varepsilon$，所以

$$f(x_0-)=\lim_{x\to x_0^-}f(x)=A=\sup_{x\in(x_0-\delta_0,x_0)}f(x).$$

(2) 因为 $f(x)$ 在 $(x_0-\delta_0,x_0)$ 上无上界，故 $\sup\limits_{x\in(x_0-\delta_0,x_0)}f(x)=+\infty$，则对任意 $M>0$，存在 $x_M\in(x_0-\delta_0,x_0)$，使 $f(x_M)>M$. 记 $\delta=x_0-x_M$，则对于 x：$x_M=x_0-\delta<x<x_0$，由 $f(x)$ 的递增性得

$$f(x)\geqslant f(x_M)>M,$$

这就证明了 $f(x_0-)=\lim\limits_{x\to x_0^-}f(x)=+\infty=\sup\limits_{x\in(x_0-\delta_0,x_0)}f(x)$.

单调递减的情形类似可证，或用 $-f(x)$ 代替 $f(x)$ 直接得证.

关于单调函数在点 x_0 处的右极限有下述类似结论.

定理 4.1′ 设 $f(x)$ 在点 x_0 的右邻域 $(x_0,x_0+\delta_0)$ 内单调递增(递减)，则 $f(x_0+)=\lim\limits_{x\to x_0^+}f(x)$ 存在，且当

(1) $f(x)$ 在点 x_0 的右邻域内有下界（上界）时，$f(x_0+)$ 为有限数.

(2) $f(x)$ 在点 x_0 的右邻域内无下界（上界）时，$f(x_0+)=-\infty(+\infty)$.

定理 4.2 设 $f(x)$ 在 (a,b) 内单调，则对任意 $x_0\in(a,b)$，$f(x_0-)$，$f(x_0+)$都存在且有限，同时 $f(a+)$及 $f(b-)$ 也存在（未必有限).

证 设 $f(x)$ 单调递增，则对任意 $x_0\in(a,b)$，$f(x)$ 在点 x_0 的左、右邻域内都单调递增，且 $f(x_0)$ 是 $f(x)$ 在点 x_0 的左（右）邻域内的上（下）界，由定理 4.1 和定理 4.1′知 $f(x_0-)$ 和 $f(x_0+)$ 都存在且为有限数，并有

$$f(x_0-)\leqslant f(x_0)\leqslant f(x_0+).$$

后一结论请读者自证.

由此可得下述结论.

定理 4.3 单调函数的间断点只会是跳跃型的.

定理 4.4 单调函数的间断点至多为可列个.

证 设 $f(x)$ 在开区间 (a,b) 内单调递增，若 $x_0\in(a,b)$ 是 $f(x)$ 的一个间断点，则由定理 4.3 知，它只能是跳跃型的，即有 $f(x_0-)<f(x_0+)$，这时 $f(x_0)\in[f(x_0-),f(x_0+)]$. 称开区间 $(f(x_0-),f(x_0+))$ 为与间断点 x_0 对应的跳跃区间，对每个间断点都可得到一个跳跃区间. 现证任意两个不同的间断点所对应的跳跃区间必不相交.

设 x_1 是 $f(x)$ 的另一间断点，且 $x_0<x_1$，需证

$$(f(x_0-),f(x_0+))\cap(f(x_1-),f(x_1+))=\varnothing,\qquad(*)$$

为此在 x_0 与 x_1 之间插入 x，x'如下：

$$x_0<x<x'<x_1,$$

则有 $f(x)\leqslant f(x')$. 先固定 x'，令 $x\to x_0^+$，由定理 4.2 知 $f(x_0+)\leqslant f(x')$，再令 $x'\to x_1^-$ 得 $f(x_0+)\leqslant f(x_1-)$，于是有

$$f(x_0-)<f(x_0+)\leqslant f(x_1-)<f(x_1+),$$

即（*）成立.

对每个间断点 x_0，在相应的跳跃区间中取定一个有理数与之对应，由于不同的间断点对应的跳跃区间不相交，于是得到的有理数子集与跳跃区间全体建立了一一对应关系，而每个跳跃区间对应一个间断点，所以间断点的个数不超过有理数的个数，而有理数集是可列的，从而定理得证.

我们已知初等函数在其定义区间内是连续的，现在又证明单调函数的间断点至多可列，那么是否存在间断点不可列的函数呢？Dirichlet 函数

$$D(x)=\begin{cases}1, & x\text{ 为有理数},\\ 0, & x\text{ 为无理数}\end{cases}$$

就是一个处处不存在极限（从而处处是第二类间断点）的例子. 事实上，对任一实数 x_0，总可找到一列有理数 $q_n\to x_0$，也可找到一列无理数 $r_n\to x_0$，从而有

$$\lim_{n\to\infty}D(q_n)=1,\qquad \lim_{n\to\infty}D(r_n)=0,$$

因此 $\lim\limits_{x\to x_0}D(x)$ 不存在. 可见其间断点的集合为全体实数，不可列.

如所周知，闭区间上的连续函数具有介值性质，那么其逆是否正确？答案是否定的. 即使具有介值性且一一对应的函数也未必连续，例如

$$f(x)=\begin{cases}x, & x\text{ 为有理数},\\ -x, & x\text{ 为无理数},\end{cases}\qquad -1\leqslant x\leqslant 1.$$

不过，具有介值性的函数不会有（第一类的）跳跃型间断点. 否则，若 x 是跳跃型间断点，则 $f(x-0)$ 与 $f(x+0)$ 构成的非空开区间将 $f(x)$ 的值域分隔，与介值性矛盾.

顺便指出，介值性与所论区间有关，$f(x)$ 在 $[a,b]$ 上具有介值性，并不一定在所有 $[c,d]\subset[a,b]$ 上具有介值性，如上例在 $[-1,1]$ 上具有介值性，但在 $[0,1]$ 上则不然，在 $[0,1]$ 上的值域是 $[0,1]$ 中的有理数和 $(-1,0)$ 中的无理数.

我们把 $[a,b]$，(a,b)，$(-\infty,b)$，$(a,+\infty)$，$(-\infty,+\infty)$，$[a,b)$，$(a,b]$ 等统称为区间，那么区间的共同特征是什么呢？

命题 集合 J 是一个区间的充要条件是：对任意 α，$\beta\in J$，介于 α 和 β 之间的任意实数 γ 也属于 J.

证 必要性显然，现证充分性.

记 $A=\inf J$，$B=\sup J$，则显然有 $J\subset[A,B]$，又任意 $\gamma\in(A,B)$，由确界定义，存在 $\alpha\in J$，$\beta\in J$，使

$$A\leqslant\alpha<\gamma<\beta\leqslant B,$$

由假设条件推知 $\gamma\in J$ 可得 $(A,B)\subset J$. 再看 A，B 两点，根据 A，B 是否属于

J，必有下列几种情形之一成立：

$$J=[A,B],\quad J=[A,B),\quad J=(A,B],\quad J=(A,B).$$

根据这一命题，函数的介值性表示其值域是一区间，因此，连续函数的介值定理也可表述如下：

如果 $f(x)$ 在闭区间 I 上连续，那么其值域 $J=f(I)=\{f(x)\mid x\in I\}$ 是一个区间.

如前所述，逆命题不成立，再看一例

$$f(x)=\begin{cases}\sin\dfrac{1}{x}, & x\neq 0,\\ 0, & x=0.\end{cases}$$

$f(x)$ 把区间 $I=[-\eta,\eta]$（$\eta>0$）映射成区间 $[-1,1]$，但 $f(x)$ 在 I 上并不连续. 而对于单调函数，逆命题是成立的.

定理 4.5　设 $f(x)$ 在区间 I 上单调，则 $f(x)$ 的值域 $f(I)$ 为区间的充要条件是 $f(x)$ 连续.

证　充分性实为介值定理，此时不需单调性. 现证必要性.

不妨设 $f(x)$ 单调递增，已知 $f(I)$ 是区间，欲证 $f(x)$ 在 I 上连续，假若 $f(x)$ 在 $x_0\in I$ 处间断，由于 $f(x)$ 单调递增，则至少出现下列两种情形之一：$f(x_0-)<f(x_0)$ 或 $f(x_0)<f(x_0+)$. 用 J 表示非空开区间 $(f(x_0-),f(x_0))$ 或 $(f(x_0),f(x_0+))$，则 $f(I)$ 中那些位于 J 之外的点不与 $f(x_0)$ 构成一个区间，因此 $f(I)$ 不可能为区间，与题设条件矛盾，所以 $f(x)$ 不存在间断点.

如果 $f(x)$ 是区间 I 上的严格单调函数，则 $f(x)$ 是从 I 到 $J=f(I)$ 的一一对应，存在反函数，而且有

定理 4.6　设函数 $f(x)$ 在区间 I 上严格单调并且连续，则它的反函数 $g=f^{-1}$在区间 $J=f(I)$ 上严格单调并且连续（单调性相同）.

例 4.1　若 $f(x)$ 在 (a,b) 内是一对一的（即若 $x_1\neq x_2\Rightarrow f(x_1)\neq f(x_2)$），且具有介值性质，证明 $f(x)$ 严格单调，且值域为一个区间，从而 $f(x)$ 也连续，$f^{-1}(x)$ 存在且连续.

证　因 $f(x)$ 是一对一的，假若 $f(x)$ 不严格单调，则必存在 $x_1<x_2<x_3$，使得

$$f(x_1)<f(x_2)>f(x_3)\quad 或\quad f(x_1)>f(x_2)<f(x_3),$$

下面仅就前一情况讨论.

任取一数 μ，使得 $\max\{f(x_1),f(x_3)\}<\mu<f(x_2)$，则由介值性知：存在 $\xi_1\in(x_1,x_2)$，$\xi_2\in(x_2,x_3)$，使 $f(\xi_1)=\mu=f(\xi_2)$，因为 $\xi_1\neq\xi_2$，与 $f(x)$ 是一对一的假设矛盾，故 $f(x)$ 严格单调. 由介值性可知 $f(x)$ 的值域是区间.

例 4.2　设函数 $f(x)$ 在 $[a,b]$ 上严格单调，如果存在数列 $x_n\in[a,b]$ 使

$\lim\limits_{n\to\infty}f(x_n)=f(a)$（或 $f(b)$），证明：$\lim\limits_{n\to\infty}x_n=a$(或 b).

证　不妨设 $f(x)$ 严格递增，若$\lim\limits_{n\to\infty}x_n=a$ 不成立，则存在 $\varepsilon>0$，存在 $\{x_{n_k}\}\subset\{x_n\}$ 使得$|x_{n_k}-a|\geqslant\varepsilon$，由 $x_{n_k}\geqslant a+\varepsilon$ 和 $f(x)$ 的严格递增性，有 $f(x_{n_k})\geqslant f(a+\varepsilon)>f(a)$．因为$\lim\limits_{k\to\infty}f(x_{n_k})=\lim\limits_{n\to\infty}f(x_n)=f(a)$，于是对上式取极限得 $f(a)\geqslant f(a+\varepsilon)>f(a)$，矛盾，故$\lim\limits_{n\to\infty}x_n=a$.

例 4.2 中若 $f(x)$ 连续，还可证明如下：由定理 4.6 知，$f(x)$ 在 $f([a,b])$ 上存在反函数且反函数连续，设 $f(x)$ 的反函数为 $g(y)$，于是 $g(f(x))=x$．由题设条件 $g(y)$ 的连续性知 $\lim\limits_{n\to\infty}x_n=\lim\limits_{n\to\infty}g(f(x_n))=g(f(a))=a$.

例 4.3　设 $f(x)$ 在 (a,b) 内单调递增，且存在数列 $x_n\in(a,b)$ 使 $\lim\limits_{n\to+\infty}x_n=b$，$\lim\limits_{n\to+\infty}f(x_n)=A$．证明：$\lim\limits_{x\to b^-}f(x)=A$.

证　先证 $f(x)$ 在 (a,b) 内以 A 为上界，对任意 $x\in(a,b)$，因为 $\lim\limits_{n\to+\infty}x_n=b$，所以存在 N，当 $n>N$ 时，$x_n>x$，由 $f(x)$ 单增知

$$f(x_n)\geqslant f(x)\Rightarrow A=\lim_{n\to+\infty}f(x_n)\geqslant f(x).$$

设 $B=\sup\limits_{x\in(a,b)}f(x)$，则 $B\leqslant A$，且 $f(x_n)\leqslant B$，令 $n\to\infty$得

$$A=\lim_{n\to+\infty}f(x_n)\leqslant B\Rightarrow A=B\Rightarrow\lim_{n\to+\infty}f(x_n)=A=\sup_{x\in(a,b)}f(x).$$

由上确界定义知，对任意 $\varepsilon>0$，存在 $x_\varepsilon\in(a,b)$ 使 $A-\varepsilon<f(x_\varepsilon)$，于是当 $x\in(x_\varepsilon,b)$ 时，由 $f(x)$ 单增知 $A-\varepsilon<f(x_\varepsilon)\leqslant f(x)\leqslant A+\varepsilon$，即 $\lim\limits_{x\to b^-}f(x)=A$.

习　题　4

1. 对单调递减函数证明定理 4.1′.

2. 设函数 $f(x)$ 在 $[a,x_0)$ 上单调，证明：极限 $\lim\limits_{x\to x_0^-}f(x)$ 存在的充要条件是 $f(x)$ 在 $[a,x_0)$ 上有界.

3. 设 $f(x)$ 在区间 $(a,+\infty)$ 上单调有界，证明极限 $\lim\limits_{x\to+\infty}f(x)$ 一定存在.

4. 设 $f(x)$ 在 (a,b) 内严格递增，在点 a 处右连续，问 $f(x)$ 在 $[a,b)$ 上是否严格递增？

5. 设函数 $f(x)$ 在有限区间 (a,b) 内单调有界且连续，证明 $f(x)$ 在 (a,b) 内一致连续.

6. 设连续函数 $f(x)$ 的定义域和值域一一对应．证明 $f(x)$ 严格单调.

7. 设 $f(x)$ 在 $[a,b]$ 上连续．证明 $f(x)$ 在 $[a,b]$ 上严格单调的充要条件是 $f(x)$ 在 $[a,b]$ 上没有极值点.

第 5 讲　导函数的几个重要特性

导函数固然也是函数，但并非每个函数都可以是某个函数的导函数. 导函数具有一般函数所没有的某些重要特性. 这一讲介绍导函数的两个重要特性（介值性质和导数极限定理）及其应用.

1. 导函数的介值性

定理 5.1(Darboux 定理)　设 $f(x)$ 在区间 I 上可微，则 $f'(x)$ 具有介值性质，即若 $[a,b]\subset I$，$f'(a)<\mu<f'(b)$，则存在 $\xi\in(a,b)$，使 $f'(\xi)=\mu$.

证 1　令 $g(x)=f(x)-\mu x$，则 $g'(x)=f'(x)-\mu$.

$$g'(a)=f'(a)-\mu<0,\qquad g'(b)=f'(b)-\mu>0.$$

只需证明存在 $\xi\in(a,b)$，使 $g'(\xi)=0$.

因为 $g(x)$ 在 $[a,b]$ 上连续，所以存在最小值点 $\xi\in(a,b)$. 若不然，$\xi=a$ 或 $\xi=b$，则有 $g(a)\leqslant g(x)$ 或 $g(b)\leqslant g(x)$，于是有

$$\frac{g(x)-g(a)}{x-a}\geqslant 0,\qquad \lim_{x\to a^+}\frac{g(x)-g(a)}{x-a}=g'(a)\geqslant 0,$$

即 $f'(a)\geqslant\mu$，与 $f'(a)<\mu$ 矛盾.

故 ξ 不可能是 a. 同理可证：$\xi\neq b$. 因此 $\xi\in(a,\ b)$，即 ξ 是 $g(x)$ 的极小值，所以 $g'(\xi)=0$. 证毕.

证 2　只需考虑 $\mu=0$ 的情况，此时 $f'(a)<0$，$f'(b)>0$，若 $f(a)=f(b)$，则由罗尔定理得证.

否则，不妨设 $f(a)>f(b)$，由 $\lim\limits_{x\to b}\frac{f(x)-f(b)}{x-b}=f'(b)>0$ 知，存在 $\delta>0$ 使当 $x\in(b-\delta,b)$，且 $a<b-\delta<b$ 时，

$$\frac{f(x)-f(b)}{x-b}>0,$$

可得 $f(x)<f(b)$，取一点 $x_0\in(b-\delta,b)$，则有 $f(x_0)<f(b)<f(a)$，根据连续函数的介值定理，存在 $c\in(a,x_0)$ 使 $f(c)=f(b)$，再在 $[c,b]$ 上应用罗尔定理，可知存在 $\xi\in(c,b)$ 使 $f'(\xi)=0$. 证毕.

证 3　令 $f_a(t)=\begin{cases}f'(a), & t=a,\\ \dfrac{f(t)-f(a)}{t-a}, & t\neq a,\end{cases}\quad f_b(t)=\begin{cases}f'(b), & t=b,\\ \dfrac{f(t)-f(b)}{t-b}, & t\neq b,\end{cases}$

则 $f_a(a)=f'(a)$，$f_a(b)=f_b(a)$，$f_b(b)=f'(b)$. 因为 $f'(a)<\mu<f'(b)$，μ 要么介于 $f_a(a)=f'(a)$ 与 $f_a(b)$ 之间，要么介于 $f_b(b)=f'(b)$ 与 $f_b(a)$ 之间，要么等于 $f_a(b)=f_b(a)$.

若 μ 在 $f_a(a)$ 与 $f_a(b)$ 之间，则由 $f_a(t)$ 的连续性，存在 $c\in(a,b]\subset I$，使

$$\mu=f_a(c)=\frac{f(c)-f(a)}{c-a}=f'(\xi_1),\qquad \xi_1\in(a,c).$$

若 μ 在 $f_b(b)$ 与 $f_b(a)$ 之间，则由 $f_b(t)$ 的连续性，存在 $d\in[a,b)\subset I$，使

$$\mu=f_b(d)=\frac{f(d)-f(b)}{d-b}=f'(\xi_2),\qquad \xi_2\in(d,b).$$

若 $\mu=f_a(b)=f_b(a)$，则由中值定理有

$$\mu=f_a(b)=\frac{f(b)-f(a)}{b-a}=f'(\xi_3),\qquad a<\xi_3<b.$$

综上所述，所以存在 $\xi\in(a,b)$，使 $f'(\xi)=\mu$. 证毕.

我们知道闭区间上的连续函数具有介值性质，这里导函数不必连续也具有介值性质.

例 5.1 狄利克雷（Dirichlet）函数 $D(x)=\begin{cases}1, & x\text{ 为有理数},\\ 0, & x\text{ 为无理数}\end{cases}$ 是否存在原函数?

解 假如存在原函数 $F(x)$ 使 $F'(x)=D(x)$，则 $F'(0)=D(0)=1$，$F'(\sqrt{2})=0$，根据达布定理，由 $F'(\sqrt{2})<\frac{1}{2}<F'(0)$ 知，存在 $\xi\in(0,\sqrt{2})$，使 $\frac{1}{2}=F'(\xi)=D(\xi)=0$ 或 1，矛盾. 因此，$D(x)$ 不存在原函数.

例 5.2 设 $f(x)$ 在 $(-\infty,+\infty)$ 上可微，且存在常数 k_1,b_1,k_2,b_2 $(k_1<k_2)$ 使 $\lim\limits_{x\to-\infty}[f(x)-(k_1x+b_1)]$ 存在，$\lim\limits_{x\to+\infty}[f(x)-(k_2x+b_2)]$ 存在. 则对任意 $k\in(k_1,k_2)$，存在 ξ 使 $f'(\xi)=k$.

证 由题设知 $\lim\limits_{x\to-\infty}\frac{f(x)}{x}=k_1$，$\lim\limits_{x\to+\infty}\frac{f(x)}{x}=k_2$. 于是有

$$\lim_{x\to-\infty}\frac{f(x)-f(0)}{x}=k_1,\qquad \lim_{x\to+\infty}\frac{f(x)-f(0)}{x}=k_2,$$

因此，对 $k\in(k_1,k_2)$，根据极限性质和拉格朗日中值定理，存在 $x_1<0$，$x_2>0$，使

$$f'(\xi_1)=\frac{f(x_1)-f(0)}{x_1}<k<\frac{f(x_2)-f(0)}{x_2}=f'(\xi_2)\quad(x_1<\xi_1<0<\xi_2<x_2),$$

由达布定理，存在 $\xi\in(\xi_1,\xi_2)$，使 $f'(\xi)=k$.

例 5.3 $f(x)$ 在 $(-\infty,+\infty)$ 上二次可微且有界，试证存在点 $x_0\in(-\infty,$

$+\infty)$，使得 $f''(x_0)=0$.

证　若 $f''(x)$ 在 $(-\infty,+\infty)$ 内变号，则由达布定理知，$f''(x)$ 必有零点. 假若 $f''(x)$ 不变号，不妨设 $f''(x)>0$，则 $f'(x)$ 严格单调上升，$f'(x)$ 不会是常数. 总存在 $\bar{x}$ 使 $f'(\bar{x})\neq 0$，若 $f'(\bar{x})>0$，则当 $x>\bar{x}$ 时，

$$f(x)=f(\bar{x})+f'(\xi)(x-\bar{x})>f(\bar{x})+f'(\bar{x})(x-\bar{x})\to+\infty \quad (x\to+\infty),$$

若 $f'(\bar{x})<0$，则当 $x<\bar{x}$ 时，

$$f(x)=f(\bar{x})+f'(\xi)(x-\bar{x})>f(\bar{x})+f'(\bar{x})(x-\bar{x})\to+\infty \quad (x\to-\infty),$$

这与 $f(x)$ 有界的假设矛盾.

请读者试用泰勒公式证明本题.

例 5.4　设 $f(x)$ 在 $[a,b]$ 上二次可导，若 $f''(x)\neq 0$，$a\leqslant x\leqslant b$，证明对任意 $\xi\in(a,b)$，存在点 $c\in[a,b]$，使得 $f'(\xi)=\dfrac{f(c)-f(a)}{c-a}$ 或 $f'(\xi)=\dfrac{f(c)-f(b)}{c-b}$.

证　根据达布定理，不妨假定 $f''(x)>0$ $(a\leqslant x\leqslant b)$，于是 $f'(x)$ 严格递增，故有 $f'(a)<f'(\xi)<f'(b)$. 若 $[f(b)-f(a)]/(b-a)=f'(\xi)$，则结论已证.

若 $[f(b)-f(a)]/(b-a)>f'(\xi)$. 作函数

$$F(x)=\begin{cases}\dfrac{f(x)-f(a)}{x-a}, & a<x\leqslant b,\\ f'(a), & x=a,\end{cases}$$

易知 $F(x)$ 在 $[a,b]$ 上连续，又 $F(a)=f'(a)<f'(\xi)<[f(b)-f(a)]/(b-a)=F(b)$. 由连续函数的介值定理，存在 $c\in(a,b)$，使 $F(c)=f'(\xi)$，即 $f'(\xi)=\dfrac{f(c)-f(a)}{c-a}$.

若 $[f(b)-f(a)]/(b-a)<f'(\xi)$，作函数

$$F(x)=\begin{cases}\dfrac{f(x)-f(b)}{x-b}, & a\leqslant x<b,\\ f'(b), & x=b,\end{cases}$$

同理可证.

2. 导数极限定理

定理 5.2(导数极限定理)　设函数 $f(x)$ 在点 x_0 处连续，在 x_0 的两侧（空心邻域，即 $(x_0-\delta,x_0)\cup(x_0,x_0+\delta)$）内可导，若极限 $\lim\limits_{x\to x_0}f'(x)$ 存在，则 $f(x)$ 在x_0 处可导，且 $f'(x_0)=\lim\limits_{x\to x_0}f'(x)$，即 $f'(x)$ 在 x_0 处连续.

证 1 对任意 $x\in(x_0-\delta,x_0)\cup(x_0,x_0+\delta)$，由拉格朗日中值定理，在 x_0 与 x 之间存在 ξ 使

$$\frac{f(x)-f(x_0)}{x-x_0}=f'(\xi).$$

由于 $\lim\limits_{x\to x_0}f'(x)$ 存在，且当 $x\to x_0$ 时，$\xi\to x_0$，故在上式中令 $x\to x_0$，得

$$f'(x_0)=\lim_{x\to x_0}\frac{f(x)-f(x_0)}{x-x_0}=\lim_{x\to x_0}f'(\xi)=\lim_{x\to x_0}f'(x).$$

证 2 因为 $f(x)$ 在 x_0 处连续，所以 $\lim\limits_{x\to x_0}[f(x)-f(x_0)]=0$，而 $f(x)$ 在 $(x_0-\delta,x_0)\cup(x_0,x_0+\delta)$ 内可导，由洛必达法则有

$$f'(x_0)=\lim_{x\to x_0}\frac{f(x)-f(x_0)}{x-x_0}=\lim_{x\to x_0}f'(x)\qquad\left(\frac{0}{0}\text{ 型}\right).$$

注 (1) 一般函数在某点存在极限时并不一定在该点连续，而定理 5.2 告诉我们，若函数在某点连续而不知在该点可导，只要导函数在该点有极限，即可推知函数在该点可导而且导函数连续. 可见导函数的这个性质是很独特的.

(2) 定理 5.2 的逆命题是否正确？即若知函数在 x_0 处存在导数，问导函数在该点处是否存在极限？

反例

$$f(x)=\begin{cases}x^2\sin\dfrac{1}{x}, & x\neq 0,\\ 0, & x=0,\end{cases}\quad f'(0)=0,\ f'(x)=\begin{cases}2x\sin\dfrac{1}{x}-\cos\dfrac{1}{x}, & x\neq 0,\\ 0, & x=0.\end{cases}$$

而 $\lim\limits_{x\to 0}f'(x)$ 不存在.

(3) 即使 $f(x)$ 在 x_0 不连续（从而不可导），$\lim\limits_{x\to x_0}f'(x)$ 仍可能存在. 如

$$f(x)=\begin{cases}x & x>0,\\ x+1 & x\leqslant 0.\end{cases}$$

当 $x\neq 0$ 时，$f'(x)=\begin{cases}1, & x>0,\\ 1, & x<0.\end{cases}$ $\lim\limits_{x\to 0}f'(x)=\lim\limits_{x\to 0^+}f'(x)=\lim\limits_{x\to 0^-}f'(x)=1$，而 $f(x)$在 $x=0$ 处并不可导.

对于单侧导数有如下定理.

定理 5.3(单侧导数极限定理) 设 $f(x)$ 在 (a,b) 内可微，在 a 处右连续，如果导函数 $f'(x)$ 在 a 处存在右极限 $f'(a+)=\lim\limits_{x\to a^+}f'(x)=A$，则 $f(x)$ 必在 a 点存在右导数 $f'_+(a)$，且有 $f'_+(a)=f'(a+)=A$. 从而 $f'(x)$ 在 a 处右连续，这里 A 也可以为 $\pm\infty$.

证 因为 $f(x)$ 在 a 右连续，所以 $\lim\limits_{x\to a^+}[f(x)-f(a)]=0$. 又因为 $f(x)$ 在 (a,b) 内可导，由洛必达法则有

$$f'_{+}(a)=\lim_{x\to a^{+}}\frac{f(x)-f(a)}{x-a}=\lim_{x\to a^{+}}f'(x)=A.$$

试问 $A=\infty$ 时，上述结论是否成立？

由定理 5.3 可得到导函数的又一个重要性质.

推论　设 $f(x)$ 在 (a,b) 上可微，则导函数 $f'(x)$ 在 (a,b) 内不存在第一类间断点.

证 1　假若 $f'(x)$ 在 (a,b) 内有第一类间断点 x_0，则 $f'(x)$ 在 x_0 的两个单侧极限 $f'(x_0+)$ 和 $f'(x_0-)$ 均存在. 又 $f'(x_0)$ 存在，所以

$$f'_{+}(x_0)=f'_{-}(x_0)=f'(x_0), \tag{1}$$

且 $f(x)$ 在 x_0 连续，自然也单侧连续. 由定理 5.3 知

$$f'_{+}(x_0)=f'(x_0+),\qquad f'_{-}(x_0)=f'(x_0-), \tag{2}$$

联合 (1)、(2) 得

$$f'(x_0+)=f'(x_0)=f'(x_0-),$$

这表明 $f'(x)$ 在 x_0 处连续. 矛盾！

证 2　反证. 假设 x_0 为 $f'(x)$ 的第一类间断点，则 $f'(x_0-)$ 与 $f'(x_0+)$ 存在有限，且 $f'(x_0-)\neq f'(x_0)$(或 $f'(x_0+)\neq f'(x_0)$). 不失一般性，设 $f'(x_0-)<f'(x_0)$，对 $\varepsilon_0=f'(x_0)-f'(x_0-)>0$，存在 $\delta>0$，当 $x_0-\delta<x<x_0$ 时，

$$|f'(x)-f'(x_0-)|<\frac{\varepsilon_0}{2}=\frac{1}{2}[f'(x_0)-f'(x_0-)],$$

$$f'(x)<f'(x_0-)+\frac{1}{2}[f'(x_0)-f'(x_0-)]=\frac{1}{2}[f'(x_0)+f'(x_0-)].$$

任取 $x_1\in(x_0-\delta,x_0)$，则 $f'(x_1)<\frac{1}{2}[f'(x_0)+f'(x_0-)]<f'(x_0)$. 在 (x_1,x_0) 中没有 ξ，使得 $f'(\xi)=\frac{1}{2}[f'(x_0)+f'(x_0-)]$，这与达布定理（导函数介值性定理）的结果相矛盾.

上述推论表明，有第一类间断点的函数不存在原函数. 但无第一类间断点的非连续函数也未必有原函数，如例 5.1 所示.

定理 5.2、定理 5.3 对分段函数在分界点的求导很有用处.

例 5.5　设 $f(x)=\begin{cases}e^x-1, & x>0,\\ \sin x, & x\leqslant 0,\end{cases}$ 求 $f'(x)$.

解　$f(x)$ 在 $x=0$ 处连续，$x>0$ 时，$f'(x)=e^x$；$x<0$ 时，$f'(x)=\cos x$.

$$\lim_{x\to 0^{+}}f'(x)=\lim_{x\to 0^{+}}e^x=1=\lim_{x\to 0^{-}}\cos x=\lim_{x\to 0^{-}}f'(x),$$

所以，$f'(0)=1$.

一般地，对 $f(x)=\begin{cases}g(x), & x>x_0,\\ h(x), & x\leqslant x_0,\end{cases}$ 若 $f(x)$ 在 x_0 处连续，$x>x_0$ 时 $g'(x)$

存在，$x<x_0$ 时 $h'(x)$ 存在，且 $\lim\limits_{x\to x_0^+} g'(x)=\lim\limits_{x\to x_0^-} h'(x)$，则 $f(x)$ 在 x_0 可导，且 $f'(x_0)=\lim\limits_{x\to x_0^+} g'(x)=\lim\limits_{x\to x_0^-} h'(x)$.

注　满足上述条件时，可以不用导数定义，而用上述结论求分段函数在分界点的导数. 但上述条件不满足时，不能断定是 $f'(x_0)$ 不存在. 例如 $f(x)=\begin{cases} x^2\sin\dfrac{1}{x}, & x\neq 0, \\ 0, & x=0, \end{cases}$ $f'(0)$ 存在，但当 $x\neq 0$ 时，

$$f'(x)=2x\sin\frac{1}{x}-\cos\frac{1}{x}.$$

$\lim\limits_{x\to 0} f'(x)$ 不存在，所以上述条件只是充分条件.

例 5.6　讨论函数 $f(x)=[x]\sin\pi x$ 的可导性.

解　当 $x\neq n$（n 为整数）时，$f(x)$ 显然是可导的，即 $f(x)$ 在一切非整数点处可导. 现考察 $f(x)$ 在 $x=n$ 处的可导性. 令 $0<\delta<1$，则有

$$f(x)=\begin{cases} (n-1)\sin\pi x, & x\in(n-\delta,n), \\ n\sin\pi x, & x\in[n,n+\delta), \end{cases}$$

在各分段区间内直接求导，有

$$f'(x)=\begin{cases} (n-1)\pi\cos\pi x, & x\in(n-\delta,n), \\ n\pi\cos\pi x, & x\in(n,n+\delta), \end{cases}$$

因为 $f(x)$ 连续，由定理 5.3 得

$$f'_-(n)=\lim_{x\to n^-}(n-1)\pi\cos\pi x=(-1)^n(n-1)\pi,$$

$$f'_+(n)=\lim_{x\to n^+}n\pi\cos\pi x=(-1)^n n\pi.$$

$f'_+(n)\neq f'_-(n)$，所以 $f(x)$ 在任一整数点 $x=n$ 处不可导.

习　题　5

1. 试用泰勒公式证明例 5.3 并说明它对半无穷区间 $(a,+\infty)$ 是否成立.

2. 设 $f(x)$ 在 (a,b) 内可微，$x_i\in(a,b)$，$\lambda_i>0$ $(i=1,2,\cdots,n)$，且 $\sum\limits_{i=1}^{n}\lambda_i=1$，证明存在 $\xi\in(a,b)$，使得 $\sum\limits_{i=1}^{n}\lambda_i f'(x_i)=f'(\xi)$.

3. 设 $f(x)$ 在 (a,b) 内可微，且 x_i，$y_i\in(a,b)$，$x_i<y_i$ $(i=1,2,\cdots,n)$，证明存在 $\xi\in(a,b)$，使得 $\sum\limits_{i=1}^{n}[f(y_i)-f(x_i)]=f'(\xi)\sum\limits_{i=1}^{n}(y_i-x_i)$.

4. 若将例 5.4 中的条件：$f''(x)\neq 0$，$a\leqslant x\leqslant b$，减弱为 $f''(\xi)\neq 0$. 结论是否成立?

5. 设 $f(x)$，$g(x)$ 在 $[a,b]$ 上可导，且 $g'(x)\neq 0$ $(x\in[a,b])$，证明函数 $f'(x)/g'(x)$

可取到 $f'(a)/g'(a)$ 与 $f'(b)/g'(b)$ 之间的一切值.

6. 设 $f(x)$在$[a,b]$上可导,$x_1,x_2\in[a,b]$. 证明:

(1) 若 $f'(x_1)+f'(x_2)=0$,则存在 $\xi\in[a,b]$使 $f'(\xi)=0$;

(2) 若 $f'(x_1)+f'(x_2)=n$,则存在 $\xi\in[a,b]$使 $f'(\xi)=\dfrac{n}{2}$.

7. 设 $f(x)$在$[0,1]$上可导,$f(0)=0$,$f(1)=1$,$f'_+(0)=0$. 证明存在 $\xi\in(0,1)$使 $f'(\xi)=\dfrac{1}{2}$.

8. 求 $f(x)=|\sin x|^3$, $x\in(-1,1)$, 存在的最高阶导数.

9. 求下列函数的导数.

(1) 设 $f(x)=(x-1)^2|(x+1)^3|$;

(2) 求 $f(x)=\begin{cases} x^2 e^{-x^2}, & |x|\leqslant 1, \\ \dfrac{1}{e}, & |x|>1. \end{cases}$

10. 设$\begin{cases} x=2t+|t|, \\ y=5t^2+4t|t| \end{cases}$ $(-\infty<t<+\infty)$, 求 $y(x)$ 在 $x=0$ 处的导数.

11. 设 $f(x)$ 在 (a,b) 内可微, 在 a 点右连续, 导函数 $f'(x)$ 在 a 点存在右极限 $\lim\limits_{x\to a^+}f'(x)=A$. 用拉格朗日中值定理证明: $f(x)$ 在 a 点存在右导数, 且有 $f'_+(a)=\lim\limits_{x\to a^+}f'(x)=A$.

12. 设 $f(x)$ 在 (a,b) 内可导, 且 $f'(x)$ 单调, 证明 $f'(x)$ 在 (a,b) 内连续.

13. 用两种方法说明符号函数 $f(x)=\begin{cases} 1, & x>0, \\ 0, & x=0, \\ -1, & x<0 \end{cases}$ 无原函数.

第 6 讲　广义微分中值定理及有关问题

微分中值定理是研究可微函数性态的理论基础和有力工具，它不仅是微分学的核心内容，而且在整个数学分析中起着十分重要的作用，占有相当重要的地位. 这一节介绍微分中值定理的若干推广及有关问题.

定理 6.1(广义罗尔定理)　设 (a,b) 为有限或无限区间，$f(x)$ 在 (a,b) 内可微，且 $\lim\limits_{x\to a^+} f(x)=\lim\limits_{x\to b^-} f(x)=A$（有限或 $\pm\infty$），则存在 $\xi\in(a,b)$，使 $f'(\xi)=0$.

先证 A 有限的情形.

证 1　(1) 当 (a,b) 为有限区间时，令 $F(x)=\begin{cases} f(x), & x\in(a,b), \\ A, & x=a \text{ 或 } x=b.\end{cases}$ 则 $F(x)$ 在 $[a,b]$ 上连续，在 (a,b) 内可导，且 $F(a)=F(b)$. 由罗尔定理，存在 $\xi\in(a,b)$，使 $F'(\xi)=0$. 而在 (a,b) 内，$f'(x)=F'(x)$，故有 $f'(\xi)=0$.

(2) 设 $(a,b)=(-\infty,+\infty)$，令 $x=\tan t$，$-\dfrac{\pi}{2}<t<\dfrac{\pi}{2}$，则函数 $g(t)=f(\tan t)$ 在有限区间 $\left(-\dfrac{\pi}{2},\dfrac{\pi}{2}\right)$ 内满足类似 (1) 的条件. 由 (1) 知，存在 $t_0\in\left(-\dfrac{\pi}{2},\dfrac{\pi}{2}\right)$，使 $g'(t_0)=f'(\tan t_0)\sec^2 t_0=0$. 因为 $\sec^2 t_0\neq 0$，故有 $f'(\xi)=0$，$\xi=\tan t_0$.

注　也可作替换 $x=\ln\left(\dfrac{1+t}{1-t}\right)$，$-1<t<1$.

(3) $(a,b)=(a,+\infty)$　(a 为有限数). 这时令 $x=\varphi(t)=\dfrac{1}{t}+a-1$，则 $\varphi(1)=a$，$\varphi(t)\to+\infty(t\to 0^+)$. 记 $g(t)=f[\varphi(t)]$，则 $g(t)$ 在 $(0,1)$ 内可导，且

$$\lim_{t\to 0^+} g(t)=\lim_{t\to 0^+} f[\varphi(t)]=\lim_{x\to+\infty} f(x)=A=\lim_{x\to a^+} f(x)=\lim_{t\to 1^-} f[\varphi(t)],$$

于是函数 $g(t)$ 在有限区间 $(0,1)$ 内满足 (1) 的条件. 因此，由 (1) 的结论知，存在 $t_0\in(0,1)$ 使 $g'(t_0)=f'(\xi)\varphi'(t_0)=0$，其中 $\xi=\varphi(t_0)$，$\varphi'(t_0)=-\dfrac{1}{t_0^2}\neq 0$，故有 $f'(\xi)=0$.

注　也可令 $\varphi(t)=a+\tan\left(\dfrac{\pi}{2}t\right)$ 或 $\varphi(t)=a+\dfrac{t}{1-t}$，$t\in(0,1)$.

(4) 当 $a=-\infty$，b 为有限数时，类似 (3) 可证.

证 2　若 $f(x)\equiv A$，则结论显然成立. 若 $f(x)\not\equiv A$，则存在 $x_0\in(a,b)$，使得 $f(x_0)\neq A$，不妨设 $f(x_0)>A$. 因为 $\lim\limits_{x\to a^+}f(x)=\lim\limits_{x\to b^-}f(x)=A$，对 $0<\varepsilon_0<f(x_0)-A$，若 a 为有限数，则存在 $\delta_1>0$，使当 $x\in(a,a+\delta_1)$ 时（若 $a=-\infty$，则存在 $M_1>0$，当 $x<-M_1$ 时）有

$$f(x)<A+\varepsilon_0<f(x_0),$$

若 b 为有限数，则存在 $\delta_2>0$，使当 $x\in(b-\delta_2,b)$ 时（若 $b=+\infty$，则存在$M_2>0$，当 $x>M_2$ 时）有

$$f(x)<A+\varepsilon_0<f(x_0),$$

现取定 $x_1\in(a,a+\delta_1)$ ($x_1\in(-\infty,-M_1)$)，且 $x_1<x_0$，使 $f(x_1)<A+\varepsilon_0<f(x_0)$；$x_2\in(b-\delta_2,b)$ ($x_2\in(M_2,+\infty)$)，且 $x_2>x_0$，使 $f(x_2)<A+\varepsilon_0<f(x_0)$. 由连续函数的介值定理，存在 $\xi_1\in(x_1,x_0)$，$\xi_2\in(x_0,x_2)$ 使

$$f(\xi_1)=A+\varepsilon_0=f(\xi_2).$$

于是 $f(x)$ 在 $[\xi_1,\xi_2]$ 上满足罗尔定理条件，从而存在 $\xi\in(\xi_1,\xi_2)$，使 $f'(\xi)=0$.

注　在上述证明前半部分得到 $f(x_1)<A+\varepsilon_0<f(x_0)$，$f(x_2)<A+\varepsilon_0<f(x_0)$ 之后，还可采取下面证法：因为 $x_0\in(x_1,x_2)$，$f(x_0)>f(x_1)$，$f(x_0)>f(x_2)$，故 $f(x)$ 在 $[x_1,x_2]$ 上的最大值点 $\xi\in(x_1,x_2)$，所以 $f'(\xi)=0$. 按照这一思路可得以下证法.

证 3　设 $f(x)$ 不恒为常数，则存在 $x_0\in(a,b)$ 使 $f(x_0)\neq A$，不妨设 $f(x_0)>A$，令 $\varepsilon_0=f(x_0)-A>0$，因为 $\lim\limits_{x\to a^+}f(x)=\lim\limits_{x\to b^-}f(x)=A$，所以当 x 充分趋近 a，b 时，有 $f(x)<A+\varepsilon_0=f(x_0)$. 于是存在 $[a_1,b_1]\subset(a,b)$，使 $x_0\in(a_1,b_1)$，且当 $x\leqslant a_1$ 或 $x\geqslant b_1$ 时，有 $f(x)<A+\varepsilon_0=f(x_0)$. 因此，$f(x)$ 在 $[a_1,b_1]$ 上的最大值必在开区间 (a_1,b_1) 内某点 ξ 处达到，从而有 $f'(\xi)=0$.

当 $A=+\infty$时，任取定一点 $x_0\in(a,b)$，因为 $\lim\limits_{x\to a^+}f(x)=\lim\limits_{x\to b^-}f(x)=+\infty$，所以对任意 $M>\max\{0,f(x_0)\}$，存在充分趋近 a 的点 $a_1\in(a,x_0)$ 和充分趋近 b 的点 $b_1\in(x_0,b)$，使 $f(a_1)\geqslant M$，$f(b_1)\geqslant M$.

因为 $f(x)$ 在闭区间 $[a_1,b_1]\subset(a,b)$ 上连续，故存在最小值点 $\xi\in[a_1,b_1]$，注意到 $x_0\in(a_1,b_1)$ 且 $f(x_0)<M\leqslant f(a_1)$(或 $f(b_1)$)，从而 $\xi\neq a_1$，$\xi\neq b_1$，即$\xi\in(a_1,b_1)$，因为 $f(x)$ 可微，所以 $f'(\xi)=0$.

$A=-\infty$时同理可证.

例 6.1　设函数 $f(x)$ 在 $[0,+\infty)$ 可导，且 $0\leqslant f(x)\leqslant\dfrac{x}{1+x^2}$. 证明存在 $\xi>0$使 $f'(\xi)=\dfrac{1-\xi^2}{(1+\xi^2)^2}$.

证　设 $F(x)=\frac{x}{1+x^2}-f(x)$，则 $F(x)$ 可微，由 $0\leqslant f(x)\leqslant\frac{x}{1+x^2}$ 得 $F(0)=f(0)=0=\lim\limits_{x\to+\infty}f(0)=\lim\limits_{x\to+\infty}F(0)$，据广义罗尔定理，存在 $\xi>0$，使 $F'(\xi)=0$，即 $f'(\xi)=\frac{1-\xi^2}{(1+\xi^2)^2}$.

例 6.2　设 $f(x)$ 在 $(a,+\infty)$ 内二次可微，$\lim\limits_{x\to a^+}f(x)=\lim\limits_{x\to+\infty}f(x)$ 存在且有限，证明存在 $\xi\in(a,+\infty)$，使 $f''(\xi)=0$.

证 1　若 $f''(x)$ 在 $(a,+\infty)$ 内变号，则由达布定理立得欲证. 假若 $f''(x)$ 不变号，不妨设 $f''(x)>0$，于是 $f'(x)$ 严格递增. 由于 $\lim\limits_{x\to+\infty}f(x)$ 存在且有限，利用拉格朗日中值定理得 $f'(\xi_x)=\dfrac{f(2x)-f(x)}{x}\to0$ $(x\to+\infty)$，其中 $x<\xi_x<2x$. 因为 $f'(x)$ 严格递增，故对 $x>0$，有 $f'(x)<f'(\xi_x)<f'(2x)$，且 $\lim\limits_{x\to+\infty}f'(x)$ 存在（包括 $+\infty$），从而有 $\lim\limits_{x\to+\infty}f'(x)=\lim\limits_{x\to+\infty}f'(\xi_x)=0$. 又由广义罗尔定理知，存在 $x_1\in(a,+\infty)$，使 $f'(x_1)=0$，这与 $f'(x)$ 的严格递增性矛盾，故 $f''(x)$ 变号.

证 2　若不然，由达布定理可知 $f''(x)$ 不变号，若 $f''(x)>0$，则 $f'(x)$ 严格单调上升. 又由广义罗尔定理，存在 $c>a$，使 $f'(c)=0$. 于是当 $x>c$ 时，$f'(x)>f'(c)=0$，取 $b>c$，由泰勒公式有

$$\begin{aligned}f(x)&=f(b)+f'(b)(x-b)+\frac{f''(\xi)}{2}(x-b)^2\\&>f(b)+f'(b)(x-b)\to+\infty\quad(x\to+\infty),\end{aligned}$$

这与 $\lim\limits_{x\to+\infty}f(x)=A$ 矛盾！若 $f''(x)<0$，则 $f'(x)$ 严格单调下降. 当 $x>c$ 时，$f'(x)<f'(c)=0$，取 $b<c$，由泰勒公式有

$$\begin{aligned}f(x)&=f(b)+f'(b)(x-b)+\frac{f''(\xi)}{2}(x-b)^2\\&<f(b)+f'(b)(x-b)\to-\infty\quad(x\to+\infty),\end{aligned}$$

与 $\lim\limits_{x\to+\infty}f(x)=A$ 矛盾！

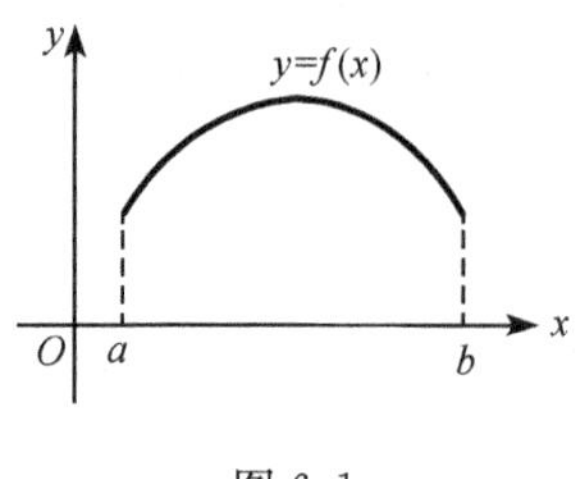

图 6-1

$f(x)$ 满足罗尔定理条件时，一定存在导数为 0 的点（驻点），请问是否存在导数大于零或小于零的点呢？常值函数就是一个反例，那么当 $f(x)$ 不是常值函数时答案如何呢？从几何直观上不难看出答案是肯定的（函数曲线有起伏升降）（图 6-1）.

例 6.3　设 $f(x)$ 在 $[a,b]$ 上连续，在 (a,b) 内可导，$f(a)=f(b)$ 且 $f(x)$ 不恒为常数，证明存

在 ξ，$\eta\in(a,b)$，使 $f'(\xi)>0$，$f'(\eta)<0$.

证　假若对 $\xi\in(a,b)$ 恒有 $f'(x)\leqslant 0$，则 $f(x)$ 在 (a,b) 内单减，故对任意 $x\in(a,b)$，有 $f(a)\geqslant f(x)\geqslant f(b)$. 因为 $f(a)=f(b)$，所以 $f(x)\equiv f(a)$，矛盾.

同理可证存在导数小于 0 的点.

也可以用拉格朗日中值定理证明.

类似地，在拉格朗日中值定理的条件下，是否存在 ξ，$\eta\in(a,b)$ 使

$$f'(\xi)<\frac{f(b)-f(a)}{b-a}<f'(\eta)?$$

显然线性函数便是一个简单的反例. 如果排除这种情形，结果如何呢？我们从几何直观上容易认可这个结论（图 6-2）.

图 6-2

例 6.4　设 $f(x)$ 在 $[a,b]$ 上连续，在 (a,b) 内可导，且不是线性函数. 证明存在 ξ，$\eta\in(a,b)$，使

$$f'(\xi)<\frac{f(b)-f(a)}{b-a}<f'(\eta).$$

在例 6.4 的条件下，不难推知存在 $\xi\in(a,b)$ 使 $|f'(\xi)|>\left|\dfrac{f(b)-f(a)}{b-a}\right|$ 成立（自证之）. 其几何意义如图 6-3 所示：AC 或 CB 的斜率的绝对值大于 AB 的斜率的绝对值.

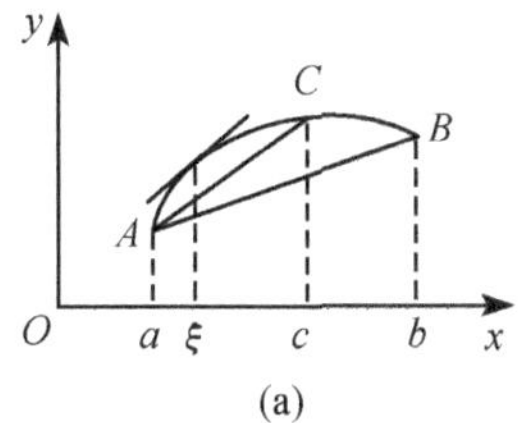

(a)

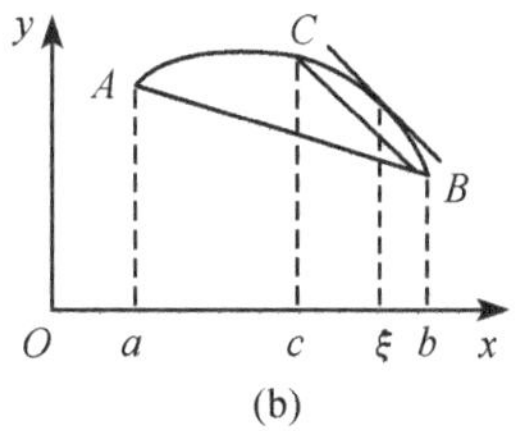

(b)

图 6-3

证　令 $F(x)=f(x)-\left[f(a)+\dfrac{f(b)-f(a)}{b-a}(x-a)\right]\triangleq f(x)-l(x)$. 因为 $f(x)$ 非线性，$l(x)$ 线性，所以 $F(x)=f(x)-l(x)$ 不为常数. 又 $F(a)=F(b)=0$，所以 $F(x)$ 满足例 6.4 的条件，从而存在 ξ，$\eta\in(a,b)$，使 $F'(\xi)<0$，$F'(\eta)>0$，即 $f'(\xi)<\dfrac{f(b)-f(a)}{b-a}<f'(\eta)$.

现在考虑拉格朗日中值定理的一个反问题：对 $\xi\in(a,b)$，是否一定存在 x_1，

$x_2\in(a,b)$，$x_1<x_2$，$x_1<\xi<x_2$，使$\dfrac{f(x_2)-f(x_1)}{x_2-x_1}=f'(\xi)$？

请看反例 $f(x)=x^3$，$x\in[-1,1]$，取 $\xi=0\in(-1,1)$，则对任意 x_1，$x_2\in(-1,1)$，$x_1\neq x_2$，

$$\frac{x_2^3-x_1^3}{x_2-x_1}=x_2^2+x_1x_2+x_1^2\neq 0=f'(\xi).$$

在适当的条件下，有下面结论.

例 6.5 设 $f(x)$ 在 (a,b) 内可导，在 $\xi\in(a,b)$ 处 $f''(\xi)$ 存在，且 $f''(\xi)\neq 0$. 证明存在 x_1，$x_2\in(a,b)$，满足 $x_1<\xi<x_2$，$\dfrac{f(x_2)-f(x_1)}{x_2-x_1}=f'(\xi)$.

证 1 不妨设 $f''(\xi)>0$. 分两种情况讨论.

(1) 若 $f'(\xi)=0$，因为 $f''(\xi)>0$，故 ξ 是 $f(x)$ 严格极小值点，即存在 $\delta>0$，$[\xi-\delta,\ \xi+\delta]\subset(a,\ b)$，有 $f(\xi)<f(x)$ $(\xi-\delta\leqslant x\leqslant\xi+\delta,\ x\neq\xi)$.

若 $f(\xi-\delta)=f(\xi+\delta)$，则可取 $x_1=\xi-\delta$，$x_2=\xi+\delta$ 使结论成立；

若 $f(\xi-\delta)\neq f(\xi+\delta)$，不妨设 $f(\xi-\delta)<f(\xi+\delta)$，$x_1=\xi-\delta$，则有

$$f(\xi)<f(x_1)=f(\xi-\delta)<f(\xi+\delta),$$

根据连续函数的介值性定理知，存在 $x_2\in(\xi,\ \xi+\delta)$，使 $f(x_2)=f(x_1)$，于是

$$\frac{f(x_2)-f(x_1)}{x_2-x_1}=0=f'(\xi).$$

(2) 若 $f'(\xi)\neq 0$，令 $g(x)=f(x)-f'(\xi)x$，则有 $g'(\xi)=0$，由 (1) 知，存在 x_1，$x_2\in(a,b)$ 使$\dfrac{g(x_2)-g(x_1)}{x_2-x_1}=0$，即$\dfrac{f(x_2)-f(x_1)}{x_2-x_1}=f'(\xi)$.

证 2 下面对 $f''(\xi)<0$ 的情形给出另一种证法：因为$\lim\limits_{x\to\xi}\dfrac{f'(x)-f'(\xi)}{x-\xi}=f''(\xi)<0$，则由极限的保号性知，存在 $\delta>0$，使得

$$f'(x)>f'(\xi),\qquad x\in[\xi-\delta,\xi),$$
$$f'(x)<f'(\xi),\qquad x\in(\xi,\xi+\delta].$$

取定 $x_1\in(\xi,\xi+\delta]$，$x_2\in[\xi-\delta,\xi)$，使 $f'(x_1)<f'(\xi)<f'(x_2)$. 若 $\dfrac{f(x_2)-f(x_1)}{x_2-x_1}>f'(\xi)$，作

$$F(x)=\begin{cases}\dfrac{f(x)-f(x_1)}{x-x_1}, & x\in[x_2,x_1),\\ f'(x_1), & x=x_1,\end{cases}$$

则 $F(x_1)<f'(\xi)<F(x_2)$. 因为 $F(x)$ 在 $[x_2,x_1]$ 上连续，由连续函数的介值定理知，存在 $c\in(x_2,x_1)$ 使 $F(c)=f'(\xi)$，即

$$\frac{f(c)-f(x_1)}{c-x_1}=f'(\xi).$$

若$\dfrac{f(x_2)-f(x_1)}{x_2-x_1}<f'(\xi)$，作

$$G(x)=\begin{cases}\dfrac{f(x)-f(x_2)}{x-x_2}, & x\in(x_2,x_1],\\ f'(x_2), & x=x_2,\end{cases}$$

则 $G(x_1)<f'(\xi)<G(x_2)$，由连续函数的介值定理知，存在 $c\in(x_2,x_1)$ 使 $G(c)=f'(\xi)$，即$\dfrac{f(c)-f(x_1)}{c-x_1}=f'(\xi)$. 故结论成立.

证 3　因为 $f''(\xi)\neq 0$，仅对 $f''(\xi)<0$ 的情形给出另一种证法.

因为$\lim\limits_{x\to\xi}\dfrac{f'(x)-f'(\xi)}{x-\xi}=f''(\xi)<0$，则由极限的保号性知，存在 $\delta>0$，使得

$$f'(x)>f'(\xi),\quad x\in[\xi-\delta,\xi),$$
$$f'(x)<f'(\xi),\quad x\in(\xi,\xi+\delta].$$

考虑函数

$$F(x)=f(\xi)-f(x)+f'(\xi)(x-\xi),\quad x\in[\xi-\delta,\xi+\delta],$$

则 $F'(x)=-f'(x)+f'(\xi)$. 并有

$$F'(x)<0,\quad x\in[\xi-\delta,\xi);\quad F'(x)>0,\quad x\in(\xi,\xi+\delta].$$

于是，$F(x)$ 在 $[\xi-\delta,\xi)$ 上严格递减，在 $(\xi,\xi+\delta]$ 上严格递增，而在 $x=\xi$ 处 $F(\xi)=0$. 因此，$F(x)>0$，$x\in[\xi-\delta,\xi+\delta]$，$x\neq\xi$. 取 μ: $F(\xi)=0<\mu<\min\{F(\xi-\delta),F(\xi+\delta)\}$，由连续函数的介值定理知，存在 x_1，x_2 满足

$$\xi-\delta<x_1<\xi,\quad f(\xi)-f(x_1)+f'(\xi)(x_1-\xi)=\mu,$$
$$\xi<x_2<\xi+\delta,\quad f(\xi)-f(x_2)+f'(\xi)(x_2-\xi)=\mu.$$

两式相减，得

$$\frac{f(x_2)-f(x_1)}{x_2-x_1}=f'(\xi).$$

下面是柯西中值定理的一种推广形式.

定理 6.2　设 $f(x)$ 和 $g(x)$ 在闭区间 $[a,b]$ 上连续，且在开区间 (a,b) 内可导，证明在 (a,b) 内存在点 ξ，使得 $[f(b)-f(a)]g'(\xi)=[g(b)-g(a)]f'(\xi)$.

证　作辅助函数 $F(x)=f(x)[g(b)-g(a)]-g(x)[f(b)-f(a)]$，则有

$$\begin{aligned}F(a)&=f(a)g(b)-f(a)g(a)-g(a)f(b)+g(a)f(a)\\&=f(a)g(b)-g(a)f(b),\\F(b)&=f(b)g(b)-f(b)g(a)-g(b)f(b)+g(b)f(a)\\&=f(a)g(b)-g(a)f(b),\end{aligned}$$

即 $F(a)=F(b)$，$F(x)$ 在 $[a,b]$ 上连续，在 (a,b) 内可导. 由罗尔中值定理，存在 $\xi\in(a,b)$，使得 $F'(\xi)=0$，即

$$f'(\xi)[g(b)-g(a)]-g'(\xi)[f(b)-f(a)]=0.$$

当连续函数存在有限个不可微点时，拉格朗日中值定理有下面推广.

定理 6.3 设 $f(x)$ 在 $[a,b]$ 上连续，若 $f(x)$ 在 (a,b) 内除了有限个点外可微，证明存在 $\xi\in(a,b)$，使得 $|f(b)-f(a)|\leqslant|f'(\xi)|(b-a)$.

证 不妨设 $f(x)$ 仅在 $c\in(a,b)$ 处不可微，分别在区间 $[a,c]$ 与 $[c,b]$ 上应用拉格朗日中值定理，得到

$$f(c)-f(a)=f'(\xi_1)(c-a),\qquad \xi_1\in(a,c),$$

$$f(b)-f(c)=f'(\xi_2)(b-c),\qquad \xi_2\in(c,b),$$

$$f(b)-f(a)=f'(\xi_1)(c-a)+f'(\xi_2)(b-c),$$

令 $|f'(\xi)|=\max\{|f'(\xi_1)|,|f'(\xi_2)|\}$，便得

$$|f(b)-f(a)|\leqslant|f'(\xi)|(b-a).$$

定理 6.4 设 $f(x)$ 在 $[a,b]$ 上连续，若 $f(x)$ 在 (a,b) 内除了 n 个点外可微，证明存在 $n+1$ 个点满足 $a<\xi_1<\xi_2<\cdots<\xi_{n+1}<b$ 和 $n+1$ 个正数 λ_1，λ_2，…，λ_{n+1}，满足 $\sum\limits_{i=1}^{n+1}\lambda_i=1$ 使得

$$f(b)-f(a)=\sum_{i=1}^{n+1}\lambda_i f'(\xi_i)(b-a).$$

证 不妨设 $f(x)$ 仅在 $c\in(a,b)$ 处不可微，分别在区间 $[a,c]$ 与 $[c,b]$ 上应用拉格朗日中值定理，得到

$$f(c)-f(a)=f'(\xi_1)(c-a),\qquad \xi_1\in(a,c),$$

$$f(b)-f(c)=f'(\xi_2)(b-c),\qquad \xi_2\in(c,b),$$

取 $\lambda_1=\dfrac{c-a}{b-a}$，$\lambda_2=\dfrac{b-c}{b-a}$，则 $\lambda_1>0$，$\lambda_2>0$，$\lambda_1+\lambda_2=1$，且

$$f(b)-f(a)=[\lambda_1 f'(\xi_1)+\lambda_2 f'(\xi_2)](b-a).$$

此法不难推广到 $f(x)$ 在 $n+1$ 个点上不可微的情形，读者不妨一试.

以下讨论单侧可导情况下的中值定理推广问题. 先看费马定理在单侧可导情况下是否成立.

若 $f(x)$ 在极值点 x_0 处存在右导数，是否必有 $f'_+(x_0)=0$? 一般未必. 请看反例，$f(x)=|x|$，$x=0$ 是其极小值点，但 $f'_+(0)=1$.

适当加强条件，则费马定理对单侧可导函数有下述推广.

定理 6.5 设函数 $f(x)$ 在极值点 x_0 的某邻域内存在右导数 $f'_+(x)$，且 $f'_+(x)$ 在 x_0 处连续，则必有 $f'_+(x_0)=0$.

证 设 $f(x)$ 在 x_0 处达到极大值，则有 $f'_+(x_0)=\lim\limits_{x\to x_0^+}\dfrac{f(x)-f(x_0)}{x-x_0}\leqslant 0$.

假若 $f'_+(x_0)<0$，则由 $f'_+(x)$ 在 x_0 的连续性，存在 x_0 的一个邻域 $(x_0-\delta_0,\ x_0+\delta_0)$，在其内 $f'_+(x)<0$，据此下证 $f(x)$ 在该邻域内严格单调递减. 事实上，对任意 $x_1,x_2\in(x_0-\delta_0,x_0+\delta_0)$，$x_1<x_2$，有

$$f'_+(x_1)=\lim_{x\to x_1^+}\frac{f(x)-f(x_1)}{x-x_1}<0.$$

于是存在 x_1 的一个右邻域 $(x_1,x_1+\delta_1]\subset(x_0-\delta_0,x_0+\delta_0)$，使当 $x\in(x_1,x_1+\delta_1]$ 时，$f(x)-f(x_1)<0$，特别有 $f(x_1+\delta_1)<f(x_1)$. 若 $x_2\in(x_1,x_1+\delta_1]$，自然也有 $f(x_2)<f(x_1)$，若 $x_2\in(x_1+\delta_1,x_0+\delta_0)\subset(x_0-\delta_0,x_0+\delta_0)$，则因 $x_1+\delta_1\in(x_0-\delta_0,x_0+\delta_0)$，有 $f'_+(x_1+\delta_1)<0$，故存在 $x_1+\delta_1$ 的一个右邻域 $(x_1+\delta_1,x_1+\delta_1+\delta_2)\subset(x_1+\delta_1,x_0+\delta_0)$，使当 $x\in(x_1+\delta_1,x_1+\delta_1+\delta_2)$ 时，$f(x)-f(x_1+\delta_1)<0$，若 $x_2\in(x_1+\delta_1,x+\delta_1+\delta_2)$ 自然也有 $f(x_2)<f(x_1+\delta_1)<f(x_1)$（位置关系如图 6-4 所示）如此类推，总可证得 $f(x_2)<f(x_1)$，从而 $f(x)$ 在 $(x_0-\delta,x_0+\delta)$ 内严格单调递减. 这与 x_0 为 $f(x)$ 的极大值点相矛盾，故只能有 $f'_+(x_0)=0$.

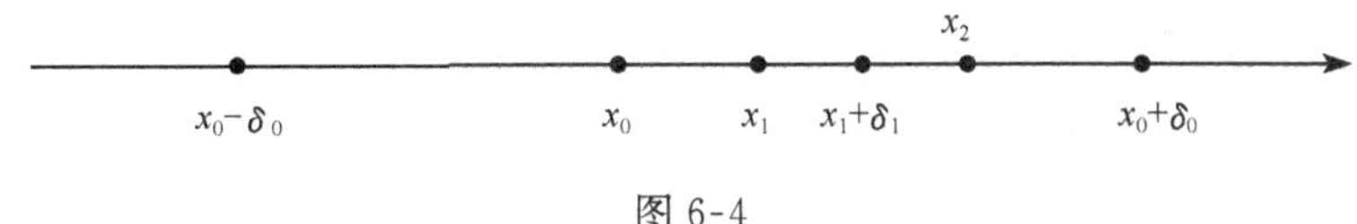

图 6-4

在罗尔定理、拉格朗日定理和柯西定理中，可以用连续的右导数 $f'_+(x)$（或左导数 $f'_-(x)$）代替导数 $f'(x)$，得到完全类似的结论.

下面是罗尔定理在右可导情况下的推广.

定理 6.6　设函数 $f(x)$ 在 $[a,b]$ 上连续，$f(a)=f(b)$，$f(x)$ 在开区间内有连续的右导数，则存在 $\xi\in(a,b)$，使得 $f'_+(\xi)=0$.

证　若 $f(x)$ 为常数，则在 (a,b) 内 $f'_+(x)\equiv0$，现设 $f(x)$ 不为常数，只需证明存在 $\alpha,\beta\in(a,b)$ 使 $f'_+(\alpha)\leqslant0$，$f'_+(\beta)\geqslant0$，再由 $f'_+(x)$ 的连续性和介值定理，便知存在 $\xi\in(\beta,\alpha)$ 使得 $f'_+(\xi)=0$.

事实上，由 $f(x)$ 在 $[a,b]$ 上连续可知，$f(x)$ 在 $[a,b]$ 上取得最大和最小值. 因为 $f(a)=f(b)$，所以最大值和最小值至少有一个在内部达到，不妨设 $\alpha\in(a,b)$ 是 $f(x)$ 的最大值点（最小值类似讨论），于是有

$$f'_+(\alpha)=\lim_{x\to\alpha^+}\frac{f(x)-f(\alpha)}{x-\alpha}\leqslant0.$$

任取一点 c：$a<c<\alpha$，因 $f(x)$ 在 $[c,\alpha]$ 上连续，$f(x)$ 在 $[c,\alpha]$ 上某一点 β 处达到最小值，于是有

$$f'_+(\beta)=\lim_{x\to\beta^+}\frac{f(x)-f(\beta)}{x-\beta}\geqslant0.$$

若 $\beta<\alpha$，则由介值定理可得结论. 若 $\beta=\alpha$，则因为 α 是 $f(x)$ 在 (a,b) 内的最大值点，β 是 $f(x)$ 在 $[c,\alpha]\subset(a,b)$ 上的最小值点，从而推知 $f(x)$ 在区间 $[c,\alpha]$ 上最大值与最小值相等，因此 $f(x)$ 在 $[c,\alpha]$ 上为常数，于是对 $\xi\in(c,\alpha)$ 均有 $f'_+(\xi)=0$.

在此基础上不难得到拉格朗日中值定理在右可导情况下的推广.

定理 6.7 设 $f(x)$ 在 $[a,b]$ 内连续，在 (a,b) 内有连续的右导数，则存在 $\xi\in(a,\ b)$ 使 $f(b)-f(a)=f'_+(\xi)(b-a)$.

证 令 $F(t)=f[a+t(b-a)]-f(a)-[f(b)-f(a)]t$，则 $F(0)=F(1)=0$，由定理 6.6 可知，存在 $t_0\in(0,1)$，使 $F'_+(t_0)=0$，即

$$f'_+[a+t_0(b-a)](b-a)=f(b)-f(a),\qquad \xi=a+t_0(b-a).$$

大家知道，在可微情况下，拉格朗日中值定理有一推论：若 $f(x)$ 在某区间上的导数恒为零，则 $f(x)$ 在该区间为常数. 那么在单侧可导情形下有没有相应的推广？答案是肯定的. 即有

例 6.6 设 $f(x)$ 在 (a,b) 内连续，右导数存在，且 $f'_+(x)=0$，证明$f(x)$ 在 (a,b) 内是常数.

注 这并非定理 6.7 的直接推论，因为这里并未假定右导数连续，因此需要较复杂的证明.

证 任取 c，$d\in(a,b)$，且 $c<d$. 只需证明 $f(x)$ 在 $[c,d]$ 上为常值函数即可. 对任意给定的 $\varepsilon>0$，从条件 $\lim\limits_{x\to c^+}\dfrac{f(x)-f(c)}{x-c}=f'_+(c)=0$ 可见存在 $\delta>0$，使当 $x\in(c,c+\delta)$ 时，成立 $\left|\dfrac{f(x)-f(c)}{x-c}\right|<\varepsilon$，从而得到 $|f(x)-f(c)|\leqslant\varepsilon|x-c|$. 由 $f(x)$ 的连续性知不等式在 $x=c+\delta$ 时也成立. 于是上述不等式可改写为

$$f(c)-\varepsilon(x-c)\leqslant f(x)\leqslant f(c)+\varepsilon(x-c),\qquad c\leqslant x\leqslant c+\delta.\qquad (*)$$

下面证明该不等式在区间 $[c,d]$ 上成立. 定义数集 $S=\{t\in[c,d]\mid |f(x)-f(c)|\leqslant\varepsilon|x-c|$，对任意的 $x\in[c,t]\}$，已知有 $c+\delta\in S$，因此 S 是非空有上界的数集，根据确界原理，有 $\beta=\sup S$. 由 S 和 β 的定义可知 $[c,\beta)\subset S$. 在不等式（$*$）中令 $x\to\beta^-$，利用 $f(x)$ 在 β 处的连续性，可见 $\beta\in S$.

还需证明 $\beta=d$. 事实上，如果 $\beta<d$，则由 $f'_+(\beta)=0$，类似前面推导，可知存在 $\eta>0$，使当 $\beta\leqslant x\leqslant\beta+\eta<b$ 时，有 $|f(x)-f(\beta)|\leqslant\varepsilon|x-\beta|$，因此有

$$\begin{aligned}|f(x)-f(c)|&\leqslant|f(x)-f(\beta)|+|f(\beta)-f(c)|\\&\leqslant\varepsilon(|x-\beta|+|\beta-c|)=\varepsilon|x-c|,\end{aligned}$$

这说明 $\beta+\eta\in S$，与 β 为 S 的上确界假设相矛盾.

于是证明了对每一个 $x\in[c,d]$，不等式（$*$）成立．由 $\varepsilon>0$ 的任意性，可知 $f(x)\equiv f(c)$，即 $f(x)$ 在 $[c,d]$ 上是常数．由于 c，d 是区间 (a,b) 中任意两点，因此 $f(x)$ 在 (a,b) 上是常数．

例 6.7　设 $f(x)$ 在 (a,b) 内连续，且存在连续的右导数 $f'_+(x)$，则 $f'(x)$ 也存在并且连续．

证　对任意 $x_0\in(a,b)$，要证 $f'(x_0)$ 存在，只要证明 $f'_-(x_0)$ 存在且等于 $f'_+(x_0)$．因为

$$
\begin{aligned}
f'_-(x_0) &= \lim_{h\to0^-}\frac{f(x_0+h)-f(x_0)}{h}\\
&= \lim_{h\to0^-} f'_+(x_0+\theta h)=f'_+(x_0)(\text{根据定理 6.7 及 } f'_+(x) \text{ 的连续性}),
\end{aligned}
$$

所以 $f'_-(x_0)$ 存在且 $f'_-(x_0)=f'_+(x_0)$，从而 $f'(x_0)$ 存在且 $f'(x_0)=f'_+(x_0)$．因为 x_0 任意，所以对任意 $x\in(a,\ b)$ 有 $f'(x)=f'_+(x)$，而 $f'_+(x)$ 连续，自然 $f'(x)$ 连续．

定理 6.8(Karamata，1951)　设 $f(x)$ 在闭区间 $[a,b]$ 上连续，在开区间 (a,b) 内存在左、右导数 $f'_-(x)$，$f'_+(x)$，证明：存在 $x_0\in(a,b)$ 及 $p\geqslant0$，$q\geqslant0$，$p+q=1$，使得

$$
[pf'_+(x_0)+qf'_-(x_0)](b-a)=f(b)-f(a).
$$

定理 6.9(Vuckovic，1952)　设 $f(x)$，$g(x)$ 在闭区间 $[a,b]$ 上连续，在开区间 (a,b) 内存在左、右导数 $f'_-(x)$，$f'_+(x)$，$g'_-(x)$，$g'_+(x)$，证明：存在 $x_0\in(a,b)$ 及 $p\geqslant0$，$q\geqslant0$，$p+q=1$，使得

$$
[pf'_+(x_0)+qf'_-(x_0)][g(b)-g(a)]=[pg'_+(x_0)+qg'_-(x_0)][f(b)-f(a)].
$$

习　题　6

1. 设 $f(x)$ 在 $[0,+\infty)$ 内可微，$f(0)=1$，$|f(x)|\leqslant e^{-x}$．证明：存在 $x_0>0$ 使 $f'(x_0)=-e^{-x_0}$．

2. 设函数 $f(x)$ 在 $[0,+\infty)$ 上可导．(1) 若 $0\leqslant f(x)\leqslant\dfrac{x^n}{e^x}$，证明存在 $\xi>0$，使得 $f'(\xi)=\dfrac{\xi^{n-1}(n-\xi)}{e^\xi}$；(2) 若 $0\leqslant f(x)\leqslant\ln\dfrac{2x+1}{x+\sqrt{1+x^2}}$，证明存在 $\xi>0$，使得 $f'(\xi)=\dfrac{2}{2\xi+1}-\dfrac{1}{\sqrt{1+\xi^2}}$．

3. 在例 6.4 的条件下，证明存在 $\xi\in(a,\ b)$，使 $|f'(\xi)|>\left|\dfrac{f(b)-f(a)}{b-a}\right|$．

4. 对 n 个不可微点证明定理 6.4．

5. 设函数 $f(x)$ 在 $[a,b]$ 上连续，在 (a,b) 内 $f'_+(x)$ 存在，且 $f(a)=f(b)=0$．证

明：存在 $\xi\in(a,b)$，使 $f'_+(\xi)\leqslant 0$.

6. 设函数 $f(x)$ 在 $[a,b)$ 上连续，右导数 $f'_+(x)$ 在 $[a,b)$ 上存在且连续，若 $f(a)=0$，对任意 $x\in[a,b)$，$f'_+(x)\leqslant 0$，证明：对任意 $x\in[a,b)$，都有 $f(x)\leqslant 0$.

7. 设函数 $f(x)$ 在 $[a,b]$ 上连续，在 (a,b) 内可导，$\xi\in(a,b)$ 不是 $f'(x)$ 在(a,b) 上的最大值点或最小值点. 证明：存在 x_1，$x_2\in(a,b)$ 使$\dfrac{f(x_2)-f(x_1)}{x_2-x_1}=f'(\xi)$.

8. 设 $f(x)$ 在 $[a,b]$ 上可导，若 $f'(x)$ 严格单调，证明：对任意 $\xi\in(a,b)$，存在点 $c\in[a,b]$，使 $f'(\xi)=\dfrac{f(c)-f(a)}{c-a}$或 $f'(\xi)=\dfrac{f(c)-f(b)}{c-b}$.

第 7 讲　凸函数及其应用

凸函数是具有良好性质和广泛应用的一类重要函数，在许多学科分支（如泛函分析、最优化理论、控制论、数理经济学等）中有重要作用，关于凸函数与凸集的研究已形成一个专门的数学分支——凸分析. 目前有关凸函数的理论十分丰富，而大学的数学分析或高等数学教材往往只有粗浅的介绍，而且定义不尽相同. 本讲根据国际上通用的凸函数定义，介绍了凸函数的几种等价定义、重要性质、判定条件及其应用.

定义 7.1　设函数 $f(x)$ 在区间 I 上有定义，若对任意 x_1，$x_2\in I$，及任意 $\lambda\in(0,1)$ 总有

$$f(\lambda x_1+(1-\lambda)x_2)\leqslant\lambda f(x_1)+(1-\lambda)f(x_2),\tag{1}$$

则称 $f(x)$ 为区间 I 上的凸函数（convex function），若 $x_1\neq x_2$ 时（1）呈严格不等式，则称 $f(x)$ 为严格凸函数.

若 $-f(x)$ 为凸函数（严格凸函数）则称 $f(x)$ 为凹函数（concave function）（严格凹函数）.

弦 AB 的方程为

$$\frac{y-f(x_2)}{f(x_1)-f(x_2)}=\frac{x-x_2}{x_1-x_2},$$

参数方程

$$\begin{cases}y=\lambda f(x_1)+(1-\lambda)f(x_2),\\ x=\lambda x_1+(1-\lambda)x_2.\end{cases}$$

这表明在点 $x=\lambda x_1+(1-\lambda)x_2$ 处，对应弦 AB 上的点为 $y=\lambda f(x_1)+(1-\lambda)f(x_2)$.

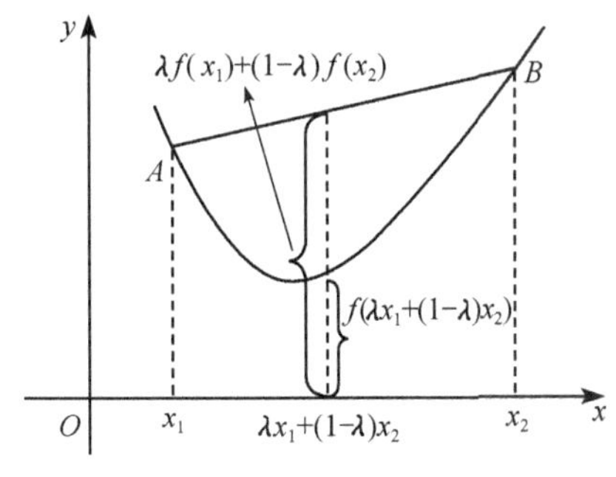

图 7-1

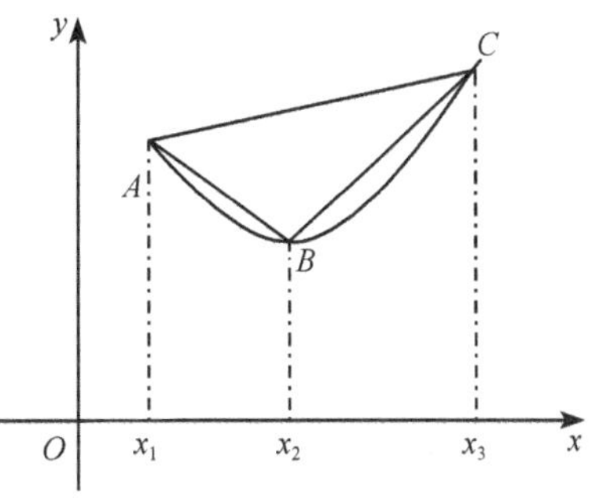

图 7-2

凸函数（凹函数）的几何意义：连接曲线 $y=f(x)$ 上任意两点的弦总位于对应曲线的上方（下方）. 下述定理给出了凸函数的几种等价定义.

定理 7.1　$f(x)$ 为区间 I 上凸函数的充要条件是对任意 x_1，x_2，$x_3\in I$（$x_1<x_2<x_3$），下列不等式之一成立.

(1) $\dfrac{f(x_2)-f(x_1)}{x_2-x_1}\leqslant\dfrac{f(x_3)-f(x_1)}{x_3-x_1}$　$(k_{AB}\leqslant k_{AC})$；

(2) $\dfrac{f(x_3)-f(x_1)}{x_3-x_1}\leqslant\dfrac{f(x_3)-f(x_2)}{x_3-x_2}$　$(k_{AC}\leqslant k_{BC})$；

(3) $\dfrac{f(x_2)-f(x_1)}{x_2-x_1}\leqslant\dfrac{f(x_3)-f(x_2)}{x_3-x_2}$　$(k_{AB}\leqslant k_{BC})$；

(4) $\begin{vmatrix}1 & 1 & 1\\ x_1 & x_2 & x_3\\ f(x_1) & f(x_2) & f(x_3)\end{vmatrix}\geqslant 0.$

（A，B，C 确定的三角形有向面积非负）

注　k_{AB} 表示弦 AB 的斜率；严格凸对应严格不等式.

证　利用行列式计算法则可得

$$\begin{vmatrix}1 & 1 & 1\\ x_1 & x_2 & x_3\\ f(x_1) & f(x_2) & f(x_3)\end{vmatrix}=\begin{vmatrix}x_2-x_1 & x_3-x_1\\ f(x_2)-f(x_1) & f(x_3)-f(x_1)\end{vmatrix}$$

$$=\begin{vmatrix}x_2-x_1 & x_3-x_2\\ f(x_2)-f(x_1) & f(x_3)-f(x_2)\end{vmatrix}=\begin{vmatrix}x_3-x_1 & x_3-x_2\\ f(x_3)-f(x_1) & f(x_3)-f(x_2)\end{vmatrix}$$

三个二阶行列式非负恰好对应（1）、（2）、（3）三个不等式，现只需证明其中任一不等式与凸函数的定义等价.

对任意给定的 $x_1<x_2<x_3$，$0<\lambda=\dfrac{x_3-x_2}{x_3-x_1}<1$，有

$$x_2=\lambda x_1+(1-\lambda)x_3,\quad 0<1-\lambda=\frac{x_2-x_1}{x_3-x_1}<1.$$

若 $f(x)$ 是凸函数，则有 $f(x_2)=f(\lambda x_1+(1-\lambda)x_3)\leqslant\lambda f(x_1)+(1-\lambda)f(x_3)$. 将 λ 的表达式代入，经整理得

$$(x_3-x_1)[f(x_2)-f(x_1)]\leqslant(x_2-x_1)[f(x_3)-f(x_1)],$$

即

$$\frac{f(x_2)-f(x_1)}{x_2-x_1}\leqslant\frac{f(x_3)-f(x_1)}{x_3-x_1}.$$

反之，任取一个不等式，例如（1），

$$f(x_2)-f(x_1)\leqslant\frac{x_2-x_1}{x_3-x_1}[f(x_3)-f(x_1)]$$

$$=(1-\lambda)[f(x_3)-f(x_1)],$$

$$f(x_2)\leqslant f(x_1)+(1-\lambda)[f(x_3)-f(x_1)]=\lambda f(x_1)+(1-\lambda)f(x_3),$$

而 $f(x_2)=f(\lambda x_1+(1-\lambda)x_3)$，由于 $x_1<x_2<x_3$ 是区间 I 中任意三点，因此 $f(x)$ 在 I 上为凸函数.

推论 7.1　$f(x)$ 在区间 I 上为凸函数的充要条件是对任意 $x_1,x_2,x_3\in I(x_1<x_2<x_3)$ 有

$$\frac{f(x_2)-f(x_1)}{x_2-x_1}\leqslant\frac{f(x_3)-f(x_1)}{x_3-x_1}\leqslant\frac{f(x_3)-f(x_2)}{x_3-x_2}\qquad(k_{AB}\leqslant k_{AC}\leqslant k_{BC}).$$

推论 7.2　若 $f(x)$ 为区间 I 上的凸函数，则对 $x_0\in I$，过 $(x_0,f(x_0))$ 的斜率 $k(x)=\dfrac{f(x)-f(x_0)}{x-x_0}$是 $I\setminus\{x_0\}$ 上的递增函数（若 $f(x)$ 严格凸，则 $k(x)$ 严格递增).

推论 7.3　若 $f(x)$ 在区间 I 上是凸函数，则对任意四点 $s,t,u,v\in I$，$s<t<u<v$，有

$$\frac{f(t)-f(s)}{t-s}\leqslant\frac{f(v)-f(u)}{v-u}.$$

证　由推论 7.1 有

$$\frac{f(t)-f(s)}{t-s}\leqslant\frac{f(u)-f(t)}{u-t}\leqslant\frac{f(v)-f(u)}{v-u}.$$

推论 7.4　若 $f(x)$ 为区间 I 上的凸函数，则对任意 $x\in(a,b)\subset I$，单侧导数 $f'_+(x)$，$f'_-(x)$ 存在，且有 $f'_-(x_0)\leqslant f'_+(x_0)$. 进而，$x,y\in(a,b),x<y\Rightarrow f'_-(x)\leqslant f'_+(x)\leqslant f'_-(y)\leqslant'_+(y)$. 从而知$f'_+(x)$和$f'_-(x)$是递增函数.

证　因 $x\in(a,b)$，故存在 $x_1,x_2\in(a,b)$，使得 $x_1<x<x_2$，由推论 7.2，

$$\frac{f(x_1)-f(x)}{x_1-x}\leqslant\frac{f(x_2)-f(x)}{x_2-x}.$$

$\dfrac{f(x_1)-f(x)}{x_1-x}$关于 x_1 单调递增且有上界，故存在左极限

$$f'_-(x)=\lim_{x_1\to x^-}\frac{f(x_1)-f(x)}{x_1-x}\leqslant\frac{f(x_2)-f(x)}{x_2-x}.$$

同理，当 $x_2\to x^+$ 时，$\dfrac{f(x_2)-f(x)}{x_2-x}$存在右极限且有下界 $f'_-(x)$，即有

$$f'_-(x)\leqslant\lim_{x_1\to x^+}\frac{f(x_2)-f(x)}{x_2-x}=f'_+(x).$$

现设 $x,y\in(a,b)\subset I$，$x<y$，则对任意 t:$x<t<y$. 根据推论 7.1 有

$$\frac{f(t)-f(x)}{t-x}\leqslant\frac{f(y)-f(x)}{y-x}\leqslant\frac{f(y)-f(t)}{y-t},$$

$$f'_+(s)=\lim_{t\to s^+}\frac{f(t)-f(x)}{t-x}\leqslant\frac{f(y)-f(x)}{y-x},$$

$$\frac{f(y)-f(x)}{y-x}=\leqslant\lim_{t\to y^-}\frac{f(t)-f(y)}{t-y}=f'_-(y).$$

这说明 $x<y\Rightarrow f'_+(x)\leqslant f'_-(y)$. 利用前一结论得 $f'_-(x)\leqslant f'_+(x)\leqslant f'_-(y)\leqslant f'_+(y)$. 从而可知 $f'_+(x)$和 $f'_-(x)$单调递增.

推论 7.5 设 $f(x)$ 是区间 I 上的凸函数，且对任意 $x\in(a,b)\subset I$，单侧导数 $f'_+(x)$ 在 x 处左连续（$f'_-(x)$ 在 x 处右连续），则 $f(x)$ 在 x 处可导.

证 对任意 $x_0\in(a,b)$，当 $x<x_0$ 时，由推论 7.4 有 $f'_+(x)\leqslant f'_-(x_0)\leqslant f'_+(x_0)$. 于是，根据 $f'_+(x)$ 的左连续性得到 $f'_+(x_0)=\lim\limits_{x\to x_0^-}f'_+(x)\leqslant f'_-(x_0)\leqslant f'_+(x_0)$，所以 $f'_-(x_0)=f'_+(x_0)$，即 $f(x)$ 在 x_0 处可导.

类似地，对任意 $x_0\in(a,b)$，当 $x_0<x$ 时有 $f'_-(x_0)\leqslant f'_+(x_0)\leqslant f'_-(x)$. 于是，由 $f'_-(x)$ 的右连续性得到 $f'_-(x_0)\leqslant f'_+(x_0)\leqslant\lim\limits_{x\to x_0^+}f'_-(x)=f'_-(x_0)$，所以 $f'_-(x_0)=f'_+(x_0)$，即 $f(x)$ 在 x_0 处可导.

推论 7.6 设 $f(x)$ 是区间 I 上的凸函数，则 $f(x)$ 在任意点 $x\in(a,b)\subset I$ 处连续.

证 由推论 7.4 知 $f'_-(x)$，$f'_+(x)$ 存在，所以 $f(x)$ 在 x 处左、右连续，从而连续.

注 将凸函数在区间端点的值改成更大的值时，其凸性不变，但在端点变得不连续了，因此推论 7.4、推论 7.5、推论 7.6 对于区间的端点一般不成立.

例 7.1 设 $\varphi(x)$ 是 $(0,+\infty)$ 上的函数，证明：$x\varphi(x)$ 是凸函数的充要条件为 $\varphi\left(\frac{1}{x}\right)$是凸函数.

证 由定理 7.1 (1) 知 $f(x)$ 为区间 I 上凸函数的充要条件为，对 I 内任意三点 $x_1<x_2<x_3$ 有

$$\frac{f(x_2)-f(x_1)}{x_2-x_1}\leqslant\frac{f(x_3)-f(x_1)}{x_3-x_1},$$

即

$$f(x_1)(x_3-x_2)+f(x_2)(x_1-x_3)+f(x_3)(x_2-x_1)\geqslant 0.$$

设 $x\varphi(x)$ 是凸函数，则对 $0<x_1<x_2<x_3$，有$\frac{1}{x_3}<\frac{1}{x_2}<\frac{1}{x_1}$，由上述充要条件得

$$\frac{1}{x_3}\varphi\left(\frac{1}{x_3}\right)\left(\frac{1}{x_1}-\frac{1}{x_2}\right)+\frac{1}{x_2}\varphi\left(\frac{1}{x_2}\right)\left(\frac{1}{x_3}-\frac{1}{x_1}\right)+\frac{1}{x_1}\varphi\left(\frac{1}{x_1}\right)\left(\frac{1}{x_2}-\frac{1}{x_3}\right)\geqslant 0,$$

整理得

$$\frac{1}{x_1x_2x_3}\left[\varphi\left(\frac{1}{x_1}\right)(x_3-x_2)+\varphi\left(\frac{1}{x_2}\right)(x_1-x_3)+\varphi\left(\frac{1}{x_3}\right)(x_2-x_1)\right]\geqslant 0,$$

即

$$\varphi\left(\frac{1}{x_1}\right)(x_3-x_2)+\varphi\left(\frac{1}{x_2}\right)(x_1-x_3)+\varphi\left(\frac{1}{x_3}\right)(x_2-x_1)\geqslant 0.$$

故 $\varphi\left(\frac{1}{x}\right)$ 也为凸函数. 由相反方向的推理可知：若 $\varphi\left(\frac{1}{x}\right)$ 为凸函数，则 $x\varphi(x)$ 也为凸函数.

定理 7.2　设函数 $f(x)$ 在区间 I 上可导，则

(1) $f(x)$ 在 I 上为凸函数的充要条件是 $f'(x)$ 在 I 上单调递增.

(2) $f(x)$ 在 I 上为严格凸函数的充要条件是 $f'(x)$ 在 I 上严格单调递增.

证　(1) 充分性. 任取 x_1，$x_2\in I$，$x_1<x_2$，$\lambda\in(0,1)$，记 $x_\lambda=\lambda x_1+(1-\lambda)x_2$. 需证

$$f(x_\lambda)=f(\lambda x_1+(1-\lambda)x_2)\leqslant\lambda f(x_1)+(1-\lambda)f(x_2).$$

而

$$\begin{aligned}&f(x_\lambda)-\lambda f(x_1)-(1-\lambda)f(x_2)\\&=\lambda[f(x_\lambda)-f(x_1)]+(1-\lambda)[f(x_\lambda)-f(x_2)]\\&=\lambda f'(\xi)(x_\lambda-x_1)+(1-\lambda)f'(\eta)(x_\lambda-x_2)\qquad(\xi\in(x_1,x_\lambda),\eta\in(x_\lambda,x_2))\\&=\lambda(1-\lambda)(x_2-x_1)[f'(\xi)-f'(\eta)]\leqslant 0\qquad(\text{因为 }\xi<\eta,f'(x)\text{ 递增})\qquad(*)\end{aligned}$$

必要性. 由定理 7.1 之推论 7.4 知 $f'_+(x)$ 在 I 中任一开区间内递增，现在 $f'(x)$ 存在，故 $f'(x)=f'_+(x)$ 也是如此. 若 I 有右端点 b，则由假设知 $f(x)$ 在 b 有左导数，对任意 $x\in(\alpha,\beta)\subset I$ 有

$$\begin{aligned}f'(x)=f'_+(x)=\lim_{t\to x^+}\frac{f(t)-f(x)}{t-x}&\leqslant\frac{f(b)-f(x)}{b-x}\\&\overset{x<t<b}{\leqslant}\lim_{t\to b^-}\frac{f(b)-f(t)}{b-t}=f'_-(b)=f'(b).\end{aligned}$$

同理，若 I 有左端点 a，则 $f'(a)\leqslant f'(x)$. 因此 $f'_+(x)$ 在 I 上单增（无论 I 有限或无限，开或闭或半开半闭).

(2) 充分性. 只需在 (1) 的证明中注意此时 $\xi<\eta\Rightarrow f'(\xi)<f'(\eta)$，从而保证

$$f(x_\lambda)-\lambda f(x_1)-(1-\lambda)f(x_2)<0.$$

必要性. 设 $f(x)$ 严格凸，则 $f(x)$凸，由 (1) 知 $f'(x)$ 递增. 假若 $f'(x)$ 不严格递增，则在 I 中存在 $x_1<x_2$，使 $f'(x_1)\geqslant f'(x_2)$，而$f'(x)$ 递增，故对

$x\in(x_1,x_2)$ 有

$$f'(x_2)\leqslant f'(x_1)\leqslant f'(x)\leqslant f'(x_2).$$

于是 $f'(x)$ 在 $[x_1,x_2]$ 上为常数，$f(x)$ 在 $[x_1,x_2]$ 上为线性函数，因此不可能为严格凸函数，与假设矛盾.

定理 7.3　$f(x)$ 在区间 I 上为凸函数的充要条件是：对任意 $x_0\in(a,b)\subset I$，存在实数 a，使得当 $x\in I$ 时，有 $f(x)\geqslant f(x_0)+a(x-x_0)$.

证　必要性. 设 $f(x)$ 为凸函数，由定理 7.1 之推论 7.4 知，对任意 $x_0\in(a,b)\subset I$，$f'_-(x_0)$ 存在，且由定理 7.1 之推论 7.2 知，当 $x\to x_0^-$ 时，$\dfrac{f(x)-f(x_0)}{x-x_0}$单调递增趋于 $f'_-(x_0)$，于是任取 $a\geqslant f'_-(x_0)$，当 $x<x_0$ 时，

$$\frac{f(x)-f(x_0)}{x-x_0}\leqslant f'_-(x_0)\leqslant \alpha \quad 或 \quad f(x)\geqslant f(x_0)+\alpha(x-x_0).$$

同理，当取 $\alpha\leqslant f'_+(x_0)$，由于当 $x\to x_0^+$ 时$\dfrac{f(x)-f(x_0)}{x-x_0}$单调递减趋于 $f'_+(x_0)$，故有

$$\frac{f(x)-f(x_0)}{x-x_0}\geqslant f'_+(x_0)\geqslant \alpha \quad 或 \quad f(x)\geqslant f(x_0)+\alpha(x-x_0).$$

因为 $f'_-(x_0)\leqslant f'_+(x_0)$，所以，对任意的 α：$f'_-(x_0)\leqslant\alpha\leqslant f'_+(x_0)$ 恒有

$$f(x)\geqslant f(x_0)+\alpha(x-x_0),\quad x\in I.$$

充分性. 设 $x_1<x_2<x_3$ 是区间 I 上任意三点，由题设条件有，对 x_2 存在 a 使得

$$f(x)\geqslant f(x_2)+\alpha(x-x_2),\quad x\in I.$$

分别令 $x=x_1$，$x=x_3$ 可得

$$\frac{f(x_3)-f(x_2)}{x_3-x_2}\geqslant\alpha\geqslant\frac{f(x_1)-f(x_2)}{x_1-x_2},$$

由定理 7.1 知 $f(x)$ 是凸的.

当 $f(x)$ 可导时，则由定理 7.3 及其证明过程可得下述定理.

定理 7.4　区间 I 上的可导函数 $f(x)$ 为凸函数的充要条件是：对任意 x，$x_0\in I$，恒有 $f(x)\geqslant f(x_0)+f'(x_0)(x-x_0)$. $f(x)$ 在 I 上严格凸的充分必要条件是：当 $x\neq x_0$ 时上式呈严格不等式.

几何意义：曲线 $y=f(x)$ 上任意一点处的切线恒位于曲线下方.

推论 7.7　设 $f(x)$ 是区间 I 上的可微凸函数，则 $x_0\in(a,b)\subset I$ 是 $f(x)$ 的极小值点的充分必要条件为 $f'(x_0)=0$.

必要性即为费马引理. 反之，若 $f'(x_0)=0$，则由定理 7.3 得 $f(x)\geqslant f(x_0)$，从而 $f(x_0)$ 是最小值.

定理 7.5　设 $f(x)$ 在区间 I 上二阶可导，则 $f(x)$ 在 I 上为凸函数的充要条件是 $f''(x)\geqslant 0$.

$f(x)$ 在 I 上为严格凸函数的充要条件是：对任意 $x\in I$ 有 $f''(x)\geqslant 0$，且在 I 的任一子区间上 $f''(x)$ 不恒为零.

证　第一个结论由定理 7.2 直接可得，下证第二个结论.

必要性. 利用定理 7.2 的充分性证明：对任意 $x_1<x_2$，$\lambda\in(0,1)$，对定理 7.2 证明中的（∗）式右端应用拉格朗日中值定理得

$$\begin{aligned}&f(\lambda x_1+(1-\lambda)x_2)-\lambda f(x_1)-(1-\lambda)f(x_2)\\=&\lambda(1-\lambda)(x_2-x_1)(\xi-\eta)f''(x_0)\leqslant 0,\end{aligned}$$

其中 $\xi<x_0<\eta$，即

$$f(\lambda x_1+(1-\lambda)x_2)\leqslant\lambda f(x_1)+(1-\lambda)f(x_2).$$

若 $f(x)$ 在 I 上严格凸，则 $f(x)$ 凸，从而有 $f''(x)\geqslant 0$. 假若 $f''(x)$ 在 I 的某一子区间 $[a,b]$ 上恒为零，则 $f'(x)$ 在 $[a,b]$ 上为常数，$f(x)$ 在 $[a,b]$ 上为线性函数，于是 $f(x)$ 在 $[a,b]$ 不满足严格凸的条件，矛盾.

充分性. 设 $f''(x)\geqslant 0$ 且 I 的任一子区间上 $f''(x)$ 不恒为零，如果 $f(x)$ 不严格凸，则由定理 7.2 (2) 知 $f'(x)$ 不严格单调递增，但由本定理第一个结论知 $f(x)$ 是凸的，从而据定理 7.2 (1) 知 $f'(x)$ 单调递增，即 $f'(x)$ 单调递增但不严格单调递增，于是存在 x_1，$x_2\in I$，$x_1<x_2$，$f'(x_1)=f'(x_2)$. 由 $f'(x)$ 的单调递增性知，对 $x\in(x_1,x_2)$ 有 $f'(x_1)\leqslant f'(x)\leqslant f'(x_2)$，从而 $f'(x)$ 在 $[x_1,x_2]$ 上恒为常数，$f''(x)$ 在 $[x_1,x_2]$ 上恒为零，矛盾!

例 7.2　设 $f(x)$ 是正值二次可微函数，证明 $\ln f(x)$ 是凸函数的充要条件是 $f(x)f''(x)-[f'(x)]^2\geqslant 0$.

证　由定理 7.5，$\ln f(x)$ 是凸函数的充要条件是 $[\ln f(x)]''\geqslant 0$. 因为

$$[\ln f(x)]''=\left[\frac{f'(x)}{f(x)}\right]'=\frac{f(x)f''(x)-[f'(x)]^2}{f^2(x)},$$

于是 $\ln f(x)$ 是凸函数的充要条件为

$$\frac{f(x)f''(x)-[f'(x)]^2}{f^2(x)}\geqslant 0,$$

即

$$f(x)f''(x)-[f'(x)]^2\geqslant 0.$$

定理 7.6(Jenson 不等式)　$f(x)$ 为区间 I 上的凸函数的充要条件是：对任意 $x_i\in I$，$\lambda_i\geqslant 0$，$i=1,2,\cdots,n$，$\sum_{i=1}^{n}\lambda_i=1$，有如下不等式成立

$$f(\lambda_1x_1+\lambda_2x_2+\cdots+\lambda_nx_n)\leqslant\lambda_1f(x_1)+\lambda_2f(x_2)+\cdots+\lambda_nf(x_n).\qquad(*)$$

证　充分性显然. 下证必要性（用数学归纳法）.

$n=2$ 时即为凸函数定义．假设 $n=k-1$ 时（$*$）成立，即对于 $\lambda_i\geqslant 0$，$\sum_{i=1}^{k-1}\lambda_i=1$ 有

$$f(\lambda_1x_1+\lambda_2x_2+\cdots+\lambda_{k-1}x_{k-1})\leqslant\lambda_1f(x_1)+\lambda_2f(x_2)+\cdots+\lambda_{k-1}f(x_{k-1}).$$

于是，当 $\lambda_i\geqslant 0$，$\sum_{i=1}^{k}\lambda_i=1$ 时有

$$\begin{aligned}&f(\lambda_1x_1+\lambda_2x_2+\cdots+\lambda_{k-1}x_{k-1}+\lambda_kx_k)\\ \leqslant& f\left[(1-\lambda_k)\frac{\lambda_1x_1+\lambda_2x_2+\cdots+\lambda_{k-1}x_{k-1}}{1-\lambda_k}+\lambda_kx_k\right]\\ \leqslant&(1-\lambda_k)f\left(\frac{\lambda_1x_1+\lambda_2x_2+\cdots+\lambda_{k-1}x_{k-1}}{1-\lambda_k}\right)+\lambda_kf(x_k)\\ =&(1-\lambda_k)\left[\frac{\lambda_1}{1-\lambda_k}f(x_1)+\cdots+\frac{\lambda_{k-1}}{1-\lambda_{k-1}}f(x_{k-1})\right]+\lambda_kf(x_k)\\ =&\lambda_1f(x_1)+\cdots+\lambda_{k-1}f(x_{k-1})+\lambda_kf(x_k).\end{aligned}$$

定理 7.7(Jenson 不等式的一般形式)　$f(x)$ 为区间 I 上的凸函数的充要条件是：对任意 $x_i\in I$，$\lambda_i\geqslant 0$，$i=1,2,\cdots,n$，$\sum_{i=1}^{n}\lambda_i>0$，有如下不等式成立

$$f\left(\frac{\sum_{i=1}^{n}\lambda_ix_i}{\sum_{i=1}^{n}\lambda_i}\right)\leqslant\frac{\sum_{i=1}^{n}\lambda_if(x_i)}{\sum_{i=1}^{n}\lambda_i}.$$

例 7.3　设 $x_k>0$，$k=1,2,\cdots,n$，证明：

$$\frac{n}{\frac{1}{x_1}+\frac{1}{x_2}+\cdots+\frac{1}{x_n}}\leqslant\sqrt[n]{x_1x_2\cdots x_n}\leqslant\frac{x_1+x_2+\cdots+x_n}{n},$$

并且等号当且仅当 $x_1=x_2=\cdots=x_n$ 时成立.

证　先证明右端不等式．对 $x_k>0$，$k=1,2,\cdots,n$，考虑函数 $y=\ln x$，则任意 $x\in(0,+\infty)$，$y'=\frac{1}{x}$，$y''=-\frac{1}{x^2}<0$．故 $y=\ln x$ 在 $(0,+\infty)$ 上严格凹．于是

$$\ln\frac{x_1+x_2+\cdots+x_n}{n}\geqslant\frac{\ln x_1+\ln x_2+\cdots+\ln x_n}{n}=\ln\sqrt[n]{x_1x_2\cdots x_n}.$$

由于 $y=\ln x$ 单调递增，故有

$$\sqrt[n]{x_1x_2\cdots x_n}\leqslant\frac{x_1+x_2+\cdots+x_n}{n},$$

等号当且仅当 $x_1=x_2=\cdots=x_n$ 时成立.

对于左端不等式，考虑严格凸函数 $y=-\ln x=\ln\frac{1}{x}$，$x\in(0,+\infty)$，于是

$$-\ln\frac{\frac{1}{x_1}+\frac{1}{x_2}+\cdots+\frac{1}{x_n}}{n}\leqslant-\frac{\ln\frac{1}{x_1}+\ln\frac{1}{x_2}+\cdots+\ln\frac{1}{x_n}}{n}=\ln\sqrt[n]{x_1x_2\cdots x_n},$$

即

$$\frac{n}{\frac{1}{x_1}+\frac{1}{x_2}+\cdots+\frac{1}{x_n}}\leqslant\sqrt[n]{x_1x_2\cdots x_n},$$

等号当且仅当 $x_1=x_2=\cdots=x_n$ 时成立，把它们综合起来得证.

例 7.4　设 $x,y>0$，$p,q>1$，且 $\frac{1}{p}+\frac{1}{q}=1$，证明：$x^{\frac{1}{p}}y^{\frac{1}{q}}\leqslant\frac{x}{p}+\frac{y}{q}$ (Young) 不等式.

证　因为函数 $y=\ln x$ 在 $(0,+\infty)$ 上严格凹，所以对 $x,y>0$，$p,q>1$，且 $\frac{1}{p}+\frac{1}{q}=1$ 有

$$\ln\left(\frac{1}{p}x+\frac{1}{q}y\right)\geqslant\frac{1}{p}\ln x+\frac{1}{q}\ln y=\ln x^{\frac{1}{p}}y^{\frac{1}{q}},$$

即

$$x^{\frac{1}{p}}y^{\frac{1}{q}}\leqslant\frac{x}{p}+\frac{y}{q}.$$

设 $x_k,y_k\geqslant0\,(k=1,2,\cdots,n)$，在 Young 不等式中令 $x=\frac{x_k^p}{X}$，$y=\frac{y_k^p}{Y}$，其中 $X=\sum_{k=1}^{n}x_k^p>0$，$Y=\sum_{k=1}^{n}y_k^q>0$，可得

$$\sum_{k=1}^{n}x_ky_k\leqslant\Big(\sum_{k=1}^{n}x_k^p\Big)^{\frac{1}{p}}\Big(\sum_{k=1}^{n}y_k^q\Big)^{\frac{1}{q}}\qquad(\text{Hölder 不等式}).$$

特别地，当 $p=q=2$ 时，Hölder 不等式称为 Schwarz 不等式.

例 7.5　设 $x_k,y_k\geqslant0(k=1,2,\cdots,n)$，$p>1$，证明：

$$\Big[\sum_{k=1}^{n}(x_k+y_k)^p\Big]^{\frac{1}{p}}\leqslant\Big(\sum_{k=1}^{n}x_k^p\Big)^{\frac{1}{p}}+\Big(\sum_{k=1}^{n}y_k^p\Big)^{\frac{1}{p}}.$$

证　因为

$$\begin{aligned}\sum_{k=1}^{n}(x_k+y_k)^p&=\sum_{k=1}^{n}(x_k+y_k)(x_k+y_k)^{p-1}\\&=\sum_{k=1}^{n}x_k(x_k+y_k)^{p-1}+\sum_{k=1}^{n}y_k(x_k+y_k)^{p-1},\end{aligned}$$

注意到，当 p，$q>1$，且 $\frac{1}{p}+\frac{1}{q}=1$ 时，有 $q(q-1)=p$，利用 Hölder 不等式得

$$\sum_{k=1}^{n}(x_k+y_k)^p\leqslant\Big(\sum_{k=1}^{n}x_k^p\Big)^{\frac{1}{p}}\cdot\Big[\sum_{k=1}^{n}(x_k+y_k)^{q(p-1)}\Big]^{\frac{1}{q}}$$

$$+\left(\sum_{k=1}^{n} y_k^p\right)^{\frac{1}{p}} \cdot \left[\sum_{k=1}^{n}(x_k+y_k)^{q(p-1)}\right]^{\frac{1}{q}}$$

$$=\left[\left(\sum_{k=1}^{n} x_k^p\right)^{\frac{1}{p}}+\left(\sum_{k=1}^{n} y_k^p\right)^{\frac{1}{p}}\right]\cdot\left[\sum_{k=1}^{n}(x_k+y_k)^p\right]^{\frac{1}{q}},$$

即

$$\left[\sum_{k=1}^{n}(x_k+y_k)^p\right]^{\frac{1}{p}}=\left[\sum_{k=1}^{n}(x_k+y_k)^p\right]^{1-\frac{1}{q}}\leqslant\left(\sum_{k=1}^{n} x_k^p\right)^{\frac{1}{p}}+\left(\sum_{k=1}^{n} y_k^p\right)^{\frac{1}{p}}.$$

这就是著名的 Minkowski 不等式.

例 7.6 设任意 $x_k>0$，$k=1,2,\cdots,n$. 证明：不等式

$$\frac{x_1x_2\cdots x_n}{(x_1+x_2+\cdots+x_n)^n}\leqslant\frac{(1+x_1)\cdots(1+x_n)}{(n+x_1+\cdots+x_n)^n},$$

等号当且仅当 $x_1=x_2=\cdots=x_n$ 时才成立.

证

$$\frac{x_1x_2\cdots x_n}{(x_1+x_2+\cdots+x_n)^n}\leqslant\frac{(1+x_1)\cdots(1+x_n)}{(n+x_1+\cdots+x_n)^n}$$

$$\Leftrightarrow\frac{x_1x_2\cdots x_n}{(1+x_1)\cdots(1+x_n)}\leqslant\left[\frac{\frac{1}{n}(x_1+x_2+\cdots+x_n)}{1+\frac{1}{n}(x_1+x_2+\cdots+x_n)}\right]^n$$

$$\Leftrightarrow\frac{1}{n}\sum_{i=1}^{n}\ln\frac{x_i}{1+x_i}\leqslant\ln\frac{\frac{1}{n}\sum_{i=1}^{n}x_i}{1+\frac{1}{n}\sum_{i=1}^{n}x_i}.$$

若令 $f(x)=\ln\frac{x}{1+x}$，则当 $x>0$ 时，有

$$f'(x)=\frac{1}{x(1+x)},\quad f''(x)=-\frac{1+2x}{x^2(1+x)^2}<0,$$

因此，$f(x)$ 在 $(0,+\infty)$ 上为严格凹函数，根据 Jensen 不等式得到

$$\frac{1}{n}\sum_{i=1}^{n}\ln\frac{x_i}{1+x_i}\leqslant\ln\frac{\frac{1}{n}\sum_{i=1}^{n}x_i}{1+\frac{1}{n}\sum_{i=1}^{n}x_i},$$

并且式中等号当且仅当 $x_1=x_2=\cdots=x_n$ 时才成立.

例 7.7 设 $x_k>0$ $(k=1,2,\cdots,n)$，试求 $(x_1+x_2+\cdots+x_n)\left(\frac{1}{x_1}+\frac{1}{x_2}+\cdots+\frac{1}{x_n}\right)$的最小值.

解 令 $f(x)=\frac{1}{x}(x>0)$，则 $f''(x)=\frac{2}{x^3}>0$，故 $f(x)$ 为 $(0,+\infty)$ 的凸函数，所以

$$\frac{n}{\sum_{k=1}^{n} x_k} = f\left(\frac{1}{n}\sum_{k=1}^{n} x_k\right) \leqslant \frac{1}{n}\sum_{k=1}^{n} f(x_k) = \frac{1}{n}\sum_{k=1}^{n}\frac{1}{x_k},$$

即

$$\left(\sum_{k=1}^{n} x_k\right)\left(\sum_{k=1}^{n}\frac{1}{x_k}\right) \geqslant n^2,$$

并且当 $x_1 = x_2 = \cdots = x_n$ 时等号成立，所以 $\left(\sum_{k=1}^{n} x_k\right)\left(\sum_{k=1}^{n}\frac{1}{x_k}\right)$ 有最小值 n^2.

例 7.8　若 $f(x)$ 为 $[a,b]$ 上的凸函数，则 $f(x)$ 在 $[a,b]$ 上有界.

证　对任意 $x\in[a,b]$，取 $\lambda=\frac{b-x}{b-a}$，$x=\lambda a+(1-\lambda)b$，则

$$f(x) = f(\lambda a + (1-\lambda)b) \leqslant \lambda f(a) + (1-\lambda) f(b) \leqslant \max\{f(a), f(b)\} = M.$$

下面证明 $f(x)$ 有下界. 任取 $x\in[a,b]$，$a+b-x\in[a,b]$，因为

$$f\left(\frac{a+b}{2}\right) = f\left(\frac{1}{2}x + \frac{1}{2}(a+b-x)\right) \leqslant \frac{1}{2}[f(x) + f(a+b-x)]$$
$$\leqslant \frac{1}{2}[f(x) + M],$$

所以

$$f(x) \geqslant 2f\left(\frac{a+b}{2}\right) - M.$$

综上可知 $f(x)$ 于 $[a,b]$ 上有界.

注　开区间上的凸函数未必有界，如 $f(x)=1/x$，$x\in(0,1)$.

例 7.9　设 $f(x)$ 是 (a,b) 内的凸函数且有界，证明：$\lim\limits_{x\to a^+} f(x)$ 与 $\lim\limits_{x\to b^-} f(x)$ 均存在，从而 $f(x)$ 在 (a,b) 上一致连续.

证　因为 $f(x)$ 在 (a,b) 内为凸函数且有界，所以对任意 $x\in(a,b)$，有 $|f(x)|\leqslant M$，且对任意 $x_0\in(a,b)$，由推论 7.2 知 $k(x)=\frac{f(x)-f(x_0)}{x-x_0}(x\neq x_0)$ 为 $(a,b)\backslash\{x_0\}$ 内的递增函数. 于是对任意的 x，$x_1\in(a,b)$，$x_0<x<x_1$，有

$$\frac{f(x)-f(x_0)}{x-x_0} \leqslant \frac{f(x_1)-f(x_0)}{x_1-x_0} \leqslant \frac{M-f(x_0)}{x_1-x_0}.$$

因此 $k(x)$ 单调递增有上界，于是单侧极限存在，记 $\lim\limits_{x\to b^-}\frac{f(x)-f(x_0)}{x-x_0}=A$. 从而

$$\lim_{x\to b^-} f(x) = \lim_{x\to b^-}\left[(x-x_0)\frac{f(x)-f(x_0)}{x-x_0} + f(x_0)\right] = A(b-x_0) + f(x_0)$$

也存在. 同理可证 $\lim\limits_{x\to a^+} f(x)$ 存在. 令

$$F(x)=\begin{cases}\lim\limits_{x\to a^+}f(x), & x=a,\\ f(x), & x\in(a,b),\\ \lim\limits_{x\to b^-}f(x), & x=b,\end{cases}$$

因为 $F(x)$ 在 $[a,b]$ 内一致连续，所以 $f(x)$ 在 (a,b) 内一致连续.

例 7.10　设 $\varphi(x)=\int_a^b|x-t|f(t)\mathrm{d}t$(若积分存在)，证明：当 $f(x)>0$ 时，任意 $x\in[a,b]$，$\varphi(x)$ 为 $[a,b]$ 上的凸函数.

证　对任意 x_1，$x_2\in[a,b]$ 和 $\lambda\in[0,1]$，

$$\begin{aligned}\varphi[\lambda x_1+(1-\lambda)x_2]&=\int_a^b|\lambda x_1+(1-\lambda)x_2-t|f(t)\mathrm{d}t\\&=\int_a^b|\lambda x_1+(1-\lambda)x_2-[\lambda t+(1-\lambda)t]|f(t)\mathrm{d}t\\&\leqslant\lambda\int_a^b|x_1-t|f(t)\mathrm{d}t+(1-\lambda)\int_a^b|x_2-t|f(t)\mathrm{d}t\\&=\lambda\varphi(x_1)+(1-\lambda)\varphi(x_2),\end{aligned}$$

所以 $\varphi(x)$ 是 $[a,b]$ 上的凸函数.

例 7.11　设 $g(x)$ 在 $[a,b]$ 上递增，证明：对任意 $c\in(a,b)$，$f(x)=\int_c^x g(t)\mathrm{d}t$ 为凸函数.

证　因为 $g(x)$ 递增，积分有意义. 且对任意 $x_1<x_2<x_3$，

$$\begin{aligned}\frac{f(x_2)-f(x_1)}{x_2-x_1}&=\frac{1}{x_2-x_1}\int_{x_1}^{x_2}g(t)\mathrm{d}t\leqslant g(x_2)\\&\leqslant\frac{1}{x_3-x_2}\int_{x_2}^{x_3}g(t)\mathrm{d}t=\frac{f(x_3)-f(x_2)}{x_3-x_2},\end{aligned}$$

由定理 7.1 知 $f(x)$ 为凸函数.

例 7.12　设 $f(x)$ 为 $[a,b]$ 上的凸函数，对任意 x，$c\in(a,b)$，证明：

$$f(x)-f(c)=\int_c^x f'_-(t)\mathrm{d}t=\int_c^x f'_+(t)\mathrm{d}t.$$

证　因为 $f(x)$ 为 $[a,b]$ 上的凸函数，故对任意 $c\in(a,b)$，单侧导数 $f'_-(x)$，$f'_+(x)$ 均存在且单调递增，从而积分 $\int_c^x f'_-(t)\mathrm{d}t$ 和 $\int_c^x f'_+(t)\mathrm{d}t$ 有意义. 对 $[c,x]$ 作任一分法，

$$T:c=x_0<x_1<\cdots<x_n=x,$$

则有

$$f(x)-f(c)=\sum_{k=1}^n[f(x_k)-f(x_{k-1})].$$

由凸函数的性质，当 $x_{k-1}<x_k$ 时，有

$$f'_-(x_{k-1})\leqslant f'_+(x_{k-1})\leqslant \frac{f(x_k)-f(x_{k-1})}{x_k-x_{k-1}}\leqslant f'_-(x_k)\leqslant f'_+(x_k),$$

于是有

$$f'_-(x_{k-1})(x_k-x_{k-1})\leqslant f(x_k)-f(x_{k-1})\leqslant f'_-(x_k)(x_k-x_{k-1}),$$

故

$$\sum_{k=1}^{n} f'_-(x_{k-1})(x_k-x_{k-1})\leqslant f(x)-f(c)\leqslant \sum_{k=1}^{n} f'_-(x_k)(x_k-x_{k-1}).$$

令 $\|T\|=\max\limits_{1\leqslant k\leqslant n}\{\Delta x_k\}$，则由 $f'_-(x)$ 的可积性得

$$\begin{aligned}\int_c^x f'_-(t)\mathrm{d}t &= \lim_{\|T\|\to 0}\sum_{k=1}^{n} f'_-(x_{k-1})(x_k-x_{k-1})\\ &= \sum_{k=1}^{\infty} f'_-(x_{k-1})(x_k-x_{k-1}) = f(x)-f(c).\end{aligned}$$

同理可证 $\int_c^x f'_+(t)\mathrm{d}t=f(x)-f(c)$.

例 7.13　设 $f(x)$ 为区间 I 上的凸函数，若 $x_0\in I$ 是 $f(x)$ 的极小值点，证明 x_0 是 $f(x)$ 的最小值点；若 $f(x)$ 为区间 I 上的严格凸函数，证明 x_0 是 $f(x)$ 的唯一最小值点.

证　假设 x_0 不是 $f(x)$ 的最小值点，则存在 $x_0\neq x_1\in I$，有 $f(x_1)<f(x_0)$. 因为 x_0 是 $f(x)$ 的极小值点，所以存在 $\delta>0$，使得对任意 $x\in U(x_0,\delta)\subset I$，有 $f(x)\geqslant f(x_0)$. 又因 $f(x)$ 为区间 I 上的凸函数，所以对任意 $\lambda\in(0,1)$，有

$$f[(1-\lambda)x_0+\lambda x_1]\leqslant(1-\lambda)f(x_0)+\lambda f(x_1).$$

取 λ 足够小可使 $x=(1-\lambda)x_0+\lambda x_1\in U(x_0,\delta)\cap I$，从而有

$$\begin{aligned}f(x)&=f[(1-\lambda)x_0+\lambda x_1]\leqslant(1-\lambda)f(x_0)+\lambda f(x_1)\\ &<(1-\lambda)f(x_0)+\lambda f(x_0)=f(x_0),\end{aligned}$$

与 x_0 是 $f(x)$ 的极小值点的条件矛盾，故 x_0 是 $f(x)$ 的最小值点. 后一结论请读者自证.

习　题　7

1. 设 a，b，x，y 为正数，证明：$x\ln\frac{x}{a}+y\ln\frac{y}{b}>(x+y)\ln\frac{x+y}{a+b}$.

2. 证明不等式：

(1) $\left(\frac{x+y}{2}\right)^{\alpha}<\frac{x^{\alpha}+y^{\alpha}}{2}$，$x>0$，$y>0$，$x\neq y$，$\alpha>1$.

(2) 若 $|x_1|\leqslant 1$，$|x_2|\leqslant 1$，则 $\sqrt{1-x_1^2}+\sqrt{1-x_2^2}\leqslant\sqrt{4-(x_1+x_2)^2}$.

3. 设 $\alpha>1$，$x_k>0$ $(k=1,2,\cdots,n)$，证明：

$$\frac{1}{n}\sum_{k=1}^{n}x_k\leqslant\left(\frac{1}{n}\sum_{k=1}^{n}x_k^{\alpha}\right)^{1/\alpha}.$$

4. 设 a，b，$c>0$，证明：$(abc)^{\frac{a+b+c}{3}}\leqslant a^a b^b c^c$，并且等号当且仅当 $a=b=c$ 时才成立.

5. 证明广义算术—几何平均不等式：设 $x_k>0$，$t_k\in(0,1)$，$k=1,2,\cdots,n$，且 $\sum\limits_{k=1}^{n}t_k=1$ 时有

$$\prod_{k=1}^{n}x_k^{t_k}\leqslant\sum_{k=1}^{n}t_k x_k.$$

6. 设 $f(x)$ 为 $(0,+\infty)$ 上的函数，证明 $g(x)=xf\left(\frac{1}{x}\right)$是 $(0,+\infty)$ 上的凸函数的充要条件为 $f(x)$ 在 $(0,+\infty)$ 上的凸函数.

7. 设 $f(x)$ 在 (a,b) 内凸，证明：对任意 $x_1,x_2\in(a,b)$，$x_1<x_2$ 时有 $f'_+(x_1)\leqslant f'_-(x_2)$.

8. 设 $f(x)$ 为 $[a,b]$ 上的可微凸函数，证明不等式：

$$f\left(\frac{a+b}{2}\right)\leqslant\frac{1}{b-a}\int_a^b f(x)\mathrm{d}x\leqslant\frac{f(a)+f(b)}{2}.$$

9. 设 $f(x)$ 为 $[a,b]$ 上的正值连续函数，证明：

$$\frac{1}{b-a}\int_a^b \ln f(x)\mathrm{d}x\leqslant\ln\left[\frac{1}{b-a}\int_a^b f(x)\mathrm{d}x\right].$$

10. 设 $f(x)$，$g(x)$ 均为区间 I 上的凸函数，证明：$F(x)=\max\{f(x),\ g(x)\}$ 也是凸函数，又 $G(x)=\min\{f(x),\ g(x)\}$ 也是凸函数吗?

11. 设 $f(x)$ 为 $[a,b]$ 上的凸函数，利用定理 7.1 证明 $f(x)$ 在 (a,b) 内连续.

12. 不用定理 7.3 直接证明定理 7.4. 区间 I 上的可导函数 $f(x)$ 为凸函数的充要条件是：对任意 x，$x_0\in I$，恒有 $f(x)\geqslant f(x_0)+f'(x_0)(x-x_0)$. $f(x)$ 在 I 上严格凸的充分必要条件是：当 $x\neq x_0$ 时上式呈严格不等式.

13. 设 $f(x)$ 是 (a,b) 内的凸函数，证明：$f(x)$ 满足内闭 Lipschitz 条件，即对任意 $[\alpha,\beta]\subset(a,b)$，存在 $L>0$，使得对任意 $x_1,x_2\in[\alpha,\beta]$，$|f(x_1)-f(x_2)|\leqslant L|x_1-x_2|$ 成立.

14. 设 $f(x)>0$，$x\in R$，$\ln f(x)$ 为 R 上的凸函数，证明 $f(x)$ 为 R 上的凸函数.

15. 设函数 $f(x)$ 在区间 I 上有定义，若对任意 x_1，$x_2\in I$ 有 $f\left(\frac{x_1+x_2}{2}\right)\leqslant\frac{f(x_1)+f(x_2)}{2}$，则称 $f(x)$ 为区间 I 上的中点凸函数. 证明：当 $f(x)$（下半）连续时，中点凸函数也是凸函数.

16. 设 $f(x)$ 在 (a,b) 上可导，若对 (a,b) 中的 x，$y(x\neq y)$，存在唯一的 $\xi\in(a,b)$ 使得 $f'(\xi)=\frac{f(y)-f(x)}{y-x}$，证明 $f(x)$ 是严格凸或严格凹.

第 8 讲　积分学中的对称性

我们知道，利用定积分中的对称性质，会对奇偶函数在对称区间上积分的计算带来方便. 奇偶函数在对称区间上有下列积分性质.

性质　设 $f(x)$ 在对称区间 $[-a,a]$ 上可积，

(i) 若 $f(x)$ 是 $[-a,a]$ 上的奇函数，则$\int_{-a}^{a} f(x)\mathrm{d}x = 0$；

(ii) 若 $f(x)$ 是 $[-a,a]$ 上的偶函数，则$\int_{-a}^{a} f(x)\mathrm{d}x = 2\int_{0}^{a} f(x)\mathrm{d}x$.

本讲把上述结果推广到重积分、曲线积分和曲面积分. 为方便起见，总假定被积函数在积分域上连续.

8.1　定积分中的对称性

本节介绍函数关于直线 $x=x_0$ 对称、反对称以及关于点 $(x_0,f(x_0))$ 对称的情形.

定义 8.1.1　若函数 $f(x)$ 在定义域内对任意 x 都满足 $f(x_0-x)=-f(x_0+x)$，则称 $f(x)$ 关于直线 $x=x_0$ 反对称；若满足 $f(x_0-x)=f(x_0+x)$，则称 $f(x)$ 关于直线 $x=x_0$ 对称；若满足 $f(x_0-x)+f(x_0+x)=2f(x_0)$，则称 $f(x)$ 关于点 $(x_0,f(x_0))$ 对称.

例如，$f(x)=x-x_0$ 关于直线 $x=x_0$ 反对称. 事实上，

$$f(x_0-x)=(x_0-x)-x_0=-x,$$
$$-f(x_0+x)=-[(x_0+x)-x_0]=-x,$$

即 $f(x_0-x)=-f(x_0+x)$，故 $f(x)=x-x_0$ 关于直线 $x=x_0$ 反对称.

$f(x)=\sin x$ 关于直线 $x=\dfrac{\pi}{2}$对称. 事实上，

$$f\left(\frac{\pi}{2}-x\right)=\sin\left(\frac{\pi}{2}-x\right)=\cos x,$$
$$f\left(\frac{\pi}{2}+x\right)=\sin\left(\frac{\pi}{2}+x\right)=\cos x,$$

即 $f\left(\dfrac{\pi}{2}-x\right)=f\left(\dfrac{\pi}{2}+x\right)$，$f(x)=\sin x$ 关于直线 $x=\dfrac{\pi}{2}$对称.

$f(x)=(x-1)^3+1$ 关于点 $(1,1)$ 对称. 事实上，

$$f(1-x)+f(1+x)=(1-x-1)^3+1+(1+x-1)^3+1=2=2f(1),$$

即 $f(1-x)+f(1+x)=2f(1)$，故 $f(x)=(x-1)^3+1$ 关于点 (1，1) 对称.

定理 8.1.1 (i) 若 $f(x)$ 关于直线 $x=x_0$ 反对称，则对任意 $a>0$，有 $\int_{x_0-a}^{x_0+a}f(x)\mathrm{d}x=0$；

(ii) 若 $f(x)$ 关于直线 $x=x_0$ 对称，则对任意 $a>0$，有

$$\int_{x_0-a}^{x_0+a}f(x)\mathrm{d}x=2\int_{x_0}^{x_0+a}f(x)\mathrm{d}x \quad 或 \quad \int_{x_0-a}^{x_0+a}f(x)\mathrm{d}x=2\int_{x_0-a}^{x_0}f(x)\mathrm{d}x;$$

(iii) 若 $f(x)$ 关于点 $(x_0,f(x_0))$ 对称，则对任意 $a>0$，有

$$\int_{x_0-a}^{x_0+a}f(x)\mathrm{d}x=2f(x_0)\cdot a.$$

证 令 $x=x_0-t$，$\int_{x_0-a}^{x_0}f(x)\mathrm{d}x=-\int_a^0 f(x_0-t)\mathrm{d}t=\int_0^a f(x_0-t)\mathrm{d}t$；同理，令 $x=x_0+t$，$\int_{x_0}^{x_0+a}f(x)\mathrm{d}x=\int_0^a f(x_0+t)\mathrm{d}t$. 即有

$$\begin{aligned}\int_{x_0-a}^{x_0+a}f(x)\mathrm{d}x&=\int_{x_0-a}^{x_0}f(x)\mathrm{d}x+\int_{x_0}^{x_0+a}f(x)\mathrm{d}x\\&=\int_0^a[f(x_0-x)+f(x_0+x)]\mathrm{d}x.\end{aligned}$$

(i) 若 $f(x)$ 关于直线 $x=x_0$ 反对称，即 $f(x_0-x)=-f(x_0+x)$，故有

$$\int_0^a[f(x_0-x)+f(x_0+x)]\mathrm{d}x=\int_0^a 0\mathrm{d}x=0.$$

(ii) 若 $f(x)$ 关于直线 $x=x_0$ 对称，即 $f(x_0-x)=f(x_0+x)$，故

$$\begin{aligned}\int_{x_0-a}^{x_0+a}f(x)\mathrm{d}x&=\int_0^a[f(x_0-x)+f(x_0+x)]\mathrm{d}x\\&=2\int_0^a f(x_0-x)\mathrm{d}x=2\int_{x_0-a}^{x_0}f(x)\mathrm{d}x,\end{aligned}$$

或

$$\begin{aligned}\int_{x_0-a}^{x_0+a}f(x)\mathrm{d}x&=\int_0^a[f(x_0-x)+f(x_0+x)]\mathrm{d}x\\&=2\int_0^a f(x_0+x)\mathrm{d}x=2\int_{x_0}^{x_0+a}f(x)\mathrm{d}x.\end{aligned}$$

(iii) 若 $f(x)$ 关于点 $(x_0,f(x_0))$ 对称，即 $f(x_0-x)+f(x_0+x)=2f(x_0)$，有

$$\int_{x_0-a}^{x_0+a}f(x)\mathrm{d}x=\int_0^a[f(x_0-x)+f(x_0+x)]\mathrm{d}x=2f(x_0)\cdot a.$$

定理证毕.

例 8.1.1 试求 $\int_0^2(x-1)\mathrm{e}^{|x-1|}\mathrm{d}x$.

解　因为 $x-1$ 是关于直线 $x=1$ 反对称，$\mathrm{e}^{|x-1|}$ 是关于 $x=1$ 对称，所以 $(x-1)\mathrm{e}^{|x-1|}$ 关于 $x=1$ 反对称．由定理 8.1.1 的结果（i）知

$$\int_0^2 (x-1)\mathrm{e}^{|x-1|}\mathrm{d}x = \int_{1-1}^{1+1}(x-1)\mathrm{e}^{|x-1|}\mathrm{d}x = 0.$$

例 8.1.2　试证 $\int_0^{\pi} f(\sin x)\mathrm{d}x = 2\int_0^{\frac{\pi}{2}} f(\sin x)\mathrm{d}x$.

证　令 $\varphi(x)=f(\sin x)$，因为 $\varphi\left(\frac{\pi}{2}+x\right)=\varphi\left(\frac{\pi}{2}-x\right)$，即 $\varphi(x)=f(\sin x)$ 关于直线 $x=\frac{\pi}{2}$ 对称，所以

$$\int_0^{\pi} f(\sin x)\mathrm{d}x = \int_{\frac{\pi}{2}-\frac{\pi}{2}}^{\frac{\pi}{2}+\frac{\pi}{2}} f(\sin x)\mathrm{d}x = 2\int_0^{\frac{\pi}{2}} f(\sin x)\mathrm{d}x.$$

例 8.1.3　计算 $\int_0^{\frac{\pi}{2}} \frac{\mathrm{d}x}{1+(\tan x)^{\pi}}$.

解　易见被积函数 $f(x)=\frac{1}{1+(\tan x)^{\pi}}$ 在 $\left[0,\frac{\pi}{2}\right)$ 中连续，$x=\frac{\pi}{2}$ 为可去间断点，故定积分存在．由于被积函数的原函数不是初等函数，因此不能用牛顿—莱布尼兹公式计算．容易看出，$f\left(\frac{\pi}{4}\right)=\frac{1}{2}$，$f(x)=\frac{1}{1+(\tan x)^{\pi}}$ 在区间 $\left[0,\frac{\pi}{2}\right]$ 上关于点 $\left(\frac{\pi}{4},\frac{1}{2}\right)$ 对称，事实上，取 $x_0=\frac{\pi}{4}$，$a=\frac{\pi}{4}$．对任意 $x\in\left(0,\frac{\pi}{4}\right)$ 有

$$\begin{aligned}
&f\left(\frac{\pi}{4}-x\right)+f\left(\frac{\pi}{4}+x\right)\\
=&\frac{1}{1+\left[\tan\left(\frac{\pi}{4}-x\right)\right]^{\pi}}+\frac{1}{1+\left[\tan\left(\frac{\pi}{4}+x\right)\right]^{\pi}}\\
=&\frac{1}{1+\left[\tan\left(\frac{\pi}{4}-x\right)\right]^{\pi}}+\frac{1}{1+\left[\tan\left(\frac{\pi}{2}-\left(\frac{\pi}{4}-x\right)\right)\right]^{\pi}}\\
=&\frac{1}{1+\left[\tan\left(\frac{\pi}{4}-x\right)\right]^{\pi}}+\frac{1}{1+\left[\cot\left(\frac{\pi}{4}-x\right)\right]^{\pi}}\\
=&\frac{1+\left[\tan\left(\frac{\pi}{4}-x\right)\right]^{\pi}}{1+\left[\tan\left(\frac{\pi}{4}-x\right)\right]^{\pi}}=1=2\cdot f\left(\frac{\pi}{4}\right).
\end{aligned}$$

故由定理 8.1.1（iii）有 $\int_0^{\frac{\pi}{2}} \frac{\mathrm{d}x}{1+(\tan x)^{\pi}} = 2\cdot f\left(\frac{\pi}{4}\right)\cdot\frac{\pi}{4}=\frac{\pi}{4}$.

习 题 8-1

1. 计算 $I=\int_{-1/2}^{1/2}\ln\left(\frac{1-x}{1+x}\right)\arcsin\sqrt{1-x^2}\,\mathrm{d}x$.

2. 计算 $I=\int_{-\pi/4}^{\pi/4}\frac{1}{1+\sin x}\mathrm{d}x$.

3. 计算 $I=\int_{-1/2}^{1/2}\frac{(\arcsin x)^2}{\sqrt{1-x^2}}\mathrm{d}x$.

4. 计算 $I=\int_{-a}^{a}[(x+\mathrm{e}^{\cos x})f(x)+(x-\mathrm{e}^{\cos x})f(-x)+ax^2]\mathrm{d}x$，其中 $f(x)$ 连续.

8.2 重积分中的对称性

关于重积分中的对称性，这里仅给出二重积分的情况，对于三重积分，有类似结果.

设有界域 D 关于 x 轴对称，若对任意 $(x,y)\in D$ 有 $f(x,-y)=-f(x,y)$，称 $f(x,y)$ 在 D 上关于 y 为奇函数；若 $f(x,-y)=f(x,y)$，称 $f(x,y)$ 在 D 上关于 y 为偶函数. $f(x,y)$ 对 x 的奇偶性可同样定义.

设 D 为有界闭域，并设 $f(x,y)$ 在 D 上连续，则有

定理 8.2.1 (i) 设积分区域 D 关于 x 轴对称，D_1 表示 D 的 $y\geqslant 0$ 的部分，若 $f(x,y)$ 在 D 上关于 y 为奇函数，则 $\iint\limits_D f(x,y)\mathrm{d}x\mathrm{d}y=0$；若 $f(x,y)$ 在 D 上关于 y 为偶函数，则 $\iint\limits_D f(x,y)\mathrm{d}x\mathrm{d}y=2\iint\limits_{D_1}f(x,y)\mathrm{d}x\mathrm{d}y$.

(ii) 设积分区域 D 关于 y 轴对称，D_2 表示 D 的 $x\geqslant 0$ 的部分，若 $f(x,y)$ 在 D 上关于 x 为奇函数，则 $\iint\limits_D f(x,y)\mathrm{d}x\mathrm{d}y=0$；若 $f(x,y)$ 在 D 上关于 x 为偶函数，则 $\iint\limits_D f(x,y)\mathrm{d}x\mathrm{d}y=2\iint\limits_{D_2}f(x,y)\mathrm{d}x\mathrm{d}y$.

(iii) 设积分区域 D 关于 x 轴，y 轴都对称，D_3 表示 D 在第一象限的部分，若 $f(-x,y)=-f(x,y)$ 或 $f(x,-y)=-f(x,y)$，则 $\iint\limits_D f(x,y)\mathrm{d}x\mathrm{d}y=0$；若 $f(-x,y)=f(x,y)=f(x,-y)$，则 $\iint\limits_D f(x,y)\mathrm{d}x\mathrm{d}y=4\iint\limits_{D_3}f(x,y)\mathrm{d}x\mathrm{d}y$.

例 8.2.1 计算 $I=\iint\limits_D|xy|\mathrm{d}x\mathrm{d}y$，其中 $D=\{(x,y)\,|\,|x|+|y|\leqslant 1\}$.

解　显然函数 $f(x,y)=|xy|$ 满足 $f(-x,y)=f(x,y)=f(x,-y)$ 且积分域 D 关于 x 轴 y 轴都对称，故由定理 8.2.1 结果（iii）有

$$I=\iint_D |xy| \mathrm{d}x\mathrm{d}y=4\iint_{D_3}|xy|\mathrm{d}x\mathrm{d}y=4\int_0^1 x\mathrm{d}x\int_0^{1-x}y\mathrm{d}y=\frac{1}{6}.$$

在二重积分中，常有积分域关于直线 $y=x$ 对称，被积函数 $f(x,y)$ 关于直线 $y=x$ 对称或反对称的情形.

定义 8.2.1　设 D 是关于直线 $y=x$ 对称的区域，若对任意 $(x,y)\in D$，总有 $f(y,x)=f(x,y)$（或 $f(y,x)=-f(x,y)$），称 $f(x,y)$ 关于变量轮换对称（或反对称）.

定理 8.2.2　设 D 为关于直线 $y=x$ 对称的有界闭区域，$f(x,y)$ 在 D 上连续，则

(i) $$\iint_D f(x,y)\mathrm{d}x\mathrm{d}y=\iint_D f(y,x)\mathrm{d}x\mathrm{d}y=\frac{1}{2}\iint_D[f(x,y)+f(y,x)]\mathrm{d}x\mathrm{d}y;\qquad(1)$$

(ii) 若 $f(x,y)$ 关于变量轮换反对称，则 $\iint\limits_D f(x,y)\mathrm{d}x\mathrm{d}y=0$；

(iii) 若 $f(x,y)$ 关于变量轮换对称，则

$$\iint_D f(x,y)\mathrm{d}x\mathrm{d}y=2\iint_{D_1}f(x,y)\mathrm{d}x\mathrm{d}y\quad 或\quad \iint_D f(x,y)\mathrm{d}x\mathrm{d}y=2\iint_{D_2}f(x,y)\mathrm{d}x\mathrm{d}y.$$

其中 $D_1(D_2)$ 表示 D 在直线 $y=x$ 的上方（或下方）的部分.

证　(i) 由于 D 关于 $y=x$ 对称，D_2 表示 D 在直线 $y=x$ 下方的部分，不失一般性，设 D_2 由直线 $y=x$ 及曲线 $y=g(x)$，$x\in[a,b]$ 所围成（图 8-1）. 由反函数定理易知 D_1 必为直线 $x=y$ 及曲线 $x=g(y)$，$y\in[a,b]$ 所围成. 故

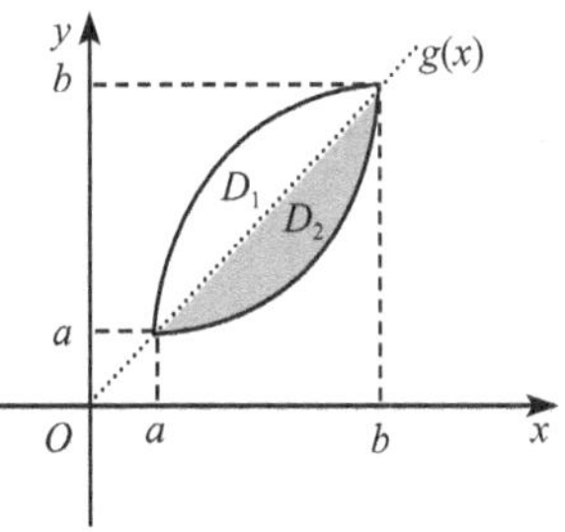

图 8-1

$$\iint_D f(x,y)\mathrm{d}x\mathrm{d}y=\iint_{D_1}f(x,y)\mathrm{d}x\mathrm{d}y+\iint_{D_2}f(x,y)\mathrm{d}x\mathrm{d}y$$

$$=\int_a^b\mathrm{d}y\int_{g(y)}^y f(x,y)\mathrm{d}x+\int_a^b\mathrm{d}x\int_{g(x)}^x f(x,y)\mathrm{d}y.$$

由于积分仅与被积函数及积分区域有关，而与积分变量的记号无关，故在上式第二积分中把 x 换成 y，把 y 换成 x，其值不变. 即

$$\int_a^b\mathrm{d}x\int_{g(x)}^x f(x,y)\mathrm{d}y=\int_a^b\mathrm{d}y\int_{g(y)}^y f(y,x)\mathrm{d}x,$$

则有

$$\iint_D f(x,y)\mathrm{d}x\mathrm{d}y=\int_a^b\mathrm{d}y\int_{g(y)}^y[f(x,y)+f(y,x)]\mathrm{d}x$$

$$=\iint_{D_1}[f(x,y)+f(y,x)]\mathrm{d}x\mathrm{d}y. \tag{2}$$

同理可得

$$\iint_D f(x,y)\mathrm{d}x\mathrm{d}y=\iint_{D_2}[f(x,y)+f(y,x)]\mathrm{d}x\mathrm{d}y. \tag{3}$$

结合（2）及（3）式便得

$$\iint_D f(x,y)\mathrm{d}x\mathrm{d}y=\frac{1}{2}\iint_D[f(x,y)+f(y,x)]\mathrm{d}x\mathrm{d}y. \tag{4}$$

对 $\iint_D f(y,\ x)\mathrm{d}x\mathrm{d}y$ 作相同地讨论有

$$\iint_D f(y,x)\mathrm{d}x\mathrm{d}y=\frac{1}{2}\iint_D[f(x,y)+f(y,x)]\mathrm{d}x\mathrm{d}y. \tag{5}$$

由（4），（5）式可知（1）式成立.

(ii) 若 $f(x,y)$ 关于变量轮换反对称，即 $f(y,x)=-f(x,y)$，由（4）（或（5））式，则有

$$\iint_D f(x,y)\mathrm{d}x\mathrm{d}y=0.$$

(iii) 若 $f(x,y)$ 关于变量轮换对称，即 $f(y,x)=f(x,y)$，由（2）（或（3））式，有

$$\iint_D f(x,y)\mathrm{d}x\mathrm{d}y=2\iint_{D_1}f(x,y)\mathrm{d}x\mathrm{d}y.$$

定理证毕.

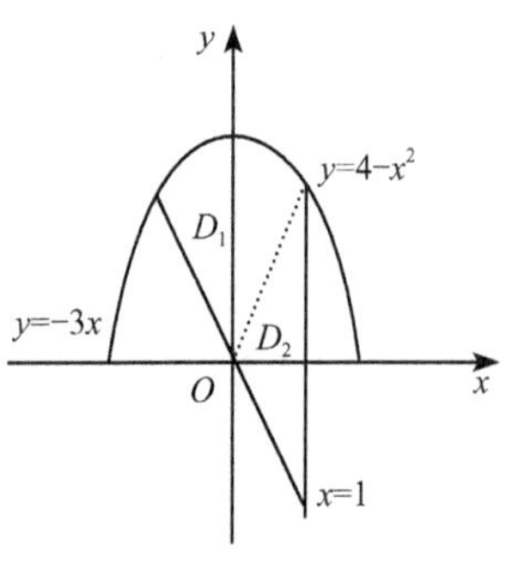

图 8-2

例 8.2.2 计算 $I=\iint_D x\ln(y+\sqrt{1+y^2})\mathrm{d}x\mathrm{d}y$. 其中 D 由 $y=4-x^2$，$y=-3x$，$x=1$ 所围成的闭区域.

解 积分域如图 8-2 所示，用直线 $y=3x$ 把积分域 D 分成两个子区域 D_1 和 D_2，D_1 关于 y 轴对称，D_2 关于 x 轴对称. 令 $f(x,y)=x\ln(y+\sqrt{1+y^2})$，当 $(x,y)\in D_1$ 时，有

$$f(-x,y)=-x\ln(y+\sqrt{1+y^2})=-f(x,y),$$

当 $(x,y)\in D_2$ 时，有

$$\begin{aligned}f(x,-y)&=x\ln(-y+\sqrt{1+(-y)^2})\\&=x\ln\left(\frac{1}{y+\sqrt{1+y^2}}\right)=-x\ln(y+\sqrt{1+y^2})=-f(x,y).\end{aligned}$$

根据定理 8.2.1 有

$$I=\iint\limits_{D}x\ln(y+\sqrt{1+y^2})\mathrm{d}x\mathrm{d}y=\iint\limits_{D_1}x\ln(y+\sqrt{1+y^2})\mathrm{d}x\mathrm{d}y$$

$$+\iint\limits_{D_2}x\ln(y+\sqrt{1+y^2})\mathrm{d}x\mathrm{d}y=0.$$

例 8.2.3　计算 $I=\iint\limits_{D}\sin x^2\cos y^2\mathrm{d}\sigma$，其中 $D=\{(x,y)\mid x^2+y^2\leqslant 1\}$.

解　因为积分域 D 关于 $y=x$ 对称，用定理 8.2.2 的公式（1）有

$$I=\iint\limits_{D}\sin x^2\cos y^2\mathrm{d}\sigma=\frac{1}{2}\iint\limits_{D}(\sin x^2\cos y^2+\sin y^2\cos x^2)\mathrm{d}\sigma$$

$$=\frac{1}{2}\iint\limits_{D}\sin(x^2+y^2)\mathrm{d}\sigma.$$

应用极坐标得

$$I=\frac{1}{2}\int_0^{2\pi}\mathrm{d}\theta\int_0^1 r\sin r^2\mathrm{d}r=\frac{\pi}{2}(1-\cos 1).$$

习　题　8-2

1. 计算积分 $I=\iint\limits_{D}|xy|\mathrm{d}x\mathrm{d}y$，其中 D：$\frac{x^2}{a^2}+\frac{y^2}{b^2}\leqslant 1$.

2. 计算 $I=\iint\limits_{D}\left[|y|\sin x+|x|\sin y+2|xy|\right]\mathrm{d}x\mathrm{d}y$，其中 D：$x^2+y^2\leqslant a^2$.

3. 计算 $I=\iiint\limits_{\Omega}z\mathrm{d}x\mathrm{d}y\mathrm{d}z$，其中 Ω 是由抛物面 $2z=x^2+y^2$，柱面 $(x^2+y^2)^2=x^2-y^2$ 与平面 $z=0$ 所围成的区域.

4. 已知 D 是圆域 $x^2+y^2\leqslant a^2$ $(a>0)$，D_1 是 D 在第一象限部分，则积分 $\iint\limits_{D}(x+y+1)\mathrm{d}x\mathrm{d}y$ 等于（　　）.

(A) $4\iint\limits_{D_1}(x+y+1)\mathrm{d}x\mathrm{d}y$；　　(B) $\iint\limits_{D_1}(x+y+1)\mathrm{d}x\mathrm{d}y$；

(C) πa^2；　　(D) 0.

5. 设空间区域 Ω_1：$x^2+y^2+z^2\leqslant R^2$，$z\geqslant 0$；及 Ω_2：$x^2+y^2+z^2\leqslant R^2$，$x\geqslant 0$，$y\geqslant 0$，$z\geqslant 0$，则（　　）.

(A) $\iiint\limits_{\Omega_1}x\mathrm{d}v=4\iiint\limits_{\Omega_2}x\mathrm{d}v$；　　(B) $\iiint\limits_{\Omega_1}y\mathrm{d}v=4\iiint\limits_{\Omega_2}y\mathrm{d}v$；

(C) $\iiint\limits_{\Omega_1}z\mathrm{d}v=4\iiint\limits_{\Omega_2}z\mathrm{d}v$；　　(D) $\iiint\limits_{\Omega_1}xyz\mathrm{d}v=4\iiint\limits_{\Omega_2}xyz\mathrm{d}v$.

6. 计算二重积分$\iint\limits_D\left(\frac{x}{a}+\frac{y}{b}\right)^2\mathrm{d}x\mathrm{d}y$，其中$D$：$x^2+y^2\leqslant R^2(R>0)$.

7. 计算二重积分$\iint\limits_D y[1+xf(x^2+y^2)]\,\mathrm{d}x\mathrm{d}y$，其中$D$由直线$y=x$，$y=-1$，$x=1$围成，$f$为连续函数.

8. 计算二重积分$\iint\limits_D \mathrm{e}^{\max(x^2,y^2)}\mathrm{d}x\mathrm{d}y$，其中$D=\{(x,y)\,|\,0\leqslant x\leqslant 1,0\leqslant y\leqslant 1\}$.

9. 设函数$f(x)$在区间$[0,1]$上连续，且$\int_0^1 f(x)\mathrm{d}x=A$，求$\int_0^1\mathrm{d}x\int_x^1 f(x)f(y)\mathrm{d}y$.

10. 计算三重积分$\iiint\limits_\Omega\frac{\mathrm{d}x\mathrm{d}y\mathrm{d}z}{(1+|x|+|y|+|z|)^3}$，其中$\Omega$：$|x|+|y|+|z|\leqslant 1$.

8.3 曲线积分中的对称性

定义 8.3.1 设函数$f(x,y)$在关于原点对称的区域上有定义，若对任意$(x,y)\in D$有$f(-x,-y)=f(x,y)$（或$f(-x,-y)=-f(x,y)$），则称$f(x,y)$关于原点对称（或反对称）.

对第一类曲线积分，有

定理 8.3.1 设光滑曲线C：$y=y(x)$，$x\in[-a,a]$关于原点对称，即对$x\in[-a,a]$有$y(-x)=-y(x)$，并设$f(x,y)$在C上连续. 用C_1表示C在$x\geqslant 0$的部分，有

(i) 若$f(x,y)$关于原点对称，则$\int_C f(x,y)\mathrm{d}s=2\int_{C_1}f(x,y)\mathrm{d}s$；

(ii) 若$f(x,y)$关于原点反对称，则$\int_C f(x,y)\mathrm{d}s=0$.

证 仅证(i)，(ii)证明类似. 设C_2表示C在$x\leqslant 0$的部分，由积分的可加性，有

$$\begin{aligned}\int_C f(x,y)\mathrm{d}s&=\int_{C_2}f(x,y)\mathrm{d}s+\int_{C_1}f(x,y)\mathrm{d}s\\&=\int_{-a}^0 f(x,y(x))\sqrt{1+y'^2(x)}\mathrm{d}x+\int_0^a f(x,y(x))\sqrt{1+y'^2(x)}\mathrm{d}x.\end{aligned}$$

由于$f(x,y)$关于原点对称，注意到$y'(x)$为偶函数，并在右边第一积分中令$x=-t$，则有

$$\begin{aligned}\int_{-a}^0 f(x,y(x))\sqrt{1+y'^2(x)}\mathrm{d}x&=-\int_a^0 f(-t,y(-t))\sqrt{1+y'^2(-t)}\mathrm{d}t,\\&=\int_0^a f(t,y(t))\sqrt{1+y'^2(t)}\mathrm{d}t,\end{aligned}$$

$$\int_C f(x,y)\mathrm{d}s=2\int_0^a f(x,y(s))\sqrt{1+y'^2(x)}\mathrm{d}x=2\int_{C_1}f(x,y)\mathrm{d}s.$$

定理证毕.

定理 8.3.2　设光滑曲线 C 关于 x 轴对称，即 $C=C_1\cup C_2$，C_1，C_2 分别表示 C 在 $y\geqslant 0$ 及 $y\leqslant 0$ 的部分. 并设 $f(x,y)$ 在 C 上连续，则有

(i) 若 $f(x,y)$ 关于 y 为奇函数，则 $\int_C f(x,y)\mathrm{d}s=0$；

(ii) 若 $f(x,y)$ 关于 y 为偶函数，则 $\int_C f(x,y)\mathrm{d}s=2\int_{C_1} f(x,y)\mathrm{d}s$.

证　由于 C 关于 x 轴对称，可设 C_1，C_2 的参数方程分别为：

$C_1: x=x(t), y=y(t)\geqslant 0, t\in[\alpha,\beta]$；　$C_2: x=x(t), y=-y(t)\leqslant 0, t\in[\alpha,\beta]$.

$$
\begin{aligned}
\int_C f(x,y)\mathrm{d}s &= \int_{C_1} f(x,y)\mathrm{d}s+\int_{C_2} f(x,y)\mathrm{d}s\\
&=\int_\alpha^\beta f(x(t),y(t))\sqrt{x'^2(t)+y'^2(t)}\,\mathrm{d}t\\
&\quad+\int_\alpha^\beta f(x(t),-y(t))\sqrt{x'^2(t)+y'^2(t)}\,\mathrm{d}t\\
&=\int_\alpha^\beta [f(x(t),y(t))+f(x(t),-y(t))]\sqrt{x'^2(t)+y'^2(t)}\,\mathrm{d}t\\
&=\begin{cases} 0, & f(x,y)\text{ 是关于 } y \text{ 的奇函数},\\ 2\int_\alpha^\beta f(x(t),y(t))\sqrt{x'^2(t)+y'^2(t)}\,\mathrm{d}t, & f(x,y)\text{ 是关于 } y \text{ 的偶函数}.\end{cases}\\
&=\begin{cases} 0, & f(x,y)\text{ 是关于 } y \text{ 的奇函数},\\ 2\int_{C_1} f(x,y)\mathrm{d}s, & f(x,y)\text{ 是关于 } y \text{ 的偶函数}.\end{cases}
\end{aligned}
$$

定理证毕.

对第二类曲线积分，有

定理 8.3.3　设 C 是关于原点对称的一条有向光滑曲线，即 C：$y=y(x)$，$x\in[-a,a]$，满足对任意 $x\in[-a,a]$，有 $y(-x)=-y(x)$. 记 $A=(-a,y(-a))$，$B=(a,y(a))$，用 C_1 表示 $x\geqslant 0$ 的部分，有

(i) 若连续函数 $P(x,y)$ 关于原点反对称（即 $P(-x,-y)=-P(x,y)$），则

$$\int_{C(\widehat{AB})} P(x,y)\mathrm{d}x=0;$$

(ii) 若连续函数 $P(x,y)$ 关于原点对称（即 $P(-x,-y)=P(x,y)$），则

$$\int_{C(\widehat{AB})} P(x,y)\mathrm{d}x=2\int_{C_1(\widehat{OB})} P(x,y)\mathrm{d}x;$$

(iii) 若连续函数 $Q(x,y)$ 关于原点反对称（即 $Q(-x,-y)=-Q(x,y)$），

则

$$\int_{C(\widehat{AB})} Q(x,y)\mathrm{d}y = 0;$$

(iv) 若连续函数 $Q(x,y)$ 关于原点对称（即 $Q(-x,-y)=Q(x,y)$）则

$$\int_{C(\widehat{AB})} Q(x,y)\mathrm{d}y = 2\int_{C_1(\widehat{OB})} Q(x,y)\mathrm{d}y.$$

证　仅证关于 $Q(x,y)$ 的结果 (iii)，(iv).

$$\begin{aligned}\int_{C(\widehat{AB})} Q(x,y)\mathrm{d}y &= \int_{\widehat{AO}} Q(x,y)\mathrm{d}y + \int_{\widehat{OB}} Q(x,y)\mathrm{d}y \\ &= \int_{-a}^{0} Q(x,y(x))y'(x)\mathrm{d}x + \int_{0}^{a} Q(x,y(x))y'(x)\mathrm{d}x.\end{aligned}$$

由于 $y(x)$ 为奇函数，故 $y'(x)$ 为偶函数. 在上式右边第一积分中，令 $x=-t$，有

$$\begin{aligned}\int_{-a}^{0} Q(x,y(x))y'(x)\mathrm{d}x &= \int_{0}^{a} Q(-t,y(-t))y'(-t)\mathrm{d}t \\ &= \int_{0}^{a} Q(-x,-y(x))y'(x)\mathrm{d}x,\end{aligned}$$

$$\begin{aligned}\int_{C(\widehat{AB})} Q(x,y)\mathrm{d}x &= \int_{0}^{a} [Q(-x,-y(x)) + Q(x,y(x))]y'(x)\mathrm{d}x \\ &= \begin{cases} 0, & Q(-x,-y) = -Q(x,y), \\ 2\int_{0}^{a} Q(x,y(x))y'(x)\mathrm{d}x, & Q(-x,-y) = Q(x,y). \end{cases} \\ &= \begin{cases} 0, & Q(x,y)\text{ 关于原点反对称}, \\ 2\int_{C_1(\widehat{OB})} Q(x,y)\mathrm{d}y, & Q(x,y)\text{ 关于原点对称}. \end{cases}\end{aligned}$$

定理证毕.

定理 8.3.4　设有向光滑曲线 $C(\widehat{ADB})$ 关于 x 轴对称，C_1 表示 $y\geqslant 0$ 的部分，有

(i) 若连续函数 $P(x,y)$ 关于 y 为奇函数，则

$$\int_{C(\widehat{ADB})} P(x,y)\mathrm{d}x = 2\int_{C_1(\widehat{DB})} P(x,y)\mathrm{d}x;$$

(ii) 若连续函数 $P(x,y)$ 关于 y 为偶函数，则

$$\int_{C(\widehat{ADB})} P(x,y)\mathrm{d}x = 0;$$

(iii) 若连续函数 $Q(x,y)$ 关于 y 为奇函数，则

$$\int_{C(\widehat{ADB})} Q(x,y)\mathrm{d}y = 0;$$

(iv) 若连续函数 $Q(x,y)$ 关于 y 为偶函数，则

$$\int_{C(\widehat{ADB})} Q(x,y)\mathrm{d}y = 2\int_{C_1(\widehat{DB})} Q(x,y)\mathrm{d}y.$$

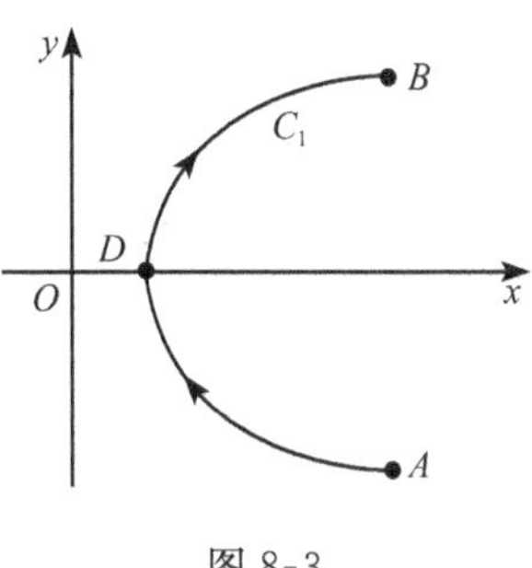

图 8-3

证　如图 8-3，设$\widehat{DB}$的参数方程为 $x=x(t)$，$y=y(t)$，$t\in[\alpha,\beta]$. 由对称性，$\widehat{AD}$的参数方程为 $x=x(t)$，$y=-y(t)$，$t\in[\alpha,\beta]$，并且 $A=(x(\beta),-y(\beta))$，$B=(x(\beta),y(\beta))$，$D=(x(\alpha),0)$.

$$\begin{aligned}\int_{C(\widehat{ADB})} P(x,y)\mathrm{d}x &= \int_{\widehat{AD}} P(x,y)\mathrm{d}x + \int_{\widehat{DB}} P(x,y)\mathrm{d}x \\ &= \int_\beta^\alpha P(x(t),-y(t))x'(t)\mathrm{d}t + \int_\alpha^\beta P(x(t),y(t))x'(t)\mathrm{d}t \\ &= \int_\alpha^\beta [-P(x(t),-y(t)) + P(x(t),y(t))]x'(t)\mathrm{d}t \\ &= \begin{cases} 0, & P(x,-y) = P(x,y), \\ 2\int_\alpha^\beta P(x(t),y(t))x'(t)\mathrm{d}t, & P(x,-y) = -P(x,y). \end{cases} \\ &= \begin{cases} 0, & P(x,-y) = P(x,y), \\ 2\int_{C_1(\widehat{DB})} P(x,y)\mathrm{d}x, & P(x,-y) = -P(x,y). \end{cases}\end{aligned}$$

(i)，(ii) 证明完毕，(iii)，(iv) 同法可证. 定理证毕.

曲线 C 关于 y 轴对称的情况可得类似的结果.

定理 8.3.4′　设光滑曲线 $C'(\widehat{A'D'B'})$ 关于 y 轴对称，C_1'表示 $x\geqslant 0$ 的部分，有

(i) 若连续函数 $P(x,y)$ 关于 x 为奇函数，则

$$\int_{C'(\widehat{A'D'B'})} P(x,y)\mathrm{d}x = 0;$$

(ii) 若连续函数 $P(x,y)$ 关于 x 为偶函数，则

$$\int_{C'} P(x,y)\mathrm{d}x = 2\int_{C_1'} P(x,y)\mathrm{d}x;$$

(iii) 若连续函数 $Q(x,y)$ 关于 x 为奇函数，则

$$\int_{C'} Q(x,y)\mathrm{d}y = 2\int_{C_1'} Q(x,y)\mathrm{d}y;$$

(iv) 若连续函数 $Q(x,y)$ 关于 x 为偶函数，则

$$\int_{C'} Q(x,y)\mathrm{d}y = 0.$$

例 8.3.1　计算 $I=\oint_L \dfrac{x\mathrm{d}x + y^2\mathrm{d}y}{|x| + \sin(x^2+y^2) + 1}$，其中 L 是以点 $A(1,0)$，

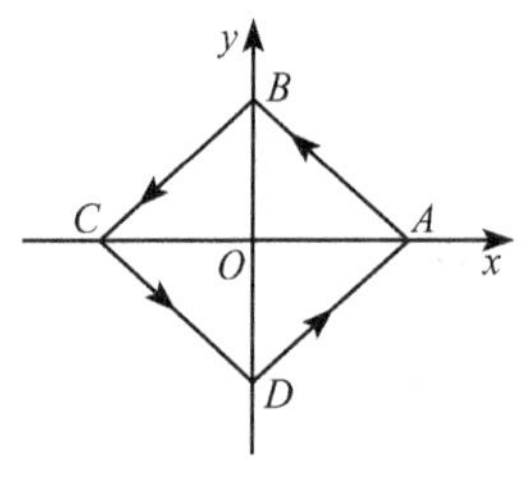

图 8-4

$B(0,1)$，$C(-1,0)$ 及 $D(0,-1)$ 为顶点的正方形的边界的正向.

解　显见积分路线具有对称性，如图 8-4 所示. 由

$$P(x,y)=\frac{x}{|x|+\sin(x^2+y^2)+1},$$

$$Q(x,y)=\frac{y^2}{|x|+\sin(x^2+y^2)+1},$$

都是关于 y 的偶函数，由定理 8.3.4 有

$$\oint_L \frac{x\mathrm{d}x}{|x|+\sin(x^2+y^2)+1}=0;$$

$$\oint_L \frac{y^2\mathrm{d}y}{|x|+\sin(x^2+y^2)+1}=2\int_{\widehat{ABC}} \frac{y^2\mathrm{d}y}{|x|+\sin(x^2+y^2)+1}.$$

再注意到$\widehat{ABC}$关于 y 轴对称，且 $Q(x,y)$ 是关于 x 的偶函数，则由定理 8.3.4′知

$$\int_{\widehat{ABC}} \frac{y^2\mathrm{d}y}{|x|+\sin(x^2+y^2)+1}=0.$$

因此，原积分 $I=0$.

如果不用对称性，则例 8.3.1 的计算是十分麻烦的.

习　题　8-3

1. 填空题.

(1) $\int_L (x+y+\sin xy)\mathrm{d}s=$ ________ $, L: x^2+y^2=1$.

(2) $\int_L (x^2+y^2)\sqrt{x^2+y^2}\mathrm{d}s=$ ________ $, L: x^2+y^2=a^2$.

(3) $\int_L \frac{x^2+y}{x^2+y^2}\mathrm{d}s=$ ________ $, L: x^2+y^2=a^2$.

(4) $\int_L x\mathrm{d}s=$ ________ $, L: x=2\cos^3 t, y=2\sin^3 t$.

2. 设 L 为双纽线 $(x^2+y^2)^2=a^2(x^2-y^2)$，计算 $I=\int_L |y|\mathrm{d}s$.

3. 设 L 为双纽线 $(x^2+y^2)^2=a^2(x^2-y^2)$ 的右面一瓣，沿逆时针方向，计算 $I=\int_L \frac{xy(y\mathrm{d}x-x\mathrm{d}y)}{x^2+y^2}$.

4. 计算 $\int_{ABCDA} \frac{\mathrm{d}x+\mathrm{d}y}{|x|+|y|}$，其中 $ABCDA$ 是以 A (1,0)，B (0,1)，C (−1,0)，D (0,−1) 为顶点的正方形正向边界线.

5. 计算曲线积分 $\oint_L (2x^2+3y^2)\mathrm{d}s$，其中 L：$x^2+y^2=2(x+y)$.

6. 已知平面区域 $D=\{(x,y)\mid 0\leqslant x\leqslant\pi,0\leqslant y\leqslant\pi\}$为的正向边界．证明：

$$\oint_L x\mathrm{e}^{\sin y}\mathrm{d}y-y\mathrm{e}^{-\sin x}\mathrm{d}x=\oint_L x\mathrm{e}^{-\sin y}\mathrm{d}y-y\mathrm{e}^{\sin x}\mathrm{d}x.$$

7. 设 C 为圆 $(x-1)^2+(y-1)^2=R^2(R>0)$，取逆时针方向，又 f 为正值的连续函数．证明：

$$\oint_L xf(y)\mathrm{d}y-\frac{y}{f(x)}\mathrm{d}x\geqslant 2\pi R^2.$$

8.4　曲面积分中的对称性

对第一类曲面积分，有

定理 8.4.1　设 G 是空间有界闭区域，$\Sigma\subset G$ 是关于 xOy 平面对称的分片光滑曲面，函数 $f(x,y,z)$ 在 Σ 上连续．

(i) 若 $f(x,y,z)$ 关于变量 z 为奇函数，即 $f(x,y,-z)=-f(x,y,z)$，则

$$\iint_\Sigma f(x,y,z)\mathrm{d}S=0;$$

(ii) 若 $f(x,y,z)$ 关于变量 z 为偶函数，即 $f(x,y,-z)=f(x,y,z)$，则

$$\iint_\Sigma f(x,y,z)\mathrm{d}S=2\iint_{\Sigma_1} f(x,y,z)\mathrm{d}S.$$

其中 Σ_1 表示 Σ 的 $z\geqslant 0$ 部分．

证　为证明方便，不失一般性，假设 Σ_1 是 Σ 的 $z\geqslant 0$ 部分，其方程为 $z=z(x,y)$，$(x,y)\in D_{xy}$，且 $z(x,y)$ 在 D_{xy} 上具有连续的偏导数．由于 Σ 关于平面 xOy 对称，并记 Σ_2 为 Σ 的 $z\leqslant 0$ 部分，则 Σ_2：$z=-z(x,y)$，$(x,y)\in D_{xy}$．

$$\begin{aligned}\iint_\Sigma f(x,y,z)\mathrm{d}S&=\iint_{\Sigma_1} f(x,y,z)\mathrm{d}S+\iint_{\Sigma_2} f(x,y,z)\mathrm{d}S\\&=\iint_{D_{xy}} f(x,y,z(x,y))\sqrt{1+z_x^2+z_y^2}\mathrm{d}x\mathrm{d}y\\&\quad+\iint_{D_{xy}} f(x,y,-z(x,y))\sqrt{1+(-z_x)^2+(-z_y)^2}\mathrm{d}x\mathrm{d}y\\&=\iint_{D_{xy}}[f(x,y,z(x,y))+f(x,y,-z(x,y))]\sqrt{1+z_x^2+z_y^2}\mathrm{d}x\mathrm{d}y\\&=\begin{cases}0, & f(x,y,-z)=-f(x,y,z),\\ 2\iint_{\Sigma_1} f(x,y,z)\mathrm{d}S, & f(x,y,-z)=f(x,y,z).\end{cases}\end{aligned}$$

定理证毕．

注　若 Σ 关于 yOz，zOx 平面对称，也有类似的结论.

对第二类曲面积分，有

定理 8.4.2　设 Σ 是关于 xOy 平面对称的分片光滑的曲面，Σ_1，Σ_2 分别为 Σ 的 $z\geqslant 0$ 及 $z\leqslant 0$ 部分，Σ_1 取上侧（或下侧），Σ_2 取下侧（或上侧）.

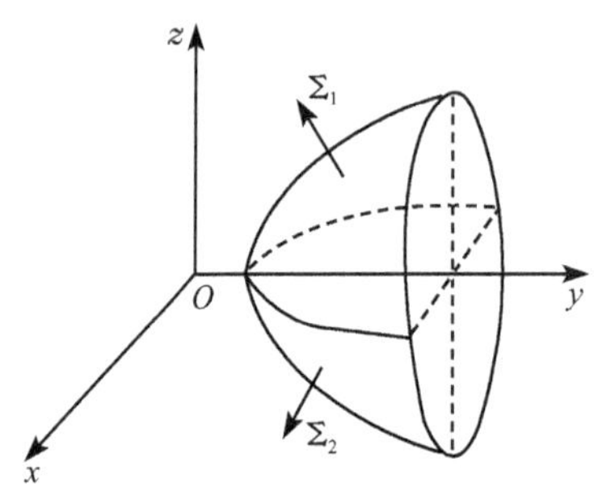

图 8-5

(i) 若函数 $R(x,y,z)$ 连续且关于 z 为偶函数，则 $\iint\limits_{\Sigma} R(x, y, z)\mathrm{d}x\mathrm{d}y=0$；

(ii) 若函数 $R(x,y,z)$ 连续且关于 z 为奇函数，则

$$\iint\limits_{\Sigma} R(x,y,z)\mathrm{d}x\mathrm{d}y = 2\iint\limits_{\Sigma_1} R(x,y,z)\mathrm{d}x\mathrm{d}y.$$

证　不失一般性，设 Σ_1 的方程为 $z=z(x,y)$，$(x,y)\in D_{xy}$（图 8-5）. 由对称性，Σ_2：$z=-z(x,y)$，$(x,y)\in D_{xy}$. 故

$$\begin{aligned}\iint\limits_{\Sigma} R(x,y,z)\mathrm{d}x\mathrm{d}y &= \iint\limits_{\Sigma_1} R(x,y,z)\mathrm{d}x\mathrm{d}y + \iint\limits_{\Sigma_2} R(x,y,z)\mathrm{d}x\mathrm{d}y \\ &= \iint\limits_{D_{xy}} R(x,y,z(x,y))\mathrm{d}x\mathrm{d}y - \iint\limits_{D_{xy}} R(x,y,-z(x,y))\mathrm{d}x\mathrm{d}y \\ &= \iint\limits_{D_{xy}} [R(x,y,z(x,y)) - R(x,y,-z(x,y))]\mathrm{d}x\mathrm{d}y \\ &= \begin{cases} 0, & R(x,y,-z)=R(x,y,z), \\ 2\iint\limits_{D_{xy}} R(x,y,z(x,y))\mathrm{d}x\mathrm{d}y, & R(x,y,-z)=-R(x,y,z), \end{cases} \\ &= \begin{cases} 0, & R(x,y,-z)=R(x,y,z), \\ 2\iint\limits_{\Sigma_1} R(x,y,z)\mathrm{d}x\mathrm{d}y, & R(x,y,-z)=-R(x,y,z). \end{cases}\end{aligned}$$

定理证毕.

注　Σ 关于 yOz，zOx 平面对称时，也有类似的结论.

例 8.4.1　求 $I=\oiint\limits_{\Sigma}(x^3+y^3+z^3)\mathrm{d}S$，其中 Σ：$\dfrac{x^2}{a^2}+\dfrac{y^2}{b^2}+\dfrac{z^2}{c^2}=1$.

解　$\oiint\limits_{\Sigma}(x^3+y^3+z^3)\mathrm{d}S=\oiint\limits_{\Sigma}x^3\mathrm{d}S+\oiint\limits_{\Sigma}y^3\mathrm{d}S+\oiint\limits_{\Sigma}z^3\mathrm{d}S$. 考虑 $\oiint\limits_{\Sigma}z^3\mathrm{d}S$，显见

$f(x,y,z)=z^3$ 是 z 的奇函数，并且 Σ 关于 xOy 平面对称，由定理 8.4.1 有 $\oiint\limits_{\Sigma} z^3 \mathrm{d}S = 0$，同理 $\oiint\limits_{\Sigma} x^3 \mathrm{d}S = \oiint\limits_{\Sigma} y^3 \mathrm{d}S = 0$，故

$$\oiint\limits_{\Sigma} (x^3 + y^3 + z^3)\mathrm{d}S = 0.$$

例 8.4.2　计算 $I=\iint\limits_{\Sigma}(xy+yz+zx)\mathrm{d}S$，其中 Σ 是圆锥面 $z=\sqrt{x^2+y^2}$ 被圆柱面 $x^2+y^2=2ax$ 割下的部分（图 8-6）.

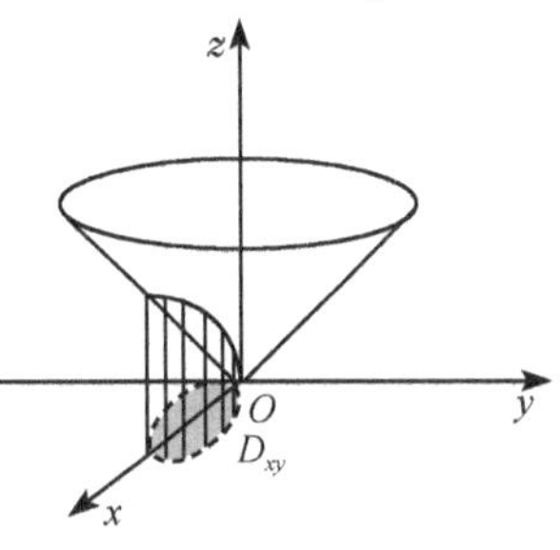

图 8-6

解　由可加性质有

$$I=\iint\limits_{\Sigma} y(x+z)\mathrm{d}S+\iint\limits_{\Sigma} zx\,\mathrm{d}S = I_1 + I_2.$$

由于 Σ 关于 zOx 平面对称，$y(x+z)$ 关于 y 是奇函数，故 $I_1=\iint\limits_{\Sigma} y(x+z)\mathrm{d}S = 0$.

圆锥面 $z=\sqrt{x^2+y^2}$ 被圆柱面 $x^2+y^2=2ax$ 割下的部分在 xOy 平面的投影域为 D_{xy}：$x^2+y^2\leqslant 2ax$，面积元素为 $\mathrm{d}S=\sqrt{1+z_x^2+z_y^2}=\sqrt{2}\mathrm{d}x\mathrm{d}y$，故

$$\begin{aligned} I_2 &= \iint\limits_{\Sigma} zx\,\mathrm{d}S = \iint\limits_{D_{xy}} x\sqrt{x^2+y^2}\sqrt{2}\mathrm{d}x\mathrm{d}y \\ &= \sqrt{2}\int_{-\pi/2}^{\pi/2}\mathrm{d}\theta\int_0^{2a\cos\theta} r^3\cos\theta\mathrm{d}r = 2\cdot\sqrt{2}\cdot\frac{(2a)^4}{4}\cdot\frac{4}{5}\cdot\frac{2}{3} = \frac{64}{15}\sqrt{2}a^4, \end{aligned}$$

故

$$I = I_1 + I_2 = \frac{64}{15}\sqrt{2}a^4.$$

例 8.4.3　求 $I=\oiint\limits_{\Sigma} y^2\cos x\mathrm{d}y\mathrm{d}z + z^2\mathrm{e}^{-y^2}y^2\mathrm{d}z\mathrm{d}x + z\sin\left(\frac{x^2}{a^2}+\frac{y^2}{b^2}+\frac{z^2}{c^2}\right)\mathrm{d}x\mathrm{d}y$，其中 Σ 为椭球面 $\frac{x^2}{a^2}+\frac{y^2}{b^2}+\frac{z^2}{c^2}=1$ 的外侧.

解　Σ 分别关于 xOy，yOz，zOx 平面对称，且 $R(x,y,z)=z\sin\left(\frac{x^2}{a^2}+\frac{y^2}{b^2}+\frac{z^2}{c^2}\right)$ 是 z 的奇函数，$P(x,y,z)=y^2\cos x$ 是 x 的偶函数，$Q(x,y,z)=z^2\mathrm{e}^{-y^2}y^2$ 是 y 的偶函数，故

$$\oiint\limits_{\Sigma} y^2\cos x\mathrm{d}y\mathrm{d}z = \oiint\limits_{\Sigma} z^2\mathrm{e}^{-y^2}y^2\mathrm{d}z\mathrm{d}x = 0,$$

记 Σ_1 是 Σ 的 $z\geqslant 0$ 部分，注意到 $\frac{x^2}{a^2}+\frac{y^2}{b^2}+\frac{z^2}{c^2}=1$ 有

$$\oiint\limits_{\Sigma} z\sin\left(\frac{x^2}{a^2}+\frac{y^2}{b^2}+\frac{z^2}{c^2}\right)\mathrm{d}x\mathrm{d}y = 2\oiint\limits_{\Sigma_1} z\sin\left(\frac{x^2}{a^2}+\frac{y^2}{b^2}+\frac{z^2}{c^2}\right)\mathrm{d}x\mathrm{d}y$$

$$=2\sin 1\oiint\limits_{\Sigma_1} z\mathrm{d}x\mathrm{d}y = 2\sin 1\iint\limits_{D_{xy}} c\sqrt{1-\left(\frac{x^2}{a^2}+\frac{y^2}{b^2}\right)}\mathrm{d}x\mathrm{d}y,$$

其中 $D_{xy}=\left\{(x,y)\middle|\frac{x^2}{a^2}+\frac{y^2}{b^2}\leqslant 1\right\}$. 易知右边二重积分是上半椭球的体积，故

$$\iint\limits_{D_{xy}} c\sqrt{1-\left(\frac{x^2}{a^2}+\frac{y^2}{b^2}\right)}\mathrm{d}x\mathrm{d}y = \frac{2}{3}\pi abc.$$

从而

$$I = 2\sin 1\cdot\frac{2}{3}\pi abc = \frac{4}{3}\pi abc\sin 1.$$

例 8.4.4 计算 $I=\iint\limits_{\Sigma}(y-z)\mathrm{d}y\mathrm{d}z+(z-x)\mathrm{d}z\mathrm{d}x+(x-y)\mathrm{d}x\mathrm{d}y$，其中 Σ 为曲面 $z=x^2+y^2$ 及 $z=h$ $(h>0)$ 平面所截部分的下侧.

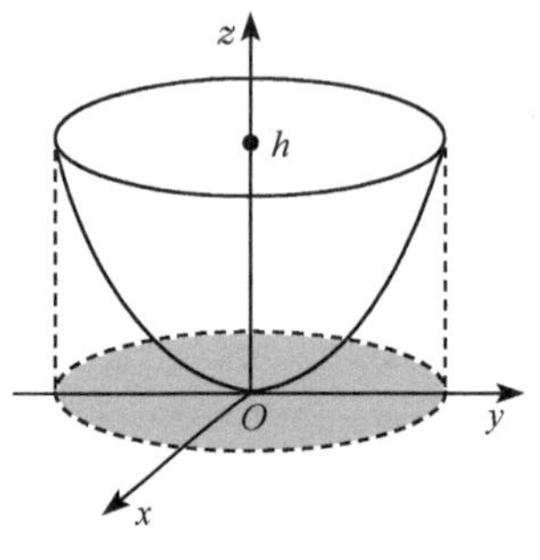

图 8-7

解 如图 8-7 所示，Σ：$z=x^2+y^2$ $(x^2+y^2\leqslant h^2)$ 关于 yOz 平面对称，又因 $P(x,y,z)=y-z$ 是 x 的偶函数，所以

$$\iint\limits_{\Sigma}(y-z)\mathrm{d}y\mathrm{d}z = 0.$$

类似地，$Q(x,y,z)=z-x$ 是 y 的偶函数，Σ 关于 zOx 平面对称，

$$\iint\limits_{\Sigma}(z-x)\mathrm{d}z\mathrm{d}x = 0.$$

又记 Σ 在 xOy 平面上的投影区域为 D_{xy}，

$$\iint\limits_{\Sigma}(x-y)\mathrm{d}x\mathrm{d}y=-\iint\limits_{D_{xy}}(x-y)\mathrm{d}x\mathrm{d}y$$

$$=\iint\limits_{D_{xy}} y\mathrm{d}x\mathrm{d}y-\iint\limits_{D_{xy}} x\mathrm{d}x\mathrm{d}y.$$

应用定理 8.2.1，有 $\iint\limits_{D_{xy}} y\mathrm{d}x\mathrm{d}y = 0$，$\iint\limits_{D_{xy}} x\mathrm{d}x\mathrm{d}y = 0$，则

$$\iint\limits_{\Sigma}(x-y)\mathrm{d}x\mathrm{d}y = 0.$$

所以 $I=0$.

习　题　8-4

1. 填空题.

(1) 设 $\Sigma: x^2+y^2+z^2=a^2$，则$\iint\limits_{\Sigma}\frac{x+y+z+1}{\sqrt{x^2+y^2+z^2}}\mathrm{d}S=$ ________.

(2) $\iint\limits_{\Sigma}z^2\mathrm{d}S=$ ________，其中 $\Sigma: x^2+y^2+z^2=a^2$.

2. 填空题.

(1) 设 Σ 是 $x^2+y^2+z^2=a^2$ 的外侧，则 $\oiint\limits_{\Sigma}x^2\mathrm{d}y\mathrm{d}z+y^2\mathrm{d}z\mathrm{d}x+z^2\mathrm{d}x\mathrm{d}y=$ ________.

(2) 设 Σ 是 $x^2+z^2=1$ $(1\leqslant y\leqslant 2)$ 的外侧，则

$$\iint\limits_{\Sigma}x^2y\sqrt{1-x^2}\,\mathrm{d}y\mathrm{d}z+\mathrm{e}^x\sin y\,\mathrm{d}x\mathrm{d}y+y^2\mathrm{d}x\mathrm{d}z=\text{\_\_\_\_\_\_\_\_}.$$

3. 求 $I=\iint\limits_{\Sigma}(x+y+z)\,\mathrm{d}S$，其中 Σ 是 $z=\sqrt{a^2-x^2-y^2}$.

4. 求 $I=\iint\limits_{\Sigma}xyz(y^2z^2+z^2x^2+x^2y^2)\mathrm{d}S$，其中 Σ 是 $x^2+y^2+z^2=a^2$ $(x\geqslant 0, y\geqslant 0, z\geqslant 0)$.

5. 设 Σ 是 $z=\sqrt{x^2+y^2}$ $(1\leqslant z\leqslant 2)$ 的下侧，试求 $I=\iint\limits_{\Sigma}\mathrm{d}y\mathrm{d}z+\mathrm{d}z\mathrm{d}x+\frac{\mathrm{e}^z}{\sqrt{x^2+y^2}}\mathrm{d}x\mathrm{d}y$.

6. 计算 $I=\iint\limits_{\Sigma}x^2\mathrm{d}y\mathrm{d}z+y^2\mathrm{d}z\mathrm{d}x+z^2\mathrm{d}x\mathrm{d}y$，其中 Σ 是椭圆柱面$\frac{x^2}{a^2}+\frac{y^2}{b^2}=1$ 介于 $z=0$，$z=3$ 之间部分的外侧.

第 9 讲　线面积分的计算

线面积分的计算是多元微积分的重要内容和重点、难点. 本讲介绍某些曲线积分和曲面积分的计算方法.

9.1　一类曲线积分的计算方法

对于第二型空间曲线积分

$$I=\int_{\Gamma}P(x,y,z)\mathrm{d}x+Q(x,y,z)\mathrm{d}y+R(x,y,z)\mathrm{d}z \tag{1}$$

的计算，常用两种方法. 一、若有向曲线 Γ 可表示为参数方程：

$$\Gamma: x=x(t), y=y(t), z=z(t), \tag{2}$$

t 由 α 变到 β，则直接应用公式

$$\begin{aligned} I=&\int_{\alpha}^{\beta}\{P[x(t),y(t),z(t)]x'(t)+Q[x(t),y(t),z(t)]y'(t)\\ &+R[x(t),y(t),z(t)]z'(t)\}\mathrm{d}t. \end{aligned} \tag{3}$$

二、应用斯托克斯公式. 如果空间曲线 Γ 的方程不以参数形式给出，而是由方程组形式（即曲线的一般方程）

$$\begin{cases}F(x,y,z)=0,\\ G(x,y,z)=0\end{cases} \tag{4}$$

来确定，要计算曲线积分（1），首先需要把 Γ 的方程化为参数方程，然后再套用公式（3）. 然而，把空间曲线 L 的一般方程（4）化为参数方程（2），往往是很困难的. 这节介绍一种将某些第二型空间曲线积分化为平面曲线积分的方法.

定理 9.1.1　设 Γ: $\begin{cases}F(x,y,z)=0,\\ z=\varphi(x,y),\end{cases}$ 且 P,Q,R,F,φ 都具有一阶连续偏导数，则

$$\begin{aligned} I=&\int_{\Gamma}P(x,y,z)\mathrm{d}x+Q(x,y,z)\mathrm{d}y+R(x,y,z)\mathrm{d}z\\ =&\int_{\Gamma'}\{P[x,y,\varphi(x,y)]+R[x,y,\varphi(x,y)]\varphi_x(x,y)\}\mathrm{d}x\\ &+\{Q[x,y,\varphi(x,y)]+R[x,y,\varphi(x,y)]\varphi_y(x,y)\}\mathrm{d}y, \end{aligned} \tag{5}$$

其中 Γ' 是 Γ 在 xOy 平面上的投影曲线，其方向与 Γ 的方向一致.

证　根据空间曲线 Γ 上两类曲线积分之间的关系有

$$I=\int_{\Gamma} P\mathrm{d}x+Q\mathrm{d}y+R\mathrm{d}z$$
$$=\int_{\Gamma}[P\cos\alpha+Q\cos\beta+R\cos\gamma]\mathrm{d}s, \tag{6}$$

其中 $\alpha(x,y,z)$，$\beta(x,y,z)$，$\gamma(x,y,z)$ 为有向曲线 Γ 在点 (x,y,z) 处的切向量的方向角. 当 Γ 的方程为 $\begin{cases}F(x,y,z)=0,\\ z=\varphi(x,y)\end{cases}$ 时，消去 z，可得投影柱面 $H(x,y)=F[x,y,\varphi(x,y)]=0$. 设投影柱面 $H(x,y)=0$ 的参数方程为 $x=x(t),y=y(t)$，则 Γ 的参数方程为 $x=x(t),y=y(t)$，$z=\varphi[x(t),y(t)]$，此时

$$\cos\alpha=\frac{x'(t)}{\sqrt{x'^2(t)+y'^2(t)+z'^2(t)}},$$
$$\cos\beta=\frac{y'(t)}{\sqrt{x'^2(t)+y'^2(t)+z'^2(t)}},$$
$$\cos\gamma=\frac{z'(t)}{\sqrt{x'^2(t)+y'^2(t)+z'^2(t)}}=\frac{\varphi_x\cdot x'(t)+\varphi_y\cdot y'(t)}{\sqrt{x'^2(t)+y'^2(t)+z'^2(t)}},$$
$$\mathrm{d}s=\sqrt{x'^2(t)+y'^2(t)+z'^2(t)}\,\mathrm{d}t.$$

代入 (6) 得

$$I=\int_{\Gamma} P\mathrm{d}x+Q\mathrm{d}y+R\mathrm{d}z$$
$$=\int_{\Gamma} P\mathrm{d}x+Q\mathrm{d}y+R\cdot[\varphi_x\mathrm{d}x+\varphi_y\mathrm{d}y]=\int_{\Gamma}[P+R\cdot\varphi_x]\mathrm{d}x+[Q+R\cdot\varphi_y]\mathrm{d}y$$
$$=\int_{\Gamma}[P(x,y,z)+R(x,y,z)\varphi_x(x,y)]\mathrm{d}x+[Q(x,y,z)+R(x,y,z)\varphi_y(x,y)]\mathrm{d}y.$$

由于函数 $P(x,y,z)$ 在空间曲线 Γ 上点 (x,y,z) 处的值与 $P[x,y,\varphi(x,y)]$ 在投影曲线 Γ' 上点 (x,y) 处的值相等，函数 $R(x,y,z)\cdot\varphi_x(x,y)$ 在空间曲线 Γ 上点 (x,y,z) 处的值与 $R[x,y,\varphi(x,y)]\cdot\varphi_x(x,y)$ 在投影曲线 Γ' 上点 (x,y) 处的值相等，并且两曲线上的对应小弧段在 x 轴上的投影也一样，根据曲线积分的定义，有

$$\int_{\Gamma}[P(x,y,z)+R(x,y,z)\cdot\varphi_x(x,y)]\mathrm{d}x$$
$$=\int_{\Gamma'}\{P[x,y,\varphi(x,y)]+R[x,y,\varphi(x,y)]\cdot\varphi_x(x,y)\}\mathrm{d}x,$$

同理可得

$$\int_{\Gamma}[Q(x,y,z)+R(x,y,z)\cdot\varphi_y(x,y)]\mathrm{d}y$$
$$=\int_{\Gamma'}\{Q[x,y,\varphi(x,y)]+R[x,y,\varphi(x,y)]\cdot\varphi_y(x,y)\}\mathrm{d}y.$$

上面两式相加便得（5）式，定理证毕.

例 9.1.1　计算 $I=\oint_{\Gamma}(y^2-z^2)\mathrm{d}x+(2z^2-x^2)\mathrm{d}y+(3x^2-y^2)\mathrm{d}z$，其中 Γ 是平面 $x+y+z=2$ 与柱面 $|x|+|y|=1$ 的交线，从 z 轴正向看去，Γ 是逆时针方向的.

解　由 $x+y+z=2$ 知 $z=2-x-y$，从而 $\mathrm{d}z=-\mathrm{d}x-\mathrm{d}y$，故有

$$
\begin{aligned}
I&=\oint_{\Gamma'}[y^2-(2-x-y)^2]\mathrm{d}x+[2(2-x-y)^2-x^2]\mathrm{d}y-(3x^2-y^2)(\mathrm{d}x+\mathrm{d}y)\\
&=\oint_{\Gamma'}[-4x^2+y^2-2xy+4x+4y-4]\mathrm{d}x\\
&\quad+[-2x^2+3y^2+4xy-8x-8y+8]\mathrm{d}y,
\end{aligned}
$$

其中 Γ' 是 xOy 平面上的正方形的边界曲线 $|x|+|y|=1$，其方向是逆时针的. 再用格林（Green）公式得

$$
I=-2\iint_{D_{xy}}(x-y+6)\mathrm{d}x\mathrm{d}y.
$$

由二重积分的对称性得 $\iint_{D_{xy}}(x-y)\mathrm{d}x\mathrm{d}y=0$，又 D_{xy} 的面积为 2，故 $I=-12\times2=-24$.

注　此例是 2001 年全国硕士研究生入学试题，其标准解答用到了斯托克斯公式. 解法如下：记 S 为平面 $x+y+z=2$ 上 Γ 所围成部分的上侧，D_{xy} 为 S 在 xOy 平面上的投影. 由斯托克斯公式得

$$
\begin{aligned}
I&=\iint_S(-2y-4z)\mathrm{d}y\mathrm{d}z+(-2z-6x)\mathrm{d}z\mathrm{d}x+(-2x-2y)\mathrm{d}x\mathrm{d}y\\
&=-\frac{2}{\sqrt{3}}\iint_S(4x+2y+3z)\mathrm{d}S=\ \ 2\iint_D(x-y+6)\mathrm{d}x\mathrm{d}y=-12\iint_D\mathrm{d}x\mathrm{d}y=-24.
\end{aligned}
$$

例 9.1.2　计算 $I=\oint_{\Gamma}yz\mathrm{d}x+3zx\mathrm{d}y-xy\mathrm{d}z$，其中 Γ 是曲线 $\begin{cases}x^2+y^2=4y,\\3y-z+1=0,\end{cases}$ 从 z 轴正向看去，Γ 是逆时针方向的.

解　由 $3y-z+1=0$ 知 $z=3y+1$，从而 $\mathrm{d}z=3\mathrm{d}y$，故有

$$
\begin{aligned}
I&=\oint_{\Gamma'}(3y^2+y)\mathrm{d}x+3x(3y+1)\mathrm{d}y-3xy\mathrm{d}y\\
&=\oint_{\Gamma'}(3y^2+y)\mathrm{d}x+(6xy+3x)\mathrm{d}y,
\end{aligned}
$$

其中 Γ' 是 xOy 平面上的圆周 $x^2+y^2=4y$，其方向是逆时针的，所围平面域 D_{xy} 的面积为 4π. 用格林（Green）公式得 $I=2\iint_{D_{xy}}\mathrm{d}x\mathrm{d}y=8\pi$.

习　题　9-1

1. 计算 $I=\oint_\Gamma (z-y)\mathrm{d}x+(x-z)\mathrm{d}y+(x-y)\mathrm{d}z$，其中 Γ 是曲线 $\begin{cases}x^2+y^2=1,\\x-y+z=2,\end{cases}$ 从 z 轴正向看去，Γ 是逆时针方向的.

2. 计算 $I=\oint_\Gamma (z^2-y^2)\mathrm{d}x+(x^2-z^2)\mathrm{d}y+(y^2-x^2)\mathrm{d}z$，其中 Γ 为立方体 $0\leqslant x\leqslant 1$，$0\leqslant y\leqslant 1$，$0\leqslant z\leqslant 1$ 的表面被平面 $x+y+z=\frac{3}{2}$ 所截的曲线，从 z 轴正向看去，Γ 是逆时针方向的.

9.2　第一类曲面积分的计算

1. 利用公式计算第一类曲面积分

利用公式

$$\iint_\Sigma f(x,y,z)\mathrm{d}S=\iint_\Sigma f[x,y,z(x,y)]\sqrt{1+z_x'^2+z_y'^2}\mathrm{d}x\mathrm{d}y, \tag{7}$$

计算第一类曲面积分，其中光滑曲面 Σ：$z=z(x,y)$，$(x,y)\in D_{xy}$，$f(x,y,z)$ 在 Σ 上连续.

例 9.2.1　求 $I=\iint_\Sigma |xyz|\mathrm{d}S$，式中 Σ 为曲面 $z=x^2+y^2$ 被平面 $z=1$ 所割下的部分.

解　设 Σ_1 为曲面 Σ 在第一象限内的部分，由对称性知

$$\iint_\Sigma |xyz|\mathrm{d}S=4\iint_{\Sigma_1}xyz\mathrm{d}S=4\iint\limits_{\substack{x^2+y^2\leqslant 1\\x\geqslant 0,y\geqslant 0}}xy(x^2+y^2)\sqrt{1+4(x^2+y^2)}\mathrm{d}x\mathrm{d}y$$

$$=4\int_0^{\frac{\pi}{2}}\sin\theta\cos\theta\mathrm{d}\theta\int_0^1 r^4\sqrt{1+4r^2}r\mathrm{d}r$$

$$\xlongequal{\sqrt{1+4r^2}=u}2\int_1^{\sqrt5}\left(\frac{u^2-1}{4}\right)^2\cdot u\cdot\frac{1}{4}u\mathrm{d}u$$

$$=\frac{1}{32}\int_1^{\sqrt5}(u^2-1)^2u^2\mathrm{d}u=\frac{125\sqrt5-1}{420}.$$

例 9.2.2　计算 $I=\iint\limits_{x^2+y^2+z^2=1}f(x,y,z)\mathrm{d}S$，其中

$$f(x,y,z)=\begin{cases}\sqrt{x^2+y^2}, & 0\leqslant z\leqslant\sqrt{x^2+y^2},\\ 0, & z<0\text{ 或 }z>\sqrt{x^2+y^2}.\end{cases}$$

解 由于被积函数为分段函数，积分区域 Σ: $x^2+y^2+z^2=1$ 与锥面 $z=\sqrt{x^2+y^2}$ 的交线 C_1，及 Σ 与 xOy 的交线 C_2 将积分域 Σ 分成三块：Σ_1，Σ_2，Σ_3，其中 Σ_1 表示位于平面 $z=\frac{\sqrt{2}}{2}$ 之上的球冠，Σ_2 表示位于 $0\leqslant z\leqslant\frac{\sqrt{2}}{2}$ 之间的球带，Σ_3 表示位于 $z\leqslant 0$ 的半球面.

由于被积函数在 $z<0$ 或 $z>\sqrt{x^2+y^2}$ 上 $f(x,y,z)=0$，所以

$$\iint_{\Sigma_1} f(x,y,z)\mathrm{d}S=0,\quad \iint_{\Sigma_3} f(x,y,z)\mathrm{d}S=0,$$

因此

$$\iint_{\Sigma} f(x,y,z)\mathrm{d}S=\iint_{\Sigma_2}\sqrt{x^2+y^2}\mathrm{d}S=\iint_{D_{xy}}\frac{\sqrt{x^2+y^2}}{\sqrt{1-x^2-y^2}}\mathrm{d}x\mathrm{d}y.$$

因为 Σ_2 在 xOy 坐标面上的投影区域 D_{xy} 是环形域，所以用极坐标表示为

$$D_{r\theta}: 0\leqslant\theta\leqslant 2\pi, \frac{\sqrt{2}}{2}\leqslant r\leqslant 1.$$

利用极坐标计算上述二重积分，可得

$$I=\iint_{\Sigma_2}\sqrt{x^2+y^2}\mathrm{d}S=\iint_{D_{r\theta}}\frac{r^2}{\sqrt{1-r^2}}\mathrm{d}r\mathrm{d}\theta=\int_0^{2\pi}\mathrm{d}\theta\int_{\sqrt{2}/2}^{1}\frac{r^2}{\sqrt{1-r^2}}\mathrm{d}r$$

$$=\pi\left(\frac{\pi}{4}+\frac{1}{2}\right).$$

2. 利用曲面的参数方程计算第一类曲面积分

若曲面方程为参数形式

$$\Sigma: x=x(u,v), y=y(u,v), z=z(u,v), (u,v)\in D.$$

如果 $x=x(u,v)$，$y=y(u,v)$ 确定了两个隐函数：$u=u(x,y)$，$v=v(x,y)$，可将 z 看作 x，y 的函数，按照复合函数求导法则有

$$\begin{cases}\dfrac{\partial z}{\partial u}=\dfrac{\partial z}{\partial x}\dfrac{\partial x}{\partial u}+\dfrac{\partial z}{\partial y}\dfrac{\partial y}{\partial u},\\[2ex] \dfrac{\partial z}{\partial v}=\dfrac{\partial z}{\partial x}\dfrac{\partial x}{\partial v}+\dfrac{\partial z}{\partial y}\dfrac{\partial y}{\partial v}.\end{cases}$$

由这两个方程可解出 $\frac{\partial z}{\partial x}$，$\frac{\partial z}{\partial y}$：

$$\frac{\partial z}{\partial x}=-\frac{D(y,z)}{D(u,v)}\Big/\frac{D(x,y)}{D(u,v)},\quad \frac{\partial z}{\partial y}=-\frac{D(z,x)}{D(u,v)}\Big/\frac{D(x,y)}{D(u,v)},$$

从而曲面面积元素为

$$\mathrm{d}S=\sqrt{1+\left(\frac{\partial z}{\partial x}\right)^2+\left(\frac{\partial z}{\partial y}\right)^2}\mathrm{d}x\mathrm{d}y$$

$$=\sqrt{\left(\frac{D(x,y)}{D(u,v)}\right)^2+\left(\frac{D(y,z)}{D(u,v)}\right)^2+\left(\frac{D(z,x)}{D(u,v)}\right)^2}\,\mathrm{d}u\mathrm{d}v. \tag{8}$$

在（8）式中用到了 $\mathrm{d}x\mathrm{d}y=\left|\frac{D(x,y)}{D(u,v)}\right|\mathrm{d}u\mathrm{d}v$（参看二重积分的变量代换公式）. 再由公式（7）得到如下定理.

定理 9.2.1　设 $f(x,y,z)$ 在 Σ 上连续，曲面 Σ 由参数方程

$$x=x(u,v),y=y(u,v),z=z(u,v),(u,v)\in D$$

表示，D 是 uOv 平面上可求面积的有界闭域，函数 $x(u,v)$，$y(u,v)$，$z(u,v)$ 在 D 上有连续的一阶偏导数，并建立了 D 与 Σ 上的点的一一对应，$\frac{\partial(y,z)}{\partial(u,v)}$，$\frac{\partial(z,x)}{\partial(u,v)}$，$\frac{\partial(x,y)}{\partial(u,v)}$在 D 上不同时为零，则

$$\iint_\Sigma f(x,y,z)\mathrm{d}S=\iint_D f[x(u,v),y(u,v),z(u,v)]\rho(u,v)\mathrm{d}u\mathrm{d}v, \tag{9}$$

其中

$$\rho(u,v)=\sqrt{\left(\frac{\partial(y,z)}{\partial(u,v)}\right)^2+\left(\frac{\partial(z,x)}{\partial(u,v)}\right)^2+\left(\frac{\partial(x,y)}{\partial(u,v)}\right)^2}. \tag{10}$$

经过简单计算可得 $\rho(u,v)=\sqrt{EG-F^2}$，这里

$$E=x_u^2+y_u^2+z_u^2,$$
$$F=x_ux_v+y_uy_v+z_uz_v,$$
$$G=x_v^2+y_v^2+z_v^2.$$

公式（9）可写成

$$\iint_\Sigma f(x,y,z)\mathrm{d}S=\iint_D f[x(u,v),y(u,v),z(u,v)]\sqrt{EG-F^2}\,\mathrm{d}u\mathrm{d}v. \tag{11}$$

注　向量$\left\{\frac{\partial(y,z)}{\partial(u,v)},\frac{\partial(z,x)}{\partial(u,v)},\frac{\partial(x,y)}{\partial(u,v)}\right\}$是曲面 Σ 在点 (x,y,z) 处的法向量.

例 9.2.3　计算 $I=\iint_\Sigma z\mathrm{d}S$，其中 Σ 为螺旋面的一部分：

$$x=u\cos v,y=u\sin v,z=v$$
$$(0\leqslant u\leqslant a,0\leqslant v\leqslant 2\pi).$$

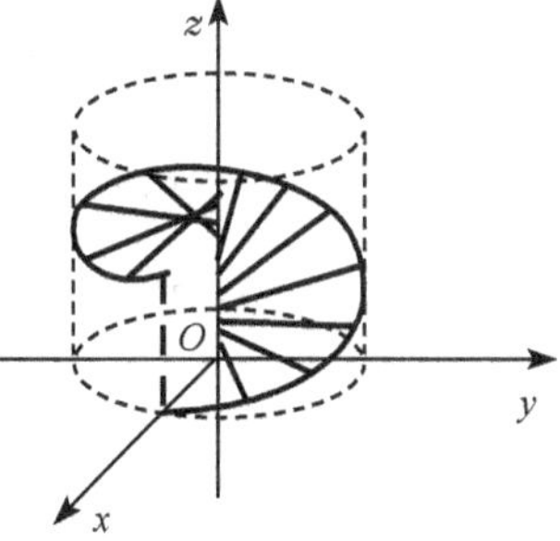

图 9-1

解　螺旋面 Σ 如图 9-1 所示. 先算面积元素 $\mathrm{d}S=\sqrt{EG-F^2}\,\mathrm{d}u\mathrm{d}v$，因为

$$E=x_u^2+y_u^2+z_u^2=\cos^2v+\sin^2v=1,$$

$$G = x_v^2 + y_v^2 + z_v^2 = u^2\sin^2 v + u^2\cos^2 v + 1 = 1 + u^2,$$

$$F = x_u x_v + y_u y_v + z_u z_v$$
$$= \cos v \cdot (-u\sin v) + \sin v \cdot (u\cos v) + 0 \cdot 1 = 0,$$

所以

$$\mathrm{d}S = \sqrt{EG - F^2}\,\mathrm{d}u\mathrm{d}v = \sqrt{1+u^2}\,\mathrm{d}u\mathrm{d}v,$$

$$I = \iint\limits_{\Sigma} z\,\mathrm{d}S = \iint\limits_{D} v\sqrt{1+u^2}\,\mathrm{d}u\mathrm{d}v$$
$$= \int_0^{2\pi} v\,\mathrm{d}v \int_0^a \sqrt{1+u^2}\,\mathrm{d}u$$
$$= 2\pi^2\left[\frac{u}{2}\sqrt{1+u^2} + \frac{1}{2}\ln(u + \sqrt{1+u^2})\right]\Bigg|_0^a$$
$$= \pi^2 a\sqrt{1+a^2} + \pi^2\ln(a + \sqrt{1+a^2}).$$

注　显见，当参变量 u，v 取为 x，y，则曲面 Σ 的参数方程为 $x=x$，$y=y$，$z=z(x,y)$，$(x,y)\in D$ 时可由（9）式推得（7）式.

当 $f(x,y,z)=1$ 时，曲面 Σ 的面积为

$$S = \iint\limits_{\Sigma} \mathrm{d}S = \iint\limits_{D} \sqrt{\left(\frac{\partial(y,z)}{\partial(u,v)}\right)^2 + \left(\frac{\partial(z,x)}{\partial(u,v)}\right)^2 + \left(\frac{\partial(x,y)}{\partial(u,v)}\right)^2}\,\mathrm{d}u\mathrm{d}v, \tag{12}$$

$$S = \iint\limits_{\Sigma} \mathrm{d}S = \iint\limits_{D} \sqrt{EG - F^2}\,\mathrm{d}u\mathrm{d}v. \tag{13}$$

几种特殊情况：

（1）若 Σ 是球面：$x=R\sin\varphi\cos\theta$，$y=R\sin\varphi\sin\theta$，$z=R\cos\varphi$，$(\varphi,\theta)\in D$，其中 R 是球面的半径，D 为 $\{(\varphi,\theta)\,|\,0\leqslant\varphi\leqslant\pi,\ 0\leqslant\theta\leqslant 2\pi\}$，则

$$\mathrm{d}S = \rho(\varphi,\theta)\,\mathrm{d}\varphi\mathrm{d}\theta = R^2\sin\varphi\,\mathrm{d}\varphi\mathrm{d}\theta.$$

（2）若 Σ 是圆柱面：$x=R\cos\theta$，$y=R\sin\theta$，$z=z$，$(z,\theta)\in D$，取 h 为圆柱的高，D 为 $\{(z,\theta)\,|\,0\leqslant z\leqslant h,\ 0\leqslant\theta\leqslant 2\pi\}$，则

$$\mathrm{d}S = \rho(\theta,z)\,\mathrm{d}\theta\mathrm{d}z = R\,\mathrm{d}\theta\mathrm{d}z.$$

（3）若 Σ 是圆锥面：$x=r\sin\alpha\cos\theta$，$y=r\sin\alpha\sin\theta$，$z=r\cos\alpha$，$(\rho,\theta)\in D$，其中 α 是圆锥的半顶角，取 h 为圆锥的高，D 为 $\left\{(r,\theta)\,\middle|\,0\leqslant\theta\leqslant 2\pi,\ 0\leqslant r\leqslant\frac{h}{\cos\alpha}\right\}$，则

$$\mathrm{d}S = \rho(r,\theta)\,\mathrm{d}r\mathrm{d}\theta = r\sin\alpha\,\mathrm{d}r\mathrm{d}\theta.$$

例 9.2.4　设一块曲面 Σ 是球面 $z=\sqrt{a^2-x^2-y^2}$ 在圆锥面 $z=\sqrt{x^2+y^2}$ 里面的部分，其面密度为 $\mu(x,y,z)=z^3$，求该曲面的质量 M.

解　Σ：$x=a\sin\varphi\cos\theta$，$y=a\sin\varphi\sin\theta$，$z=a\cos\varphi$，$0\leqslant\varphi\leqslant\frac{\pi}{4}$，$0\leqslant\theta\leqslant 2\pi$.

$$M=\iint_{\Sigma}\mu(x,y,z)\mathrm{d}S=\iint_{\Sigma}z^3\mathrm{d}S=\iint_{D}(a\cos\varphi)^3\cdot a^2\sin\varphi\mathrm{d}\varphi\mathrm{d}\theta$$

$$=a^5\int_0^{2\pi}\mathrm{d}\theta\int_0^{\pi/4}\sin\varphi\cos^3\varphi\mathrm{d}\varphi=a^5\cdot 2\pi\left(-\frac{\cos^4\varphi}{4}\right)\Bigg|_0^{\pi/4}=\frac{3}{8}\pi a^5.$$

例 9.2.5　设带电圆锥面 $z=\sqrt{x^2+y^2}$，高为 h，锥面上任一点 (x,y,z) 处的电荷密度 $\mu(x,y,z)$ 为该点到原点的距离，求总电量 Q.

解　Σ：$x=r\sin\frac{\pi}{4}\cos\theta$，$y=r\sin\frac{\pi}{4}\sin\theta$，$z=r\cos\frac{\pi}{4}$，$0\leqslant r\leqslant\sqrt{2}h$，$0\leqslant\theta\leqslant 2\pi$，而 $\mathrm{d}S=r\sin\frac{\pi}{4}\mathrm{d}r\mathrm{d}\theta$，则

$$Q=\iint_{\Sigma}\mu(x,y,z)\mathrm{d}S=\iint_{\Sigma}\sqrt{x^2+y^2+z^2}\mathrm{d}S$$

$$=\iint_{D}r\cdot r\sin\frac{\pi}{4}\mathrm{d}r\mathrm{d}\theta=\frac{\sqrt{2}}{2}\int_0^{2\pi}\mathrm{d}\theta\int_0^{\sqrt{2}h}r^2\mathrm{d}r=\frac{4\pi h^3}{3}.$$

例 9.2.6　求高为 $2h$、半径为 R、质量均匀分布的正圆柱面对柱中心轴及中横截面一条直径的转动惯量.

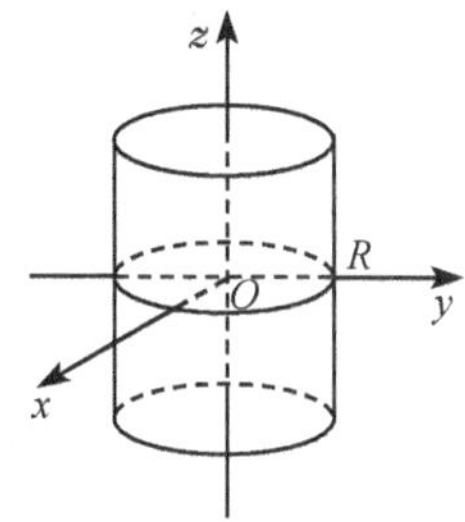

图 9-2

解　设面密度为 μ. 如图 9-2 建立坐标系，则

$x=R\cos\theta$，　$y=R\sin\theta$，　$z=z$，

$\mathrm{d}S=\rho(\theta,z)\mathrm{d}\theta\mathrm{d}z=R\mathrm{d}\theta\mathrm{d}z$，

$D=\{(z,\theta)\mid -h\leqslant z\leqslant h,0\leqslant\theta\leqslant 2\pi\}$.

于是，圆柱面对中心轴的转动惯量为 I_z，对中横截面一条直径的转动惯量为 I_x，

$$I_z=\mu\iint_{\Sigma}(x^2+y^2)\mathrm{d}S=\mu R^2\iint_{\Sigma}\mathrm{d}S=\mu R^2S=4\pi\mu hR^3,$$

这里 S 是圆柱的侧面积.

$$I_x=\mu\iint_{\Sigma}(y^2+z^2)\mathrm{d}S=\mu\iint_{D}(R^2\sin^2\theta+z^2)R\mathrm{d}\theta\mathrm{d}z$$

$$=\mu R^3\int_0^{2\pi}\sin^2\theta\mathrm{d}\theta\int_{-h}^{h}\mathrm{d}z+\mu R\int_0^{2\pi}\mathrm{d}\theta\int_{-h}^{h}z^2\mathrm{d}z$$

$$=2\mu R^3\pi h+\frac{4}{3}\pi\mu Rh^3=2\pi h\mu R\left(R^2+\frac{2}{3}h^2\right).$$

例 9.2.7　计算曲面积分 $I=\iint_{\Sigma}\frac{1}{z}\mathrm{d}S$，其中 Σ 是球面 $x^2+y^2+z^2=a^2$ 被平面 $z=h$ $(0<h<a)$ 截出的顶部（球冠）.

解　因为积分曲面 Σ 的参数方程为 $x=a\sin\varphi\cos\theta$，$y=a\sin\varphi\sin\theta$，$z=a\cos\varphi$，

其中 $0\leqslant\varphi\leqslant\arccos\dfrac{h}{a}$，$0\leqslant\theta\leqslant 2\pi$，$dS=a^2\sin\varphi d\varphi d\theta$，所以

$$I=\iint_{\Sigma}\frac{1}{z}dS=\int_0^{2\pi}d\theta\int_0^{\arccos\frac{h}{a}}\frac{1}{a\cos\varphi}a^2\sin\varphi d\varphi$$
$$=2\pi a(-\ln|\cos\varphi|)\Big|_0^{\arccos\frac{h}{a}}=2\pi\ln\frac{a}{h}.$$

习　题　9-2

1. 设 l 表示原点到椭球面 $\dfrac{x^2}{a^2}+\dfrac{y^2}{b^2}+\dfrac{z^2}{c^2}=1$ 上 $P(x,y,z)$ 点的切平面的垂直距离，证明：$\displaystyle\iint_{\Sigma}l ds=4\pi abc$，其中 Σ 为椭球 $\dfrac{x^2}{a^2}+\dfrac{y^2}{b^2}+\dfrac{z^2}{c^2}=1$ 的外表面.

2. 计算 $I=\displaystyle\iint_{\Sigma}(x^2+y^2+z)dS$，其中 Σ 为锥面 $z=\sqrt{x^2+y^2}$ 在 $0\leqslant z\leqslant 1$ 的部分.

3. 计算球面 $x^2+y^2+z^2=R^2$ 的表面积.

4. 设半径为 R，高为 h 的直圆柱面，其面密度等于面上任一点到中心轴的距离，试求此圆柱壳的总质量.

5. 计算曲面积分 $I=\displaystyle\iint_{z=\sqrt{a^2-x^2-y^2}}f(x,y,z)dS$，其中

$$f(x,y,z)=\begin{cases}\sqrt{x^2+y^2+z^2}, & z\geqslant\sqrt{x^2+y^2},\\ x^2+y^2, & 0\leqslant z\leqslant\sqrt{x^2+y^2}.\end{cases}$$

6. 计算 $\displaystyle\iint_{\Sigma}x^2y^2dS$，$\Sigma$ 为上半球面 $z=\sqrt{R^2-x^2-y^2}$.

7. 设曲面 Σ 为球面 $x^2+y^2+z^2-2ax-2ay-2az+a^2=0\ (a>0)$，证明：$\displaystyle\oiint_{\Sigma}(x+y+z-\sqrt{3}a)dS\leqslant 12\pi a^3$.

9.3　第二类曲面积分的计算

1. 利用第二类曲面积分的计算公式

若有向光滑曲面 Σ 用 $z=z(x,y)$，$(x,y)\in D_{xy}$ 表示，$R(x,y,z)$ 在 Σ 上连续，则有

$$\iint_{\Sigma}R(x,y,z)dxdy=\pm\iint_{D_{xy}}R[x,y,z(x,y)]dxdy,\tag{14}$$

当 Σ 取上侧时，右边积分取正号；当 Σ 取下侧时，右边积分取负号. 对坐标 y，z 及对坐标 z，x 的曲面积分也有类似结果.

例 9.3.1　计算 $I=\oiint\limits_{\Sigma}\frac{e^z}{\sqrt{x^2+y^2}}dxdy$，其中 Σ 为锥面 $z=\sqrt{x^2+y^2}$ 与平面 $z=1$，$z=2$ 所围立体的边界曲面，取外侧.

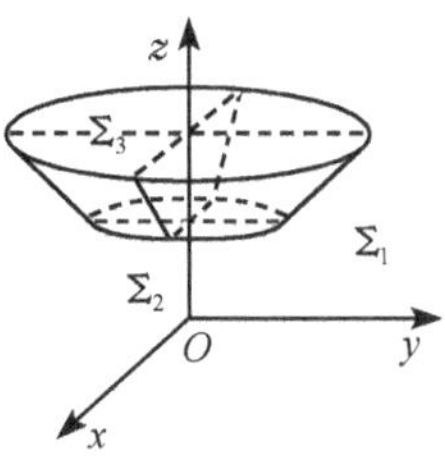

图 9-3

解　记 Σ_1 为锥面部分，Σ_2，Σ_3 分别为平面 $z=1$，$z=2$ 部分. 如图 9-3 所示，在 xOy 平面的投影分别为 D_1，D_2，D_3，则 Σ_1，Σ_2 取下侧，Σ_3 取上侧. 于是

$$
\begin{aligned}
I&=-\iint\limits_{D_1}\frac{e^{\sqrt{x^2+y^2}}}{\sqrt{x^2+y^2}}dxdy-\iint\limits_{D_2}\frac{e}{\sqrt{x^2+y^2}}dxdy+\iint\limits_{D_3}\frac{e^2}{\sqrt{x^2+y^2}}dxdy\\
&=-\int_0^{2\pi}d\theta\int_1^2\frac{e^r}{r}rdr-\int_0^{2\pi}d\theta\int_0^1\frac{e}{r}rdr+\int_0^{2\pi}d\theta\int_0^2\frac{e^2}{r}rdr\\
&=-2\pi\int_1^2 e^r dr-2\pi\int_0^1 edr+2\pi\int_0^2 e^2 dr=2\pi e^2.
\end{aligned}
$$

2. 利用综合计算公式

在高等数学中，公式

$$\iint\limits_{\Sigma}Pdydz+Qdzdx+Rdxdy=\iint\limits_{\Sigma}(P\cos\alpha+Q\cos\beta+R\cos\gamma)dS \tag{15}$$

建立了两类曲面积分之间的联系. 其中 $\cos\alpha$，$\cos\beta$，$\cos\gamma$ 是有向曲面 Σ 上点 (x,y,z) 处的法向量的方向余弦.

两类曲面积分之间的联系也可以写成如下的向量形式

$$\iint\limits_{\Sigma}\boldsymbol{F}\cdot d\boldsymbol{S}=\iint\limits_{\Sigma}\boldsymbol{F}\cdot\boldsymbol{n}dS. \tag{16}$$

其中 $\boldsymbol{F}=\{P,Q,R\}$，$\boldsymbol{n}=\{\cos\alpha,\cos\beta,\cos\gamma\}$ 为有向曲面 Σ 上点 (x,y,z) 处的单位法向量，$d\boldsymbol{S}=\boldsymbol{n}dS=\{dydz,dzdx,dxdy\}$.

作为应用，我们由公式 (15) 推出对坐标的曲面积分的综合计算公式，写成如下定理.

定理 9.3.1　设积分曲面 Σ 的方程为 $z=z(x,y)$，$(x,y)\in D_{xy}$，其中 D_{xy} 是 Σ 在 xOy 面上的投影区域，被积函数 $P(x,y,z)$，$Q(x,y,z)$，$R(x,y,z)$ 在 Σ 上连续，函数 $z=z(x,y)$ 在 D_{xy} 上具有一阶连续偏导数，则

$$
\begin{aligned}
&\iint\limits_{\Sigma}P(x,y,z)dydz+Q(x,y,z)dzdx+R(x,y,z)dxdy\\
&=\pm\iint\limits_{D_{xy}}\{P[x,y,z(x,y)](-z_x)+Q[x,y,z(x,y)](-z_y)\\
&\quad+R[x,y,z(x,y)]\}dxdy,
\end{aligned} \tag{17}
$$

其中当 Σ 取上侧时，(17) 式右端取正号；当 Σ 取下侧时，(17) 式右端取负号.

证　设 Σ: $z=z(x,y)$，$(x,y)\in D_{xy}$，Σ 取上侧，在 $M(x,y,z)$ 点的法向量为 $\boldsymbol{n}=\{-z_x,-z_y,1\}$，其方向余弦为

$$\cos\alpha=\frac{-z_x}{\sqrt{1+z_x^2+z_y^2}},\quad \cos\beta=\frac{-z_y}{\sqrt{1+z_x^2+z_y^2}},\quad \cos\gamma=\frac{1}{\sqrt{1+z_x^2+z_y^2}}.$$

面积元素 $\mathrm{d}S=\sqrt{1+z_x^2+z_y^2}\mathrm{d}x\mathrm{d}y$，代入 (15) 式，可得

$$\begin{aligned}&\iint_\Sigma P(x,y,z)\mathrm{d}y\mathrm{d}z+Q(x,y,z)\mathrm{d}z\mathrm{d}x+R(x,y,z)\mathrm{d}x\mathrm{d}y\\=&\iint_\Sigma[P(x,y,z)\cos\alpha+Q(x,y,z)\cos\beta+R(x,y,z)\cos\gamma]\mathrm{d}S\\=&\iint_{D_{xy}}\{P[x,y,z(x,y)](-z_x)+Q[x,y,z(x,y)](-z_y)\\&+R[x,y,z(x,y)]\}\mathrm{d}x\mathrm{d}y.\end{aligned}$$

若 Σ 取下侧，在 $M(x,y,z)$ 点的法向量为 $\boldsymbol{n}=\{z_x,z_y,-1\}$，其方向余弦为

$$\cos\alpha=\frac{z_x}{\sqrt{1+z_x^2+z_y^2}},\quad \cos\beta=\frac{z_y}{\sqrt{1+z_x^2+z_y^2}},\quad \cos\gamma=\frac{-1}{\sqrt{1+z_x^2+z_y^2}},$$

可得

$$\begin{aligned}&\iint_\Sigma P(x,y,z)\mathrm{d}y\mathrm{d}z+Q(x,y,z)\mathrm{d}z\mathrm{d}x+R(x,y,z)\mathrm{d}x\mathrm{d}y\\=&-\iint_{D_{xy}}\{P[x,y,z(x,y)](-z_x)+Q[x,y,z(x,y)](-z_y)\\&+R[x,y,z(x,y)]\}\mathrm{d}x\mathrm{d}y,\end{aligned}$$

即 (17) 式成立，定理证毕.

例 9.3.2　计算曲面积分 $I=\iint_\Sigma(z^2+x)\mathrm{d}y\mathrm{d}z-z\mathrm{d}x\mathrm{d}y$，其中 Σ 是旋转抛物面 $z=\frac{1}{2}(x^2+y^2)$ 介于平面 $z=0$ 及 $z=2$ 之间的部分的下侧.

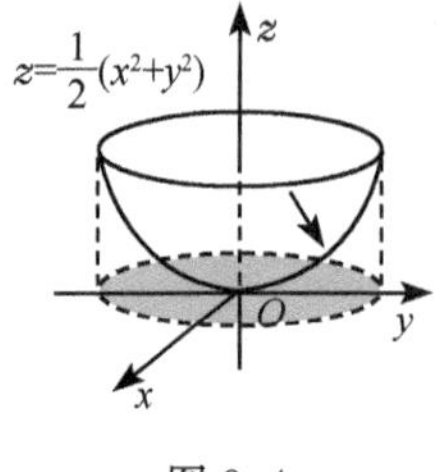

图 9-4

解　积分曲面 Σ 的方程为 $z=\frac{1}{2}(x^2+y^2)$，则 $z_x=x$，$z_y=y$. Σ 在 xOy 平面的投影域为 $D_{xy}=\{(x,\ y)\,|\,x^2+y^2\leqslant 4\}$ (图 9-4)，而 $P=z^2+x$，$Q=0$，$R=-z$. 注意到 Σ 取下侧，应用公式 (17) 可得

$$I=-\iint\limits_{D_{xy}}\left\{\left[\frac{1}{4}(x^2+y^2)^2+x\right](-x)-\frac{1}{2}(x^2+y^2)\right\}\mathrm{d}x\mathrm{d}y$$

$$=-\iint\limits_{D_{xy}}\frac{1}{4}(x^2+y^2)^2(-x)\mathrm{d}x\mathrm{d}y+\iint\limits_{D_{xy}}\left[x^2+\frac{1}{2}(x^2+y^2)\right]\mathrm{d}x\mathrm{d}y.$$

根据二重积分的对称性质知，上式右端第一个积分值等于零．故

$$I=\iint\limits_{D_{xy}}\left[x^2+\frac{1}{2}(x^2+y^2)\right]\mathrm{d}x\mathrm{d}y=\int_0^{2\pi}\mathrm{d}\theta\int_0^2\left(r^2\cos^2\theta+\frac{1}{2}r^2\right)r\mathrm{d}r=8\pi.$$

例 9.3.3 计算曲面 $I=\iint\limits_{\Sigma}(y-z)\mathrm{d}y\mathrm{d}z+(z-x)\mathrm{d}z\mathrm{d}x+(x-y)\mathrm{d}x\mathrm{d}y$，其中 Σ 为锥面 $z=\sqrt{x^2+y^2}$ （$0\leqslant z\leqslant h$）部分的下侧．

解 $P=y-z$，$Q=z-x$，$R=x-y$．曲面 Σ 的方程为 $z=\sqrt{x^2+y^2}$ （$0\leqslant z\leqslant h$），则

$$z_x=\frac{x}{\sqrt{x^2+y^2}},\quad z_y=\frac{y}{\sqrt{x^2+y^2}}.$$

Σ 在 xOy 平面的投影域为圆域 $D_{xy}=\{(x,y)\mid x^2+y^2\leqslant h^2\}$ （图 9-5），因为 Σ 取下侧，应用公式（17）可得

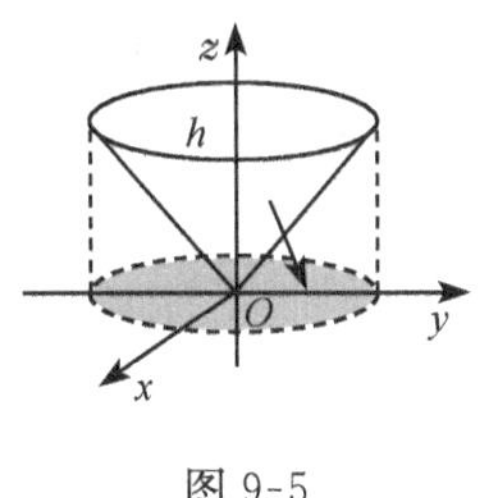

图 9-5

$$I=-\iint\limits_{D_{xy}}\left\{[y-\sqrt{x^2+y^2}]\cdot\frac{-x}{\sqrt{x^2+y^2}}\right.$$

$$\left.+[\sqrt{x^2+y^2}-x]\cdot\frac{-y}{\sqrt{x^2+y^2}}+(x-y)\right\}\mathrm{d}x\mathrm{d}y$$

$$=-2\iint\limits_{D_{xy}}(x-y)\mathrm{d}x\mathrm{d}y=0.$$

最后一个式子用到了重积分的对称性．

3. 利用两类曲面积分之间的关系

有的第二类曲面积分，直接计算比较麻烦甚至不可能，而应用两类曲面积分之间的关系把它化为第一型曲面积分，则计算十分简单．

例 9.3.4 计算曲面积分

$$I=\iint\limits_{\Sigma}[f(x,y,z)+x]\mathrm{d}y\mathrm{d}z+[2f(x,y,z)+y]\mathrm{d}z\mathrm{d}x+[f(x,y,z)+z]\mathrm{d}x\mathrm{d}y,$$

其中 $f(x,y,z)$ 为连续函数，Σ 是平面 $x-y+z=1$ 在第四象限部分的上侧．

解 设 Σ 的法向量为 $n=\{\cos\alpha,\cos\beta,\cos\gamma\}$，则

$$\cos\alpha=1/\sqrt{3},\quad \cos\beta=-1/\sqrt{3},\quad \cos\gamma=1/\sqrt{3},$$

于是

$$I=\iint_{\Sigma}\{[f(x,y,z)+x]\cos\alpha+[2f(x,y,z)+y]\cos\beta+[f(x,y,z)+z]\cos\gamma\}\mathrm{d}S$$

$$=\iint_{\Sigma}f(x,y,z)(\cos\alpha+2\cos\beta+\cos\gamma)\mathrm{d}S+\iint_{\Sigma}(x\cos\alpha+y\cos\beta+z\cos\gamma)\mathrm{d}S$$

$$=\iint_{\Sigma}f(x,y,z)\cdot 0\mathrm{d}S+\iint_{D_{xy}}\frac{1}{\sqrt{3}}[x-y+(1-x+y)]\sqrt{3}\mathrm{d}x\mathrm{d}y=\iint_{D_{xy}}\mathrm{d}x\mathrm{d}y=\frac{1}{2}.$$

4. 应用高斯公式

设空间区域 Ω 由分片光滑的双侧曲面 Σ 所围成，P，Q，R 在 Ω 上连续，且有一阶连续偏导数，则有

$$\iiint_{\Omega}\left(\frac{\partial P}{\partial x}+\frac{\partial Q}{\partial y}+\frac{\partial R}{\partial z}\right)\mathrm{d}x\mathrm{d}y\mathrm{d}z=\oiint_{\Sigma}P\mathrm{d}y\mathrm{d}z+Q\mathrm{d}z\mathrm{d}x+R\mathrm{d}x\mathrm{d}y,$$

其中 Σ 取外侧.

在应用高斯公式解题时，首先要验证问题是否满足定理的条件，其次要考虑一些具体问题，例如能否利用轮换对称性，区域对称性，函数奇偶性，能否利用拼凑拆项来简化计算.

例 9.3.5　计算 $I=\oiint_{\Sigma}\dfrac{x\mathrm{d}y\mathrm{d}z+y\mathrm{d}z\mathrm{d}x+z\mathrm{d}x\mathrm{d}y}{(x^2+y^2+z^2)^{\frac{3}{2}}}$，设：

(1) Σ 为 $x^2+y^2+z^2=\varepsilon^2$，取外侧；

(2) Σ 为不包含原点的闭曲面的外侧；

(3) Σ 为包含原点的闭曲面的外侧.

解　(1) 因为 $x^2+y^2+z^2=\varepsilon^2$，应用高斯公式有

$$I=\frac{1}{\varepsilon^3}\oiint_{\Sigma}x\mathrm{d}y\mathrm{d}z+y\mathrm{d}z\mathrm{d}x+z\mathrm{d}x\mathrm{d}y$$

$$=\frac{1}{\varepsilon^3}\iiint_{\Omega}3\mathrm{d}x\mathrm{d}y\mathrm{d}z=\frac{1}{\varepsilon^3}\cdot 3\cdot\frac{4}{3}\pi\varepsilon^3=4\pi.$$

(2) 若 Σ 不包含原点，令 $r=\sqrt{x^2+y^2+z^2}$，则

$$\frac{\partial P}{\partial x}=\frac{1}{r^3}-\frac{3x^2}{r^5},\quad \frac{\partial Q}{\partial y}=\frac{1}{r^3}-\frac{3y^2}{r^5},\quad \frac{\partial R}{\partial z}=\frac{1}{r^3}-\frac{3z^2}{r^5},$$

即$\dfrac{\partial P}{\partial x}+\dfrac{\partial Q}{\partial y}+\dfrac{\partial R}{\partial z}=0$，于是

$$I=\iiint_{\Omega}\left(\frac{\partial P}{\partial x}+\frac{\partial Q}{\partial y}+\frac{\partial R}{\partial z}\right)\mathrm{d}x\mathrm{d}y\mathrm{d}z=\iiint_{\Omega}0\cdot\mathrm{d}x\mathrm{d}y\mathrm{d}z=0.$$

(3) 若 Σ 包含原点，作半径充分小的球面 Σ_1：$x^2+y^2+z^2=\varepsilon^2$，取内侧，使该球面位于 Σ 之内. 则在 Σ 与 Σ_1 之间的区域 Ω_1，由 (2) 的结果，有

$$\iiint\limits_{\Omega_1}\left(\frac{\partial P}{\partial x}+\frac{\partial Q}{\partial y}+\frac{\partial R}{\partial z}\right)\mathrm{d}x\mathrm{d}y\mathrm{d}z=0.$$

根据（1）的结果，并注意 Σ_1 取内侧，则有 $\displaystyle\oiint\limits_{\Sigma_1}\frac{x\mathrm{d}y\mathrm{d}z+y\mathrm{d}z\mathrm{d}x+z\mathrm{d}x\mathrm{d}y}{(x^2+y^2+z^2)^{\frac{3}{2}}}=-4\pi$，从而

$$\begin{aligned}I&=\oiint\limits_{\Sigma}\frac{x\mathrm{d}y\mathrm{d}z+y\mathrm{d}z\mathrm{d}x+z\mathrm{d}x\mathrm{d}y}{(x^2+y^2+z^2)^{\frac{3}{2}}}\\&=-\oiint\limits_{\Sigma_1}\frac{x\mathrm{d}y\mathrm{d}z+y\mathrm{d}z\mathrm{d}x+z\mathrm{d}x\mathrm{d}y}{(x^2+y^2+z^2)^{\frac{3}{2}}}=-(-4\pi)=4\pi.\end{aligned}$$

例 9.3.6　计算

$$I=\oiint\limits_{\Sigma}(x-y-z)\mathrm{d}y\mathrm{d}z+[2y+\sin(z+x)]\mathrm{d}z\mathrm{d}x+(3z+\mathrm{e}^{x+y})\mathrm{d}x\mathrm{d}y,$$

其中 Σ 为曲面 $|x-y+z|+|y-z+x|+|z-x+y|=1$ 的外侧.

解　因为 $\dfrac{\partial P}{\partial x}+\dfrac{\partial Q}{\partial y}+\dfrac{\partial R}{\partial z}=1+2+3=6$，所以 $I=6\displaystyle\iiint\limits_{\Omega}\mathrm{d}x\mathrm{d}y\mathrm{d}z=6\cdot V$. Ω 是由 Σ 所围的区域，V 是 Ω 的体积. 对 Ω 作旋转变换：$u=x-y+z$，$v=y-z+x$，$w=z-x+y$，Σ 变成 $|u|+|v|+|w|=1$. Ω 是对称八面体，其第一象限部分由 $u+v+w=1$ 及 $u=0$，$v=0$，$w=0$ 所围成，而 $J=\dfrac{\partial(x,y,z)}{\partial(u,v,w)}=1\Big/\dfrac{\partial(u,v,w)}{\partial(x,y,z)}=\dfrac{1}{4}$，故有

$$I=6\iiint\limits_{|u|+|v|+|w|\leqslant 1}\frac{1}{4}\mathrm{d}u\mathrm{d}v\mathrm{d}w=6\cdot\frac{1}{4}\cdot 8\cdot\frac{1}{6}=2.$$

5. 曲面用参数方程表示时第二类曲面积分的计算

若光滑曲面 Σ 由参数方程 $x=x(u,v)$，$y=y(u,v)$，$z=z(u,v)$，$(u,v)\in D$ 给出，且在 D 上函数行列式 $\dfrac{\partial(y,z)}{\partial(u,v)}$，$\dfrac{\partial(z,x)}{\partial(u,v)}$，$\dfrac{\partial(x,y)}{\partial(u,v)}$ 不同时为零，则有

$$\iint\limits_{\Sigma}P\mathrm{d}y\mathrm{d}z=\pm\iint\limits_{D}P[x(u,v),y(u,v),z(u,v)]\frac{\partial(y,z)}{\partial(u,v)}\mathrm{d}u\mathrm{d}v,\tag{18}$$

$$\iint\limits_{\Sigma}Q\mathrm{d}z\mathrm{d}x=\pm\iint\limits_{D}Q[x(u,v),y(u,v),z(u,v)]\frac{\partial(z,x)}{\partial(u,v)}\mathrm{d}u\mathrm{d}v,\tag{19}$$

$$\iint\limits_{\Sigma}R\mathrm{d}x\mathrm{d}y=\pm\iint\limits_{D}R[x(u,v),y(u,v),z(u,v)]\frac{\partial(x,y)}{\partial(u,v)}\mathrm{d}u\mathrm{d}v,\tag{20}$$

当 uOv 平面的正向对应曲面 Σ 选定的一侧时，二重积分取正号，否则取负号.

证 仅证（20）式，类似地可证（18），（19）式. 由两类曲面积分之间的关系，有

$$\iint_{\Sigma} P\mathrm{d}y\mathrm{d}z = \iint_{\Sigma} R\cos\gamma \mathrm{d}S, \tag{21}$$

容易算出

$$\cos\gamma = \pm \frac{\dfrac{\partial(x,y)}{\partial(u,v)}}{\sqrt{\left(\dfrac{\partial(y,z)}{\partial(u,v)}\right)^2 + \left(\dfrac{\partial(z,x)}{\partial(u,v)}\right)^2 + \left(\dfrac{\partial(x,y)}{\partial(u,v)}\right)^2}},$$

并注意到

$$\mathrm{d}S = \sqrt{\left(\frac{\partial(y,z)}{\partial(u,v)}\right)^2 + \left(\frac{\partial(z,x)}{\partial(u,v)}\right)^2 + \left(\frac{\partial(x,y)}{\partial(u,v)}\right)^2}\mathrm{d}u\mathrm{d}v,$$

将这两式代入（21）式，便得（20）式.

例 9.3.7 计算 $I = \iint_{\Sigma} x^3 \mathrm{d}y\mathrm{d}z$，其中 Σ 为椭球面 $\dfrac{x^2}{a^2}+\dfrac{y^2}{b^2}+\dfrac{z^2}{c^2}=1$ 的上半部分的上侧.

解 将椭球面 $\dfrac{x^2}{a^2}+\dfrac{y^2}{b^2}+\dfrac{z^2}{c^2}=1$ 表示成参数形式

$$x = a\sin\varphi\cos\theta, y = b\sin\varphi\sin\theta, z = c\cos\varphi, \quad 0 \leqslant \varphi \leqslant \frac{\pi}{2}, 0 \leqslant \theta \leqslant 2\pi.$$

根据（18）式，有

$$I = \pm \iint_{D} a^3 \sin^3\varphi\cos^3\theta \cdot \frac{\partial(y,z)}{\partial(\varphi,\theta)}\mathrm{d}\varphi\mathrm{d}\theta,$$

其中 D 是 $\varphi O\theta$ 平面上的区域 $0 \leqslant \varphi \leqslant \dfrac{\pi}{2}$，$0 \leqslant \theta \leqslant 2\pi$，容易算出 $\dfrac{\partial(y,z)}{\partial(\varphi,\theta)} = bc\sin^2\varphi\cos\theta$. 因 $\varphi O\theta$ 平面的正向对应曲面 Σ 选定的上侧，所以二重积分前取正号，即

$$\begin{aligned} I &= \iint_{D} a^3 bc \sin^5\varphi\cos^4\theta \mathrm{d}\varphi\mathrm{d}\theta \\ &= a^3 bc \int_0^{\pi/2} \sin^5\varphi \mathrm{d}\varphi \int_0^{2\pi} \cos^4\theta \mathrm{d}\theta = \frac{2}{5}\pi a^3 bc. \end{aligned}$$

习 题 9-3

1. 设曲面 Σ 为上半球面 $x^2+y^2+z^2=a^2$（$z \geqslant 0$），其法向量 $\boldsymbol{n}$ 与 z 轴的夹角为锐角，试求向量场 $\boldsymbol{V} = x\boldsymbol{i} + y\boldsymbol{j} + z\boldsymbol{k}$ 通过曲面 Σ 指定侧的通量.

2. 计算$\iint\limits_{\Sigma}\frac{2}{y}f(xy^2)\mathrm{d}y\mathrm{d}z-\frac{1}{x}f(xy^2)\mathrm{d}z\mathrm{d}x+\left(x^2z+y^2z+\frac{z^3}{3}\right)\mathrm{d}x\mathrm{d}y$，其中 $f(t)$ 具有连续导数，Σ 为 $x^2+y^2+z^2=1$ （$z<0$） 的上侧.

3. 计算$\iint\limits_{\Sigma}(x^2\cos\alpha+y^2\cos\beta+y^2\cos\gamma)\mathrm{d}S$，其中 Σ 为 $x^2+y^2=z^2$ （$0\leqslant z\leqslant h$），$\cos\alpha$，$\cos\beta$，$\cos\gamma$ 是曲面的外法向量的方向余弦.

4. 设曲面 Σ 为锥面 $x=\sqrt{y^2+z^2}$ 与球面 $x^2+y^2+z^2=1$，$x^2+y^2+z^2=2$ 所围立体表面的外侧，计算曲面积分$\iint\limits_{\Sigma}x^3\mathrm{d}y\mathrm{d}z+(y^3+f(yz))\mathrm{d}z\mathrm{d}x+(z^3+f(yz))\mathrm{d}x\mathrm{d}y$，其中 $f(u)$ 是连续可微的奇函数.

第 10 讲　数项级数的敛散性判别法

一般教材对数项级数敛散性的判别法都有介绍，本讲将加以深化、推广和灵活运用.

10.1　柯西判别法及其推广

比较原理适用于正项级数，高等数学中讲过正项级数的比较原理.

比较原理 1　设 $\sum\limits_{n=1}^{\infty}u_n,\sum\limits_{n=1}^{\infty}v_n$ 都是正项级数，存在 $c>0$，使 $u_n\leqslant cv_n$ ($n=1,2,3,\cdots$).

(i) 若 $\sum\limits_{n=1}^{\infty}v_n$ 收敛，则 $\sum\limits_{n=1}^{\infty}u_n$ 也收敛；

(ii) 若 $\sum\limits_{n=1}^{\infty}u_n$ 发散，则 $\sum\limits_{n=1}^{\infty}v_n$ 也发散.

比较原理 2(极限形式)　设 $\sum\limits_{n=1}^{\infty}u_n,\sum\limits_{n=1}^{\infty}v_n$ 均为正项级数，若 $\lim\limits_{n\to\infty}\dfrac{u_n}{v_n}=l\in(0,+\infty)$，则 $\sum\limits_{n=1}^{\infty}u_n,\sum\limits_{n=1}^{\infty}v_n$ 同敛散.

根据比较原理，可以利用已知其敛散性的级数作为比较对象来判别其他级数的敛散性. 柯西判别法和达朗贝尔判别法是以几何级数作为比较对象而得到的审敛法. 下面用比较判别法推出更宽泛的柯西判别法.

定理 10.1.1(柯西判别法 1)　设 $\sum\limits_{n=1}^{\infty}u_n$ 为正项级数，则

(i) 若从某一项起，即存在 N，当 $n>N$ 时，有 $\sqrt[n]{u_n}\leqslant q<1$ (q 为常数)，则 $\sum\limits_{n=1}^{\infty}u_n$ 收敛；

(ii) 若从某项起，$\sqrt[n]{u_n}\geqslant 1$，则 $\sum\limits_{n=1}^{\infty}u_n$ 发散.

证　(i) 若当 $n>N$ 时，有 $\sqrt[n]{u_n}\leqslant q<1$，即 $u_n\leqslant q^n$，而级数 $\sum\limits_{n=1}^{\infty}q^n$ 收敛，根据比较原理 1 知级数 $\sum\limits_{n=1}^{\infty}u_n$ 也收敛.

(ii) 若从某项起，$\sqrt[n]{u_n}\geqslant 1$，则 $u_n\geqslant 1$，故 $\lim\limits_{n\to\infty}u_n\neq 0$，由级数收敛的必要条件知 $\sum\limits_{n=1}^{\infty}u_n$ 发散. 定理证毕.

作为定理 10.1.1 的推论，我们有以下定理.

定理 10.1.2(柯西判别法 2)　设 $\sum\limits_{n=1}^{\infty}u_n$ 为正项级数，$\lim\limits_{n\to\infty}\sqrt[n]{u_n}=r$，则

(i) 当 $r<1$ 时，$\sum\limits_{n=1}^{\infty}u_n$ 收敛；

(ii) 当 $r>1$（或 $r=+\infty$）时，$\sum\limits_{n=1}^{\infty}u_n$ 发散；

(iii) 当 $r=1$ 时，法则失效.

证　(i) 若 $r<1$，取 $\varepsilon=\frac{1}{2}(1-r)>0$，由 $\lim\limits_{n\to\infty}\sqrt[n]{u_n}=r$，存在 N，当 $n>N$ 时，有

$$\left|\sqrt[n]{u_n}-r\right|<\varepsilon=\frac{1}{2}(1-r),$$

即有 $\sqrt[n]{u_n}<\frac{1}{2}(1+r)<1$. 由定理 10.1.1 知 $\sum\limits_{n=1}^{\infty}u_n$ 收敛.

(ii) 当 $r>1$（或 $r=+\infty$）时，可证 $\lim\limits_{n\to\infty}u_n\neq 0$，故 $\sum\limits_{n=1}^{\infty}u_n$ 发散. 定理证毕.

例 10.1.1　判别下列正项级数的敛散性.

(1) $\sum\limits_{n=1}^{\infty}\left(\frac{n}{2n+1}\right)^n$；(2) $\sum\limits_{n=1}^{\infty}n^n\mathrm{e}^{-n}$；

(3) $\sum\limits_{n=1}^{\infty}n^{\alpha}x^n$（$\alpha$ 为任何实数，$x>0$）.

解　(1) 因为 $r=\lim\limits_{n\to\infty}\sqrt[n]{u_n}=\frac{1}{2}<1$，所以原级数收敛.

(2) 因为 $r=\lim\limits_{n\to\infty}\sqrt[n]{u_n}=\lim\limits_{n\to\infty}\frac{n}{\mathrm{e}}=\infty$，所以原级数发散.

(3) 对任意 α，$r=\lim\limits_{n\to\infty}\sqrt[n]{u_n}=x$. 当 $0<x<1$ 时收敛；当 $x>1$ 时发散；当 $x=1$ 时，此时原级数是 p—级数，要对 $p=-\alpha$ 进行讨论，当 $-\alpha>1$，即 $\alpha<-1$ 时收敛；当 $-\alpha\leqslant 1$ 时，即 $\alpha\geqslant -1$ 时发散.

例 10.1.2　判别级数 $\sum\limits_{n=1}^{\infty}\frac{1}{3^n}[\sqrt{2}+(-1)^n]^n$ 的敛散性.

解　由于 $\lim\limits_{n\to\infty}\sqrt[n]{u_n}=\lim\limits_{n\to\infty}\sqrt[n]{\frac{1}{3^n}[\sqrt{2}+(-1)^n]^n}=\lim\limits_{n\to\infty}\frac{\sqrt{2}+(-1)^n}{3}$ 不存在，故应用定理 10.1.2 无法判别级数的敛散性. 又因为

$$\sqrt[n]{u_n}=\sqrt[n]{\frac{1}{3^n}[\sqrt{2}+(-1)^n]^n}=\frac{\sqrt{2}+(-1)^n}{3}\leqslant\frac{\sqrt{2}+1}{3}=q<1,$$

由定理 10.1.1（柯西判别法 1）知原级数收敛.

例 10.1.3　设正项数列 $\{a_n\}$ 单调减少，且 $\sum\limits_{n=1}^{\infty}(-1)^n a_n$ 发散，试问级数 $\sum\limits_{n=1}^{\infty}\left(\frac{1}{a_n+1}\right)^n$ 是否收敛？并说明理由.

解　答案：级数 $\sum\limits_{n=1}^{\infty}\left(\frac{1}{a_n+1}\right)^n$ 收敛. 证明如下.

由于 $\{a_n\}$ 单调减少且 $a_n\geqslant 0$，根据单调有界准则知极限 $\lim\limits_{n\to\infty}a_n$ 存在. 设 $\lim\limits_{n\to\infty}a_n=a$，则 $a\geqslant 0$. 如果 $a=0$，则由莱布尼兹判别法知 $\sum\limits_{n=1}^{\infty}(-1)^n a_n$ 收敛，这与 $\sum\limits_{n=1}^{\infty}(-1)^n a_n$ 发散矛盾，故 $a>0$. 再由 $\{a_n\}$ 单调减少，故 $a_n>a>0$，取 $q=\frac{1}{a+1}<1$，由于

$$0<\sqrt[n]{u_n}=\frac{1}{a_n+1}<\frac{1}{a+1}=q<1,$$

根据柯西判别法 1 知 $\sum\limits_{n=1}^{\infty}\left(\frac{1}{a_n+1}\right)^n$ 收敛.

下面介绍柯西判别法的两个推广，称它们为广义柯西判别法.

定理 10.1.3（广义柯西判别法 1）　设 $\sum\limits_{n=1}^{\infty}u_n$ 为正项级数，如果它的通项 u_n 的 $an+b$（$a>0$）次方根的极限等于 r，即 $\lim\limits_{n\to\infty}\sqrt[an+b]{u_n}=r$. 则当 $r<1$ 时，级数收敛；当 $r>1$ 时，级数发散；当 $r=1$ 级数可能收敛也可能发散.

证　因为 $\lim\limits_{n\to\infty}\sqrt[an+b]{u_n}=r$，即对任给正数 ε，存在正整数 N_1，当 $n>N_1$ 时，有

$$(r-\varepsilon)<\sqrt[an+b]{u_n}<(r+\varepsilon), \tag{1}$$

对于任给常数 b 和正数 a，总存在 N_2，当有 $n>N_2$ 时，有

$$an+b>0. \tag{2}$$

取 $N=\max\{N_1,N_2\}$，当 $n>N$ 时，式（1）和式（2）同时成立.

当 $r<1$ 时，取 ε 足够小，使 $r+\varepsilon=q<1$. 由上述讨论，存在 N，当 $n>N$ 时，式（1）和式（2）同时成立，即有 $u_n<q^{an+b}$，正项级数 $\sum\limits_{n=1}^{\infty}q^{an+b}=q^b\sum\limits_{n=1}^{\infty}(q^a)^n$ 收敛（因为其为等比级数且公比 $0<q^a<1$），由比较审敛法知，级数

$\sum\limits_{n=1}^{\infty} u_n$ 收敛.

当 $r>1$ 时，取 ε 足够小，使 $r-\varepsilon=q>1$，由上面的讨论，存在 N，当 $n>N$ 时，式 (1) 和式 (2) 同时成立，则 $u_n>q^{an+b}$，正项级数 $\sum\limits_{n=1}^{\infty} q^{an+b}=q^b\sum\limits_{n=1}^{\infty}(q^a)^n$ 发散，由比较审敛法知，级数 $\sum\limits_{n=1}^{\infty} u_n$ 发散.

当 $r=1$ 时，取 $u_n=\dfrac{1}{n^p}$，那么，对任何 $a>0$，b 为常数，有 $\lim\limits_{n\to\infty}\sqrt[an+b]{u_n}=\lim\limits_{n\to\infty}\dfrac{1}{n^{p/(an+b)}}=1$. 而 $\sum\limits_{n=1}^{\infty}\dfrac{1}{n}$ 发散，$\sum\limits_{n=1}^{\infty}\dfrac{1}{n^2}$ 收敛，说明此时级数可能收敛也可能发散. 定理证毕.

例 10.1.4　判别级数 $\sum\limits_{n=1}^{\infty}\left(\dfrac{1}{3n-1}\right)^{2n-1}$ 的敛散性.

解　因为 $\lim\limits_{n\to\infty}\sqrt[2n-1]{u_n}=\lim\limits_{n\to\infty}\dfrac{1}{3n-1}=0<1$，由广义柯西判别法 1 知，该级数收敛.

注　例 10.1.4 也可用柯西判别法 2（定理 10.1.2），但比较麻烦，而用广义柯西判别法 1 要简单得多.

定理 10.1.4(广义柯西判别法 2)　设 $\sum\limits_{n=1}^{\infty} u_n$ 为正项级数，如果它的一般项 u_n 的 n^m（m 是大于 1 的正整数）次根的极限等于 r，即 $\lim\limits_{n\to\infty}\sqrt[n^m]{u_n}=r$，则当 $r<1$ 时，级数收敛；当 $r>1$ 时，级数发散；当 $r=1$ 时，级数可能收敛也可能发散.

证　因为 $\lim\limits_{n\to\infty}\sqrt[n^m]{u_n}=r$，即对任给的正数 ε，存在正整数 N，当 $n>N$ 时有

$$r-\varepsilon<\sqrt[n^m]{u_n}<r+\varepsilon.$$

当 $r<1$ 时，取 ε 足够小，使 $r+\varepsilon=q<1$. 由上面的讨论，存在 N，当 $n>N$ 时，有 $u_n<q^{n^m}$. 因为 $q^{n^m}<q^n$，又正项级数 $\sum\limits_{n=1}^{\infty} q^n$ 收敛（因 $q\in(0,1)$），由比较审敛法知 $\sum\limits_{n=1}^{\infty} q^{n^m}$ 收敛，所以 $\sum\limits_{n=1}^{\infty} u_n$ 收敛.

当 $r>1$ 时，取 ε 足够小，使 $r-\varepsilon=q>1$. 由上面的讨论，存在 N，当 $n>N$ 时，有 $u_n>q^{n^m}>1$，即 $\lim\limits_{n\to\infty}u_n\neq 0$，所以级数 $\sum\limits_{n=1}^{\infty} u_n$ 发散.

当 $r=1$ 时，同样取 $u_n=\dfrac{1}{n^p}$（$p>0$），那么

$$\lim_{n\to\infty}\sqrt[n^m]{\frac{1}{n^p}}=\lim_{n\to\infty}\left(\frac{1}{\sqrt[n^m]{n}}\right)^p=\left(\lim_{n\to\infty}\frac{1}{n^{1/n^m}}\right)^p=1.$$

这说明 $r=1$ 时，级数可能收敛也可能发散. 定理证毕.

注 广义柯西判别法是柯西判别法 2（定理 10.1.2）的推广. 事实上，在广义柯西判别法 1 中取 $a=1$，$b=0$，或在广义柯西判别法 2 中取 $m=1$ 便得定理 10.1.2（柯西判别法 2）.

例 10.1.5 判断级数 $\sum\limits_{n=1}^{\infty}\left(\dfrac{n}{2n+1}\right)^{n^2}$ 的收敛性.

解 因为 $\lim\limits_{n\to\infty}\sqrt[n^2]{u_n}=\lim\limits_{n\to\infty}\sqrt[n^2]{\left(\dfrac{n}{2n+1}\right)^{n^2}}=\lim\limits_{n\to\infty}\dfrac{n}{2n+1}=\dfrac{1}{2}<1$，由广义柯西判别法 2 知原级数收敛.

定理 10.1.5（广义柯西判别法 3） 设 $w_n=u_nv_n$，$u_n\geqslant 0$，$v_n\geqslant 0$（$n=1,2,\cdots$），若 $\lim\limits_{n\to\infty}\sqrt[n]{u_n}=u$，$\lim\limits_{n\to\infty}\dfrac{v_n}{v_{n-1}}=v$，则当 $uv<1$ 时，级数 $\sum\limits_{n=1}^{\infty}w_n$ 收敛；当 $uv>1$ 时，级数 $\sum\limits_{n=1}^{\infty}w_n$ 发散.

证 由第 1 讲 1.5 的例 1.5.6 知，

$$\lim_{n\to\infty}\sqrt[n]{w_n}=\lim_{n\to\infty}\sqrt[n]{u_n}\cdot\lim_{n\to\infty}\sqrt[n]{v_n}=\lim_{n\to\infty}\sqrt[n]{u_n}\cdot\lim_{n\to\infty}\frac{v_n}{v_{n-1}}=uv,$$

再用柯西判别法 2（定理 10.1.2）便得结论. 定理证毕.

显然，定理 10.1.2（柯西判别法 2）是广义柯西判别法 3 当 $v_n=1$ 时的特例.

例 10.1.6 判定级数 $\sum\limits_{n=1}^{\infty}\dfrac{n!}{(2n+1)^n}\left(\dfrac{n+1}{n}\right)^{n^2}$ 的敛散性.

解 设 $u_n=\left(\dfrac{n+1}{n}\right)^{n^2}$，$v_n=\dfrac{n!}{(2n+1)^n}$，则

$$\lim_{n\to\infty}\sqrt[n]{u_n}=\lim_{n\to\infty}\left(\frac{n+1}{n}\right)^n=\mathrm{e},$$

$$\lim_{n\to\infty}\frac{v_n}{v_{n-1}}=\lim_{n\to\infty}\frac{n}{2n-1}\cdot\left(\frac{2n-1}{2n+1}\right)^n=\lim_{n\to\infty}\frac{n}{2n-1}\cdot\lim_{n\to\infty}\frac{\left(1-\dfrac{1}{2n}\right)^n}{\left(1+\dfrac{1}{2n}\right)^n}=\frac{1}{2\mathrm{e}},$$

由于 $\mathrm{e}\cdot\dfrac{1}{2\mathrm{e}}=\dfrac{1}{2}<1$，根据广义柯西判别法 3 知，级数 $\sum\limits_{n=1}^{\infty}\dfrac{n!}{(2n+1)^n}\left(\dfrac{n+1}{n}\right)^{n^2}$ 收敛.

例 10.1.7 判定 $\sum\limits_{n=1}^{\infty}\left(\dfrac{n^2-n+3}{n^2+3n-4}\right)^n\cdot\dfrac{x^{n-1}}{1+x^n}$（$x>0$）的敛散性.

解 设 $u_n=\left(\dfrac{n^2-n+3}{n^2+3n-4}\right)^n$，$v_n=\dfrac{x^{n-1}}{1+x^n}$，则

$$\lim_{n\to\infty}\sqrt[n]{u_n}=\lim_{n\to\infty}\frac{n^2-n+3}{n^2+3n-4}=1,$$

$$\lim_{n\to\infty}\frac{v_n}{v_{n-1}}=\lim_{n\to\infty}\frac{x+x^n}{1+x^n}=\begin{cases}x, & 0<x<1,\\ 1, & x\geqslant 1.\end{cases}$$

所以，当 $0<x<1$ 时，级数 $\sum\limits_{n=1}^{\infty}\left(\dfrac{n^2-n+3}{n^2+3n-4}\right)^n\cdot\dfrac{x^{n-1}}{1+x^n}$ 收敛．当 $x\geqslant 1$ 时，由于 $\lim\limits_{n\to\infty}\sqrt[n]{u_n}\cdot\lim\limits_{n\to\infty}\dfrac{v_n}{v_{n-1}}=1$，广义柯西判别法 3 失效．然而 $x\geqslant 1$ 时，

$$\lim_{n\to\infty}\left(\frac{n^2-n+3}{n^2+3n-4}\right)^n\cdot\frac{x^{n-1}}{1+x^n}=\begin{cases}\dfrac{1}{2\mathrm{e}^4}, & x=1,\\ \dfrac{1}{x\mathrm{e}^4}, & x>1.\end{cases}$$

由级数收敛的必要条件知，当 $x\geqslant 1$ 时级数 $\sum\limits_{n=1}^{\infty}\left(\dfrac{n^2-n+3}{n^2+3n-4}\right)^n\cdot\dfrac{x^{n-1}}{1+x^n}$ 发散．

习　题　10-1

1. 选择题．

(1) 设 $u_n=(-1)^n\ln\left(1+\dfrac{1}{\sqrt{n}}\right)$，则级数（　　）．

(A) $\sum\limits_{n=1}^{\infty}u_n$ 与 $\sum\limits_{n=1}^{\infty}u_n^2$ 都收敛；　　(B) $\sum\limits_{n=1}^{\infty}u_n$ 与 $\sum\limits_{n=1}^{\infty}u_n^2$ 都发散；

(C) $\sum\limits_{n=1}^{\infty}u_n$ 收敛而 $\sum\limits_{n=1}^{\infty}u_n^2$ 发散；　　(D) $\sum\limits_{n=1}^{\infty}u_n$ 发散而 $\sum\limits_{n=1}^{\infty}u_n^2$ 收敛．

(2) 下列各选项正确的是（　　）．

(A) 若 $\sum\limits_{n=1}^{\infty}u_n^2$ 与 $\sum\limits_{n=1}^{\infty}v_n^2$ 都收敛，则 $\sum\limits_{n=1}^{\infty}(u_n+v_n)^2$ 收敛；

(B) 若 $\sum\limits_{n=1}^{\infty}|u_nv_n|$ 收敛，则 $\sum\limits_{n=1}^{\infty}u_n^2$ 与 $\sum\limits_{n=1}^{\infty}v_n^2$ 都收敛；

(C) 若正项级数 $\sum\limits_{n=1}^{\infty}u_n$ 发散，则 $u_n\geqslant\dfrac{1}{n}$；

(D) 若级数 $\sum\limits_{n=1}^{\infty}u_n$ 收敛，且 $u_n\geqslant v_n(n=1,2,\cdots)$，则级数 $\sum\limits_{n=1}^{\infty}v_n$ 也收敛．

2. 用比较判别法判别下列级数的敛散性．

(1) $\sum\limits_{n=1}^{\infty}\dfrac{1}{\sqrt[3]{n^2+n+1}}$；　　(2) $\sum\limits_{n=1}^{\infty}\left(\dfrac{1}{n}-\ln\dfrac{n+1}{n}\right)$；

(3) $\sum\limits_{n=1}^{\infty}n^{\lambda}\sin\dfrac{\pi}{2\sqrt{n}}$；　　(4) $\sum\limits_{n=1}^{\infty}\int_0^{1/n}\dfrac{\sqrt{x}}{1+x^2}\mathrm{d}x$．

3. 设 $u_n=\int_n^{n+1}\mathrm{e}^{-\sqrt{x}}\mathrm{d}x$，判别 $\sum\limits_{n=1}^{\infty}u_n$ 的敛散性．

4. 设级数$\sum_{n=1}^{\infty} a_n$，$\sum_{n=1}^{\infty} b_n$，$\sum_{n=1}^{\infty} c_n$，有$a_n \leqslant b_n \leqslant c_n$，试证$\sum_{n=1}^{\infty} a_n$，$\sum_{n=1}^{\infty} c_n$收敛时，$\sum_{n=1}^{\infty} b_n$收敛.

5. 设$\{a_n\}$是单调递增正数列，证明$\sum_{n=1}^{\infty}\left(1-\frac{a_n}{a_{n+1}}\right)$收敛的充分必要条件是$\{a_n\}$有界.

6. 设$a_1=2$，$a_{n+1}=\frac{1}{2}\left(a_n+\frac{1}{a_n}\right)$，$n=1,2,\cdots$，试证：(1) $\lim\limits_{n\to\infty} a_n$ 存在；(2) 级数$\sum_{n=1}^{\infty}\left(\frac{a_n}{a_{n+1}}-1\right)$收敛.

7. 设$f_0(x)$在$[0,a]$ $(a>0)$上连续，且$f_n(x)=\int_0^x f_{n-1}(t)\mathrm{d}t$，$x\in[0,a]$，$n=1,2,\cdots$. 试证级数$\sum_{n=1}^{\infty} f_n(x)$在$[0,a]$上绝对收敛.

8. 设函数$f_0(x)$在$(-\infty,+\infty)$内连续，$f_n(x)=\int_0^x f_{n-1}(t)\mathrm{d}t$ $(n=1,2,\cdots)$. 证明：

(1) $f_n(x)=\frac{1}{(n-1)!}\int_0^x f_0(t)(x-t)^{n-1}\mathrm{d}t$ $(n=1,2,\cdots)$.

(2) 对于$(-\infty,+\infty)$内的任意固定的x，级数$\sum_{n=1}^{\infty} f_n(x)$绝对收敛.

9. 设函数$\varphi(x)$在$(-\infty,+\infty)$上连续，周期为1，且$\int_0^1\varphi(x)\mathrm{d}x=0$，函数$f(x)$在$[0,1]$上有连续导数，设$a_n=\int_0^1 f(x)\varphi(nx)\mathrm{d}x$，证明级数$\sum_{n=1}^{\infty} a_n^2$收敛.

10. 判定$\sum_{n=1}^{\infty}\left(\frac{n^2+10+1}{n^2-2n+5}\right)^n \cdot \frac{a^n \cdot n!}{n^n}$ $(a>0)$的敛散性.

10.2 达朗贝尔判别法及其推广

用比较原理也能推出更宽泛的达朗贝尔判别法.

定理 10.2.1(达朗贝尔判别法 1) 设$\sum_{n=1}^{\infty} u_n$为正项级数，则

(i) 若从某项起（存在N，$n>N$），有$\frac{u_{n+1}}{u_n}\leqslant q<1$，则$\sum_{n=1}^{\infty} u_n$收敛；

(ii) 若从某项起（存在N，$n>N$），有$\frac{u_{n+1}}{u_n}\geqslant 1$，则$\sum_{n=1}^{\infty} u_n$发散.

证明 (i) 当$n>N$时，有$\frac{u_{n+1}}{u_n}\leqslant q<1$，从而

$$u_{N+1}\leqslant qu_N,\quad u_{N+2}\leqslant qu_{N+1}\leqslant q^2u_N,\quad u_{N+3}\leqslant q^3u_N,\cdots,\quad u_{N+k}\leqslant q^ku_N,\cdots,$$

由于$\sum_{k=1}^{\infty} u_Nq^k$收敛，由比较原理知$\sum_{k=1}^{\infty} u_{N+k}$收敛，故$\sum_{n=1}^{\infty} u_n$收敛.

(ii) 若存在 N，当 $n>N$ 时，有 $\frac{u_{n+1}}{u_n}\geqslant 1$，则 $u_{n+1}\geqslant u_n$，故 $\lim\limits_{n\to\infty}u_n\neq 0$，由级数收敛的必要条件知 $\sum\limits_{n=1}^{\infty}u_n$ 发散．定理证毕．

定理 10.2.2(达朗贝尔判别法 2)　设 $\lim\limits_{n\to\infty}\frac{u_{n+1}}{u_n}=r$，则

(i) 若 $r<1$，则 $\sum\limits_{n=1}^{\infty}u_n$ 收敛；

(ii) 若 $r>1$（或 $r=+\infty$），则 $\sum\limits_{n=1}^{\infty}u_n$ 发散；

(iii) 若 $r=1$，敛散性不能确定．

这正是高等数学中的达朗贝尔判别法．

例 10.2.1　判别下列级数的敛散性．

(1) $\sum\limits_{n=1}^{\infty}\frac{n!}{n^n}$；　(2) $\sum\limits_{n=1}^{\infty}\frac{2^n}{n}$；　(3) $\sum\limits_{n=1}^{\infty}\frac{\alpha^n}{n^s}(s>0,\alpha>0)$．

解　(1) 因为 $r=\lim\limits_{n\to\infty}\frac{u_{n+1}}{u_n}=\frac{1}{\mathrm{e}}<1$，所以级数 $\sum\limits_{n=1}^{\infty}\frac{n!}{n^n}$ 收敛．

(2) 因为 $r=\lim\limits_{n\to\infty}\frac{u_{n+1}}{u_n}=2>1$，所以原级数发散．

(3) 对任意 $s>0$，$r=\lim\limits_{n\to\infty}\frac{u_{n+1}}{u_n}=\lim\limits_{n\to\infty}\frac{\alpha^{n+1}}{(n+1)^s}\frac{n^s}{\alpha^n}=\alpha$．当 $0<\alpha<1$ 时，级数收敛（任意 $s>0$）；当 $\alpha>1$ 时，级数发散；当 $\alpha=1$ 时，原级数为 $\sum\limits_{n=1}^{\infty}\frac{1}{n^s}$ 的敛散性要进一步判定，当 $s>1$ 时级数收敛，当 $s\leqslant 1$ 时级数发散．

例 10.2.2　判别级数 $\sum\limits_{n=1}^{\infty}\frac{[(n+1)!]^n}{2!4!\cdots(2n)!}$ 的敛散性．

解　因为

$$\frac{u_{n+1}}{u_n}=\frac{(n+2)^{n+1}(n+1)!}{(2n+2)!}=\frac{(n+2)^{n+1}}{(n+2)(n+3)\cdots(2n+2)}$$
$$\leqslant\left(\frac{n+2}{n+3}\right)^n=\left(1-\frac{1}{n+3}\right)^n,$$

及 $\lim\limits_{n\to\infty}\left(1-\frac{1}{n+3}\right)^n=\frac{1}{\mathrm{e}}<\frac{1}{2}$，故存在 N，当 $n>N$ 时，有 $\left(1-\frac{1}{n+3}\right)^n<\frac{1}{2}$．从而，当 $n>N$ 时，$\frac{u_{n+1}}{u_n}<\frac{1}{2}$．根据定理 10.2.1，可知级数 $\sum\limits_{n=1}^{\infty}\frac{[(n+1)!]^n}{2!4!\cdots(2n)!}$ 收敛．

下面介绍达朗贝尔判别法的推广，也称它们为广义达朗贝尔判别法．

定理 10.2.3(广义达朗贝尔判别法 1) 设 $\sum_{n=1}^{\infty}u_n$ 为正项级数，k 是某正整数，

(i) 如果对一切 n，有 $\frac{u_{n+k}}{u_n}\leqslant q<1$，则级数收敛；

(ii) 如果 $\frac{u_{n+k}}{u_n}\geqslant 1$，则级数发散.

证 (i) 由于 $\frac{u_{n+k}}{u_n}\leqslant q$，则 $u_{n+k}\leqslant qu_n$，从而

$$
\begin{aligned}
&u_{mk+1}=u_{(m-1)k+1+k}\leqslant qu_{(m-1)k+1}\leqslant q^m u_1,\\
&u_{mk+2}=u_{(m-1)k+2+k}\leqslant qu_{(m-1)k+2}\leqslant q^m u_2,\\
&\cdots\cdots\\
&u_{mk+k}=u_{(m-1)k+k+k}\leqslant qu_{(m-1)k+k}\leqslant q^m u_k,
\end{aligned}
$$

其中 m 是任意正整数. 可见，对 $i=1,2,\cdots,k$，都有 $\lim\limits_{m\to\infty}u_{mk+i}=0$. 考虑级数的部分和序列

$$
\begin{aligned}
S_{(m+1)k}&=(u_1+\cdots+u_k)+(u_{k+1}+\cdots+u_{k+k})+\cdots+(u_{mk+1}+\cdots+u_{mk+k})\\
&\leqslant(1+q+\cdots+q^m)(u_1+\cdots+u_k)=\frac{1-q^{m+1}}{1-q}(u_1+\cdots+u_k)\\
&\leqslant\frac{1}{1-q}(u_1+\cdots+u_k),
\end{aligned}
$$

即 $\{S_{(m+1)k}\}$ 有上界，从而 $\lim\limits_{m\to\infty}S_{(m+1)k}$ 存在，设 $\lim\limits_{m\to\infty}S_{(m+1)k}=S$. 注意到

$$
\begin{aligned}
&S_{mk+1}=S_{mk}+u_{mk+1},\\
&S_{mk+2}=S_{mk}+u_{mk+1}+u_{mk+2},\\
&\cdots\cdots\\
&S_{mk+(k-1)}=S_{mk}+u_{mk+1}+u_{mk+2}+\cdots+u_{mk+(k-1)},
\end{aligned}
$$

故 $\lim\limits_{m\to\infty}S_{mk+1}=\lim\limits_{m\to\infty}S_{mk+2}=\cdots=\lim\limits_{m\to\infty}S_{mk+(k-1)}=\lim\limits_{m\to\infty}S_{mk+k}=S$，即 $\lim\limits_{n\to\infty}S_n=S$，所以 $\sum_{n=1}^{\infty}u_n$ 收敛.

(ii) 若 $\frac{u_{n+k}}{u_n}\geqslant 1$ 成立，则 $u_{n+k}\geqslant u_n$，从而 $u_{mk+1}\geqslant u_{(m-1)k+1}\geqslant u_1>0$，故 $\lim\limits_{n\to\infty}u_n\neq 0$，所以级数发散. 定理证毕.

例 10.2.3 判别级数 $\frac{1}{2}+\frac{1}{3}+\frac{1}{2^2}+\frac{1}{3^2}+\cdots+\frac{1}{2^n}+\frac{1}{3^n}+\cdots$ 的收敛性.

解 取 $k=2$，由于 $\frac{u_{n+k}}{u_n}=\begin{cases}\frac{1}{2}, & n\text{ 为奇数}\\ \frac{1}{3}, & n\text{ 为偶数}\end{cases}\leqslant\frac{1}{2}<1$，根据定理 10.2.3 知该

级数收敛.

定理 10.2.4(广义达朗贝尔判别法 2)　设 $\sum\limits_{n=1}^{\infty} u_n$ 为正项级数，k 是某一正整数，$\lim\limits_{n\to\infty}\frac{u_{n+k}}{u_n}=q$（或$+\infty$），则

(i) 如果 $q<1$，则级数收敛；

(ii) 如果 $q>1$，则级数发散.

证　(i) 如果 $q<1$，对 $\varepsilon=\frac{1-q}{2}>0$，存在 N，当 $n>N$ 时，有

$$\left|\frac{u_{n+k}}{u_n}-q\right|<\frac{1-q}{2},$$

从而

$$\frac{u_{n+k}}{u_n}\leqslant q+\frac{1-q}{2}=\frac{1+q}{2}<1,$$

由定理 10.2.3（广义达朗贝尔判别法 1）知 $\sum\limits_{n=1}^{\infty} u_n$ 收敛.

(ii) 如果 $q>1$，则从某项开始，$u_{n_0+k}\geqslant u_{n_0}$，此时 $\lim\limits_{n\to\infty}u_n\neq 0$，故原级数发散.

例 10.2.4　确定下列级数的敛散性.

(1) $\sum\limits_{n=1}^{\infty} 2^{-n-(-1)^n}$；(2) $\sum\limits_{n=1}^{\infty} \mathrm{e}^{\left\{2\sin\frac{n\pi}{2}+\cos\frac{n\pi}{2}-n\right\}}$.

解　(1) 取 $k=2$，由于 $\lim\limits_{n\to\infty}\frac{u_{n+2}}{u_n}=\lim\limits_{n\to\infty}\frac{2^{-(n+2)-(-1)^{n+2}}}{2^{-n-(-1)^n}}=\frac{1}{4}<1$，所以原级数收敛.

(2) 取 $k=4$，由于 $\lim\limits_{n\to\infty}\frac{u_{n+4}}{u_n}=\lim\limits_{n\to\infty}\frac{\mathrm{e}^{\left\{2\sin\frac{(n+4)\pi}{2}+\cos\frac{(n+4)\pi}{2}-(n+4)\right\}}}{\mathrm{e}^{\left\{2\sin\frac{n\pi}{2}+\cos\frac{n\pi}{2}-n\right\}}}=\frac{1}{\mathrm{e}^4}<1$，所以原级数收敛.

定理 10.2.5(广义达朗贝尔判别法 3)　设给定正项级数 $\sum\limits_{n=1}^{\infty} a_n$，满足 $a_{n+1}\leqslant a_n$ $(n=1,2,\cdots)$ 且 $\lim\limits_{n\to\infty}a_{2n}/a_n=\rho$，则

(i) 当 $\rho<\frac{1}{2}$时，级数 $\sum\limits_{n=1}^{\infty} a_n$ 收敛；

(ii) 当 $\rho>\frac{1}{2}$时，级数 $\sum\limits_{n=1}^{\infty} a_n$ 发散；

(iii) 当 $\rho=\frac{1}{2}$时不能判定.

证 当$\lim\limits_{n\to\infty}a_{2n}/a_n=\rho<\frac{1}{2}$时，有$\lim\limits_{n\to\infty}2a_{2n}/a_n=2\rho<1$，取$n=2^k$，$k$为自然数，则

$$\lim_{k\to\infty}\frac{2^{k+1}a_{2^{k+1}}}{2^k a_{2^k}}=\lim_{k\to\infty}\frac{2a_{2\cdot 2^k}}{a_{2^k}}=2\rho<1.$$

故由达朗贝尔判别法知$\sum\limits_{k=1}^{\infty}2^k a_{2^k}$收敛（可以证明：若$a_1\geqslant a_2\geqslant\cdots\geqslant a_n\geqslant a_{n+1}\geqslant\cdots>0$，则级数$\sum\limits_{n=1}^{\infty}a_n$收敛当且仅当级数$\sum\limits_{k=1}^{\infty}2^k a_{2^k}$收敛. 有些书上将此结论称为柯西凝聚判别法.

事实上，由$a_n>0$单调递减性可得

$$a_1+(a_2+a_3)+(a_4+a_5+a_6+a_7)+\cdots+(a_{2^n}+a_{2^n+1}+\cdots+a_{2^{n+1}-1})\leqslant\sum_{k=1}^{n+1}2^{k-1}a_{2^{k-1}},$$

$$a_1+a_2+(a_3+a_4)+(a_5+a_6+a_7+a_8)+\cdots+(a_{2^n+1}+a_{2^n+2}+\cdots+a_{2^{n+1}})\geqslant a_1+\frac{1}{2}\sum_{k=1}^{n+1}2^k a_{2^k},$$

因此，级数$\sum\limits_{n=1}^{\infty}a_n$和$\sum\limits_{k=1}^{\infty}2^k a_{2^k}$同敛散.）.

由此可知$\sum\limits_{n=1}^{\infty}a_n$收敛，同理可证当$\rho>\frac{1}{2}$时$\sum\limits_{n=1}^{\infty}a_n$发散.

注意到$\sum\limits_{n=1}^{\infty}\frac{1}{n}$和$\sum\limits_{n=2}^{\infty}\frac{1}{n\ln^2 n}$，二者均有$\rho=\lim\limits_{n\to\infty}\frac{a_{2n}}{a_n}=\frac{1}{2}$，但前者发散而后者收敛，故当$\rho=\frac{1}{2}$时此判别法失效. 定理得证.

容易证明，若$\lim\limits_{n\to\infty}a_{n+1}/a_n=\rho<1$，则$\lim\limits_{n\to\infty}a_{2n}/a_n=0$. 事实上，若$\lim\limits_{n\to\infty}a_{n+1}/a_n=\rho<1$，则对任意的$\varepsilon$（$0<\varepsilon<1-\rho$），存在自然数$n_0$，当$n\geqslant n_0$时恒有$a_{n+1}<(\rho+\varepsilon)a_n$，$a_{n+2}<(\rho+\varepsilon)a_{n+1}$，…，从而有$a_{2n}<(\rho+\varepsilon)^n a_n$，这表明$\lim\limits_{n\to\infty}a_{2n}/a_n=0$.

同理可证，若$\lim\limits_{n\to\infty}a_{n+1}/a_n=\rho>1$，则$\lim\limits_{n\to\infty}a_{2n}/a_n=+\infty$. 由此可见，对满足条件$a_{n+1}\leqslant a_n$的正项级数，能用达朗贝尔判别法的都可用定理10.2.5给出的法则判断.

例 10.2.5 判别级数$\sum\limits_{n=1}^{\infty}\frac{n^n}{n!\,\mathrm{e}^n}$的敛散性.

解 利用不等式$\mathrm{e}>\left(1+\frac{1}{n}\right)^n$，可直接推出$\frac{n^n}{n!\,\mathrm{e}^n}>\frac{(n+1)^{n+1}}{(n+1)!\,\mathrm{e}^{n+1}}$，且有

$$\lim_{n\to\infty} a_{2n}/a_n = \lim_{n\to\infty}\frac{(2n)^{2n}e^n}{n^n e^{2n}}\cdot\frac{n!}{(2n)!} = \lim_{n\to\infty}\frac{(2n)^{2n}e^n}{n^n e^{2n}}\cdot\frac{\sqrt{2\pi n}n^n e^{-n}}{\sqrt{2\pi(2n)}(2n)^{2n}e^{-2n}}$$
$$=\frac{\sqrt{2}}{2}>\frac{1}{2},$$

故级数 $\sum_{n=1}^{\infty}\frac{n^n}{n!e^n}$ 发散.

注　求极限的第二个等号用到了斯特林公式 $n! = \sqrt{2\pi n}\cdot n^n\cdot e^{-n+\frac{\theta_n}{12n}}$ $(0<\theta_n<1)$. 对级数 $\sum_{n=1}^{\infty}\frac{n^n}{n!e^n}$，达朗贝尔判别法就无法判断其敛散性. 对满足条件 $a_{n+1}\leqslant a_n$ 的正项级数 $\sum_{n=1}^{\infty}a_n$，定理 10.2.5 给出的判别法是达朗贝尔判别法的推广.

习　题　10-2

1. 选择题.

(1) 设 $0\leqslant a_n\leqslant\frac{1}{n}$ $(n=1,2,\cdots)$，则下列级数中肯定收敛的是（　　）.

(A) $\sum_{n=1}^{\infty}a_n$;　　(B) $\sum_{n=1}^{\infty}(-1)^n a_n$;

(C) $\sum_{n=1}^{\infty}\sqrt{a_n}$;　　(D) $\sum_{n=1}^{\infty}(-1)^n a_n^2$.

(2) 若级数 $\sum_{n=1}^{\infty}a_n$ 收敛，则级数（　　）.

(A) $\sum_{n=1}^{\infty}|a_n|$ 收剑;　　(B) $\sum_{n=1}^{\infty}(-1)^n a_n$ 收敛;

(C) $\sum_{n=1}^{\infty}a_n a_{n+1}$ 收敛;　　(D) $\sum_{n=1}^{\infty}\frac{a_n+a_{n+1}}{2}$ 收敛.

2. 判别下列级数的敛散性.

(1) $\sum_{n=1}^{\infty}\frac{(n!)^2}{(2n)!}$;　　(2) $\sum_{n=1}^{\infty}\frac{(2n)!}{2^{n^2}}$;

(3) $\sum_{n=2}^{\infty}\frac{n^{\ln n}}{(\ln n)^n}$;　　(4) $\sum_{n=1}^{\infty}\frac{n-\arctan n}{n^2}$.

3. 设 $\{na_n\}$ 收敛，$\sum_{n=1}^{\infty}n(a_n-a_{n-1})$ 收敛，证明 $\sum_{n=1}^{\infty}a_n$ 也收敛.

4. 若两个正项级数 $\sum_{n=1}^{\infty}u_n$ 和 $\sum_{n=1}^{\infty}v_n$ 发散，问 $\sum_{n=1}^{\infty}\max(u_n,v_n)$，$\sum_{n=1}^{\infty}\min(u_n,v_n)$ 两级数的敛散性如何?

5. 设正数列 $\{a_n\}$ 单调递减，若 $\lim\limits_{n\to\infty} n\dfrac{a_{n^2}}{a_n}=\rho$，则当 $\rho<\dfrac{1}{2}$ 时级数 $\sum\limits_{n=1}^{\infty}a_n$ 收敛；当 $\rho>\dfrac{1}{2}$ 时 $\sum\limits_{n=1}^{\infty}a_n$ 发散. 用此结论判别 $\sum\limits_{n=1}^{\infty}\dfrac{1}{n\ln^2 n}$ 的敛散性.

10.3 积分判别法

积分判别法是利用非负函数的单调性及其积分性质，把无穷区间上的广义积分作为比较对象来判别正项级数的敛散性.

定理 10.3.1(柯西积分判别法) 对于正项级数 $\sum\limits_{n=1}^{\infty}u_n$，设 $\{u_n\}$ 单调减少，作单调减少的连续函数 $f(x)$（$f(x)\geqslant 0$），使 $u_n=f(n)$ 单调减少，则级数 $\sum\limits_{n=1}^{\infty}u_n$ 与广义积分 $\int_1^{+\infty}f(x)\mathrm{d}x$ 同时收敛，同时发散.

证 由 $f(x)$ 单调减少，故对 $x\in[k-1,k]$，

$$u_{k-1}=f(k-1)\geqslant f(x)\geqslant f(k)=u_k,$$

$$u_{k-1}=\int_{k-1}^{k}u_{k-1}\mathrm{d}x\geqslant\int_{k-1}^{k}f(x)\mathrm{d}x\geqslant\int_{k-1}^{k}f(k)\mathrm{d}x\geqslant\int_{k-1}^{k}u_k\mathrm{d}x=u_k,$$

所以

$$\sum_{k=2}^{n}u_{k-1}\geqslant\sum_{k=2}^{n}\int_{k-1}^{k}f(x)\mathrm{d}x=\int_1^n f(x)\mathrm{d}x\geqslant\sum_{k=2}^{n}u_k. \tag{3}$$

若广义积分 $\int_1^{+\infty}f(x)\mathrm{d}x$ 收敛，则对任何自然数 n，由上不等式（3），有

$$S_n=\sum_{k=1}^{n}u_k=u_1+\sum_{k=2}^{n}u_k\leqslant u_1+\int_1^n f(x)\mathrm{d}x\leqslant u_1+\int_1^{+\infty}f(x)\mathrm{d}x,$$

即部分数列 $\{S_n\}$ 有界，故级数 $\sum\limits_{n=1}^{\infty}u_n$ 收敛.

反之，若级数 $\sum\limits_{n=1}^{\infty}u_n$ 收敛，则由不等式（3），则对任何自然数 n（$n>1$），有

$$\int_1^n f(x)\mathrm{d}x\leqslant S_{n-1}\leqslant\sum_{k=1}^{n-1}u_k\leqslant\sum_{k=1}^{\infty}u_k=S, \tag{4}$$

又知 $f(t)\geqslant 0$，则 $F(x)=\int_a^x f(t)\mathrm{d}t$ 是 x 的单增函数，由（4）可知 $F(x)$ 有上界 S，根据单调有界准则知广义积分 $\int_1^{+\infty}f(x)\mathrm{d}x$ 收敛. 定理证毕.

例 10.3.1 讨论级数 $\sum\limits_{n=2}^{\infty}\dfrac{1}{n(\ln n)^p}$ 的敛散性，其中 $p>0$ 为常数.

解　取 $f(x)=\dfrac{1}{x(\ln x)^p}$，$p>0$. 它在 $[3,+\infty)$ 上非负，单调减少且连续. 令 $u_n=f(n)=\dfrac{1}{n(\ln n)^p}$.

当 $p=1$ 时，$\lim\limits_{x\to\infty}\int_3^x \dfrac{1}{t\ln t}\mathrm{d}t=\lim\limits_{x\to\infty}[\ln\ln x-\ln\ln 3]=+\infty$.

当 $p\neq 1$ 时，
$$\lim_{x\to\infty}\int_3^x \frac{1}{t(\ln t)^p}\mathrm{d}t=\lim_{x\to\infty}\frac{1}{1-p}[(\ln x)^{1-p}-(\ln 3)^{1-p}]$$
$$=\begin{cases}+\infty, & 0<p<1,\\ \dfrac{(\ln 3)^{1-p}}{p-1}, & p>1.\end{cases}$$

故级数 $\sum\limits_{n=1}^{\infty}\dfrac{1}{n(\ln n)^p}$ 当 $p>1$ 收敛，当 $0<p\leqslant 1$ 时发散.

注　对于正项级数 $\sum\limits_{n=3}^{\infty}\dfrac{1}{n(\ln n)(\ln\ln n)^p}$，考察广义积分 $\int_3^{+\infty}\dfrac{\mathrm{d}x}{x\ln x(\ln\ln x)^p}$，同样可推得当 $p>1$ 收敛，当 $0<p\leqslant 1$ 时发散.

习　题　10-3

讨论下列级数的敛散性.

(1) $\sum\limits_{n=2}^{\infty}\dfrac{1}{n\cdot(\ln n)^p}$；　　(2) $\sum\limits_{n=2}^{\infty}\dfrac{1}{n\cdot\ln n\cdot(\ln\ln n)^p}$；

(3) $\sum\limits_{n=3}^{\infty}\dfrac{1}{n\cdot(\ln n)^{1+\sigma}\cdot\ln\ln n}$；　　(4) $\sum\limits_{n=3}^{\infty}\dfrac{1}{n\cdot(\ln n)^p\cdot(\ln\ln n)^q}$；

(5) $\sum\limits_{n=2}^{\infty}\dfrac{1}{2^{\sqrt{n}}}$.

10.4　绝对收敛的导数判别法

下面的绝对收敛判别法与函数在点 $x=0$ 处的导数有关，称其为导数判别法.

定理 10.4.1　设 $f(x)$ 在 $x=0$ 的某邻域内有定义，$u_n=f\left(\dfrac{1}{n}\right)$（或当 n 充分大时成立），且 $f''(x)$ 在 $x=0$ 处存在，则级数 $\sum\limits_{n=1}^{\infty}u_n$ 绝对收敛的充分必要条件是：$f(0)=f'(0)=0$.

证　不妨设对一切 n，都有 $u_n=f\left(\dfrac{1}{n}\right)$，由 $f''(x)$ 在 $x=0$ 处存在，易知

$f(x)$ 在 $x=0$ 处连续，且在 $x=0$ 的某邻域内可导.

充分性. 由 $f(0)=f'(0)=0$，令 $0<\lambda<1$，则有

$$\lim_{x\to0^+}\frac{f(x)}{x^{1+\lambda}}=\lim_{x\to0^+}\frac{f'(x)}{(1+\lambda)x^{\lambda}}=\frac{1}{1+\lambda}\lim_{x\to0^+}\frac{f'(x)-f'(0)}{x}\cdot x^{1-\lambda}$$
$$=\frac{f''(0)}{1+\lambda}\lim_{x\to0^+}x^{1-\lambda}=0.$$

上式表明 $\lim\limits_{n\to\infty}\dfrac{|u_n|}{(1/n)^{1+\lambda}}=0$，而 $\sum\limits_{n=1}^{\infty}\dfrac{1}{n^{1+\lambda}}$ 收敛，由比较判别法知 $\sum\limits_{n=1}^{\infty}u_n$ 绝对收敛.

必要性. 设 $\sum\limits_{n=1}^{\infty}u_n$ 绝对收敛，则 $f(0)=\lim\limits_{n\to\infty}f\left(\dfrac{1}{n}\right)=\lim\limits_{n\to\infty}u_n=0$.

如果 $f'(0)=a\neq0$，则 $\lim\limits_{x\to0}\dfrac{f(x)}{x}=\lim\limits_{x\to0}\dfrac{f(x)-f(0)}{x-0}=f'(0)=a$，于是有

$$\lim_{n\to\infty}\frac{|u_n|}{\dfrac{1}{n}}=\lim_{n\to\infty}\frac{\left|f\left(\dfrac{1}{n}\right)\right|}{\dfrac{1}{n}}=|a|\neq0.$$

而级数 $\sum\limits_{n=1}^{\infty}\dfrac{1}{n}$ 发散知 $\sum\limits_{n=1}^{\infty}|u_n|$ 发散，这与 $\sum\limits_{n=1}^{\infty}u_n$ 绝对收敛矛盾，故 $f'(0)=0$. 定理证毕.

例 10.4.1 判别下列级数的敛散性.

(1) $\sum\limits_{n=1}^{\infty}\left(\dfrac{1}{n}-\ln\left(1+\dfrac{1}{n}\right)\right)$；　　(2) $\sum\limits_{n=1}^{\infty}\dfrac{1}{n^p}\sin\dfrac{\pi}{n}$（$p\geqslant1$ 为实数).

解 (1) 令 $f(x)=x-\ln(1+x)$，显然 $f(x)$ 在 $x=0$ 处二阶可导，且 $f(0)=0$，又 $f'(x)=1-\dfrac{1}{1+x}$，$f'(0)=0$，由导数判别法知 $\sum\limits_{n=1}^{\infty}\left(\dfrac{1}{n}-\ln\left(1+\dfrac{1}{n}\right)\right)$ 收敛.

(2) 令 $f(x)=x^p\sin\pi x$，则 $f(0)=0$，又

$$f'(x)=px^{p-1}\sin\pi x+\pi x^p\cos\pi x,\quad f'(0)=0,$$
$$f''(0)=\lim_{x\to0}\frac{px^{p-1}\sin\pi x+\pi x^p\cos\pi x-0}{x}=\begin{cases}2\pi, & p=1,\\ 0, & p>1,\end{cases}$$

即 $f(x)$ 在 $x=0$ 处二阶可导，由导数判别法知级数 $\sum\limits_{n=1}^{\infty}\dfrac{1}{n^p}\sin\dfrac{\pi}{n}$ 当 $p\geqslant1$ 时收敛.

习　题　10-4

1. 判别下列级数的敛散性，若收敛，说明是绝对收敛，还是条件收敛.

(1) $\sum_{n=1}^{\infty}(-1)^n\frac{1+n}{1+n^2}$；　　(2) $\sum_{n=1}^{\infty}\left(\frac{\cos n}{\sqrt[n]{2}}\right)^{n^2}$；

(3) $\sum_{n=1}^{\infty}(-1)^n\frac{\ln n}{n}$；　　(4) $\sum_{n=1}^{\infty}\sin(\pi\sqrt{n^2+1})$.

2. 设偶函数 $f(x)$ 的二阶导数 $f''(x)$ 在 $x=0$ 的某个邻域内连续，且 $f(0)=1$，$f''(0)=2$. 试证级数 $\sum_{n=1}^{\infty}\left[f\left(\frac{1}{n}\right)-1\right]$收敛.

3. 设 $f(x)$ 在 $x=0$ 某邻域内具有连续的二阶导数，且 $\lim_{x\to 0}\frac{f(x)}{x}=0$. 试证级数 $\sum_{n=1}^{\infty}f\left(\frac{1}{n}\right)$绝对收敛.

4. 设 $f(x)$ 在点 $x=0$ 的某一邻域内具有二阶连续导数，且 $\lim_{x\to 0}\frac{f(x)}{x}=0$，证明级数 $\sum_{n=1}^{\infty}\sqrt{n}f\left(\frac{1}{n}\right)$绝对收敛.

10.5　拉伯判别法与高斯判别法

柯西判别法和达朗贝尔判别法是基于把所要判别的级数与某一几何级数相比较的想法而得到的，也就是说，如果给定级数的通项收敛于零的速度比某收敛的等比（几何）级数的通项收敛于零的速度快，则能判定该级数收敛. 如果级数的通项收敛于零的速度较慢，它们就无能为力了. 拉伯（Raabe）以 p一级数 $\sum_{n=1}^{\infty}\frac{1}{n^p}$ 作为比较对象，得到了拉伯判别法. 高斯（Gauss）以级数 $\sum_{n=1}^{\infty}\frac{1}{n(\ln n)^p}$ 作为比较对象，得到了高斯判别法.

定理 10.5.1(拉伯判别法)　设 $\sum_{n=1}^{\infty}u_n$ 为正项级数，若有

$$\frac{u_{n+1}}{u_n}=1-\frac{\alpha}{n}+o\left(\frac{1}{n}\right)\quad(n\to\infty),\tag{5}$$

则在 $\alpha>1$ 时，级数 $\sum_{n=1}^{\infty}u_n$ 收敛；而在 $\alpha<1$ 时，级数 $\sum_{n=1}^{\infty}u_n$ 发散.

证略.

注　等式（5）式其实相当于

$$\lim_{n\to\infty}n\left(1-\frac{u_{n+1}}{u_n}\right)=\alpha.\tag{6}$$

推论(拉伯判别法的极限形式)　设 $\sum_{n=1}^{\infty}u_n$ 为正项级数，且极限（6）存在，则：

(i) 当 $\alpha>1$ 时，级数 $\sum_{n=1}^{\infty} u_n$ 收敛；

(ii) 当 $\alpha<1$ 时，级数 $\sum_{n=1}^{\infty} u_n$ 发散；

(iii) 当 $\alpha=1$ 时，拉伯判别法失效.

例 10.5.1　讨论级数 $\sum_{n=1}^{\infty}\left(\frac{1\cdot 3\cdot\cdots\cdot(2n-1)}{2\cdot 4\cdot\cdots\cdot(2n)}\right)^s$ 当 $s=1,2,3$ 时的敛散性.

解　对于任何 s，都有 $\lim\limits_{n\to\infty}\frac{u_{n+1}}{u_n}=\lim\limits_{n\to\infty}\left(\frac{2n+1}{2n+2}\right)^s=1$. 因此，用达朗贝尔判别法不能判别其敛散性. 下面用拉伯判别法来讨论.

当 $s=1$ 时，由于

$$n\left(1-\frac{u_{n+1}}{u_n}\right)=n\left(1-\frac{2n+1}{2n+2}\right)=\frac{n}{2n+2}\to\frac{1}{2}<1\quad(n\to\infty),$$

故当 $s=1$ 时级数发散；

当 $s=2$ 时，由于

$$n\left(1-\frac{u_{n+1}}{u_n}\right)=n\left[1-\left(\frac{2n+1}{2n+2}\right)^2\right]=\frac{n(4n+3)}{(2n+2)^2}\to 1\quad(n\to\infty),$$

此时，拉伯判别法不能判别级数的敛散性；

当 $s=3$ 时，由于

$$n\left(1-\frac{u_{n+1}}{u_n}\right)=n\left[1-\left(\frac{2n+1}{2n+2}\right)^3\right]=\frac{n(12n^2+18n+7)}{(2n+2)^3}\to\frac{3}{2}>1\quad(n\to\infty),$$

因此，当 $s=3$ 时级数收敛.

例 10.5.2　判别级数 $\sum_{n=1}^{\infty}\frac{\sqrt{n!}}{(2+\sqrt{1})(2+\sqrt{2})\cdots(2+\sqrt{n})}$ 的敛散性.

解　由 $\lim\limits_{n\to\infty}n\left(1-\frac{u_{n+1}}{u_n}\right)=\lim\limits_{n\to\infty}n\left[1-\frac{\sqrt{n+1}}{2+\sqrt{n+1}}\right]=+\infty$，故根据拉伯判别法知级数收敛.

还有比拉贝判别法更“精密”的判别法，例如高斯判别法.

定理 10.5.2(高斯判别法)　设 $\sum_{n=1}^{\infty} u_n$ 为正项级数，若有

$$\frac{u_{n+1}}{u_n}=1-\frac{1}{n}-\frac{\beta}{n\ln n}+o\left(\frac{1}{n\ln n}\right)\quad(n\to\infty),\tag{7}$$

则在 $\beta>1$ 时级数 $\sum_{n=1}^{\infty} u_n$ 收敛；而在 $\beta<1$ 时级数 $\sum_{n=1}^{\infty} u_n$ 发散.

注　级数的敛散性是用部分和数列的极限来定义的. 一般说来，部分和 S_n

不易求得，于是级数的敛散性判别法就应运而生．以正项级数而言，从部分和有界这个充要条件出发，推出了比较原理，它须用预知其敛散性的级数作比较对象．若用几何级数充任比较级数，就得到了柯西判别法与达朗贝尔判别法．这两个方法简单易行，但当极限为 1 时，方法就失效了．若要得出结果，只能用比几何级数收敛得更“慢”的级数作为比较级数．拉伯选取了 p—级数，从而得到了以他命名的判别法．拉伯判别法较柯西判别法及达朗贝尔判别法应用广泛，但拉伯判别法的 α 也可能为 1，此法仍可能失效．于是又得寻求比 p—级数收敛得更慢的级数，级数 $\sum_{n=2}^{\infty}\frac{1}{n\cdot(\ln n)^p}$ 就是一个，高斯就是利用它建立了以他命名的判别法，此法较拉伯判别法的用途更广．沿此思路下去又会发现级数 $\sum_{n=3}^{\infty}\frac{1}{n\ln n(\ln\ln n)^p}$ 较 $\sum_{n=2}^{\infty}\frac{1}{n(\ln n)^p}$ 收敛得更慢，从理论上讲，还可以建立较高斯判别法更“精密”的判别法．因此，可以说无法建立“最精密”的敛散性判别法．如果某级数用上述判别法都无能为力，我们可以用级数收敛的定义、充要条件（部分和有界）或柯西（Cauchy）收敛准则去判别．没有必要再设法建立更精密的判别法了．

习　题　10-5

1. 讨论级数 $\sum_{n=1}^{\infty}\left(\frac{1\cdot 3\cdot\cdots\cdot(2n-1)}{2\cdot 4\cdot\cdots\cdot(2n)}\right)^{\frac{1}{2}}$ 的敛散性.
2. 判别级数 $\sum_{n=1}^{\infty}\frac{\ln n}{(2+\sqrt{1})(2+\sqrt{2})\cdots(2+\sqrt{n})}$ 的敛散性.
3. 判别级数 $\sum_{n=1}^{\infty}\frac{n!\ n^{-p}}{q(q+1)(q+2)\cdots(q+n)}$ （$p+q\neq 1$）的敛散性.

10.6　阿贝尔判别法与狄利克雷判别法

阿贝尔（Abel）变换　为了求和数 $S=\sum_{i=1}^{m}a_ib_i=a_1b_1+a_2b_2+\cdots+a_mb_m$，阿贝尔给出了一个初等变换，引进和数

$$B_1=b_1,B_2=b_1+b_2,B_3=b_1+b_2+b_3,\cdots,B_m=b_1+b_2+\cdots+b_m,$$

$$b_1=B_1,b_2=B_2-B_1,b_3=B_3-B_2,\cdots,b_m=B_m-B_{m-1}.$$

$$S=\sum_{i=1}^{m}a_ib_i=a_1B_1+a_2(B_2-B_1)+a_3(B_3-B_2)+\cdots+a_m(B_m-B_{m-1})$$

$$= (a_1 - a_2)B_1 + (a_2 - a_3)B_2 + \cdots + (a_{m-1} - a_m)B_{m-1} + a_m B_m$$

$$= \sum_{i=1}^{m-1}(a_i - a_{i+1})B_i + a_m B_m,$$

即

$$\sum_{i=1}^{m} a_i b_i = a_m B_m + \sum_{i=1}^{m-1}(a_i - a_{i+1})B_i = a_m B_m - \sum_{i=1}^{m-1}(a_{i+1} - a_i)B_i. \tag{8}$$

公式（8）称为阿贝尔变换公式，它与分部积分公式十分相似：

$$\int_a^b f(x)g(x)\mathrm{d}x = f(x)G(x)\big|_a^b - \int_a^b G(x)\mathrm{d}f(x)$$

$$= f(b)G(b) - \int_a^b G(x)\mathrm{d}f(x), \tag{9}$$

其中，$G(x)=\int_a^x g(t)\mathrm{d}t$，$G(a)=0$. 如果把 B_i 换成 $G(x)$，$a_{i+1}-a_i$ 换成 $\mathrm{d}f(x)$，$\sum$ 换成 $\int_a^b$，则（8）式就转化为（9）式.

阿贝尔引理 如果 $\{a_i\}$ $(i=1,2,\cdots,m)$ 单调（增或减），$\{B_i\}$ $(i=1,2,\cdots,m)$ 有界，即存在 $M>0$，使 $|B_i|\leqslant M$；则

$$|S| = \left|\sum_{i=1}^{m} a_i b_i\right| \leqslant M(|a_1| + 2|a_m|). \tag{10}$$

证 利用阿贝尔变换

$$S = \sum_{i=1}^{m} a_i b_i = a_m B_m - \sum_{i=1}^{m-1}(a_{i+1} - a_i)B_i,$$

$$|S| = \left|\sum_{i=1}^{m} a_i b_i\right| \leqslant |a_m B_m| + \sum_{i=1}^{m-1}|a_{i+1} - a_i|\,|B_i|.$$

由于 $a_{i+1}-a_i$ 同号（a_n 单调），$|B_i|\leqslant M$，于是有

$$|S| \leqslant M|a_m| + M\sum_{i=1}^{m-1}|a_{i+1} - a_i| \leqslant M(|a_1| + 2|a_m|).$$

推论 如果 $a_i\geqslant 0$ $(i=1,2,\cdots,m)$，并且 $a_1\geqslant a_2\geqslant a_3\geqslant\cdots\geqslant a_m$，那么

$$|S| \leqslant M a_1. \tag{11}$$

下面用阿贝尔引理来建立比莱布尼兹判别法更为一般的收敛判别法：阿贝尔判别法及狄利克雷（Dirichlet）判别法. 用它们判别形如

$$\sum_{i=1}^{\infty} a_i b_i = a_1 b_1 + a_2 b_2 + \cdots + a_n b_n + \cdots$$

的级数的敛散性十分有效.

定理 10.6.1（阿贝尔判别法） 如果级数 $\sum_{n=1}^{\infty} b_n$ 收敛，数列 $\{a_n\}$ 单调有界，即存在正数 K，使得 $|a_n|\leqslant K$ $(n=1,2,3,\cdots)$，则级数 $\sum_{n=1}^{\infty} a_n b_n$ 收敛.

证　利用阿贝尔引理来估计和数

$$\sum_{k=n+1}^{n+m} a_k b_k = \sum_{i=1}^{m} a_{n+i} b_{n+i}, \tag{12}$$

由条件 $\sum_{n=1}^{\infty} b_n$ 收敛，即对任给 $\varepsilon>0$，存在 N，当 $n>N$ 时，对任何自然数 p，有

$$|b_{n+1}+b_{n+2}+\cdots+b_{n+p}|<\frac{\varepsilon}{3K},$$

取$\frac{\varepsilon}{3K}$为阿贝尔引理中的M，再由条件 $\{a_n\}$ 单调有界，则有

$$\left|\sum_{k=n+1}^{n+m} a_k b_k\right| = \left|\sum_{i=1}^{m} a_{n+i} b_{n+i}\right| \leqslant \frac{\varepsilon}{3K}(|a_{n+1}|+2|a_{n+m}|)<\varepsilon,$$

由柯西收敛原理知级数 $\sum_{n=1}^{\infty} a_n b_n$ 收敛. 定理证毕.

定理 10.6.2(狄利克雷判别法)　如果级数 $\sum_{n=1}^{\infty} b_n$ 的部分和 B_n 有界，即存在正数 M，使 $|B_n|\leqslant M$ $(n=1,2,3,\cdots)$，并设数列 $\{a_n\}$ 单调趋向于零，则级数 $\sum_{n=1}^{\infty} a_n b_n$ 收敛.

证　由条件 B_n 有界，对任何自然数 n 和 p，有

$$|b_{n+1}+b_{n+2}+\cdots+b_{n+p}|=|B_{n+p}-B_n|\leqslant 2M,$$

再由于$\lim\limits_{n\to\infty}a_n=0$，故对任意 $\varepsilon>0$，存在 N，当 $n>N$ 时，就有 $|a_n|<\frac{\varepsilon}{6M}$. 注意这里的 $2M$ 就是引理中的M，所以当 $n>N$ 时，对任何自然数 m，有

$$\left|\sum_{i=1}^{m} a_{n+i} b_{n+i}\right| = \left|\sum_{k=n+1}^{n+m} a_k b_k\right| \leqslant 2M(|a_{n+1}|+2|a_{n+m}|)<2M\left(\frac{\varepsilon}{6M}+\frac{2\varepsilon}{6M}\right)=\varepsilon,$$

由柯西收敛原理知 $\sum_{n=1}^{\infty} a_n b_n$ 收敛.

注　在狄利克雷判别法中，特取 $b_n=(-1)^n$，则得到莱布尼茨判别法. 因此，莱布尼茨判别法是狄利克雷判别法的特殊情况.

例 10.6.1　若级数 $\sum_{n=1}^{\infty} u_n$ 收敛，证明级数 $\sum_{n=1}^{\infty}\frac{u_n}{n}$，$\sum_{n=1}^{\infty}\frac{u_n}{\sqrt{n}}$，$\sum_{n=1}^{\infty}\frac{nu_n}{n+1}$ 都收敛.

证　取 $b_n=u_n$，分别取 $a_n=\frac{1}{n}$，$a_n=\frac{1}{\sqrt{n}}$，$a_n=\frac{n}{n+1}$，它们都是单调有界的，由阿贝尔判别法知它们均收敛.

例 10.6.2　若数列 $\{a_n\}$ 单调趋于零，证明：

（1）级数 $\sum_{n=1}^{\infty} a_n \sin nx$ 对任何 x 都收敛；

（2）级数 $\sum_{n=1}^{\infty} a_n \cos nx$ 对任何 $x \neq 2k\pi$ 都收敛，而当 $x=2k\pi$ 时，须根据 a_n 的性质进一步判定.

证　（1）先考虑当 $x \neq 2k\pi$ 时级数 $\sum_{n=1}^{\infty} \sin nx$ 的部分和 $\sum_{k=1}^{n} \sin kx$. 由积化和差公式 $\sin A \sin B=\frac{1}{2}[\cos(A-B)-\cos(A+B)]$，有

$$
\begin{aligned}
&2\sin\frac{x}{2}(\sin x+\sin 2x+\cdots+\sin nx)\\
&=2\left[\sin\frac{x}{2}\sin x+\sin\frac{x}{2}\sin 2x+\cdots+\sin\frac{x}{2}\sin nx\right]\\
&=\left[\left(\cos\frac{x}{2}-\cos\frac{3}{2}x\right)+\left(\cos\frac{3}{2}x-\cos\frac{5}{2}x\right)+\cdots\right.\\
&\quad\left.+\left(\cos\frac{2n-1}{2}x-\cos\frac{2n+1}{2}x\right)\right]=\cos\frac{x}{2}-\cos\frac{2n+1}{2}x,
\end{aligned}
$$

从而

$$
\left|\sum_{k=1}^{n}\sin kx\right| \leqslant \frac{2}{2\left|\sin\frac{x}{2}\right|}=\frac{1}{\left|\sin\frac{x}{2}\right|} \qquad (x \neq 2k\pi).
$$

由狄利克雷判别法知 $\sum_{n=1}^{\infty} a_n \sin nx$ 收敛.

当 $x=2k\pi$ 时，级数的通项为零，级数自然收敛.

（2）由和差化积公式（$x \neq 2k\pi$）$\sin A\cos B=\frac{1}{2}[\sin(A+B)+\sin(A-B)]=\frac{1}{2}[\sin(A+B)-\sin(B-A)]$，有

$$
\begin{aligned}
&2\sin\frac{x}{2}[\cos x+\cos 2x+\cdots+\cos nx]\\
&=\left[\left(\sin\frac{3}{2}x-\sin\frac{1}{2}x\right)+\left(\sin\frac{5}{2}x-\sin\frac{3}{2}x\right)+\cdots\right.\\
&\quad\left.+\left(\sin\frac{2n+1}{2}x-\sin\frac{2n-1}{2}x\right)\right]=\sin\frac{2n+1}{2}x-\sin\frac{1}{2}x,
\end{aligned}
$$

从而

$$
\left|\sum_{k=1}^{n}\cos kx\right| \leqslant \frac{2}{2\left|\sin\frac{x}{2}\right|}=\frac{1}{\left|\sin\frac{x}{2}\right|}.
$$

由狄利克雷判别法知 $\sum\limits_{n=1}^{\infty} a_n \cos nx$ 收敛.

习　题　10-6

1. 利用阿贝尔与狄利克雷判别法研究下列级数的敛散性及绝对或条件收敛性.

(1) $\sum\limits_{n=1}^{\infty} \dfrac{\cos 3n}{n}\left(1+\dfrac{1}{n}\right)^n$；　(2) $\sum\limits_{n=1}^{\infty} (-1)^n \dfrac{\sin^2 n}{n}$；

(3) $\sum\limits_{n=1}^{\infty} \dfrac{\sin nx}{\ln n}$；　(4) $\sum\limits_{n=1}^{\infty} \dfrac{(-1)^n}{n} \dfrac{x^n}{1+x^n}(x>0)$.

2. 研究下列级数的敛散性及绝对或条件收敛性.

(1) $\sum\limits_{n=2}^{\infty} \sin\left(n\pi+\dfrac{1}{\ln n}\right)$；　(2) $\sum\limits_{n=1}^{\infty} \dfrac{\ln^{100} n}{n} \sin\dfrac{n\pi}{4}$；

(3) $\sum\limits_{n=1}^{\infty} (-1)^n \dfrac{n-1}{n+1} \dfrac{1}{\sqrt[100]{n}}$；　(4) $\sum\limits_{n=1}^{\infty} \left(\ln\dfrac{1}{n^\alpha} - \ln\sin\dfrac{1}{n^\alpha}\right)(\alpha \geqslant 0)$.

3. 讨论下列级数的绝对收敛和条件收敛性.

(1) $\sum\limits_{n=1}^{\infty} \dfrac{(-1)^n}{n+x}$；　(2) $\sum\limits_{n=1}^{\infty} \dfrac{\sin(2^n x)}{n!}$；　(3) $\sum\limits_{n=1}^{\infty} \dfrac{\sin nx}{n}$.

4. 证明：收敛级数 $\sum\limits_{n=1}^{\infty} \dfrac{(-1)^n}{\sqrt{n}}$ 的平方是发散级数.

5. 设函数 $f(x)$ 在 $(-\infty, +\infty)$ 上连续，且满足 $f(x)=\sin x+\int_0^x tf(x-t)\mathrm{d}t$，证明 $\sum\limits_{n=1}^{\infty} (-1)^n f\left(\dfrac{1}{n}\right)$ 收敛，而 $\sum\limits_{n=1}^{\infty} f\left(\dfrac{1}{n}\right)$ 发散.

6. 设级数 $\sum\limits_{n=1}^{\infty} (a_n - a_{n-1})$ 收敛，又 $\sum\limits_{n=1}^{\infty} b_n$ 是收敛的正项级数，证明 $\sum\limits_{n=1}^{\infty} a_n b_n$ 绝对收敛.

7. 设正数数列 $\{a_n\}$ 单调减少，则 $\lim\limits_{n\to\infty} a_n = 0$ 的充分必要条件是正项级数 $\sum\limits_{n=1}^{\infty} \left(1-\dfrac{a_{n+1}}{a_n}\right)$ 发散.

第 11 讲　函数项级数的一致收敛性

一般工科高等数学课程是不讲一致收敛性的，但由于它在函数项级数和含参变量积分中的重要性，有必要加以介绍.

11.1　函数项级数的概念

设 $u_n(x)$（$n=1,2,3,\cdots$）是定义在数集 X 上的一列函数，我们称

$$\sum_{n=1}^{\infty} u_n(x) = u_1(x) + u_2(x) + \cdots + u_n(x) + \cdots$$

为函数项级数.

函数项级数的收敛性可以借助数项级数来得到. 对于每一个确定的 $x_0 \in X$，若数项级数 $\sum\limits_{n=1}^{\infty} u_n(x_0)$ 收敛，则称函数项级数 $\sum\limits_{n=1}^{\infty} u_n(x)$ 在点 x_0 收敛，或称 x_0 是 $\sum\limits_{n=1}^{\infty} u_n(x)$ 的收敛点. 收敛点的全体所成的集合称为收敛域.

设 $\sum\limits_{n=1}^{\infty} u_n(x)$ 的收敛域为 $I \subseteq X$，则 $\sum\limits_{n=1}^{\infty} u_n(x)$ 就定义了数集 I 上的一个函数 $S(x)$：$S(x) = \sum\limits_{n=1}^{\infty} u_n(x), x \in I$. 称 $S(x)$ 为 $\sum\limits_{n=1}^{\infty} u_n(x)$ 的和函数. 例如级数 $\sum\limits_{n=0}^{\infty} x^n = 1 + x + x^2 + \cdots$ 在 $I=(-1,1)$ 内收敛，其和函数为 $\dfrac{1}{1-x}$.

与数项级数一样，给定一个函数项级数 $\sum\limits_{n=1}^{\infty} u_n(x)$，可以作出它的部分和序列 $\{S_n(x)\}$：$S_n(x) = \sum\limits_{k=1}^{n} u_k(x)$. 这是一个定义在 X 上的函数序列. 显然，使 $\{S_n(x)\}$ 收敛的 x 全体就是数集 I. 在 I 上，$\sum\limits_{n=1}^{\infty} u_n(x)$ 的和函数 $S(x)$ 就是部分和序列 $\{S_n(x)\}$ 的极限，即

$$S(x) = \lim_{n\to\infty} S_n(x).$$

反过来，若给定一个函数序列 $\{S_n(x)\}$，$x \in X$，只要令 $u_1(x) = S_1(x)$，$u_{n+1}(x) = S_{n+1}(x) - S_n(x)$（$n=1,2,3,\cdots$），就得到相应的函数项级数 $\sum\limits_{n=1}^{\infty} u_n(x)$，它

的部分和序列就是 $\{S_n(x)\}$. 这样一来，我们看到函数项级数 $\sum\limits_{n=1}^{\infty}u_n(x)$ 的收敛性与函数序列 $\{S_n(x)\}$ 的收敛性在本质上是完全一致的.

习　题　11-1

1. 求下列函数项级数的收敛域.

(1) $\sum\limits_{n=1}^{\infty}\dfrac{x^n}{1+x^{2n}}$；　　(2) $\sum\limits_{n=1}^{\infty}\dfrac{2^n+x^n}{1+(3x)^n}\left(x\neq-\dfrac{1}{3}\right)$.

2. 讨论函数项级数 $\sum\limits_{n=1}^{\infty}\dfrac{x^n}{n+a^n}$ $(a\geqslant 0)$ 的敛散域.

11.2　函数项级数一致收敛的概念

我们知道，有限个连续函数的和仍然是连续函数，有限个可导与可积函数的和的导数与积分，分别等于它们的导数与积分的和. 然而现在研究函数项级数 $\sum\limits_{n=1}^{\infty}u_n(x)$，遇到的是无穷多个函数相加的情形，我们自然要问：

当级数 $\sum\limits_{n=1}^{\infty}u_n(x)$ 在 I 上收敛于和函数 $S(x)$ 时，即 $\sum\limits_{n=1}^{\infty}u_n(x)=S(x)$，或 $\lim\limits_{n\to\infty}S_n(x)=S(x)$ $\left(\text{其中 } S_n(x)=\sum\limits_{k=1}^{n}u_k(x)\right)$时，

(1) 如果 $u_n(x)$ $(n=1,2,3,\cdots)$ 连续，$S(x)$ 是否也连续?

(2) 如果 $u_n(x)$ $(n=1,2,3,\cdots)$ 在 I 的一个区间 $[a,b]$ 可积，$S(x)$ 是否也在 $[a,b]$ 可积，且等式

$$\lim_{n\to\infty}\int_a^b S_n(x)\mathrm{d}x=\int_a^b S(x)\mathrm{d}x,$$

即

$$\sum_{n=1}^{\infty}\int_a^b u_n(x)\mathrm{d}x=\int_a^b\Big[\sum_{n=1}^{\infty}u_n(x)\Big]\mathrm{d}x$$

是否成立?

(3) 如果 $u_n(x)$ $(n=1,2,3,\cdots)$ 可导，$S(x)$ 是否也可导? 又等式

$$\lim_{n\to\infty}S_n'(x)=S'(x),$$

即

$$\sum_{n=1}^{\infty}u_n'(x)=\Big(\sum_{n=1}^{\infty}u_n(x)\Big)'$$

是否成立？

答案是：都不一定. 请看下面的例子.

例 11.2.1 定义在区间 [0,1] 上的级数

$$\sum_{n=1}^{\infty} u_n(x) = x + (x^2 - x) + (x^3 - x^2) + \cdots,$$

它的每一项在 [0,1] 上都连续，其部分和 $S_n(x)=x^n$，因此和函数为

$$S(x) = \lim_{n\to\infty} S_n(x) = \begin{cases} 0, & 0 \leqslant x < 1, \\ 1, & x = 1. \end{cases}$$

显然，和函数 $S(x)$ 在 $x=1$ 不连续. 这个例子告诉我们，虽然级数的每一项都是连续函数，但和函数不一定连续；虽然级数的每一项都可导，但和函数不一定可导.

例 11.2.2 考察函数序列 $\{S_n(x)\}$，其中 $S_n(x)=nx(1-x^2)^n$. 对任何 $x\in[0,1]$ 有

$$\lim_{n\to\infty} S_n(x) = S(x) = 0,$$

故

$$\int_0^1 S(x)\mathrm{d}x = 0.$$

但是 $\int_0^1 S_n(x)\mathrm{d}x = \int_0^1 nx(1-x^2)^n \mathrm{d}x = \frac{n}{2(n+1)} \to \frac{1}{2}(n\to\infty)$，这表明上述函数序列虽然有 $\lim\limits_{n\to\infty} S_n(x)=S(x)$，可是

$$\lim_{n\to\infty}\int_0^1 S_n(x)\mathrm{d}x \neq \int_0^1 S(x)\mathrm{d}x.$$

为了解决这类求积分（或求导）运算与无限求和运算交换次序的问题，需要引进一个重要概念—— 一致收敛.

我们知道，函数列 $\{S_n(x)\}$ 或函数项级数 $\sum\limits_{n=1}^{\infty} u_n(x)$ 在 I 上收敛于 $S(x)$ 是指：对于任意的 $x_0\in I$，数列 $\{S_n(x_0)\}$ 收敛于 $S(x_0)$. 按数列极限的定义，对任给的 $\varepsilon>0$，可以找到正整数 N，当 $n>N$ 时，恒有

$$|S_n(x_0) - S(x_0)| < \varepsilon.$$

一般来说，这里的 $N=N(x_0,\varepsilon)$ 既与 ε 有关又与 x_0 有关. 而一致收敛则要求 N 仅依赖于 ε 而不依赖于 x_0，也就是对 I 上的每一点都适用的公共的 $N(\varepsilon)$.

定义 11.2.1 设 $\{S_n(x)\}$ $(x\in I)$ 是一函数序列，若对任给的 $\varepsilon>0$，存在仅依赖于 ε 的正整数 $N(\varepsilon)$，当 $n>N(\varepsilon)$ 时，

$$|S_n(x) - S(x)| < \varepsilon$$

对一切 $x\in I$ 都成立，则称函数序列 $\{S_n(x)\}$ 在 I 上一致收敛于 $S(x)$.

若函数项级数 $\sum_{n=1}^{\infty} u_n(x)$ $(x\in I)$ 的部分和函数序列 $\{S_n(x)\}$ 在 I 上一致收敛于 $S(x)$，则称级数 $\sum_{n=1}^{\infty} u_n(x)$ 在 I 上一致收敛于 $S(x)$.

一致收敛的几何描述为：对任给的 $\varepsilon>0$，只要 n 充分大 $(n>N)$，函数 $y=S_n(x)$ $(x\in I)$ 的图像都落在带形区域 $\{(x,y)\mid x\in I, S(x)-\varepsilon<y<S(x)+\varepsilon\}$ 之中（图 11-1）.

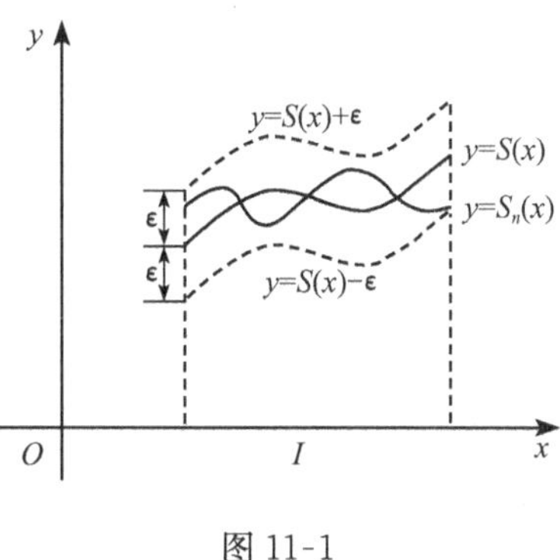

图 11-1

例 11.2.3　讨论 $S_n(x)=\dfrac{x}{1+n^2x^2}$ 在 $(-\infty,+\infty)$ 上的一致收敛性.

解　显然 $S(x)=0$，$x\in(-\infty,+\infty)$，因为

$$|S_n(x)-S(x)|=\frac{|x|}{1+n^2x^2}=\frac{1}{2n}\cdot\frac{2n|x|}{1+n^2x^2}\leqslant\frac{1}{2n},$$

所以，对任给的 $\varepsilon>0$，只要取 $N=\left[\dfrac{1}{2\varepsilon}\right]$，当 $n>N$ 时，

$$|S_n(x)-S(x)|\leqslant\frac{1}{2n}<\varepsilon$$

对一切 $x\in(-\infty,+\infty)$ 成立，因此 $\{S_n(x)\}$ 在 $(-\infty,+\infty)$ 上一致收敛于 $S(x)=0$.

这个函数列的图形如图 11-2 所示，对任给的$\varepsilon>0$，只要取 $N=\dfrac{1}{2\varepsilon}$，当 $n>N$ 时，函数 $y=S_n(x)$，$x\in(-\infty,+\infty)$ 的图像都落在带形区域 $\{(x,y)\mid |y|<\varepsilon\}$ 中.

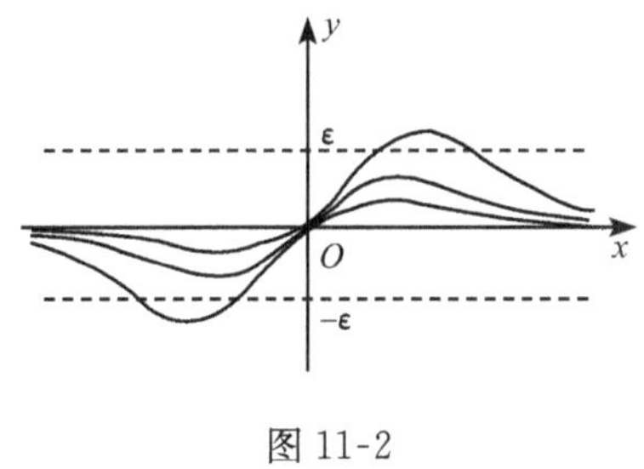

图 11-2

例 11.2.4　研究例 11.2.1 中的级数 $\sum_{n=1}^{\infty} u_n(x)=x+(x^2-x)+\cdots+(x^n-x^{n-1})+\cdots$ 在区间 $[0,1)$ 的一致收敛性.

解　该级数在区间 $[0,1)$ 处处收敛于 $S(x)=0$，但并不一致收敛. 事实上，级数的部分和 $S_n(x)=x^n$，当 $x=0$ 时，$|S_n(x)-S(x)|=0<\varepsilon$，当 $0<x<1$ 时，对任给的 $0<\varepsilon<1$，要使 $|S_n(x)-S(x)|=x^n<\varepsilon$，必须 $n>\dfrac{\ln\varepsilon}{\ln x}$，故取 $N=\left[\dfrac{\ln\varepsilon}{\ln x}\right]$. 由于 $x\to1^-$ 时，$\dfrac{\ln\varepsilon}{\ln x}\to+\infty$，因此不可能找到对一切 $x\in[0,1)$ 都适用的 $N=N(\varepsilon)$，即所给级数在 $[0,1)$ 不一致收敛. 这表明虽然函数序列 $S_n(x)=x^n$

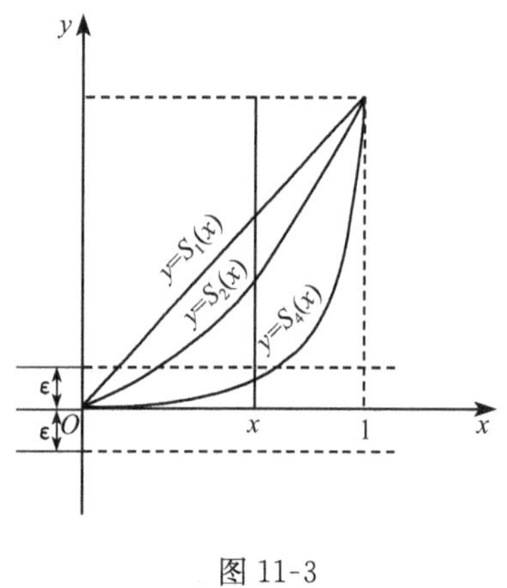

图 11-3

在 $[0,1)$ 处处收敛于 $S(x)=0$，但 $S_n(x)$ 在 $[0,1)$ 各点收敛于零的“快慢”程度是不一致的. 从图 11-3 可以看出，在区间 $0\leqslant x<1$ 中取定任一点 x，$S_n(x)$ 都会随 n 的增大而趋于零. 但不论 n 选的多么大，在 $x=1$ 的左侧总可以找到这样的点，使 $S_n(x)$ 大于给定的 ε，所以在 $[0,1)$ 上的收敛就不一致了.

下面讨论对任意正数 $r<1$，上述级数在 $[0,r]$ 上是一致收敛的.

对任意 $\varepsilon\in(0,1)$，由 $|S_n(x)-S(x)|=x^n\leqslant r^n$，只要取 $N=N(\varepsilon)=\left[\dfrac{\ln\varepsilon}{\ln r}\right]$，则当 $n>N$ 时，$|S_n(x)-S(x)|<\varepsilon$ 对一切 $x\in[0,r]$ 都成立. 这个例子说明一致收敛性与所讨论的区间有关系.

习　题　11-2

1. 证明函数项级数 $\sum\limits_{n=1}^{\infty}\dfrac{x}{[1+(n-1)x](1+nx)}$ 在 $[1,+\infty)$ 上一致收敛.

2. 设 $\{f_n(x)\}$ 在区间 I 上一致收敛于 $f(x)$，且对任意 $x\in I$ 有 $f(x)>A$. 试问是否存在 N，使当 $n>N$ 时，对任意 $x\in I$ 有 $f_n(x)\geqslant A$?

3. 设 $f_n(x)$ 在 $[a,b]$ 上收敛于 $f(x)$，且 $f(x)$ 在 $[a,b]$ 上连续.

(1) 若 $f_n(x)$ $(n=1,2,\cdots)$ 在 $[a,b]$ 上单调. 证明 $f_n(x)$ 在 $[a,b]$ 上一致收敛于 $f(x)$；

(2) 证明 $f_n(x)$ 在 $[a,b]$ 上一致收敛于 $f(x)$ 的充要条件是：对 $[a,b]$ 中任一收敛点列 $x_n\to x_0$ $(n\to\infty)$ 有 $\lim\limits_{n\to\infty}f_n(x_n)=f(x_0)$.

11.3　一致收敛级数的性质

有了一致收敛的概念，现在我们来回答前面提出的问题，即在什么条件下，和函数仍然保持连续性、可导性、可积性以及积分（或求导）与无限求和运算交换次序的问题.

定理 11.3.1　设函数序列 $\{S_n(x)\}$ 的每一项 $S_n(x)$ 在 $[a,b]$ 上连续，且在 $[a,b]$ 上一致收敛于 $S(x)$，则 $S(x)$ 在 $[a,b]$ 上也连续.

证　由于 $\{S_n(x)\}$ 在 $[a,b]$ 上一致收敛于 $S(x)$，故对任给的 $\varepsilon>0$，可得 N，使

$$|S_N(x)-S(x)|<\frac{\varepsilon}{3}\qquad(a\leqslant x\leqslant b),$$

对 $[a,b]$ 上任一点 x_0，显然也有 $|S_N(x_0)-S(x_0)|<\frac{\varepsilon}{3}$. 由于 $S_N(x)$ 在点 x_0 连续，所以存在 $\delta>0$，当 $|x-x_0|<\delta$ 时，$|S_N(x)-S_N(x_0)|<\frac{\varepsilon}{3}$，于是当 $|x-x_0|<\delta$ 时，

$$\begin{aligned}|S(x)-S(x_0)|\leqslant&|S(x)-S_N(x)|+|S_N(x)-S_N(x_0)|\\&+|S_N(x_0)-S(x_0)|<\varepsilon.\end{aligned}$$

即 $S(x)$ 在点 x_0 连续，而 x_0 是 $[a,b]$ 上的任一点，因此 $S(x)$ 在 $[a,b]$ 上连续.

这个定理表明，若 $\{S_n(x)\}$ 的每一项在 $[a,b]$ 上连续，且在 $[a,b]$ 上一致收敛于 $S(x)$，则有

$$\lim_{x\to x_0}\lim_{n\to\infty}S_n(x)=S(x_0)=\lim_{n\to\infty}\lim_{x\to x_0}S_n(x),$$

即两个极限运算可以交换次序.

如果把上述定理中的 $\{S_n(x)\}$ 看作函数项级数 $\sum\limits_{n=1}^{\infty}u_n(x)$ 的部分和序列，就可以得到函数项级数的连续性定理.

定理 11.3.1′　设级数 $\sum\limits_{n=1}^{\infty}u_n(x)$ 的每一项 $u_n(x)$ 在 $[a,b]$ 上都连续，且 $\sum\limits_{n=1}^{\infty}u_n(x)$ 在 $[a,b]$ 上一致收敛于 $S(x)$，则 $S(x)$ 在 $[a,b]$ 上也连续.

定理 11.3.2　设函数序列 $\{S_n(x)\}$ 的每一项 $S_n(x)$ 在 $[a,b]$ 上连续，且在 $[a,b]$ 上一致收敛于 $S(x)$，则 $S(x)$ 在 $[a,b]$ 上可积，且

$$\lim_{n\to\infty}\int_a^b S_n(x)\mathrm{d}x=\int_a^b S(x)\mathrm{d}x=\int_a^b\lim_{n\to\infty}S_n(x)\mathrm{d}x,$$

即积分运算可以和极限运算交换次序.

证　由于 $\{S_n(x)\}$ 在 $[a,b]$ 上一致收敛于 $S(x)$，故对任给的 $\varepsilon>0$，存在 N，当 $n>N$ 时，

$$|S_n(x)-S(x)|<\varepsilon\qquad(a\leqslant x\leqslant b).$$

又因为 $S_n(x)$ 及 $S(x)$ 连续，所以它们在 $[a,b]$ 上可积，并且当 $n>N$ 时，

$$\left|\int_a^b S_n(x)\mathrm{d}x-\int_a^b S(x)\mathrm{d}x\right|\leqslant\int_a^b|S_n(x)-S(x)|\mathrm{d}x<\varepsilon(b-a),$$

从而定理得证. 如果把上述定理中的 $\{S_n(x)\}$ 看作函数项级数 $\sum\limits_{n=1}^{\infty}u_n(x)$ 的部分和函数序列，就可以得到函数项级数的逐项积分定理.

定理 11.3.2′　设级数 $\sum_{n=1}^{\infty} u_n(x)$ 的每一项 $u_n(x)$ 在 $[a,b]$ 上都连续，且 $\sum_{n=1}^{\infty} u_n(x)$ 在 $[a,b]$ 上一致收敛于 $S(x)$，则 $S(x)$ 在 $[a,b]$ 上可积，且

$$\int_a^b \sum_{n=1}^{\infty} u_n(x)\mathrm{d}x = \int_a^b S(x)\mathrm{d}x = \sum_{n=1}^{\infty}\int_a^b u_n(x)\mathrm{d}x,$$

亦即和号可以与积分号交换.

注　在定理 11.3.2（或定理 11.3.2′）的条件下，可以得到：对任意固定的 $x_0\in[a,b]$，函数序列 $\left\{\int_{x_0}^{x} S_n(t)\mathrm{d}t\right\}$ $\left(\text{或函数项级数}\sum_{n=1}^{\infty}\int_{x_0}^{x} u_n(t)\mathrm{d}t\right)$ 在 $[a,b]$ 上一致收敛于 $\int_{x_0}^{x} S(t)\mathrm{d}t$.

定理 11.3.3　若在 $[a,b]$ 上，函数序列 $\{S_n(x)\}$ 满足

(1) $S_n(x)$ $(n=1,2,3,\cdots)$ 有连续导数；

(2) $\{S_n(x)\}$ 收敛于 $S(x)$；

(3) $\{S_n'(x)\}$ 一致收敛于 $\sigma(x)$；

则 $S(x)$ 在 $[a,b]$ 上可导，且 $S'(x)=\sigma(x)$，亦即

$$\frac{\mathrm{d}}{\mathrm{d}x}\lim_{n\to\infty}S_n(x) = \lim_{n\to\infty}\frac{\mathrm{d}}{\mathrm{d}x}S_n(x).$$

即求导运算可以与极限运算交换次序.

证　由于 $\{S_n'(x)\}$ 的每一项 $S_n'(x)$ 在 $[a,b]$ 连续，且一致收敛于 $\sigma(x)$，故 $\sigma(x)$ 连续. 由定理 11.3.2，

$$\int_a^x \sigma(t)\mathrm{d}t = \lim_{n\to\infty}\int_a^x S_n'(t)\mathrm{d}t = \lim_{n\to\infty}[S_n(x)-S_n(a)] = S(x)-S(a).$$

由于上式左端可导，从而 $S(x)$ 可导，且 $S'(x)=\sigma(x)$.

如果把上述定理中的 $\{S_n(x)\}$ 看作函数项级数 $\sum_{n=1}^{\infty} u_n(x)$ 的部分和序列，就可以得到函数项级数的逐项求导定理.

定理 11.3.3′　若在 $[a,b]$ 上，函数项级数 $\sum_{n=1}^{\infty} u_n(x)$ 满足

(1) $u_n(x)$ $(n=1,2,3,\cdots)$ 有连续导数 $u_n'(x)$；

(2) $\sum_{n=1}^{\infty} u_n(x)$ 收敛于 $S(x)$；

(3) $\sum_{n=1}^{\infty} u_n'(x)$ 一致收敛于 $\sigma(x)$；

则 $S(x)$ 在 $[a,b]$ 上可导，且 $S'(x)=\sigma(x)$，亦即

$$\frac{\mathrm{d}}{\mathrm{d}x}\sum_{n=1}^{\infty}u_n(x)=\sum_{n=1}^{\infty}\frac{\mathrm{d}}{\mathrm{d}x}u_n(x),$$

即求导运算可以与无限求和运算交换次序.

注　仅有条件 $\sum_{n=1}^{\infty}u_n(x)$ 一致收敛，不能保证求导运算可以与无限求和运算交换次序. 即 $\frac{\mathrm{d}}{\mathrm{d}x}\sum_{n=1}^{\infty}u_n(x)=\sum_{n=1}^{\infty}\frac{\mathrm{d}}{\mathrm{d}x}u_n(x)$ 不一定成立.

习　题　11-3

1. 在定理 11.3.1（定理 11.3.1′）和定理 11.3.3（定理 11.3.3′）中，若将区间改为开区间或无限区间，结论是否仍然成立?

2. 在定理 11.3.3（定理 11.3.3′）的条件下，能否推出 $\{S_n(x)\}$ $\left(\sum_{n=1}^{\infty}u_n(x)\right)$一致收敛?

3. 在定理 11.3.3（定理 11.3.3′）中将条件（2）减弱为：$\{S_n(x)\}$ $\left(\sum_{n=1}^{\infty}u_n(x)\right)$在 $[a,b]$ 中某一点处收敛. 其结论不变，试给出证明.

4. 利用定理 11.3.1′证明下列函数项级数不一致收敛.

(1) $\sum_{n=0}^{\infty}(1-x)x^n$, $x\in[0,1]$；　　(2) $\sum_{n=0}^{\infty}\frac{x^2}{(1+x^2)^n}$, $x\in[0,1]$.

5. 设 $S_n(x)=\frac{x}{1+n^2x^2}$（例 11.2.3），试问 $\{S_n'(x)\}$ 在 $(-\infty, +\infty)$ 上是否一致收敛? 是否有 $\lim_{n\to\infty}S_n'(x)=\left(\lim_{n\to\infty}S_n(x)\right)'$, $x\in(-\infty, +\infty)$?

6. 证明 $S(x)=\sum_{n=1}^{\infty}\left(\frac{1}{n}+x\right)^n$ 在 $(-1,1)$ 上是连续的.

7. 证明 $\int_0^1\sum_{n=1}^{\infty}\frac{x}{n(x+n)}\mathrm{d}x=\lim_{n\to\infty}\left[\sum_{k=1}^{n}\frac{1}{k}-\ln(n+1)\right]=c$（$c$ 为欧拉常数）.

8. 证明 $S(x)=\sum_{n=1}^{\infty}\frac{\sin nx}{n^3}$ 在 $(-\infty,+\infty)$ 上连续可导.

11.4　函数项级数一致收敛的判别法

用定义判断函数序列（或函数项级数）的一致收敛性需要先知道它的极限函数（或和函数），这在许多时候是难以做到的，因此有必要寻找一致收敛的判别法.

定理 11.4.1　函数列一致收敛的柯西（Cauchy）准则.

函数序列 $\{S_n(x)\}$ 在 I 上一致收敛的充分必要条件是：对任给 $\varepsilon>0$，存在

N，使得当 $n>N$ 时，对一切 $x\in I$ 以及一切正整数 p 都有

$$|S_{n+p}(x)-S_n(x)|<\varepsilon. \tag{1}$$

证 必要性. 设 $\{S_n(x)\}$ 在 I 上一致收敛于 $S(x)$，根据定义，对任给 $\varepsilon>0$，存在 N，使得当 $n>N$ 时，对一切 $x\in I$ 以及一切正整数 p 都有

$$|S_n(x)-S(x)|<\frac{\varepsilon}{2},\quad |S_{n+p}(x)-S(x)|<\frac{\varepsilon}{2}.$$

由此得出，对所有的 $x\in I$，有

$$|S_{n+p}(x)-S_n(x)|<\varepsilon,\quad n>N,\ p\in \mathbf{N}.$$

充分性. 若条件 (1) 成立，由数列收敛的柯西准则可知，存在定义在 I 上的函数 $S(x)$，使得

$$\lim_{n\to\infty}S_n(x)=S(x),\quad x\in I.$$

现在对任给 $\varepsilon>0$，已知存在 N，使 (1) 成立. 在 (1) 中取定 n，且令 $p\to\infty$，可得

$$|S_n(x)-S(x)|\leqslant\varepsilon,\quad n>N,\ x\in I.$$

这说明 $\{S_n(x)\}$ 在 I 上一致收敛于 $S(x)$.

定理 11.4.1′ 函数项级数一致收敛的柯西（Cauchy）准则.

函数项级数 $\sum\limits_{n=1}^{\infty}u_n(x)$ 在 I 上一致收敛的充分必要条件是：对任给 $\varepsilon>0$，存在 N，当 $n>N$ 时，对一切 $x\in I$ 以及一切正整数 p 都有

$$|u_{n+1}(x)+u_{n+2}(x)+\cdots+u_{n+p}(x)|<\varepsilon.$$

定理 11.4.2 魏尔斯特拉斯（Weierstrass）判别法.

如果函数项级数 $\sum\limits_{n=1}^{\infty}u_n(x)$ 在 I 上满足条件

(1) $|u_n(x)|\leqslant M_n$ $(n=1,2,3,\cdots)$；

(2) 正项级数 $\sum\limits_{n=1}^{\infty}M_n$ 收敛；

则函数项级数 $\sum\limits_{n=1}^{\infty}u_n(x)$ 在 I 上一致收敛.

证 由 $\sum\limits_{n=1}^{\infty}M_n$ 的收敛性，根据数项级数的柯西收敛准则，对任给 $\varepsilon>0$，存在 N，使得当 $n>N$ 时，对一切正整数 p 有

$$|M_{n+1}+M_{n+2}+\cdots+M_{n+p}|=M_{n+1}+M_{n+2}+\cdots+M_{n+p}<\varepsilon,$$

由此可知对一切 $x\in I$ 以及一切正整数 p，都有

$$\begin{aligned}|u_{n+1}(x)+u_{n+2}(x)+\cdots+u_{n+p}(x)|&\leqslant|u_{n+1}(x)|+|u_{n+2}(x)|+\cdots+|u_{n+p}(x)|\\&\leqslant M_{n+1}+M_{n+2}+\cdots+M_{n+p}<\varepsilon.\end{aligned}$$

根据函数项级数一致收敛的柯西准则，函数项级数 $\sum_{n=1}^{\infty} u_n(x)$ 在 I 上一致收敛.

从上面的证明还可看出，此时不仅 $\sum_{n=1}^{\infty} u_n(x)$ 在 I 上一致收敛，并且对级数各项取绝对值所成的函数项级数 $\sum_{n=1}^{\infty} |u_n(x)|$ 也在 I 上一致收敛.

魏尔斯特拉斯判别法也称 M—判别法.

例 11.4.1　函数项级数 $\sum_{n=1}^{\infty} \frac{\sin nx}{n^2}$，$\sum_{n=1}^{\infty} \frac{\cos nx}{n^2}$ 在 $(-\infty,+\infty)$ 上一致收敛.

因为对一切 $x\in(-\infty,+\infty)$ 有 $\left|\frac{\sin nx}{n^2}\right|\leqslant\frac{1}{n^2}$，$\left|\frac{\cos nx}{n^2}\right|\leqslant\frac{1}{n^2}$，而正项级数 $\sum_{n=1}^{\infty} \frac{1}{n^2}$ 是收敛的.

例 11.4.2　证明函数项级数 $\sum_{n=1}^{\infty} \frac{nx}{1+n^5x^2}$，$x\in(-\infty,+\infty)$ 一致收敛.

证　由不等式 $1+n^5x^2\geqslant 2n^{\frac{5}{2}}|x|$ 可知对任意 x，有 $\left|\frac{nx}{1+n^5x^2}\right|\leqslant\frac{1}{2n^{\frac{3}{2}}}$. 因 $\sum_{n=1}^{\infty} \frac{1}{2n^{\frac{3}{2}}}$ 收敛，由 M—判别法知 $\sum_{n=1}^{\infty} \frac{nx}{1+n^5x^2}$ 在 $(-\infty,+\infty)$ 上一致收敛.

例 11.4.3　证明函数项级数 $\sum_{n=1}^{\infty} x^2\mathrm{e}^{-nx}$ 在 $[0,+\infty)$ 上一致收敛.

证　设 $u_n(x)=x^2\mathrm{e}^{-nx}$，则 $u_n'(x)=x\mathrm{e}^{-nx}(2-nx)$. 容易知道，当 $x=\frac{2}{n}$ 时，$u_n(x)$ 取得最大值 $\frac{4}{n^2\mathrm{e}^2}$，即

$$0\leqslant u_n(x)\leqslant\frac{4}{n^2\mathrm{e}^2},\quad x\in[0,+\infty).$$

由于正项级数 $\sum_{n=1}^{\infty} \frac{4}{n^2\mathrm{e}^2}$ 收敛，由 M—判别法，$\sum_{n=1}^{\infty} x^2\mathrm{e}^{-nx}$ 在 $[0,+\infty)$ 上一致收敛.

下面讨论形如

$$\sum_{n=1}^{\infty} u_n(x)v_n(x) = u_1(x)v_1(x)+u_2(x)v_2(x)+\cdots+u_n(x)v_n(x)+\cdots$$

的函数项级数的一致收敛性判别法.

定理 11.4.3　阿贝尔（Abel）判别法.

设 (i) $\sum_{n=1}^{\infty} u_n(x)$ 在 I 上一致收敛；

(ii) 对于每一个 $x\in I$，$\{v_n(x)\}$ 关于 n 是单调的；

(iii) $\{v_n(x)\}$ 在 I 上一致有界，即对一切 $x\in I$ 和正整数 n，存在正数 M，使得

$$|v_n(x)|\leqslant M,$$

则级数 $\sum\limits_{n=1}^{\infty}u_n(x)v_n(x)$ 在 I 上一致收敛.

证 由 (i) 可知任给 $\varepsilon>0$，存在 N，使得当 $n>N$ 时，对一切 $x\in I$ 以及一切正整数 p 都有

$$|u_{n+1}(x)+u_{n+2}(x)+\cdots+u_{n+p}(x)|<\varepsilon.$$

又由 (ii)，(iii) 及阿贝尔引理（第 10 讲）得到

$$\begin{aligned}&|u_{n+1}(x)v_{n+1}(x)+\cdots+u_{n+p}(x)v_{n+p}(x)|\\ \leqslant&(|v_{n+1}(x)|+2|v_{n+p}(x)|)\varepsilon\leqslant 3M\varepsilon.\end{aligned}$$

根据函数项级数一致收敛的柯西准则，$\sum\limits_{n=1}^{\infty}u_n(x)v_n(x)$ 在 I 上一致收敛.

定理 11.4.4 狄利克雷（Dirichlet）判别法.

设 (i) $\sum\limits_{n=1}^{\infty}u_n(x)$ 的部分和函数序列 $U_n(x)=\sum\limits_{k=1}^{n}u_k(x)$ $(n=1,2,3,\cdots)$ 在 I 上一致有界；

(ii) 对于每一个 $x\in I$，$\{v_n(x)\}$ 关于 n 是单调的；

(iii) $\{v_n(x)\}$ 在 I 上一致收敛于 0；

则级数 $\sum\limits_{n=1}^{\infty}u_n(x)v_n(x)$ 在 I 上一致收敛.

证 （证法与定理 11.4.3 相仿）由 (i) 可知存在正数 M，对一切 $x\in I$，有 $|U_n(x)|\leqslant M$. 因此当 n，p 为任何正整数时，

$$|u_{n+1}(x)+\cdots+u_{n+p}(x)|=|U_{n+p}(x)-U_n(x)|\leqslant 2M.$$

对任何一个 $x\in I$，再由 (ii) 及阿贝尔引理，得到

$$|u_{n+1}(x)v_{n+1}+\cdots+u_{n+p}(x)v_{n+p}(x)|\leqslant 2M(|v_{n+1}(x)|+2|v_{n+p}(x)|),$$

再由 (iii)，任给 $\varepsilon>0$，存在 N，当 $n>N$ 时，对一切 $x\in I$，有 $|v_n(x)|<\varepsilon$，所以

$$|u_{n+1}(x)v_{n+1}(x)+\cdots+u_{n+p}(x)v_{n+p}(x)|<2M(\varepsilon+2\varepsilon)=6M\varepsilon,$$

根据函数项级数一致收敛的柯西准则，$\sum\limits_{n=1}^{\infty}u_n(x)v_n(x)$ 在 I 上一致收敛.

例 11.4.4 设 $\sum\limits_{n=1}^{\infty}a_n$ 收敛，则 $\sum\limits_{n=1}^{\infty}a_nx^n$ 在 $[0,1]$ 上一致收敛.

证 $\sum\limits_{n=1}^{\infty}a_n$ 是数项级数，它的收敛性就意味着关于 x 的一致收敛性. 而

$\{x^n\}$ 关于 n 单调，且 $|x^n|\leqslant 1$，$x\in[0,1]$，对一切 n 成立. 由阿贝尔判别法可知级数 $\sum\limits_{n=1}^{\infty}a_nx^n$ 在 $[0,1]$ 上一致收敛. 特别地，比如 $\sum\limits_{n=1}^{\infty}\dfrac{(-1)^n}{n}x^n$ 在 $[0,1]$ 上是一致收敛的.

例 11.4.5　级数 $\sum\limits_{n=1}^{\infty}\dfrac{(-1)^{n+1}}{n+x^2}\arctan nx$ 在 $(-\infty,+\infty)$ 上一致收敛.

证　因为 $U_n(x)=\sum\limits_{i=1}^{n}(-1)^{i+1}$ 在 $x\in(-\infty,+\infty)$ 上一致有界，$\left\{\dfrac{1}{n+x^2}\right\}$关于 n 单调，且$\dfrac{1}{n+x^2}<\dfrac{1}{n}\to 0$ $(n\to\infty)$，即$\left\{\dfrac{1}{n+x^2}\right\}$在 $(-\infty,+\infty)$ 上一致收敛于 0. 由狄利克雷判别法可知 $\sum\limits_{n=1}^{\infty}\dfrac{(-1)^{n+1}}{n+x^2}$ 在 $(-\infty,+\infty)$ 上一致收敛. 又因为对每一个 $x\in(-\infty,+\infty)$，$\{\arctan nx\}$ 关于 n 单调且一致有界. 由阿贝尔判别法知，原级数在 $(-\infty,+\infty)$ 上一致收敛.

例 11.4.6　在 $[a,b]$ 上，级数 $\sum\limits_{n=1}^{\infty}(-1)^n\dfrac{x^2+n}{n^2}$ 是一致收敛的.

证　首先，$\sum\limits_{n=1}^{\infty}(-1)^n$ 的部分和函数列在 $[a,b]$ 上是一致有界的. 其次，对每一个 $x\in[a,b]$，$\dfrac{x^2+n}{n^2}$关于 n 是单调递减的，且有

$$\frac{x^2+n}{n^2}\leqslant\frac{M^2+n}{n^2}\to 0\quad(n\to\infty),\quad M=\max\{|a|,|b|\}.$$

于是根据狄利克雷判别法，即得所证.

例 11.4.7　若数列 $\{a_n\}$ 单调且收敛于 0，则级数 $\sum\limits_{n=1}^{\infty}a_n\cos nx$ 在 $[\alpha,2\pi-\alpha]$ $(0<\alpha<\pi)$ 上一致收敛.

证　数列 $\{a_n\}$ 收敛于 0 意味着关于 x 一致收敛于 0. 另外，对任意 $0<\alpha<\pi$，当 $x\in[\alpha,2\pi-\alpha]$ 时，

$$\left|\sum_{k=1}^{n}\cos kx\right|=\left|\frac{\sin\left(n+\frac{1}{2}\right)x}{2\sin\frac{x}{2}}-\frac{1}{2}\right|\leqslant\frac{1}{2\left|\sin\frac{x}{2}\right|}+\frac{1}{2}\leqslant\frac{1}{2\sin\frac{\alpha}{2}}+\frac{1}{2},$$

所以级数 $\sum\limits_{n=1}^{\infty}a_n\cos nx$ 的部分和函数列在 $[\alpha,2\pi-\alpha]$ 上一致有界，于是令

$$u_n(x)=\cos nx,\quad v_n(x)=a_n,$$

则由狄利克雷判别法，即得所证.

习　题　11-4

1. 讨论下列函数序列在指定区间上的一致收敛性.

(1) $S_n(x)=xe^{-nx}$, $x\in(0,+\infty)$;　　(2) $S_n(x)=n^{\alpha}xe^{-nx}$, $x\in[0,1]$;

(3) $S_n(x)=\sin\dfrac{x}{n}$,　(i) $x\in(-\alpha,\alpha)$,　(ii) $x\in(-\infty,+\infty)$;

(4) $S_n(x)=\dfrac{nx}{1+n^2x^2}$,　(i) $x\in[0,1]$,　(ii) $x\in[1,2]$.

2. 讨论下列函数项级数的一致收敛性.

(1) $\sum\limits_{n=1}^{\infty} nx^2e^{-nx}$,　　$x\in(0,+\infty)$;

(2) $\sum\limits_{n=1}^{\infty}\dfrac{(-1)^n}{x+2^n}$,　　$x\in(-2,+\infty)$;

(3) $\sum\limits_{n=1}^{\infty}x^{\alpha}e^{-nx^2}$,　　$x\in(0,+\infty)$;

(4) $\sum\limits_{n=1}^{\infty}\dfrac{\sin nx}{\sqrt[3]{n^4+x^4}}$,　　$x\in(-\infty,+\infty)$;

(5) $\sum\limits_{n=1}^{\infty}\dfrac{(-1)^n(x+n)^n}{n^{n+1}}$,　　$x\in[0,1]$;

(6) $\sum\limits_{n=1}^{\infty}\dfrac{\sin x\sin nx}{\sqrt{n+x}}$,　　$x\in[0,+\infty)$.

3. 设 $u_n(x)=\dfrac{1}{n^3}\ln(1+n^2x^2)$ $(n=1,2,3,\cdots)$. 证明函数项级数 $\sum\limits_{n=1}^{\infty}u_n(x)$ 在 $[0,1]$ 上一致收敛，并讨论其和函数在 $[0,1]$ 上的连续性、可积性与可微性.

11.5　幂级数的性质

我们知道，幂级数 $\sum\limits_{n=0}^{\infty}a_nx^n$ 是一类特殊的函数项级数. 阿贝尔（Abel）曾系统地研究过幂级数，并建立了阿贝尔第一定理与第二定理. 其中第一定理我们在高等数学中已学习过，定理是这样的：如果幂级数 $\sum\limits_{n=0}^{\infty}a_nx^n$ 在点 x_0 $(x_0\neq 0)$ 收敛，则当 $|x|<|x_0|$ 时幂级数绝对收敛；如果幂级数在点 x_0 发散，则当 $|x|>|x_0|$ 时幂级数发散. 下面我们给出阿贝尔第二定理.

定理 11.5.1(阿贝尔（Abel）第二定理)　设幂级数 $\sum\limits_{n=0}^{\infty}a_nx^n$ 的收敛半径为 R，则

(i) $\sum_{n=0}^{\infty} a_n x^n$ 在 $(-R,R)$ 上内闭一致收敛，即在任意闭区间 $[a,b] \subset (-R, R)$ 上一致收敛；

(ii) 若 $\sum_{n=0}^{\infty} a_n x^n$ 在 $x=R$ 收敛，则它在任意闭区间 $[a,R] \subset (-R,R]$ 上一致收敛.

证　(i) 设 $r=\max\{|a|,|b|\}$，则对一切 $x \in [a,b]$ 都有

$$|a_n x^n| \leqslant |a_n r^n|.$$

由于 $0<r<R$，所以 $\sum_{n=0}^{\infty} a_n r^n$ 绝对收敛，由魏尔斯特拉斯判别法可知 $\sum_{n=0}^{\infty} a_n x^n$ 在 $[a,b]$ 上一致收敛.

(ii) 先证明 $\sum_{n=0}^{\infty} a_n x^n$ 在 $[0,R]$ 上一致收敛. 由条件知，级数 $\sum_{n=0}^{\infty} a_n R^n$ 收敛，又由 $\sum_{n=0}^{\infty} a_n x^n = \sum_{n=0}^{\infty} a_n R^n \left(\frac{x}{R}\right)^n$ 及函数列 $\left\{\left(\frac{x}{R}\right)^n\right\}$ 在 $[0,R]$ 上递减且一致有界 $\left(0 \leqslant \left(\frac{x}{R}\right)^n \leqslant 1\right)$，根据阿贝尔判别法，$\sum_{n=0}^{\infty} a_n x^n$ 在 $[0,R]$ 上一致收敛.

于是，当 $a \geqslant 0$ 时，$\sum_{n=0}^{\infty} a_n x^n$ 在 $[a,R]$ 上一致收敛；当 $-R<a<0$ 时，由 (i) $\sum_{n=0}^{\infty} a_n x^n$ 在 $[a,0]$ 上一致收敛，结合 $\sum_{n=0}^{\infty} a_n x^n$ 在 $[0,R]$ 上的一致收敛性便得到 $\sum_{n=0}^{\infty} a_n x^n$ 在 $[a,R]$ 上一致收敛.

类似可得，若 $\sum_{n=0}^{\infty} a_n x^n$ 在 $x=-R$ 收敛，则它在任意闭区间 $[-R,b] \subset [-R,R)$ 上一致收敛.

根据阿贝尔第二定理，可以得到幂级数的如下性质.

性质 11.5.1　设幂级数 $\sum_{n=0}^{\infty} a_n x^n$ 的收敛半径为 R，则其和函数 $S(x)$ 在 $(-R,R)$ 内连续；若 $\sum_{n=0}^{\infty} a_n x^n$ 在 $x=R$（或 $x=-R$）收敛，则 $S(x)$ 在 $x=R$（或 $x=-R$）左（右）连续.

性质 11.5.2　设幂级数 $\sum_{n=0}^{\infty} a_n x^n$ 的收敛半径为 R，其和函数为 $S(x)$，则在 $(-R,R)$ 内幂级数可以逐项积分和逐项微分，即对 $(-R,R)$ 内任意一点 x，有

$$\sum_{n=0}^{\infty} \int_0^x a_n x^n \mathrm{d}x = \sum_{n=0}^{\infty} \frac{a_n}{n+1} x^{n+1} = \int_0^x S(x) \mathrm{d}x$$

以及

$$\sum_{n=0}^{\infty} \frac{\mathrm{d}}{\mathrm{d}x}(a_n x^n) = \sum_{n=1}^{\infty} n a_n x^{n-1} = \frac{\mathrm{d}}{\mathrm{d}x} S(x),$$

并且逐项积分和逐项求导后的级数，其收敛半径仍为 R.

这两个性质的证明都是显然的，留给读者去证.

习　题　11-5

1. 设幂级数 $\sum_{n=0}^{\infty} a_n x^n$ 的收敛半径为 $R<+\infty$，求下列幂级数的收敛半径.

(1) $\sum_{n=0}^{\infty} a_n^k x^n$；　　(2) $\sum_{n=0}^{\infty} a_n x^{kn}$；

(3) $\sum_{n=0}^{\infty} a_n (x-x_0)^n$，$x_0 \in (-R,R)$；　　(4) $\sum_{n=0}^{\infty} a_{n+k} x^n$；

(5) $\sum_{n=0}^{\infty} (n+1)\ a_{n+1} x^n$；　　(6) $\sum_{n=0}^{\infty} \frac{a_n}{n+1} x^{n+1}$.

2. 求下列幂级数的收敛域.

(1) $\sum_{n=1}^{\infty} (-1)^n \frac{\ln(n+1)}{n+1} (x+1)^n$；　　(2) $\sum_{n=1}^{\infty} \frac{(-1)^n}{n\sqrt[n]{n}} \left(\frac{x}{2x+1}\right)^n$；

(3) $\sum_{n=1}^{\infty} \frac{(x-1)^{2n}}{n-3^{2n}}$；　　(4) $\sum_{n=1}^{\infty} \left(\frac{a^n}{n} + \frac{b^n}{n^2}\right) x^n$ $(a>b>0)$.

3. 证明性质 11.5.1，并据此求 $\sum_{n=1}^{\infty} \frac{(-1)^{n-1}}{n}$ 的和.

第 12 讲　含参变量积分与广义积分

函数项级数可以表示函数，含有参变量的积分也可以表示函数，而且这种形式的函数在理论和应用上都有重要作用，如许多有用的特殊函数就是用这种形式表示的. 本讲讨论含参变量积分和广义积分的性质、判定和应用.

12.1　含参变量的定积分

1. 基本概念

设函数 $f(x,y)$ 在矩形 $[a,b]\times[c,d]=\{(x,y)\,|\,a\leqslant x\leqslant b,c\leqslant y\leqslant d\}$ 上连续. 当 $y_0\in[c,d]$（y_0 固定）时，函数 $f(x,y_0)$ 为 x 的一元函数. 若$f(x,y_0)$ 在 $[a,b]$ 上可积，则积分 $\int_a^b f(x,y_0)\mathrm{d}x$ 所确定的数与 y_0 有关. 当 y 在 $[c,d]$ 上变动时，所得积分值随 y 的变化而改变. 它是 y 的函数，记为

$$I(y)=\int_a^b f(x,y)\mathrm{d}x,$$

其定义域为 $[c,d]$，称之为含参变量 y 的积分.

含参变量的积分是一种新的确定函数的方法，在理论和应用上常会遇到这种形式的函数，许多特殊函数就是以含参变量积分形式出现的. 下面来研究含参变量积分确定的函数的分析性质.

2. 含参变量积分的连续性与可导性

定理 12.1.1　设 $f(x,y)$ 在矩形 $[a,b]\times[c,d]$ 上连续，则 $I(y)=\int_a^b f(x,y)\mathrm{d}x$ 是 $[c,d]$ 上的连续函数.

证　当 y 及 $y+\Delta y$ 都属于 $[c,d]$ 时，有

$$I(y+\Delta y)-I(y)=\int_a^b[f(x,y+\Delta y)-f(x,y)]\mathrm{d}x.$$

因为$f(x,y)$ 在 $[a,b]\times[c,d]$ 上连续，所以一致连续. 因此对任给 $\varepsilon>0$，存在 $\delta>0$，对于 $[a,b]\times[c,d]$ 内任何两点（x_1,y_1）及（x_2,y_2），只要 $|x_1-x_2|<\delta$，$|y_1-y_2|<\delta$，就有 $|f(x_1,y_1)-f(x_2,y_2)|<\varepsilon/(b-a)$. 故当 $|\Delta y|<\delta$ 时，对一切 $x\in[a,b]$，恒有 $|f(x,y_1)-f(x,y_2)|<\varepsilon/(b-a)$. 于是

$$|I(y+\Delta y)-I(y)| \leqslant \int_a^b |f(x,y+\Delta y)-f(x,y)|\,\mathrm{d}x$$
$$<\frac{\varepsilon}{b-a}\int_a^b \mathrm{d}x = \frac{\varepsilon}{b-a}(b-a)=\varepsilon.$$

由 $y\in[c,d]$ 任意，即 $I(y)$ 在 $[c,d]$ 上连续. 定理证毕.

注 1　由定理 12.1.1 可知，在 $f(x,y)$ 连续的条件下，极限符号与积分符号可交换次序

$$\lim_{y\to y_0}\int_a^b f(x,y)\,\mathrm{d}x = \int_a^b \lim_{y\to y_0} f(x,y)\,\mathrm{d}x. \tag{1}$$

定理 12.1.2　设 $f(x,y)$ 及 $f_y(x,y)$ 都在矩形 $[a,b]\times[c,d]$ 上连续，则 $I(y)=\int_a^b f(x,y)\mathrm{d}x$ 在 $[c,d]$ 上可微，并有

$$\frac{\mathrm{d}}{\mathrm{d}y}\int_a^b f(x,y)\,\mathrm{d}x = \int_a^b f_y(x,y)\,\mathrm{d}x = \int_a^b \frac{\partial}{\partial y} f(x,y)\,\mathrm{d}x, \tag{2}$$

此式表示微分运算可以通过积分号.

证　对 $[c,d]$ 上任何点 y，当 $y+\Delta y\in[c,d]$ 时，有

$$\frac{I(y+\Delta y)-I(y)}{\Delta y} = \int_a^b \frac{f(x,y+\Delta y)-f(x,y)}{\Delta y}\,\mathrm{d}x.$$

利用中值定理，存在 $\theta\in(0,1)$，使 $f(x,y+\Delta y)-f(x,y)=f_y(x,\theta\Delta y)\Delta y$. 由 $f_y(x,y)$ 连续及定理 12.1.1，得

$$\lim_{\Delta y\to 0}\frac{I(y+\Delta y)-I(y)}{\Delta y} = \lim_{\Delta y\to 0}\int_a^b f_y(x,y+\theta\Delta y)\,\mathrm{d}x$$
$$=\int_a^b [\lim_{\Delta y\to 0} f_y(x,y+\theta\Delta y)]\,\mathrm{d}x = \int_a^b f_y(x,y)\,\mathrm{d}x,$$

即 $\frac{\mathrm{d}I(y)}{\mathrm{d}y}=\int_a^b f_y(x,y)\mathrm{d}x$. 定理证毕.

上述结论是在积分限 a 与 b 都为常数的情况得到的，但在实际问题中常会遇到积分限为函数的情形，即形如

$$F(y)=\int_{a(y)}^{b(y)} f(x,y)\,\mathrm{d}x$$

的积分. 关于 $F(y)$ 的连续性与可导性，我们有

定理 12.1.3　若 $f(x,y)$ 在矩形 $[a,b]\times[c,d]$ 上连续，函数 $a(y)$ 及 $b(y)$ 都在 $[c,d]$ 上连续，并且 $a\leqslant a(y)\leqslant b$，$a\leqslant b(y)\leqslant b$ $(c\leqslant y\leqslant d)$，则

$$F(y)=\int_{a(y)}^{b(y)} f(x,y)\,\mathrm{d}x$$

在 $[c,d]$ 上连续.

定理 12.1.3 的证明与定理 12.1.1 类似，证明略去.

定理 12.1.4　若函数 $f(x,y)$ 及 $f_y(x,y)$ 都在 $[a,b]\times[c,d]$ 上连续，同

时在 $[c,d]$ 上 $a'(y)$ 及 $b'(y)$ 皆存在，并且 $a\leqslant a(y)\leqslant b$，$a\leqslant b(y)\leqslant b$（$c\leqslant y\leqslant d$），则

$$\begin{aligned}F'(y)&=\frac{\mathrm{d}}{\mathrm{d}y}\int_{a(y)}^{b(y)}f(x,y)\mathrm{d}x\\&=\int_{a(y)}^{b(y)}f_y(x,y)\mathrm{d}x+f[b(y),y]\cdot b'(y)-f[a(y),y]\cdot a'(y).\end{aligned}\tag{3}$$

证　令 $\Phi(y,\xi,\eta)=\int_\xi^\eta f(x,y)\mathrm{d}x$，$\xi=a(y)$，$\eta=b(y)$．则 $F(y)$ 是由 $u=\Phi(y,\xi,\eta)$ 与 $\xi=a(y)$，$\eta=b(y)$，$y\in[c,d]$ 复合而成的函数 $u=F(y)$．应用定理 12.1.2 及复合函数求导法则，有

$$\begin{aligned}F'(y)&=\frac{\mathrm{d}}{\mathrm{d}y}\int_{a(y)}^{b(y)}f(x,y)\mathrm{d}x=\Phi_y+\Phi_\xi\cdot a'(y)+\Phi_\eta\cdot b'(y)\\&=\int_\xi^\eta f_y(x,y)\mathrm{d}x+f(\eta,y)\cdot b'(y)-f(\xi,y)\cdot a'(y)\\&=\int_\xi^\eta f_y(x,y)\mathrm{d}x+f[b(y),y]\cdot b'(y)-f[a(y),y]\cdot a'(y).\end{aligned}$$

即（3）式成立．定理证毕．

注 2　在高等数学中，已经学过了变上限积分求导公式

$$F'(x)=\frac{\mathrm{d}}{\mathrm{d}x}\int_{a(x)}^{b(x)}f(t)\mathrm{d}t=f[b(x)]\cdot b'(x)-f[a(x)]\cdot a'(x),\tag{4}$$

易见定理 12.1.4 的公式（3）是变上限积分求导公式（4）的推广．

例 12.1.1　（1）设 $F(t)=\int_{\sin t}^{\cos t}\mathrm{e}^{t\sqrt{1-x^2}}\mathrm{d}x$，求 $F'(t)$．

（2）设 $f(x)$ 是可微函数，$F(y)=\int_0^y(x+y)f(x)\mathrm{d}x$，求 $F''(y)$．

解　（1）因函数 $F(t)$ 满足定理 12.1.4 的条件，所以

$$\begin{aligned}F'(t)&=\int_{\sin t}^{\cos t}\mathrm{e}^{t\sqrt{1-x^2}}\cdot\sqrt{1-x^2}\mathrm{d}x+\mathrm{e}^{t\sqrt{1-\cos^2t}}\cdot(-\sin t)-\mathrm{e}^{t\sqrt{1-\sin^2t}}\cdot\cos t\\&=\int_{\sin t}^{\cos t}\sqrt{1-x^2}\cdot\mathrm{e}^{t\sqrt{1-x^2}}\mathrm{d}x-\sin t\cdot\mathrm{e}^{t|\sin t|}-\cos t\cdot\mathrm{e}^{t|\cos t|}.\end{aligned}$$

（2）由定理 12.1.4 有

$$F'(y)=\frac{\mathrm{d}}{\mathrm{d}y}\int_0^y(x+y)f(x)\mathrm{d}x=\int_0^y f(x)\mathrm{d}x+2y\cdot f(y),$$

$$\begin{aligned}F''(y)&=\frac{\mathrm{d}}{\mathrm{d}y}\left[\int_0^y f(x)\mathrm{d}x+2y\cdot f(y)\right]\\&=f(y)+2f(y)+2y\cdot f'(y)=3f(y)+2y\cdot f'(y).\end{aligned}$$

例 12.1.2　计算 $I(\theta)=\int_0^\pi\ln(1+\theta\cos x)\mathrm{d}x$，其中 $|\theta|<1$．

解　利用积分号下求导数来计算这个积分．当 $|\theta|<1$ 时，必存在 b，使

$|\theta|\leqslant b<1$. 这时 $f(x,\theta)=\ln(1+\theta\cos x)$ 和 $f_\theta(x,\theta)$ 是 $[0,\pi]\times[-b,b]$ 上的连续函数，根据定理 12.1.2，有

$$I'(\theta)=\int_0^\pi \frac{\cos x}{1+\theta\cos x}\mathrm{d}x=\frac{1}{\theta}\int_0^\pi\left(1-\frac{1}{1+\theta\cos x}\right)\mathrm{d}x$$
$$=\frac{\pi}{\theta}-\frac{1}{\theta}\int_0^\pi\frac{\mathrm{d}x}{1+\theta\cos x}.$$

令 $t=\tan\frac{x}{2}$，则

$$\int\frac{\mathrm{d}x}{1+\theta\cos x}=\int\frac{2\mathrm{d}t}{1+t^2}\Big/\left(1+\theta\frac{1-t^2}{1+t^2}\right)=\int\frac{2\mathrm{d}t}{(1+\theta)+(1-\theta)t^2}$$
$$=\frac{2}{\sqrt{1-\theta^2}}\arctan\left(\sqrt{\frac{1-\theta}{1+\theta}}\tan\frac{x}{2}\right)+C,$$
$$\int_0^\pi\frac{\mathrm{d}x}{1+\theta\cos x}=\frac{2}{\sqrt{1-\theta^2}}\arctan\left(\sqrt{\frac{1-\theta}{1+\theta}}\tan\frac{x}{2}\right)\Bigg|_0^\pi=\frac{\pi}{\sqrt{1-\theta^2}}.$$

所以

$$I'(\theta)=\frac{\pi}{\theta}-\frac{\pi}{\theta\sqrt{1-\theta^2}}=\pi\left(\frac{1}{\theta}-\frac{1}{\theta\sqrt{1-\theta^2}}\right)$$

对于 $-1<\theta<1$ 中一切 θ 是成立的. 再对 θ 积分，得

$$I(\theta)=\pi\int\left(\frac{1}{\theta}-\frac{1}{\theta\sqrt{1-\theta^2}}\right)\mathrm{d}\theta=\pi\left(\ln\theta+\ln\frac{1+\sqrt{1-\theta^2}}{\theta}\right)+C$$
$$=\pi\ln(1+\sqrt{1-\theta^2})+C_1.$$

由 $I(\theta)$ 的定义知 $I(0)=0$，于是由上面得 $C_1=-\pi\ln 2$，所以得 $I(\theta)=\pi\ln\frac{1+\sqrt{1-\theta^2}}{2}$.

例 12.1.3 计算积分 $\int_0^a\arctan\sqrt{\frac{a-x}{a+x}}\mathrm{d}x\ (a>0)$ 的值.

解 记 $I(a)=\int_0^a\arctan\sqrt{\frac{a-x}{a+x}}\mathrm{d}x$, 则

$$I'(a)=\int_0^a\left(\arctan\sqrt{\frac{a-x}{a+x}}\right)'\mathrm{d}x+\arctan\sqrt{\frac{a-a}{a+a}}$$
$$=\frac{1}{2a}\int_0^a\frac{x}{\sqrt{a^2-x^2}}\mathrm{d}x=-\frac{1}{2a}\int_0^a\frac{1}{2\sqrt{a^2-x^2}}\mathrm{d}(a^2-x^2)$$
$$=-\frac{1}{2a}\sqrt{a^2-x^2}\Bigg|_0^a=\frac{1}{2}.$$

所以 $I(a)=\frac{1}{2}a+C$，由于 $\lim\limits_{a\to0^+}I(a)=0$，可得 $C=0$，即

$$\int_0^a \arctan\sqrt{\frac{a-x}{a+x}}\mathrm{d}x = \frac{1}{2}a.$$

3. 积分次序的可交换性

下面我们考虑 $I(y)$ 的可积性. 如果 $f(x,y)$ 在矩形 $[a,b]\times[c,d]$ 上连续，由定理 12.1.1，函数

$$I(y) = \int_a^b f(x,y)\mathrm{d}x,\quad J(x) = \int_c^d f(x,y)\mathrm{d}y$$

分别在 $[c,d]$ 及 $[a,b]$ 上连续，因此积分

$$\int_a^b J(x)\mathrm{d}x = \int_a^b \mathrm{d}x\int_c^d f(x,y)\mathrm{d}y,\quad \int_c^d I(y)\mathrm{d}y = \int_c^d \mathrm{d}y\int_a^b f(x,y)\mathrm{d}x$$

都存在. 现在的问题是：这两个积分是否相等？也就是说，二次积分的次序是否可交换？

定理 12.1.5　若 $f(x,y)$ 在矩形 $[a,b]\times[c,d]$ 上连续，则

$$\int_c^d \mathrm{d}y\int_a^b f(x,y)\mathrm{d}x = \int_a^b \mathrm{d}x\int_c^d f(x,y)\mathrm{d}y. \tag{5}$$

证　当 $t\in[c,d]$ 时，记 $\Phi_1(t)=\int_c^t \mathrm{d}y\int_a^b f(x,y)\mathrm{d}x$, $\Phi_2(t)=\int_a^b \mathrm{d}x\int_c^t f(x,y)\mathrm{d}y$. 首先证明 $\Phi_1'(t)=\Phi_2'(t)$.

对于 $\Phi_1(t) = \int_c^t \mathrm{d}y\int_a^b f(x,y)\mathrm{d}x = \int_c^t I(y)\mathrm{d}y$, 由于 $I(y)$ 连续，故关于上限 t 的导数为

$$\Phi_1'(t) = I(t) = \int_a^b f(x,t)\mathrm{d}x.$$

对于 $\Phi_2(t) = \int_a^b \mathrm{d}x\int_c^t f(x,y)\mathrm{d}y = \int_a^b F(x,t)\mathrm{d}x$, 这里 $F(x,t) = \int_c^t f(x,y)\mathrm{d}y$. 应用定理 12.1.2 得

$$\Phi_2'(t) = \int_a^b F_t'(x,t)\mathrm{d}x = \int_a^b f(x,t)\mathrm{d}x.$$

于是有 $\Phi_1'(t)=\Phi_2'(t)$. 所以 $\Phi_1(t)=\Phi_2(t)+C$（C 为常数）. 为确定常数 C，令 $t=c$，得 $\Phi_1(c)=\Phi_2(c)=0$，于是 $C=0$，所以 $\Phi_1(t)=\Phi_2(t)$（$c\leqslant t\leqslant d$）. 再令 $t=d$，即得 (5) 式. 定理证毕.

例 12.1.4　计算积分 $I = \int_0^1 \frac{x^b - x^a}{\ln x}\mathrm{d}x$, $a>0$，$b>0$.

解 1　被积函数可写成 $\frac{x^b - x^a}{\ln x} = \int_a^b x^y\mathrm{d}y$, 那么 $I = \int_0^1 \mathrm{d}x\int_a^b x^y\mathrm{d}y$, 交换积分次序，即得

$$I = \int_a^b \mathrm{d}y\int_0^1 x^y\mathrm{d}x = \int_a^b \frac{1}{1+y}\mathrm{d}y = \ln\frac{1+b}{1+a}.$$

解 2　把积分中的 a 看作常数，把 b 看作参数，则

$$\frac{\mathrm{d}I}{\mathrm{d}b}=\int_0^1 x^b\mathrm{d}x=\frac{1}{1+b},$$

所以

$$I=\int I'(b)\mathrm{d}b=\ln(1+b)+C.$$

当 $b=a$ 时，$I=0$，得 $C=-\ln(1+a)$，重新得出 $I=\ln\frac{1+b}{1+a}$.

例 12.1.5　计算 $I=\int_0^1\frac{\ln(1+x)}{1+x^2}\mathrm{d}x$.

解　注意到 $\int_0^1\frac{x}{1+tx}\mathrm{d}t=\ln(1+x)$，则

$$I=\int_0^1\frac{\ln(1+x)}{1+x^2}\mathrm{d}x=\int_0^1\mathrm{d}x\int_0^1\frac{x}{(1+x^2)(1+tx)}\mathrm{d}t,$$

因为 $f(x,t)=\frac{x}{(1+x^2)(1+tx)}$在矩形域 $[0,1]\times[0,1]$ 上连续，交换积分次序，有

$$I=\int_0^1\mathrm{d}t\int_0^1\frac{x}{(1+x^2)(1+tx)}\mathrm{d}x,$$

而

$$\frac{x}{(1+x^2)(1+tx)}=\frac{1}{1+t^2}\left(\frac{-t}{1+tx}+\frac{x}{1+x^2}+\frac{t}{1+x^2}\right),$$

故

$$\begin{aligned}\int_0^1\frac{x}{(1+x^2)(1+tx)}\mathrm{d}x&=\frac{1}{1+t^2}\int_0^1\left(\frac{-t}{1+tx}+\frac{x}{1+x^2}+\frac{t}{1+x^2}\right)\mathrm{d}x\\&=\frac{1}{1+t^2}\left[-\ln(1+tx)+\frac{1}{2}\ln(1+x^2)+t\cdot\arctan x\right]\Big|_0^1\\&=\frac{1}{1+t^2}\left[-\ln(1+t)+\frac{1}{2}\ln2+\frac{\pi}{4}t\right].\end{aligned}$$

从而

$$\begin{aligned}\int_0^1\frac{\ln(1+x)}{1+x^2}\mathrm{d}x&=\int_0^1\left[\frac{-\ln(1+t)}{1+t^2}+\frac{\ln2}{2(1+t^2)}+\frac{\pi t}{4(1+t^2)}\right]\mathrm{d}t\\&=-\int_0^1\frac{\ln(1+t)}{1+t^2}\mathrm{d}t+\frac{\pi}{8}\ln2+\frac{\pi}{8}\ln2,\end{aligned}$$

即

$$\int_0^1\frac{\ln(1+x)}{1+x^2}\mathrm{d}x=\frac{\pi}{8}\ln2.$$

习　题　12-1

1. 设 $F(y)=\int_y^{y^2}\frac{\sin yx}{x}\mathrm{d}x$,求 $F'(y)$.

2. 设 $f(x)$ 在 $x=0$ 附近连续，证明：微分方程

$$\begin{cases}y^{(n)}(x)=f(x),\\ y(0)=0,y'(0)=0,\cdots,y^{(n-1)}(0)=0,\end{cases}$$

在 $x=0$ 附近确有一解：$y=\varphi(x)=\frac{1}{(n-1)!}\int_0^x(x-t)^{n-1}f(t)\mathrm{d}t$.

3. 设函数 $K(x,y)=\begin{cases}y(1-x), & \text{当 } y<x \text{ 时},\\ x(1-y), & \text{当 } y\geqslant x \text{ 时},\end{cases}$ 若 $f(y)$ 是连续函数，证明函数 $u(x)=\int_0^1K(x,y)f(y)\mathrm{d}y$ 满足微分方程 $\begin{cases}-\frac{\mathrm{d}^2u}{\mathrm{d}x^2}=f(x),\\ u(0)=0,\ u(1)=0.\end{cases}$

4. 设 $|r|<1$，求 $J(r)=\int_0^\pi\ln(1-2r\cos\varphi+r^2)\mathrm{d}\varphi$.

5. 计算 $I(a)=\int_0^{\frac{\pi}{2}}\frac{\arctan(a\tan x)}{\tan x}\mathrm{d}x$.

6. 计算 $I(a)=\int_0^{\frac{\pi}{2}}\ln(a^2-\sin^2x)\,\mathrm{d}x\ (a>1)$（不必定常数）.

7. 应用积分号下求积分的方法计算 $\int_0^1\sin\left(\ln\frac{1}{x}\right)\frac{x^b-x^a}{\ln x}\mathrm{d}x\ (a>0,b>0)$.

12.2　广义积分的审敛法

本节仅对无穷区间上的广义积分进行讨论，并给出一些敛散性判别法，对于无界函数的广义积分也有类似结论.

1. 基本概念

定义 12.2.1　设 $f(x)$ 在 $[a,+\infty)$ 上有定义，并且对于任何 $A>a$，$f(x)$ 在 $[a,A]$ 上可积. 称极限

$$\lim_{A\to+\infty}\int_a^Af(x)\mathrm{d}x \tag{6}$$

为函数 $f(x)$ 在无穷区间 $[a,+\infty)$ 上的广义积分，记为 $\int_a^{+\infty}f(x)\mathrm{d}x$，即

$$\int_a^{+\infty}f(x)\mathrm{d}x=\lim_{A\to+\infty}\int_a^Af(x)\mathrm{d}x.$$

(i) 若极限 (6) 存在，称广义积分 $\int_a^{+\infty}f(x)\mathrm{d}x$ 收敛；

(ii) 若极限 (6) 不存在，称广义积分发散（或不存在）.

类似地，可定义

$$\int_{-\infty}^{b} f(x)\mathrm{d}x = \lim_{A'\to-\infty}\int_{A'}^{b} f(x)\mathrm{d}x,$$

$$\int_{-\infty}^{+\infty} f(x)\mathrm{d}x = \int_{-\infty}^{c} f(x)\mathrm{d}x + \int_{c}^{+\infty} f(x)\mathrm{d}x.$$

2. 广义积分的敛散性判别法

定理 12.2.1(柯西收敛原理) 广义积分$\int_a^{+\infty} f(x)\mathrm{d}x$收敛的充分必要条件是：对任意 $\varepsilon>0$，存在 $A_0>0$，当 A'，$A''>A_0$ 时，有

$$\left|\int_{A'}^{A''} f(x)\mathrm{d}x\right| < \varepsilon.$$

证 令 $I(A)=\int_a^A f(x)\mathrm{d}x$，则$\int_a^{+\infty} f(x)\mathrm{d}x$ 收敛等价于：$\lim\limits_{A\to+\infty} I(A)=\lim\limits_{A\to+\infty}\int_a^A f(x)\mathrm{d}x$ 存在，根据函数极限的柯西收敛原理知，它又等价于：对任意 $\varepsilon>0$，存在 $A_0>0$，当 A'，$A''>A_0$ 时，有 $|I(A')-I(A'')|<\varepsilon$，即$\left|\int_{A'}^{A''} f(x)\mathrm{d}x\right|<\varepsilon$. 定理证毕.

定理 12.2.2(绝对收敛准则) 若$\int_a^{+\infty} |f(x)|\mathrm{d}x$ 收敛，则$\int_a^{+\infty} f(x)\mathrm{d}x$ 必收敛；反之不真. 此时称广义积分$\int_a^{+\infty} f(x)\mathrm{d}x$ 绝对收敛.

定理 12.2.3(比较判别法 1) (i) 若从某一值 $a_0\geqslant a$ 起有 $|f(x)|\leqslant\varphi(x)$ $(x\geqslant a_0)$，而积分$\int_a^{+\infty}\varphi(x)\mathrm{d}x$ 收敛，则$\int_a^{+\infty} f(x)\mathrm{d}x$ 绝对收敛；

(ii) 若 $|f(x)|\geqslant\varphi(x)\geqslant 0$ $(x\geqslant a_0)$，且$\int_a^{+\infty}\varphi(x)\mathrm{d}x$ 发散，则$\int_a^{+\infty}|f(x)|\mathrm{d}x$ 发散.

定理 12.2.4(比较判别法 2) 设当 $\varphi(x)>0$，则

(i) 如果 $\lim\limits_{x\to+\infty}\dfrac{|f(x)|}{\varphi(x)}=l(0\leqslant l<+\infty)$，且$\int_a^{+\infty}\varphi(x)\mathrm{d}x$ 收敛，则$\int_a^{+\infty} f(x)\mathrm{d}x$ 绝对收敛；

(ii) 如果 $\lim\limits_{x\to+\infty}\dfrac{|f(x)|}{\varphi(x)}=l(0<l\leqslant+\infty)$，且$\int_a^{+\infty}\varphi(x)\mathrm{d}x$ 发散，则$\int_a^{+\infty}|f(x)|\mathrm{d}x$ 发散.

证 仅对 $l\neq 0$，$l\neq+\infty$的情形加以证明. 由 $\lim\limits_{x\to+\infty}\dfrac{|f(x)|}{\varphi(x)}=l>0$，取 $\varepsilon>0$，

使 $l-\varepsilon>0$，存在 $a_0>a$，当 $x>a_0$ 时，有 $0<l-\varepsilon<\dfrac{|f(x)|}{\varphi(x)}<l+\varepsilon$，即（由 $\varphi(x)>0$）有

$$(l-\varepsilon)\varphi(x)<|f(x)|<(l+\varepsilon)\varphi(x).$$

由比较判别法 1 知 $\int_a^{+\infty}|f(x)|\mathrm{d}x$ 与 $\int_a^{+\infty}\varphi(x)\mathrm{d}x$ 同时收敛，同时发散．定理证毕．

推论 12.2.1(柯西判别法)　在比较判别法 1 中若取 $\varphi(x)=\dfrac{c}{x^p}$（$c>0$）得

(i) 如果 $|f(x)|\leqslant\dfrac{c}{x^p}$（$p>1$），则 $\int_a^{+\infty}|f(x)|\mathrm{d}x$ 收敛；

(ii) 如果 $|f(x)|\geqslant\dfrac{c}{x^p}$（$p\leqslant1$），则 $\int_a^{+\infty}|f(x)|\mathrm{d}x$ 发散，并且若 $f(x)$ 从某值起保持定号，则 $\int_a^{+\infty}f(x)\mathrm{d}x$ 发散．

推论 12.2.2(柯西判别法的极限形式)

(i) 如果存在 $p>1$，满足 $\lim\limits_{x\to+\infty}x^p|f(x)|=l\in[0,+\infty)$，则 $\int_a^{+\infty}f(x)\mathrm{d}x$ 绝对收敛；

(ii) 如果存在 $p\leqslant1$，满足 $\lim\limits_{x\to+\infty}x^p|f(x)|=l\in(0,+\infty]$，则 $\int_a^{+\infty}|f(x)|\mathrm{d}x$ 发散．

例 12.2.1　判别 $\int_1^{+\infty}\dfrac{\sin x}{x\sqrt{1+x^2}}\mathrm{d}x$ 的敛散性．

解　因为对任意 $x\geqslant1$，$\left|\dfrac{\sin x}{x\sqrt{1+x^2}}\right|\leqslant\dfrac{1}{x^2}$，而 $\int_1^{+\infty}\dfrac{1}{x^2}\mathrm{d}x$ 收敛，由比较判别法 1 知 $\int_1^{+\infty}\dfrac{\sin x}{x\sqrt{1+x^2}}\mathrm{d}x$ 绝对收敛．

例 12.2.2　证明：对任意实数 $\alpha\in\mathbf{R}$，$\int_1^{+\infty}x^\alpha\mathrm{e}^{-x}\mathrm{d}x$ 收敛．

证　由于对任意 $\alpha\in\mathbf{R}$，$\lim\limits_{x\to+\infty}x^2(x^\alpha\mathrm{e}^{-x})=\lim\limits_{x\to+\infty}\dfrac{x^{\alpha+2}}{\mathrm{e}^x}=0$，由推论 12.2.2 知，广义积分 $\int_1^{+\infty}x^\alpha\mathrm{e}^{-x}\mathrm{d}x$ 对任意 $\alpha\in\mathbf{R}$ 收敛．

例 12.2.3　讨论积分 $\int_2^{+\infty}\dfrac{1}{x^\lambda\ln x}\mathrm{d}x$ 的敛散性，其中 λ 是实数．

解　(1) 当 $\lambda>1$ 时，存在 $p>1$，使 $\lambda-p>0$，$\lim\limits_{x\to+\infty}x^p\dfrac{1}{x^\lambda\ln x}=0$．由推论 12.2.2 知，广义积分 $\int_2^{+\infty}\dfrac{1}{x^\lambda\ln x}\mathrm{d}x$ 收敛．

(2) 当$\lambda<1$时，存在$p_1<1$，使$\lambda-p_1<0$，$\lim\limits_{x\to+\infty}x^{p_1}\dfrac{1}{x^{\lambda}\ln x}=\lim\limits_{x\to+\infty}x^{p_1-\lambda}\dfrac{1}{\ln x}=+\infty$. 由推论 12.2.1 知，广义积分$\int_2^{+\infty}\dfrac{1}{x^{\lambda}\ln x}\mathrm{d}x$发散.

(3) 当$\lambda=1$时，$\int_2^{+\infty}\dfrac{1}{x^{\lambda}\ln x}\mathrm{d}x=\int_2^{+\infty}\dfrac{1}{x\ln x}\mathrm{d}x=\lim\limits_{A\to+\infty}(\ln\ln x)\big|_2^A=+\infty$，即广义积分$\int_2^{+\infty}\dfrac{1}{x^{\lambda}\ln x}\mathrm{d}x$发散.

下面介绍阿贝尔（Abel）判别法及狄利克雷（Dirichlet）判别法. 它们的证明要用到第二积分中值定理，这个定理的作用相当于阿贝尔变换. 这里仅给出结果而略去证明.

第二积分中值定理　设$f(x)$在$[a,b]$上可积，而$g(x)$在$[a,b]$上单调，那么在$[a,b]$上存在ξ，使得

$$\int_a^b f(x)g(x)\mathrm{d}x=g(a)\int_a^{\xi}f(x)\mathrm{d}x+g(b)\int_{\xi}^b f(x)\mathrm{d}x.\tag{7}$$

定理 12.2.5(阿贝尔判别法)　如果广义积分$\int_a^{+\infty}f(x)\mathrm{d}x$收敛，$g(x)$单调有界，则积分$\int_a^{+\infty}f(x)g(x)\mathrm{d}x$收敛.

证　由假定，对任意$a\leqslant A<A'$，在$[A,A']$应用第二积分中值定理，则存在$\xi\in[A,A']$，使得

$$\int_A^{A'}f(x)g(x)\mathrm{d}x=g(A)\int_A^{\xi}f(x)\mathrm{d}x+g(A')\int_{\xi}^{A'}f(x)\mathrm{d}x.$$

由$g(x)$有界，即存在$L>0$，$|g(x)|\leqslant L$. 再由$\int_a^{+\infty}f(x)\mathrm{d}x$收敛，则对任意$\varepsilon>0$，存在$A_0>a$，当$A$，$A'>A_0$时，有

$$\left|\int_A^{\xi}f(x)\mathrm{d}x\right|<\frac{\varepsilon}{2L},\quad\left|\int_{\xi}^{A'}f(x)\mathrm{d}x\right|<\frac{\varepsilon}{2L},$$

故

$$\left|\int_A^{A'}f(x)g(x)\mathrm{d}x\right|\leqslant L\left|\int_A^{\xi}f(x)\mathrm{d}x\right|+L\left|\int_{\xi}^{A'}f(x)\mathrm{d}x\right|<\varepsilon.$$

根据柯西收敛原理，积分$\int_a^{+\infty}f(x)g(x)\mathrm{d}x$收敛. 定理证毕.

定理 12.2.6(狄利克雷判别法)　如果$F(A)=\int_a^A f(x)\mathrm{d}x$有界，即对任意$A\geqslant a$，有$|F(A)|\leqslant L$，$g(x)$在$[a,+\infty)$上单调且当$x\to+\infty$时趋向于零，则$\int_a^{+\infty}f(x)g(x)\mathrm{d}x$收敛.

证　由积分第二中值定理，存在$\xi\in[A,A']$，满足

$$\left|\int_A^{A'} f(x)g(x)\mathrm{d}x\right| \leqslant |g(A)|\left|\int_A^{\xi} f(x)\mathrm{d}x\right| + |g(A')|\left|\int_{\xi}^{A'} f(x)\mathrm{d}x\right|. \quad (8)$$

由 $|F(A)|\leqslant L$，则

$$\left|\int_A^{\xi} f(x)\mathrm{d}x\right| = |F(\xi)-f(A)|\leqslant 2L, \quad \left|\int_{\xi}^{A'} f(x)\mathrm{d}x\right| = |F(A')-f(\xi)|\leqslant 2L.$$

再由 $g(x)\to 0$ $(x\to+\infty)$，故对任意 $\varepsilon>0$，存在 $A_0>a$，当 $A'>A_0$，$A>A_0$ 时，有 $|g(A)|<\frac{\varepsilon}{4L}$，$|g(A')|<\frac{\varepsilon}{4L}$. 代入 (8) 式，当 $A'>A_0$，$A>A_0$ 时，有

$$\left|\int_A^{A'} f(x)g(x)\mathrm{d}x\right| < 2L\cdot\frac{\varepsilon}{4L}+2L\cdot\frac{\varepsilon}{4L}=\varepsilon.$$

根据柯西收敛原理知广义积分 $\int_a^{+\infty} f(x)g(x)\mathrm{d}x$ 收敛.

例 12.2.4　证明：广义积分 $\int_1^{+\infty}\frac{\sin x}{x^{\lambda}}\mathrm{d}x$ $(0<\lambda\leqslant 1)$ 收敛，而非绝对收敛.

证　因为对任何 A，$\left|\int_1^A \sin x\mathrm{d}x\right| = |\cos A-\cos 1|\leqslant 2$，当 $x\to+\infty$时，$g(x)=\frac{1}{x^{\lambda}}$单调递减趋向于 0，由狄利克雷判别法知，广义积分 $\int_1^{+\infty}\frac{\sin x}{x^{\lambda}}\mathrm{d}x$ 收敛.

当 $0<\lambda\leqslant 1$，$x\geqslant 1$ 时，

$$\left|\frac{\sin x}{x^{\lambda}}\right| \geqslant \left|\frac{\sin x}{x}\right| \geqslant \frac{\sin^2 x}{x} = \frac{1}{2x}-\frac{\cos 2x}{2x},$$

利用狄利克雷判别法可证积分 $\int_1^{+\infty}\frac{\cos 2x}{2x}\mathrm{d}x$ 收敛，又知积分 $\int_0^{+\infty}\frac{1}{2x}\mathrm{d}x$ 发散，可推得广义积分 $\int_1^{+\infty}\left(\frac{1}{2x}-\frac{\cos 2x}{2x}\right)\mathrm{d}x$ 发散，再用比较判别法知广义积分 $\int_1^{+\infty}\left|\frac{\sin x}{x^{\lambda}}\right|\mathrm{d}x$ 发散.

例 12.2.5　证明积分 $\int_1^{+\infty}\frac{\sin x\cdot\arctan x}{x^{\lambda}}\mathrm{d}x$ $(0<\lambda\leqslant 1)$ 收敛.

证　由例 12.2.4 知 $\int_1^{+\infty}\frac{\sin x}{x^{\lambda}}\mathrm{d}x$ 收敛，又因 $\arctan x$ 单调有界，根据阿贝尔判别法知广义积分 $\int_1^{+\infty}\frac{\sin x\arctan x}{x^{\lambda}}\mathrm{d}x$ 收敛.

习　题　12-2

1. 判别下列积分的敛散性.

(1) $\int_0^{\infty}\frac{\mathrm{d}x}{\sqrt[3]{x^4+1}}$；　　(2) $\int_1^{\infty}\frac{x\arctan x}{1+x^3}\mathrm{d}x$；

(3) $\int_0^{\infty}\frac{\mathrm{d}x}{1+x|\sin x|}$；　　(4) $\int_1^{\infty}\sin\frac{1}{x^2}\mathrm{d}x$.

2. 判别下列积分的敛散性.

(1) $\int_0^{\infty}\frac{\sqrt{x}\cos x}{x+100}\mathrm{d}x$;　　　　(2) $\int_2^{\infty}\frac{\ln\ln x}{\ln x}\cdot\sin x\mathrm{d}x$.

12.3　含参变量的广义积分

1. 一致收敛的概念

设 $f(x,y)$ 在无穷矩形 $[a,+\infty)\times[c,d]$ 上连续，如果对每一个 $y\in[c,d]$，广义积分 $\int_a^{+\infty}f(x,y)\mathrm{d}x$ 都收敛，那么它就确定了 $[c,d]$ 上的函数 $I(y)$，

$$I(y)=\int_a^{+\infty}f(x,y)\mathrm{d}x,\quad y\in[c,d],\tag{9}$$

称 $I(y)$ 为含参变量 y 的广义积分.

和含参变量定积分一样，需要讨论 $I(y)$ 的分析性质，如连续性、可微性、可积性等. 对于含参变量定积分，有如下结果：若 $f(x,y)$ 在 $[a,b]\times[c,d]$ 上连续，则 $I(y)=\int_a^b f(x,y)\mathrm{d}x$ 在 $[c,d]$ 上连续. 现在要问：这个结果是否可推广到含参变量的广义积分？答案是否定的. 先看下例.

例 12.3.1　在 $D=[a,+\infty)\times[-2,2]$ 上定义函数

$$f(x,y)=\begin{cases}\dfrac{\sin(1-y^2)x}{x}, & x\neq 0,\\ 1-y^2, & x=0.\end{cases}$$

易见 $f(x,y)$ 在 D 上连续. 考虑广义积分

$$I(y)=\int_0^{+\infty}\frac{\sin(1-y^2)x}{x}\mathrm{d}x$$

的连续性.

解　当 $|y|=1$ 时，$I(y)=0$；

当 $|y|<1$ 时，令 $t=(1-y^2)x$，则

$$I(y)=\int_0^{+\infty}\frac{\sin(1-y^2)x}{(1-y^2)x}\mathrm{d}(1-y^2)x=\int_0^{+\infty}\frac{\sin t}{t}\mathrm{d}t=\frac{\pi}{2};$$

当 $|y|>1$ 时，令 $t=(y^2-1)x$，则

$$I(y)=-\int_0^{+\infty}\frac{\sin(y^2-1)x}{(y^2-1)x}\mathrm{d}(y^2-1)x=-\int_0^{+\infty}\frac{\sin t}{t}\mathrm{d}t=-\frac{\pi}{2}.$$

由此可见，$I(y)$ 在 $y=\pm1$ 点处不连续.

注　由例 12.2.4 我们知道广义积分 $\int_1^{+\infty}\frac{\sin t}{t}\mathrm{d}t$ 收敛，再由 $\frac{\sin t}{t}$ 在 $t=0$ 点附

近有界，故 $\int_0^{+\infty}\frac{\sin t}{t}\mathrm{d}t$ 也收敛. 结果 $\int_0^{+\infty}\frac{\sin t}{t}\mathrm{d}t=\frac{\pi}{2}$ 将在本节例 12.3.6 中给出.

由例 12.3.1 可见，对含参变量定积分所具有的性质，不能简单地推广到含参变量广义积分.

类比于函数项级数

$$S(x)=\sum_{n=1}^{\infty}u_n(x),\qquad x\in[a,b],\tag{10}$$

即使 $u_n(x)$ 都在 $[a,b]$ 上连续，不能保证和函数 $S(x)$ 也在 $[a,b]$ 上连续，当级数 (10) 在 $[a,b]$ 上一致收敛时，足以保证 $S(x)$ 在 $[a,b]$ 上连续. 因此，若要使含参变量广义积分所确定的函数具有好的分析性质，也应要求它一致收敛. 下面介绍含参变量广义积分一致收敛的概念.

设 $f(x,y)$ 在 $[a,+\infty)\times[c,d]$ 上有定义，并且对每一个 $y\in[c,d]$，广义积分 $\int_a^{+\infty}f(x,y)\mathrm{d}x$ 都存在，由柯西收敛原理，对任给 $\varepsilon>0$，总存在 $A_0>a$，使得当 A'，$A\geqslant A_0$ 时，成立

$$\left|\int_A^{A'}f(x,y)\mathrm{d}x\right|<\varepsilon\quad 或\quad \left|\int_A^{+\infty}f(x,y)\mathrm{d}x\right|<\varepsilon.$$

注意，这里的 A_0 不仅与 ε 有关，而且与 y 有关，记为 $A_0(\varepsilon,y)$. 如果存在与 y 无关的 A_0，就得到一致收敛的定义.

定义 12.3.1　若对任给 $\varepsilon>0$，存在 $A_0(\varepsilon)>a$ (此处 $A_0(\varepsilon)$ 仅与 ε 有关)，当 A'，$A\geqslant A_0$ 时，对一切 $y\in[c,d]$，成立

$$\left|\int_A^{A'}f(x,y)\mathrm{d}x\right|<\varepsilon\quad 或\quad \left|\int_A^{+\infty}f(x,y)\mathrm{d}x\right|<\varepsilon,$$

就称广义积分 $\int_a^{+\infty}f(x,y)\mathrm{d}x$ 关于 y 在 $[c,d]$ 上一致收敛.

注　这里的区间 $[c,d]$ 可以换为其他区间，如 $[c,d)$，(c,d)，$[c,+\infty)$ 等.

对于无界函数的积分，也有类似的定义.

定义 12.3.2　设 $\int_a^b f(x,y)\mathrm{d}x$ 对于 $[c,d]$ 上的每一 y 值，以 $x=b$ 为奇点的积分存在. 如果对于任何 $\varepsilon>0$，存在与 y 无关的 $\delta_0(\varepsilon)$，当 $0<\eta$，$\eta'<\delta_0(\varepsilon)$ 时，有

$$\left|\int_{b-\eta}^{b-\eta'}f(x,y)\mathrm{d}x\right|<\varepsilon\quad 或\quad \left|\int_{b-\eta}^{b}f(x,y)\mathrm{d}x\right|<\varepsilon$$

成立，就称 $\int_a^b f(x,y)\mathrm{d}x$ 关于 y 在 $[c,d]$ 上一致收敛.

2. 一致收敛积分的性质

这里只对无穷积分来讨论，对于无界函数的广义积分，有类似的结论，这里

不再一一叙述.

定理 12.3.1(连续性定理)　设 $f(x,y)$ 在 $[a,+\infty)\times[c,d]$ 上连续，$\int_a^{+\infty}f(x,y)\mathrm{d}x$ 关于 y 在 $[c,d]$ 上一致收敛，那么 $I(y)=\int_a^{+\infty}f(x,y)\mathrm{d}x$ 在 $[c,d]$ 上连续.

证　因为 $\int_a^{+\infty}f(x,y)\mathrm{d}x$ 在 $[c,d]$ 上一致收敛，所以对任给的 $\varepsilon>0$，存在 $A_0(\varepsilon)\geqslant a$，使当 $A\geqslant A_0$ 时，有 $\left|\int_A^{+\infty}f(x,y)\mathrm{d}x\right|<\frac{\varepsilon}{3}$ 对 $[c,d]$ 上一切 y 成立. 当 $y+\Delta y$ 在 $[c,d]$ 上时，也有 $\left|\int_A^{+\infty}f(x,y+\Delta y)\mathrm{d}x\right|<\frac{\varepsilon}{3}$.

又 $f(x,y)$ 在 $[a,+\infty)\times[c,d]$ 上连续，所以由定理 12.1.1 知 $\int_a^A f(x,y)\mathrm{d}x$ 在 $[c,d]$ 上连续. 从而对上述 $\varepsilon>0$，存在 $\delta>0$，当 $|\Delta y|<\delta$ 时，有 $\left|\int_a^A f(x,y+\Delta y)\mathrm{d}x-\int_a^A f(x,y)\mathrm{d}x\right|<\frac{\varepsilon}{3}$.

因此，当 $|\Delta y|<\delta$ 时，有

$$\begin{aligned}|I(y+\Delta y)-I(y)|&\leqslant\left|\int_a^A f(x,y+\Delta y)\mathrm{d}x-\int_a^A f(x,y)\mathrm{d}x\right|\\&\quad+\left|\int_A^{+\infty}f(x,y+\Delta y)\mathrm{d}x\right|+\left|\int_A^{+\infty}f(x,y)\mathrm{d}x\right|\\&<\frac{\varepsilon}{3}+\frac{\varepsilon}{3}+\frac{\varepsilon}{3}=\varepsilon,\end{aligned}$$

即 $I(y)$ 是 $[c,d]$ 上的连续函数. 定理证毕.

定理 12.3.2(积分顺序交换定理)　设函数 $f(x,y)$ 在 $[a,+\infty)\times[c,d]$ 连续，广义积分 $\int_a^{+\infty}f(x,y)\mathrm{d}x$ 关于 y 在 $[c,d]$ 上一致收敛，则有

$$\int_0^d\mathrm{d}y\int_a^{+\infty}f(x,y)\mathrm{d}x=\int_a^{+\infty}\mathrm{d}x\int_c^d f(x,y)\mathrm{d}y.$$

证略.

定理 12.3.3(积分号下求导定理)　设 $f(x,y)$，$f'_y(x,y)$ 都在 $[a,+\infty)\times[c,d]$ 上连续，$\int_a^{+\infty}f(x,y)\mathrm{d}x$ 存在，$\int_a^{+\infty}f'_y(x,y)\mathrm{d}x$ 关于 y 在 $[c,d]$ 上一致收敛. 那么 $I(y)=\int_a^{+\infty}f(x,y)\mathrm{d}x$ 在 $[c,d]$ 上可导，且有

$$\frac{\mathrm{d}}{\mathrm{d}y}\int_a^{+\infty}f(x,y)\mathrm{d}x=\int_a^{+\infty}f'_y(x,y)\mathrm{d}x.$$

证　记 $\varphi(y)=\int_a^{+\infty}f'_y(x,y)\mathrm{d}x$，由 $\int_a^{+\infty}f'_y(x,y)\mathrm{d}x$ 关于 y 在 $[c,d]$ 上一致

收敛可知 $\varphi(y)$ 是 $[c,d]$ 上的连续函数. 对 $\varphi(y)$ 在区间 $[c,y]$ $(c<y\leqslant d)$ 上积分，并应用定理 12.3.2 得

$$\int_c^y \varphi(y)\mathrm{d}y=\int_c^y \mathrm{d}y\int_a^{+\infty} f'_y(x,y)\mathrm{d}x=\int_a^{+\infty}\mathrm{d}x\int_c^y f'_y(x,y)\mathrm{d}y$$
$$=\int_a^{+\infty} f(x,y)\mathrm{d}x-\int_a^{+\infty} f(x,c)\mathrm{d}x=I(y)-I(c).$$

由于左边关于 y 可导，因此 $I(y)$ 也可导，在上式两边求导，便得 $I'(y)=\varphi(y)$. 定理证毕.

3. 一致收敛的判别法

以下总假定对任何 $y\in[c,d]$，积分 $\int_a^{+\infty} f(x,y)\mathrm{d}x$ 收敛.

定理 12.3.4(魏尔斯特拉斯判别法或 M－判别法)　设存在函数 $F(x)$，当 $a\leqslant x<+\infty$，$c\leqslant y\leqslant d$ 时，有 $|f(x,y)|\leqslant F(x)$，并且积分 $\int_a^{+\infty} F(x)\mathrm{d}x$ 收敛，那么 $\int_a^{+\infty} f(x,y)\mathrm{d}x$ 关于 y 在 $[c,d]$ 上一致收敛.

证　由积分 $\int_a^{+\infty} F(x)\mathrm{d}x$ 收敛，故对任意 $\varepsilon>0$，存在 $A_0\geqslant a$，使当 A'，$A\geqslant A_0$ 时，有

$$\left|\int_A^{A'} F(x)\mathrm{d}x\right|<\varepsilon,$$

再由条件 $|f(x,y)|\leqslant F(x)$，可得

$$\left|\int_A^{A'} f(x,y)\mathrm{d}x\right|\leqslant\left|\int_A^{A'}|f(x,y)|\mathrm{d}x\right|\leqslant\left|\int_A^{A'} F(x)\mathrm{d}x\right|<\varepsilon.$$

由一致收敛的定义可推出结论. 定理证毕.

例 12.3.2　证明积分 $\int_0^{+\infty} \mathrm{e}^{-\alpha x}\sin x\mathrm{d}x$ 关于 α 在 $[\alpha_0,+\infty)$ $(\alpha_0>0)$ 上一致收敛.

证　因为当 $\alpha\in[\alpha_0,+\infty)$ 时，$|\mathrm{e}^{-\alpha x}\sin x|\leqslant \mathrm{e}^{-\alpha_0 x}$，而 $\int_0^{+\infty} \mathrm{e}^{-\alpha_0 x}\mathrm{d}x$ 收敛，由魏尔斯特拉斯判别法知 $\int_0^{+\infty} \mathrm{e}^{-\alpha x}\sin x\mathrm{d}x$ 关于 α 在 $[\alpha_0,+\infty)$ 上一致收敛.

例 12.3.3　证函数 $I(y)=\int_0^{+\infty} \mathrm{e}^{-yx}x^4\cos x\mathrm{d}x$ 在 $[\alpha,\beta]$ $(\alpha>0)$ 上连续.

证　当 $x\geqslant 0$，$y\in[\alpha,\beta]$ 时，$|\mathrm{e}^{-yx}x^4\cos x|\leqslant \mathrm{e}^{-\alpha x}x^4$. 又因

$$\lim_{x\to+\infty} x^2\mathrm{e}^{-\alpha x}x^4=\lim_{x\to+\infty} x^6\mathrm{e}^{-\alpha x}=0,$$

即积分 $\int_0^{+\infty} \mathrm{e}^{-\alpha x}x^4\mathrm{d}x$ 收敛，由定理 12.3.4 知 $\int_0^{+\infty} \mathrm{e}^{-yx}x^4\cos x\mathrm{d}x$ 在 $[\alpha,\beta]$ 上一致

收敛，再由连续性定理知 $I(y)$ 在 $[\alpha,\beta]$ 上连续.

例 12.3.4　计算 $I(y)=\int_0^{+\infty}\mathrm{e}^{-a^2x^2}\cos 2yx\,\mathrm{d}x\ (a>0)$ 之值.

解　设 $f(x,y)=\mathrm{e}^{-a^2x^2}\cos 2yx$，考虑积分

$$\int_0^{+\infty}f_y(x,y)\mathrm{d}x=-2\int_0^{+\infty}x\mathrm{e}^{-a^2x^2}\sin 2yx\,\mathrm{d}x,$$

由于 $|x\mathrm{e}^{-a^2x^2}\sin 2yx|\leqslant x\mathrm{e}^{-a^2x^2}$，且 $\int_0^{+\infty}x\mathrm{e}^{-a^2x^2}\mathrm{d}x$ 收敛，所以 $\int_0^{+\infty}f_y(x,y)\mathrm{d}x$ 一致收敛. 应用分部积分公式得

$$\begin{aligned}I'(y)&=-2\int_0^{+\infty}x\mathrm{e}^{-a^2x^2}\sin 2yx\,\mathrm{d}x\\&=\frac{1}{a^2}\left[\mathrm{e}^{-a^2x^2}\sin 2yx\Big|_{x=0}^{x=+\infty}-2y\int_0^{+\infty}\mathrm{e}^{-a^2x^2}\cos 2yx\,\mathrm{d}x\right]\\&=-\frac{2y}{a^2}I(y),\end{aligned}$$

即得微分方程 $I'(y)=-\frac{2y}{a^2}I(y)$，求解得到 $I(y)=C\mathrm{e}^{-y^2/a^2}$. 当 $y=0$ 时，$C=I(0)=\int_0^{+\infty}\mathrm{e}^{-a^2x^2}\mathrm{d}x=\frac{1}{a}\int_0^{+\infty}\mathrm{e}^{-u^2}\mathrm{d}u=\frac{\sqrt{\pi}}{2a}$. 所以

$$I(y)=\int_0^{+\infty}\mathrm{e}^{-a^2x^2}\cos 2yx\,\mathrm{d}x=\frac{\sqrt{\pi}}{2a}\mathrm{e}^{-y^2/a^2}.$$

定理 12.3.5(阿贝尔判别法)　设 $\int_a^{+\infty}f(x,y)\mathrm{d}x$ 关于 y 在 $[c,d]$ 上一致收敛，$g(x,y)$ 对 x 单调（即对每个固定的 $y\in[c,d]$，$g(x,y)$ 作为 x 的一元函数是单调函数)，并且关于 y 为一致有界（即存在 $L>0$，对一切 $(x,y)\in[a,+\infty)\times[c,d]$ 有 $|g(x,y)|<L$). 则积分 $\int_a^{+\infty}f(x,y)g(x,y)\mathrm{d}x$ 关于 y 在 $[c,d]$ 上一致收敛.

定理 12.3.6(狄利克雷判别法)　设积分 $\int_a^A f(x,y)\mathrm{d}x$ 对于 $A\geqslant a$ 和 $y\in[c,d]$ 一致有界（即存在 $K>0$，使对上述的 A，y 成立 $\left|\int_a^A f(x,y)\mathrm{d}x\right|\leqslant K$)，又 $g(x,y)$ 关于 x 为单调，并且当 $x\to+\infty$ 时，$g(x,y)$ 关于 $y\in[c,d]$ 一致趋于零（即对任给 $\varepsilon>0$，存在 $A_0\geqslant a$，当 $x\geqslant A_0$ 时，对一切 $y\in[c,d]$ 成立 $|g(x,y)|<\varepsilon$). 则积分 $\int_a^{+\infty}f(x,y)g(x,y)\mathrm{d}x$ 关于 y 在 $[c,d]$ 上一致收敛.

定理 12.3.5、定理 12.3.6 的证明方法与广义积分的证明方法类似，略去证明.

注　在阿贝尔及狄利克雷判别法中，如果 $f(x,y)$ 或 $g(x,y)$ 中不含 y，则

有关条件中的一致性自然满足.

例 12.3.5　证明 $\int_0^{+\infty} e^{-\alpha x}\frac{\sin x}{x}dx$ 关于 α 在 $[0,+\infty)$ 上一致收敛.

证　因为 $\int_0^{+\infty}\frac{\sin x}{x}dx$ 收敛，不含参数 α，所以关于 α 一致收敛. $e^{-\alpha x}$ 关于 x 是单调函数，并且 $0\leqslant e^{-\alpha x}\leqslant 1$ $(\alpha\geqslant 0,\ x\geqslant 0)$，即关于 α 是 x 的一致有界函数. 由阿贝尔判别法知积分 $\int_0^{+\infty} e^{-\alpha x}\frac{\sin x}{x}dx$ 关于 α 在 $[0,+\infty)$ 上一致收敛.

例 12.3.6　计算狄利克雷积分 $I=\int_0^{+\infty}\frac{\sin x}{x}dx$.

解　用 $e^{-\alpha x}$ $(\alpha\geqslant 0)$ 乘以被积函数，考虑含参变量广义积分 $I(\alpha)=\int_0^{+\infty} e^{-\alpha x}\frac{\sin x}{x}dx$，显然 $I=I(0)$. 若记

$$f(x,\alpha)=\begin{cases}1, & x=0,\\ e^{-\alpha x}\dfrac{\sin x}{x}, & x\neq 0,\end{cases}$$

则 $f_\alpha(x,\alpha)=-e^{-\alpha x}\sin x$. 显见 $f(x,\alpha)$，$f_\alpha(x,\alpha)$ 是 $[0,+\infty)\times[0,+\infty)$ 上的连续函数，由例 12.3.5 知积分 $\int_0^{+\infty} e^{-\alpha x}\frac{\sin x}{x}dx$ 关于 α 在 $[0,+\infty)$ 上一致收敛，所以 $I(\alpha)$ 是 $[0,+\infty)$ 上的连续函数，从而 $I=I(0)=\lim\limits_{\alpha\to 0}I(\alpha)$.

下求 $I(\alpha)$，可考虑 $I'(\alpha)$ $(\alpha>0)$. 因为 $\int_0^{+\infty} f_\alpha(x,\alpha)dx=-\int_0^{+\infty} e^{-\alpha x}\sin x dx$，上式右端积分关于 α 在任何区间 $[\varepsilon,+\infty)$ $(\varepsilon>0)$ 上一致收敛（例 12.3.2）. 由定理 12.3.3 得到在 $(\varepsilon,+\infty)$ 内成立

$$I'(\alpha)=\int_0^{+\infty}-e^{-\alpha x}\sin x dx=\frac{e^{-\alpha x}(\alpha\sin x+\cos x)}{1+\alpha^2}\bigg|_{x=0}^{x=+\infty}=-\frac{1}{1+\alpha^2}.$$

对任何 $\alpha>0$，总可取到 $\varepsilon>0$，使 $\alpha\in[\varepsilon,+\infty)$. 故任何 $\alpha>0$，$I'(\alpha)$ 存在，即 $I'(\alpha)=-\frac{1}{1+\alpha^2}$ 对 $\alpha>0$ 均成立. 所以当 $\alpha>0$ 时，有

$$I(\alpha)=-\arctan\alpha+C.$$

另外注意到 $|I(\alpha)|=\left|\int_0^{+\infty} e^{-\alpha x}\frac{\sin x}{x}dx\right|\leqslant\int_0^{+\infty} e^{-\alpha x}dx=\frac{1}{\alpha}$. 当 $\alpha\to+\infty$ 时，$I(\alpha)\to 0$.

因此得到 $0=-\frac{\pi}{2}+C$，即 $C=\frac{\pi}{2}$. 所以

$$I=I(0)=\lim_{\alpha\to 0}I(\alpha)=\lim_{\alpha\to 0}\left(-\arctan\alpha+\frac{\pi}{2}\right)=\frac{\pi}{2}.$$

习　题　12-3

1. 若在 $[a,+\infty)\times[c,d]$ 内成立 $|f(x,y)|\leqslant F(x,y)$，并且关于 $y\in[c,d]$ 积分 $\int_a^{+\infty}F(x,y)\mathrm{d}x$ 一致收敛，证明积分 $\int_a^{+\infty}f(x,y)\mathrm{d}x$ 关于 $y\in[c,d]$ 亦一致收敛，且绝对收敛.

2. 判别下列积分在所给定区间内的一致收敛性.

(1) $\int_0^{+\infty}\frac{\cos xy}{x^2+y^2}\mathrm{d}x$ $(y\geqslant a>0)$；　　(2) $\int_0^{+\infty}\frac{\cos xy}{x^2+1}\mathrm{d}x$ $(-\infty<y<+\infty)$.

3. 设 $f(x,y)$ 在 $[a,+\infty)\times[c,d]$ 连续，对 $[c,d)$ 上每一个 y，$\int_a^{+\infty}f(x,y)\mathrm{d}x$ 收敛，但积分在 $y=d$ 发散，证明这积分在 $[c,d)$ 非一致收敛.

4. 讨论下列含参变量积分在指定区间的一致收敛性.

(1) $\int_1^{+\infty}x^{\alpha}\mathrm{e}^{-x}\mathrm{d}x$ $(a\leqslant\alpha\leqslant b;a,b$ 为任意实数)；

(2) $\int_0^{+\infty}\sqrt{\alpha}\mathrm{e}^{-\alpha x^2}\mathrm{d}x$ $(0<\alpha<+\infty)$；

(3) $\int_{-\infty}^{+\infty}\mathrm{e}^{-(x-\alpha)^2}\mathrm{d}x$，　(i) $a<\alpha<b$，　(ii) $-\infty<\alpha<+\infty$.

5. 等式 $\frac{\mathrm{e}^{-ax}-\mathrm{e}^{-bx}}{x}=\int_a^b\mathrm{e}^{-xy}\mathrm{d}y$ 出发，计算积分 $\int_0^{+\infty}\frac{\mathrm{e}^{-ax}-\mathrm{e}^{-bx}}{x}\mathrm{d}x$ $(0<a<b)$.

6. 设 $f(x)$ 为连续函数，且积分 $\int_A^{\infty}\frac{f(x)}{x}\mathrm{d}x$ 对任何 $A>0$ 都有意义，证明：

$$\int_0^{\infty}\frac{f(ax)-f(bx)}{x}\mathrm{d}x=f(0)\ln\frac{b}{a}\quad(a>0,b>0).$$

7. 讨论下列含参变量积分在指定区间的一致收敛性.

(1) $\int_0^{+\infty}\frac{\sin xy}{y}\mathrm{d}y$，$[\delta,+\infty)$，$(\delta>0)$ 与 $(0,+\infty)$；

(2) $\int_0^{+\infty}\frac{\cos x^2}{x^p}\mathrm{d}x$，$(-1,1)$.

第 13 讲　几类证明题解析

数学分析中的证明题，往往令初学者望而生畏，证明题的证法没有固定程式，方法灵活巧妙，对基本功和逻辑思维能力要求较高，因而与一般的计算题相比，难度较大，不易掌握. 为此，本讲选取了三类证明题：零点和中值的存在性；不等式的证明；积分等式与积分不等式的证明，希望通过它们总结一些常用的证题方法和规律，使学生举一反三.

13.1　零点和中值的存在性

数学分析中的许多证明题都涉及零点和中值的存在性，这方面的题型丰富多彩、变化多端. 其证明方法主要基于连续函数的介值定理、微分中值定理和泰勒公式.

1. 利用连续函数的介值定理

例 13.1.1　证明开普勒（Kepler）方程 $x=\varepsilon\sin x+a$（$0<\varepsilon<1$）有唯一实根.

分析　若记 $f(x)=x-\varepsilon\sin x-a$，则可将原方程化为标准形式 $f(x)=0$. 容易看出，证明根的存在性的关键是找两点 x_1，x_2，使得 $f(x_1)\cdot f(x_2)<0$.

证　记 $f(x)=x-\varepsilon\sin x-a$（$0<\varepsilon<1$），则 $f(x)$ 在 $[a-1,a+1]$ 上连续，且

$$f(a-1)=-1-\varepsilon\sin(a-1)<0,\quad f(a+1)=1-\varepsilon\sin(a+1)>0.$$

由零点定理知，必存在一点 $\xi\in(a-1,\ a+1)$，使得 $f(\xi)=0$，即方程 $x=\varepsilon\sin x+a$ 至少有一个实根.

下证根的唯一性. 若 x_1，x_2 是原方程的两个实根，则有

$$\begin{aligned}|x_1-x_2|&=\varepsilon\,|\sin x_1-\sin x_2|=2\varepsilon\left|\sin\frac{x_1-x_2}{2}\cos\frac{x_1+x_2}{2}\right|\\&\leqslant 2\varepsilon\left|\sin\frac{x_1-x_2}{2}\right|\leqslant 2\varepsilon\cdot\left|\frac{x_1+x_2}{2}\right|=\varepsilon\cdot|x_1-x_2|,\end{aligned}$$

即

$$(1-\varepsilon)\,|x_1-x_2|\leqslant 0.$$

由于 $0<\varepsilon<1$，故 $|x_1-x_2|\leqslant 0$，因此 $x_1=x_2$，唯一性得证.

例 13.1.2　设 $f(x)$ 在 $[0,1]$ 上连续，$f(1)=0$，且 $\lim\limits_{x\to\frac{1}{2}}\dfrac{f(x)-1}{\left(x-\frac{1}{2}\right)^2}=1$，证明在区间 $(0,1)$ 内至少存在一点 ξ，使得 $f(\xi)=\xi$.

分析　问题等价于证明方程 $f(x)-x=0$ 在区间 $(0,1)$ 内至少存在一个根.

证　由于 $\lim\limits_{x\to\frac{1}{2}}\dfrac{f(x)-1}{\left(x-\frac{1}{2}\right)^2}=1$，考虑到 $\lim\limits_{x\to\frac{1}{2}}\left(x-\dfrac{1}{2}\right)^2=0$，所以连续函数在 $x=\dfrac{1}{2}$ 点的函数值为 $f\left(\dfrac{1}{2}\right)=1$. 作辅助函数

$$F(x)=f(x)-x,\qquad x\in\left[\frac{1}{2},1\right],$$

则 $F(x)$ 在 $\left[\dfrac{1}{2},1\right]$ 上连续，且

$$F\left(\frac{1}{2}\right)=f\left(\frac{1}{2}\right)-\frac{1}{2}=\frac{1}{2}>0,\quad F(1)=f(1)-1=-1<0.$$

由连续函数的零点定理知，必存在 $\xi\in\left(\dfrac{1}{2},1\right)\subset(0,1)$，使 $F(\xi)=0$，即 $f(\xi)=\xi$.

注　将问题转化为标准形式 $F(x)=0$，然后设辅助函数 $F(x)$，再对 $F(x)$ 应用连续函数零点定理，这就是证明此类题目的基本思路.

例 13.1.3　设 $f(x)$ 在 $[a,b]$ 上连续，$a<c<d<b$，证明：对任意正数 p 和 q，至少存在一点 $\xi\in[c,d]$，使得 $pf(c)+qf(d)=(p+q)f(\xi)$.

分析　欲证等式等价于 $\dfrac{pf(c)+qf(d)}{p+q}=f(\xi)$，只要能证明 $\dfrac{pf(c)+qf(d)}{p+q}$ 介于 $f(x)$ 在 $[c,d]$ 上的最小值与最大值之间，应用介值定理即证.

证　因为 $[c,d]\in[a,b]$，所以函数 $f(x)$ 在 $[c,d]$ 上连续，函数 $f(x)$ 必在 $[c,d]$ 上取得最大值 M 与最小值 m，使

$$m\leqslant f(c)\leqslant M,\quad m\leqslant f(d)\leqslant M,$$

又因 $p>0$，$q>0$，所以

$$pm\leqslant pf(c)\leqslant pM,\quad qm\leqslant qf(d)\leqslant qM,$$

相加得

$$(p+q)m\leqslant pf(c)+qf(d)\leqslant(p+q)M,$$

即

$$m\leqslant\frac{pf(c)+qf(d)}{p+q}\leqslant M.$$

于是，根据闭区间上连续函数的介值定理，在 $[c,d]$ 上至少存在一点 ξ，使得

$$\frac{pf(c)+qf(d)}{p+q}=f(\xi),$$

从而

$$pf(c)+qf(d)=(p+q)f(\xi).$$

例 13.1.4　若 $f(x)$ 在 $[a,b]$ 上连续，证明：

(1) $a<x_1<x_2<\cdots<x_n<b$，则在 $[x_1,x_n]$ 上必有一点 ξ，使得

$$f(\xi)=\frac{f(x_1)+f(x_2)+\cdots+f(x_n)}{n};$$

(2) $x_1,x_2,\cdots,x_n\in(a,b)$，则至少存在一点 $\xi\in(a,b)$，使

$$f(\xi)=\frac{2[f(x_1)+2f(x_2)+\cdots+nf(x_n)]}{n(n+1)}.$$

证　(1) 因为 $f(x)$ 在 $[x_1,x_n]$ 上连续，所以 $f(x)$ 在 $[x_1,x_n]$ 上取得最大值 M 和最小值 m，故对 x_i 有 $m\leqslant f(x_i)\leqslant M$ ($x_i\in[x_1,x_n],i=1,2,\cdots,n$). 于是

$$n\cdot m\leqslant f(x_1)+f(x_2)+\cdots+f(x_n)\leqslant n\cdot M,$$

即

$$m\leqslant\frac{f(x_1)+f(x_2)+\cdots+f(x_n)}{n}\leqslant M.$$

由闭区间上连续函数的介值定理，存在 $\xi\in[x_1,x_n]$，使得

$$f(\xi)=\frac{f(x_1)+f(x_2)+\cdots+f(x_n)}{n}.$$

(2) 这时，因为不知 x_i 的大小，可取 $c=\min\limits_{1\leqslant i\leqslant n}\{x_i\}$，$d=\max\limits_{1\leqslant i\leqslant n}\{x_i\}$. 由题设 $f(x)$ 在 $[c,d]$ 上连续，则 $f(x)$ 在 $[c,d]$ 上取得最大值 M 和最小值 m，同 (1) 的作法有

$$\frac{n(n+1)}{2}\cdot m\leqslant f(x_1)+2f(x_2)+\cdots+nf(x_n)\leqslant\frac{n(n+1)}{2}\cdot M,$$

即

$$m\leqslant\frac{2[f(x_1)+2f(x_2)+\cdots+nf(x_n)]}{n(n+1)}\leqslant M.$$

由介值定理，存在 $\xi\in[c,d]\subset(a,b)$，使得

$$f(\xi)=\frac{2[f(x_1)+2f(x_2)+\cdots+nf(x_n)]}{n(n+1)}.$$

例 13.1.5　证明方程 $\frac{a_1}{x-\lambda_1}+\frac{a_2}{x-\lambda_2}+\cdots+\frac{a_n}{x-\lambda_n}=0$ 在 $(\lambda_i,\lambda_{i+1})$ ($i=1,2,\cdots,n-1$) 内分别至少存在一个根，其中 $\lambda_1<\lambda_2<\cdots<\lambda_n$，$a_i>0$ ($i=1,2,\cdots,n$).

分析　证明的关键是要在 $(\lambda_i,\lambda_{i+1})$ 内找到两点 x_i,y_i ($x_i<y_i$)，使得 $f(x)=\frac{a_1}{x-\lambda_1}+\frac{a_2}{x-\lambda_2}+\cdots+\frac{a_n}{x-\lambda_n}$ 在闭区间 $[x_i,y_i]$ 上满足零点定理的条件，即 $f(x_i)$，$f(y_i)$ 异号.

证 记 $f(x)=\frac{a_1}{x-\lambda_1}+\frac{a_2}{x-\lambda_2}+\cdots+\frac{a_n}{x-\lambda_n}$，则 $f(x)$ 在 $(\lambda_i,\lambda_{i+1})$ $(i=1,2,\cdots,n-1)$ 内连续，λ_i $(i=1,2,\cdots,n)$ 是 $f(x)$ 的无穷型间断点，由

$$\lim_{x\to\lambda_i^+}\frac{a_i}{x-\lambda_i}=+\infty,\quad \lim_{x\to\lambda_{i+1}^-}\frac{a_{i+1}}{x-\lambda_{i+1}}=-\infty,$$

则有

$$\lim_{x\to\lambda_i^+}f(x)=\lim_{x\to\lambda_i^+}\left[\frac{a_1}{x-\lambda_1}+\frac{a_2}{x-\lambda_2}+\cdots+\frac{a_n}{x-\lambda_n}\right]=+\infty,$$

$$\lim_{x\to\lambda_{i+1}^-}f(x)=\lim_{x\to\lambda_{i+1}^-}\left[\frac{a_1}{x-\lambda_1}+\frac{a_2}{x-\lambda_2}+\cdots+\frac{a_n}{x-\lambda_n}\right]=-\infty,$$

从而必存在两点 x_i，y_i $(\lambda_i<x_i<y_i<\lambda_{i+1})$，使 $f(x_i)>0$，$f(y_i)<0$. 对 $f(x)$ 在 $[x_i,y_i]$ 上应用零点定理，则 $f(x)=0$ 在 $(x_i,y_i)\subset(\lambda_i,\lambda_{i+1})$ $(i=1,2,\cdots,n-1)$ 内至少存在一个根.

例 13.1.6 设 $f(x)$ 在 $[0,1]$ 上连续，$f(0)=f(1)$，证明：对于自然数 $n\geqslant 2$，存在 $\xi\in\left[\frac{1}{n},1\right]$，使得 $f(\xi)=f\left(\xi-\frac{1}{n}\right)$.

分析 要证明存在 $\xi\in\left[\frac{1}{n},1\right]$，使得 $f(\xi)=f\left(\xi-\frac{1}{n}\right)$. 即要证方程 $f(x)-f\left(x-\frac{1}{n}\right)=0$ 在区间$\left[\frac{1}{n},1\right]$上有解.

证 令 $g(x)=f(x)-f\left(x-\frac{1}{n}\right)$，则 $g(x)$ 在$\left[\frac{1}{n},1\right]$上连续. 如果存在 i $(1\leqslant i\leqslant n)$，使$g\left(\frac{i}{n}\right)=0$，只要取 $\xi=\frac{i}{n}$即可. 否则，由于

$$\begin{aligned}&g\left(\frac{1}{n}\right)+g\left(\frac{2}{n}\right)+\cdots+g\left(\frac{n}{n}\right)\\&=\left[f\left(\frac{1}{n}\right)-f(0)\right]+\left[f\left(\frac{2}{n}\right)-f\left(\frac{1}{n}\right)\right]+\cdots+\left[f\left(\frac{n}{n}\right)-f\left(\frac{n-1}{n}\right)\right]\\&=f(1)-f(0)=0,\end{aligned}$$

可知 $g\left(\frac{i}{n}\right)$ $(i=1,\ 2,\ \cdots,\ n)$ 不可能同时为正或同时为负，故至少有两项异号，不妨设 $g\left(\frac{1}{n}\right)\cdot g\left(\frac{2}{n}\right)<0$. 由零点定理，存在 $\xi\in\left(\frac{1}{n},\frac{2}{n}\right)\subset\left[\frac{1}{n},1\right]$，使得 $g(\xi)=0$，即 $f(\xi)=f\left(\xi-\frac{1}{n}\right)$.

例 13.1.7 设 $f(x)\geqslant 0$ 在 $[0,1]$ 上连续，$f(1)=0$，证明存在 $c\in(0,1)$，使

$$f(c)=\int_0^c f(t)\mathrm{d}t.$$

证　(1) 如果 $f(x)\equiv 0$，则结论显然成立.

(2) 如果 $f(x)\not\equiv 0$(不恒等于零)，则 $M=\max\limits_{x\in[0,1]}f(x)>0$，$\int_0^1 f(t)\mathrm{d}t>0$．作辅助函数

$$F(x)=f(x)-\int_0^x f(t)\mathrm{d}t,\qquad x\in[0,1],$$

则 $F(1)=f(1)-\int_0^1 f(t)\mathrm{d}t<0$，设 $x_0\in[0,1)$，使得 $M=f(x_0)$，则

$$F(x_0)=M-\int_0^{x_0}f(t)\mathrm{d}t\begin{cases}=M>0, & x_0=0,\\ \geqslant(1-x_0)M>0, & x_0>0.\end{cases}$$

由介值定理可知，存在 $c\in(x_0,1)\subset(0,1)$，使 $F(c)=0$，即 $f(c)=\int_0^c f(t)\mathrm{d}t$ 成立.

例 13.1.8　设 $f(x)$ 在 $[a,b]$ 上连续，不恒为常数，且 $f(a)=\min\limits_{x\in[a,b]}f(x)=f(b)$．证明存在 $\xi\in(a,b)$，使 $\int_a^\xi f(t)\mathrm{d}t=(\xi-a)f(\xi)$.

证　对任意 $x\in(a,b)$，作辅助函数 $F(x)=(x-a)f(x)-\int_a^x f(t)\mathrm{d}t$，只需证存在 $\xi\in(a,b)$ 使得 $F(\xi)=0$ 即可．因为 $f(x)$ 在 $[a,b]$ 上连续、不恒等于常数，且 $f(a)=\min\limits_{x\in[a,b]}f(x)=f(b)$，所以存在 $x_0\in(a,b)$，使得 $f(x_0)=\max\limits_{x\in[a,b]}f(x)$，于是有

$$F(x_0)=(x_0-a)f(x_0)-\int_a^{x_0}f(t)\mathrm{d}t>(x_0-a)f(x_0)-\int_a^{x_0}f(x_0)\mathrm{d}t=0,$$

$$F(b)=(b-a)f(b)-\int_a^b f(t)\mathrm{d}t<(b-a)f(b)-\int_a^b f(b)\mathrm{d}t=0.$$

由零点定理知，存在 $\xi\in(a,b)$ 使得 $F(\xi)=0$，即 $\int_a^\xi f(t)\mathrm{d}t=(\xi-a)f(\xi)$.

例 13.1.9　设 $f(x)$ 在 $[0,1]$ 上连续，$f(x)>0$，证明：

(1) 存在唯一的 $a\in(0,1)$，使得 $\int_0^a f(t)\mathrm{d}t=\int_a^1\frac{1}{f(t)}\mathrm{d}t$；

(2) 对任意自然数 n，存在唯一的 $x_n\in(0,1)$，使得 $\int_{\frac{1}{n}}^{x_n}f(t)\mathrm{d}t=\int_{x_n}^1\frac{1}{f(t)}\mathrm{d}t$，且 $\lim\limits_{n\to\infty}x_n=a$.

证　(1) 令 $F(x)=\int_0^x f(t)\mathrm{d}t-\int_x^1\frac{1}{f(t)}\mathrm{d}t$，则

$$F(0)=-\int_0^1\frac{1}{f(t)}\mathrm{d}t<0,\quad F(1)=\int_0^1 f(t)\mathrm{d}t>0,$$

根据连续函数的零点定理，存在 $a\in(0,1)$，使得 $F(a)=0$，即 $\int_0^a f(t)\mathrm{d}t=$

$\int_a^1 \frac{1}{f(t)}\mathrm{d}t$. 又因 $F'(x)=f(x)+\frac{1}{f(x)}>0$，所以 $F(x)$ 在 $[0,1]$ 上严格单调递增，故上述 a 唯一.

(2) 令 $F_n(x)=\int_{\frac{1}{n}}^x f(t)\mathrm{d}t-\int_x^1 \frac{1}{f(t)}\mathrm{d}t$，则

$$F_n\left(\frac{1}{n}\right)=-\int_{\frac{1}{n}}^1 \frac{1}{f(t)}\mathrm{d}t<0,\quad F_n(1)=\int_{\frac{1}{n}}^1 f(t)\mathrm{d}t>0,$$

根据连续函数的零点定理，存在 $x_n\in\left(\frac{1}{n},1\right)$，使得 $F_n(x_n)=0$，又对任意自然数 n，$F_n'(x)=f(x)+\frac{1}{f(x)}>0$，$F_n(x)$ 在 $[0,1]$ 上严格单调递增，故上述 x_n 唯一. 注意到对任意自然数 n，

$$F_{n+1}(x)-F_n(x)=\int_{\frac{1}{n+1}}^{\frac{1}{n}} f(t)\mathrm{d}t>0,\qquad x\in(0,1),$$

故知 $F_n(x)$ 关于 n 严格单调增加. 于是有 $F_n(x_n)=0=F_{n+1}(x_{n+1})>F_n(x_{n+1})$，又 $F_n(x)$ 在 $[0,1]$ 上严格单调递增，故有 $x_n>x_{n+1}$，即 $\{x_n\}$ 为单调递减有界序列，可设 $\lim\limits_{n\to\infty}x_n=b$，因定积分是其上下限的连续函数，对下式取极限 $(n\to\infty)$

$$\int_{\frac{1}{n}}^{x_n} f(t)\mathrm{d}t=\int_{x_n}^1 \frac{1}{f(t)}\mathrm{d}t,$$

得 $\int_0^b f(t)\mathrm{d}t=\int_b^1 \frac{1}{f(t)}\mathrm{d}t$. 再据 (1) 中 a 的唯一性得 $\lim\limits_{n\to\infty}x_n=b=a$.

2. 利用微分中值定理和泰勒公式

例 13.1.10 设 $f(x)$，$g(x)$，$h(x)$ 在 $[a,b]$ 上连续，在 (a,b) 内可导，证明：存在 $\xi\in(a,b)$，使得

$$\begin{vmatrix} f(a) & g(a) & h(a) \\ f(b) & g(b) & h(b) \\ f'(\xi) & g'(\xi) & h'(\xi) \end{vmatrix}=0. \tag{1}$$

分析 容易看出，函数 $F(x)=\begin{vmatrix} f(a) & g(a) & h(a) \\ f(b) & g(b) & h(b) \\ f(x) & g(x) & h(x) \end{vmatrix}$ 满足 $F(a)=F(b)=0$，取 $F(x)$ 作为辅助函数，在 $[a,b]$ 上应用罗尔定理便得结论.

证 作辅助函数

$$F(x)=\begin{vmatrix} f(a) & g(a) & h(a) \\ f(b) & g(b) & h(b) \\ f(x) & g(x) & h(x) \end{vmatrix},$$

由于 $F(a)=F(b)=0$，对 $F(x)$ 在 $[a,b]$ 上应用罗尔定理，则存在 $\xi\in(a,b)$，

使
$$F'(\xi)=\begin{vmatrix} f(a) & g(a) & h(a) \\ f(b) & g(b) & h(b) \\ f'(\xi) & g'(\xi) & h'(\xi) \end{vmatrix}=0.$$

注　若在（1）中令 $h(x)=1$，则有
$$\begin{vmatrix} f(a) & g(a) & 1 \\ f(b) & g(b) & 1 \\ f'(\xi) & g'(\xi) & 0 \end{vmatrix}=0,$$
即
$$\frac{f(b)-f(a)}{g(b)-g(a)}=\frac{f'(\xi)}{g'(\xi)},$$
此即为柯西中值定理. 若在（1）中令 $h(x)=1$，$g(x)=x$，则（1）式为
$$\begin{vmatrix} f(a) & a & 1 \\ f(b) & b & 1 \\ f'(\xi) & 1 & 0 \end{vmatrix}=0,$$
即$\dfrac{f(b)-f(a)}{b-a}=f'(\xi)$，此即为拉格朗日中值定理.

例 13.1.11　设 $f(x)$ 在 $[a,b]$ 上三阶可导，$f'(a)=f'(b)=0$，且存在$c\in(a,b)$，有 $f(c)=\max\limits_{a\leqslant x\leqslant b}f(x)$. 证明：方程 $f'''(x)=0$ 在 (a,b) 内至少有一个根.

证　由 $f(c)=\max\limits_{a\leqslant x\leqslant b}f(x)$，$c\in(a,b)$ 及费马定理知 $f'(c)=0$，这样有
$$f'(a)=f'(c)=f'(b)=0.$$
分别在 $[a,c]$ 及 $[c,b]$ 上对 $f'(x)$ 应用罗尔定理，存在 $\xi_1\in(a,c)$，$\xi_2\in(c,b)$，使得
$$f''(\xi_1)=f''(\xi_2)=0,$$
再对 $f''(x)$ 在 $[\xi_1,\xi_2]$ 上应用罗尔定理，则存在 $\xi_3\in(\xi_1,\xi_2)\subset(a,b)$，有 $f'''(\xi_3)=0$. 因此方程 $f'''(x)=0$ 在 (a,b) 内至少有一个根.

例 13.1.12　设函数 $f(x)$ 在 $[0,\pi]$ 上连续，且
$$\int_0^\pi f(x)\mathrm{d}x=0,\quad \int_0^\pi f(x)\cos x\mathrm{d}x=0.$$
证明：在 $(0,\pi)$ 内至少存在两个不同的点 ξ_1，ξ_2，使 $f(\xi_1)=f(\xi_2)=0$.

证 1　令 $F(x)=\int_0^x f(t)\mathrm{d}t$，$0\leqslant x\leqslant\pi$，则有 $F(0)=F(\pi)=0$. 又因为
$$\begin{aligned}0&=\int_0^\pi f(x)\cos x\mathrm{d}x=\int_0^\pi \cos x\mathrm{d}F(x)\\&=F(x)\cos x\Big|_0^\pi+\int_0^\pi F(x)\sin x\mathrm{d}x=\int_0^\pi F(x)\sin x\mathrm{d}x,\end{aligned}$$

所以存在 $c\in(0,\pi)$，使 $F(c)\sin c=0$. 因若不然，则在 $(0,\pi)$ 内 $F(x)\sin x$ 或恒为正，或恒为负，均与 $\int_0^\pi F(x)\sin x\mathrm{d}x=0$ 矛盾. 但当 $c\in(0,\pi)$ 时，$\sin c\neq0$，故 $F(c)=0$. 由上证得

$$F(0)=F(c)=F(\pi)=0 \qquad (0<c<\pi).$$

再对 $F(x)$ 分别在区间 $[0,c]$，$[c,\pi]$ 上应用罗尔定理，则至少存在 $\xi_1\in(0,c)$，$\xi_2\in(c,\pi)$，使

$$F'(\xi_1)=F'(\xi_2)=0,$$

即

$$f(\xi_1)=f(\xi_2)=0.$$

证 2 由 $\int_0^\pi f(x)\mathrm{d}x=0$ 知，存在 $\xi_1\in(0,\pi)$，使 $f(\xi_1)=0$. 因若不然，则在 $(0,\pi)$ 内 $f(x)$ 或恒为正，或恒为负，均与 $\int_0^\pi f(x)\mathrm{d}x=0$ 矛盾.

若在 $(0,\pi)$ 内 $f(x)=0$ 仅有一个实根 $x=\xi_1$，则由 $\int_0^\pi f(x)\mathrm{d}x=0$ 推知，$f(x)$ 在 $(0,\xi_1)$ 内与 (ξ_1,π) 内异号，不妨设在 $(0,\xi_1)$ 内 $f(x)>0$，在 (ξ_1,π) 内 $f(x)<0$. 于是，再由 $\int_0^\pi f(x)\cos x\mathrm{d}x=0$ 与 $\int_0^\pi f(x)\mathrm{d}x=0$ 及 $\cos x$ 在 $[0,\pi]$ 上的单调性知

$$\begin{aligned}0&=\int_0^\pi f(x)(\cos x-\cos\xi_1)\mathrm{d}x\\&=\int_0^{\xi_1} f(x)(\cos x-\cos\xi_1)\mathrm{d}x+\int_{\xi_1}^\pi f(x)(\cos x-\cos\xi_1)\mathrm{d}x>0,\end{aligned}$$

得出矛盾. 从而推知，在 $(0,\pi)$ 内除 ξ_1 外，$f(x)=0$ 至少还有另一实根 ξ_2，故知存在 ξ_1，$\xi_2\in(0,\pi)$，$\xi_1\neq\xi_2$，使 $f(\xi_1)=f(\xi_2)=0$.

注 证 1 中的 c 和证 2 中的 ξ_1 也可用积分中值定理得到.

例 13.1.13 设 $f(x)$，$g(x)$ 在 $[a,b]$ 上连续，在 (a,b) 内具有二阶导数且存在相等的最大值，$f(a)=g(a)$，$f(b)=g(b)$. 证明：存在 $\xi\in(a,b)$，使得 $f''(\xi)=g''(\xi)$.

证 令 $h(x)=f(x)-g(x)$，则 $h(a)=h(b)=0$. 设 $f(x)$，$g(x)$ 在 (a,b) 内的最大值 M 分别在 $\alpha\in(a,b)$，$\beta\in(a,b)$ 处取得.

当 $\alpha=\beta$ 时，取 $\eta=\alpha$ 则 $h(\eta)=0$.

当 $\alpha\neq\beta$ 时，$h(\alpha)=f(\alpha)-g(\alpha)=M-g(\alpha)\geqslant0$，$h(\beta)=f(\beta)-g(\beta)=f(\beta)-M\leqslant0$.

由介值定理，在 α 和 β 之间存在 η，使得 $h(\eta)=0$. 于是由罗尔定理知，存在 $\xi_1\in(a,\eta)$，$\xi_2\in(\eta,b)$，使得 $h'(\xi_1)=h'(\xi_2)=0$. 再由罗尔定理知，存在 $\xi\in$

$(\xi_1,\xi_2)\subset(a,b)$，使得 $h''(\xi)=0$，即 $f''(\xi)=g''(\xi)$.

例 13.1.14　设 $f(x)$ 可导，证明：对任意实数 λ，在 $f(x)$ 的两个零点之间必存在 $\lambda f(x)+f'(x)$ 的零点.

分析　要证 $\lambda f(x)+f'(x)$ 存在零点，只须构造函数 $\varphi(x)$，使 $\varphi'(x)=\lambda f(x)+f'(x)$. 然而经过尝试，知直接构造这样的 $\varphi(x)$ 是不可能的（理由见题后注记）. 通常要添加乘子 $\mu(x)$，使得存在某个函数 $F(x)$，满足

$$F'(x)=\mu(x)[\lambda f(x)+f'(x)].$$

这样的乘子如何找到呢？通过细致的观察和尝试可以找到 $\mu(x)=\mathrm{e}^{\lambda x}$，从而

$$F(x)=\mathrm{e}^{\lambda x}f(x),\quad F'(x)=\mathrm{e}^{\lambda x}[\lambda f(x)+f'(x)].$$

容易看出，问题等价于证明 $F'(x)$ 存在零点.

证　设 x_1，x_2（$x_1<x_2$）是 $f(x)$ 的两个零点，即 $f(x_1)=f(x_2)=0$. 作辅助函数

$$F(x)=\mathrm{e}^{\lambda x}f(x).$$

x_1，x_2（$x_1<x_2$）也是 $F(x)$ 的两个零点，对 $F(x)$ 在 $[x_1,x_2]$ 上应用罗尔定理，则有 $\xi\in(x_1,x_2)$，使 $F'(\xi)=0$，即 $F'(\xi)=\mathrm{e}^{\lambda\xi}[\lambda f(\xi)+f'(\xi)]=0$. 由于 $\mathrm{e}^{\lambda\xi}\neq0$，故 $\lambda f(\xi)+f'(\xi)=0$.

注　在例 13.1.14 的证明中，构造合适的辅助函数是关键，而构造辅助函数需要一定的技巧. 通过求原函数的途径可以构造适当的辅助函数，有时需要借助简单的常微分方程知识. 例如，对例 13.1.14 作对应的微分方程

$$\lambda y+y'=0.$$

即

$$\lambda y\,\mathrm{d}x+\mathrm{d}y=0. \tag{2}$$

方程（2）不是全微分方程，因此要寻找一个积分因子 $\mu(x,y)$，使得

$$\mu(x,y)[\lambda y\,\mathrm{d}x+\mathrm{d}y]=0$$

成为全微分方程，辅助函数 $F(x)$ 是该全微分方程的一个原函数.

记 $P=\lambda y$，$Q=1$，则 $\dfrac{\partial P}{\partial y}=\lambda$，$\dfrac{\partial Q}{\partial x}=0$. 从而 $\dfrac{1}{Q}\left(\dfrac{\partial P}{\partial y}-\dfrac{\partial Q}{\partial x}\right)=\lambda$ 仅与 x 有关，方程（2）有一个仅依赖于 x 的积分因子

$$\mu(x)=\mathrm{e}^{\int\frac{1}{Q}\left(\frac{\partial P}{\partial y}-\frac{\partial Q}{\partial x}\right)\mathrm{d}x}=\mathrm{e}^{\int\lambda\mathrm{d}x}=\mathrm{e}^{\lambda x}.$$

这正是我们前面尝试找到的乘子，用凑微分法容易求出 $F(x)=\mathrm{e}^{\lambda x}f(x)$.

例 13.1.15　设 $f(x)$，$f'(x)$，…，$f^{(n)}(x)$ 在 $[a,b]$ 上连续，$f^{(n+1)}(x)$ 在 (a,b) 内存在且 $f^{(i)}(a)=f^{(i)}(b)=0,i=0,1,2,\cdots,n$，证明存在 $\xi\in(a,b)$ 使 $f^{(n+1)}(\xi)=f(\xi)$.

证　对 $n=0$，即需要证明存在 $\xi\in(a,b)$ 使得 $f'(\xi)=f(\xi)$，这只需要辅助函数 $F(x)=\mathrm{e}^{-x}f(x)$ 在 $[a,b]$ 上应用罗尔定理即可.

对 $n\geqslant 1$，令 $g(x)=\sum\limits_{i=0}^{n}f^{(i)}(x)$，则由假设知道 $g(a)=g(b)=0$. 注意到

$$g(x)-g'(x)=f(x)-f^{(n+1)}(x),$$

将 $n=0$ 时的结论直接用于 $g(x)$ 或者利用辅助函数 $G(x)=\mathrm{e}^{-x}g(x)$，可知存在 $\xi\in(a,b)$ 使 $0=g(\xi)-g'(\xi)=f(\xi)-f^{(n+1)}(\xi)$.

例 13.1.16　设 $f(x)$ 在 $[0,1]$ 上连续，在 $(0,1)$ 内二次可导，且 $f(0)=f(1)=0$，证明在 $(0,1)$ 内必存在一点 ξ，使 $f''(\xi)=\dfrac{2f'(\xi)}{1-\xi}$.

分析　即证 $(1-x)f''(x)-2f'(x)=0$ 有实根. 令 $F''(x)=(1-x)f''(x)-2f'(x)$，则

$$\begin{aligned}F'(x)&=\int F''(x)\mathrm{d}x=\int[(1-x)f''(x)-2f'(x)]\mathrm{d}x\\&=(1-x)f'(x)-f(x),\\F(x)&=\int F'(x)\mathrm{d}x=\int[(1-x)f'(x)-f(x)]\mathrm{d}x\\&=(1-x)f(x).\end{aligned}$$

这就是要找的辅助函数.

证　作辅助函数

$$F(x)=(1-x)f(x),\qquad 0\leqslant x\leqslant 1,$$

则 $F(x)$ 在 $[0,1]$ 上连续，在 $(0,1)$ 内可导，且

$$F'(x)=(1-x)f'(x)-f(x),\qquad 0<x<1,$$

又 $F(0)=F(1)=0$，故由罗尔定理知，存在 $c\in(0,1)$，使得

$$F'(c)=(1-c)f'(c)-f(c)=0,$$

又 $F'(1)=-f(1)=0$，从而对 $F'(x)$ 在 $[c,1]$ 上应用罗尔定理知，必有一点 $\xi\in(c,1)\subset(0,1)$，使得

$$F''(\xi)=(1-\xi)f''(\xi)-2f'(\xi)=0,$$

即 $f''(\xi)=\dfrac{2f'(\xi)}{1-\xi}$.

例 13.1.17　设 $f(x)$ 在 $[0,1]$ 上连续，在 $(0,1)$ 内可导，$f(0)=0$，$f(1)=1$，证明：

(1) 存在 $\xi\in(0,1)$，使得 $f(\xi)=1-\xi$；

(2) 存在两个不同的点 η，$\zeta\in(0,1)$，使得 $f'(\eta)f'(\zeta)=1$.

证　(1) 令 $g(x)=f(x)+x-1$，则 $g(x)$ 在 $[0,1]$ 上连续，且 $g(0)=-1<0$，$g(1)=1>0$. 所以存在 $\xi\in(0,1)$，使 $g(\xi)=f(\xi)+\xi-1=0$.

(2) 由拉格朗日中值定理，存在 $\eta\in(0,\xi)$，$\zeta\in(\xi,1)$，使得

$$f'(\eta)=\frac{f(\xi)-f(0)}{\xi}=\frac{1-\xi}{\xi},\quad f'(\zeta)=\frac{f(1)-f(\xi)}{1-\xi}=\frac{1-(1-\xi)}{1-\xi}=\frac{\xi}{1-\xi}.$$

即有

$$f'(\eta)f'(\zeta)=\frac{1-\xi}{\xi}\cdot\frac{\xi}{1-\xi}=1.$$

例 13.1.18　设 $f(x)$ 在 $[0,1]$ 上连续，在 $(0,1)$ 内可导，$f(0)=0$，$f(1)=\frac{1}{2}$，证明：存在 ξ，$\eta\in(0,1)$，$\xi\neq\eta$，使 $f'(\xi)+f'(\eta)=\xi+\eta$.

证　令 $F(x)=f(x)-\frac{1}{2}x^2$，则 $F(0)=F(1)=0$，由拉格朗日中值定理，存在 $\xi\in\left(0,\frac{1}{2}\right)$，$\eta\in\left(\frac{1}{2},1\right)$使

$$-F\left(\frac{1}{2}\right)=F(0)-F\left(\frac{1}{2}\right)=-\frac{1}{2}F'(\xi)=-\frac{1}{2}[f'(\xi)-\xi],$$

$$-F\left(\frac{1}{2}\right)=F(1)-F\left(\frac{1}{2}\right)=\frac{1}{2}F'(\eta)=\frac{1}{2}[f'(\eta)-\eta].$$

两式相减得 $0=\frac{1}{2}f'(\eta)-\frac{1}{2}\eta+\frac{1}{2}f'(\xi)-\frac{1}{2}\xi$，即 $f'(\xi)+f'(\eta)=\xi+\eta$.

例 13.1.19　设 $0<a<b$，证明：在 (a,b) 内至少存在一点 ξ，使

$$ae^b-be^a=(\xi-1)e^\xi(b-a).$$

分析　要证明的等式可变形为$\dfrac{\frac{e^b}{b}-\frac{e^a}{a}}{\frac{1}{a}-\frac{1}{b}}=(\xi-1)e^\xi$. 从而发现应该构造的辅助函数和证明方法.

证 1　设 $F(x)=\frac{e^x}{x}$，$G(x)=\frac{1}{x}$，则 $F(x)$，$G(x)$ 在 $[a,b]$ 上满足柯西中值定理条件. 所以，存在 $\xi\in(a,b)$，使得

$$\frac{\frac{e^b}{b}-\frac{e^a}{a}}{\frac{1}{b}-\frac{1}{a}}=\frac{F'(\xi)}{G'(\xi)}=\frac{\frac{e^\xi\xi-e^\xi}{\xi^2}}{-\frac{1}{\xi^2}}=(1-\xi)e^\xi.$$

于是存在 $\xi\in(a,b)$，使得 $ae^b-be^a=(\xi-1)e^\xi(b-a)$.

证 2　令 $k=\frac{ae^b-be^a}{a-b}$则 $k(a-b)=ae^b-be^a$，同除以 ab，得到关于 a，b 的对称式$\frac{1}{b}e^b-\frac{1}{b}k=\frac{1}{a}e^a-\frac{1}{a}k$. 设 $F(x)=\frac{e^x}{x}-\frac{k}{x}$，则 $F(a)=F(b)$，由罗尔定理，存在 $\xi\in(a,b)$，使 $F'(\xi)=\frac{\xi e^\xi-e^\xi}{\xi^2}-\frac{k}{\xi^2}=0$，即 $ae^b-be^a=(\xi-1)e^\xi(b-a)$.

例 13.1.20 设 $f(x)$ 在 $[a,b]$ 上可导，$a>0$，证明：存在 $\xi\in(a,b)$，使

$$\frac{af(b)-bf(a)}{b-a}=\xi f'(\xi)-f(\xi).$$

证 1 因为$\frac{af(b)-bf(a)}{b-a}=-\frac{\frac{f(b)}{b}-\frac{f(a)}{a}}{\frac{1}{b}-\frac{1}{a}}$，由柯西中值定理得证.

证 2 令 $k=\frac{af(b)-bf(a)}{b-a}$，则$\frac{f(a)}{a}+k\frac{1}{a}=\frac{f(b)}{b}+k\frac{1}{b}$，设 $F(x)=\frac{f(x)}{x}+k\frac{1}{x}$，则$F(a)=F(b)$. 由罗尔定理，存在 $\xi\in(a,b)$，使 $F'(\xi)=\frac{f'(\xi)\xi-f(\xi)}{\xi^2}-\frac{k}{\xi^2}=0$，即

$$\frac{af(b)-bf(a)}{b-a}=k=\xi f'(\xi)-f(\xi).$$

例 13.1.21 设 $f(x)$ 在 $[a,b]$ 上连续，在 (a,b) 内可导，$f'(x)\neq 0$，证明：存在 ξ，$\eta\in(a,b)$，使$\frac{f'(\xi)}{f'(\eta)}=\frac{\mathrm{e}^b-\mathrm{e}^a}{b-a}\mathrm{e}^{-\eta}$.

证 即需证 $f'(\xi)=\frac{\mathrm{e}^b-\mathrm{e}^a}{b-a}\cdot\frac{f'(\eta)}{\mathrm{e}^\eta}$. 由拉格朗日中值定理，存在 $\xi\in(a,b)$ 使 $f(b)-f(a)=(b-a)f'(\xi)$，再对 $f(x)$ 和 $g(x)=\mathrm{e}^x$ 在 $[a,b]$ 上应用柯西中值定理，存在 $\eta\in(a,b)$ 使$\frac{f(b)-f(a)}{\mathrm{e}^b-\mathrm{e}^a}=\frac{f'(\eta)}{\mathrm{e}^\eta}$，即 $f(b)-f(a)=(\mathrm{e}^b-\mathrm{e}^a)\frac{f'(\eta)}{\mathrm{e}^\eta}$，所以

$$(b-a)f'(\xi)=(\mathrm{e}^b-\mathrm{e}^a)\frac{f'(\eta)}{\mathrm{e}^\eta},$$

即

$$f'(\xi)=\frac{\mathrm{e}^b-\mathrm{e}^a}{b-a}\cdot\frac{f'(\eta)}{\mathrm{e}^\eta}.$$

例 13.1.22 设 $f(x)$ 在 $[-2,2]$ 上二阶可导，且$|f(x)|\leqslant 1$，$f^2(0)+f'^2(0)=4$，证明：存在 $\xi\in(-2,2)$，使得 $f(\xi)+f''(\xi)=0$.

证 由拉格朗日中值定理，存在 $a\in(-2,0)$，$b\in(0,2)$，使得

$$f'(a)=\frac{f(0)-f(-2)}{2},\quad f'(b)=\frac{f(2)-f(0)}{2},$$

因为$|f(x)|\leqslant 1$，易得$|f'(a)|\leqslant 1$，$|f'(b)|\leqslant 1$.

令 $F(x)=f^2(x)+f'^2(x)$，则有 $F(a)\leqslant 2$，$F(b)\leqslant 2$，$F(0)=4$，于是 $F(x)$ 在 $[a,b]$ 上的最大值点 $\xi\in(a,b)$．因此 $F(\xi)\geqslant F(0)=4$，且 $F'(\xi)=0$，即 $0=F'(\xi)=2f'(\xi)[f(\xi)+f''(\xi)]$．由于 $|f(\xi)|\leqslant 1$，$F(\xi)\geqslant 4$，故有 $[f'(\xi)]^2=F(\xi)-[f(\xi)]^2\geqslant 4-1=3$，$f'(\xi)\neq 0$．于是可得 $f(\xi)+f''(\xi)=0$，$\xi\in(-2,2)$．

例 13.1.23　设 $f(x)$ 在 $[0,1]$ 上连续，在 $(0,1)$ 内可导，且 $f(0)=0$，$f(1)=1$，又 $k_1,k_2,\cdots,k_n$ 是满足 $k_1+k_2+\cdots+k_n=1$ 的 n 个正数．证明：在 $(0,1)$ 中存在互不相同的数 $\xi_1,\xi_2,\cdots,\xi_n$ 使

$$\frac{k_1}{f'(\xi_1)}+\frac{k_2}{f'(\xi_2)}+\cdots+\frac{k_n}{f'(\xi_n)}=1. \tag{3}$$

证　显然 $k_i\in(0,1)$，$i=1,2,\cdots,n$，即有 $0=f(0)<k_i<f(1)=1$，由介值定理，对 $k_1\in(0,1)$ 存在 $x_1\in(0,1)$ 使

$$f(x_1)=k_1.$$

又 $f(x_1)=k_1<k_1+k_2<1=f(1)$，所以存在 $x_2\in(x_1,1)$ 使

$$f(x_2)=k_1+k_2.$$

又 $f(x_2)=k_1+k_2<k_1+k_2+k_3<1=f(1)$，所以存在 $x_3\in(x_2,1)$，使

$$f(x_3)=k_1+k_2+k_3\cdots.$$

如此下去，在 $(0,1)$ 中存在分点 $x_1,x_2,\cdots,x_n$ 满足 $0\triangleq x_0<x_1<x_2<\cdots<x_{n-1}<x_n\triangleq 1$，使

$$f(x_{n-1})=k_1+k_2+\cdots+k_{n-1}.$$

在区间 $[x_{i-1},x_i]$ $(i=1,2,\cdots,n)$ 上应用拉格朗日中值定理，存在 $\xi_i\in(x_{i-1},x_i)$ 使

$$k_i=f(x_i)-f(x_{i-1})=f'(\xi_i)(x_i-x_{i-1}),\qquad i=1,2,\cdots,n.$$

于是有

$$\frac{k_1}{f'(\xi_1)}+\frac{k_2}{f'(\xi_2)}+\cdots+\frac{k_n}{f'(\xi_n)}=(x_1-x_0)+(x_2-x_1)+\cdots+(x_n-x_{n-1})=1.$$

注　题中若不限制 $\sum\limits_{i=1}^{n}k_i=1$，则 (3) 式右端可换为 $\sum\limits_{i=1}^{n}k_i$．本题看似抽象，却具有下述几何意义和力学意义.

几何意义　在曲线 $y=f(x)$ 上寻找 n 个不同的弦，使相应的斜率 $\tan\alpha_i$ $(i=1,2,\cdots,n)$ 满足 $\sum\limits_{i=1}^{n}\dfrac{k_i}{\tan\alpha_i}=1$，若把 k_i 看作弦在 y 轴上的投影，则$\dfrac{k_i}{\tan\alpha_i}$等于该弦在 x 轴上的投影，因此几何意义在于找 n 个不同的弦，其在 x 轴上的投影分别为$\dfrac{k_i}{\tan\alpha_i}$ $(i=1,2,\cdots,n)$，这些投影之和为 1.

力学意义　将 $y=f(x)$ 看作质点沿直线运动的方程，(3) 左边第 i 项可看作 k_i 除以 ξ_i 时刻的瞬时速度．因此，若将 k_i 看作一段路程的长度，则由拉格朗

日中值定理的力学意义知，适当选择 ξ_i 就可使 $\frac{k_i}{f'(\xi_i)}$ 等于走完 k_i 这段路所花的时间，由 $\sum_{i=1}^{n} k_i = 1$ 且 $f(0)=0$，$f(1)=1$，因此就可将全路程按长度 $k_1, k_2, \cdots, k_n$ 分段，求出相应的时间 $x_1, x_2, \cdots, x_{n-1}$.

例 13.1.24　设 $f(x)$ 在 $[0,1]$ 上二阶可导，$f(0)=f(1)=0$，$f'(1)=1$，证明：存在 $\xi\in(0,1)$，使得 $f''(\xi)=2$.

证　由已知条件确定一个二次抛物线 $g(x)=ax^2+bx+c$，使 $g(0)=f(0)=0$，$g(1)=f(1)=0$，$g'(1)=f'(1)=1$. 则有 $c=0$，$a+b=0$，$2a+b=1$，可得 $a=1$，$b=-1$.

令 $F(x)=f(x)-g(x)$，则 $F(0)=F(1)=0$，$F'(1)=0$. 由罗尔定理，存在 $\xi_1\in(0,1)$，使 $F'(\xi_1)=0$，再在 $[\xi_1,1]$ 上应用罗尔定理得，存在 $\xi\in(\xi_1,1)$，使 $F''(\xi)=0$. 而 $g''(x)\equiv 2$，所以 $f''(\xi)=2$.

例 13.1.25　设 $f(x)$ 在 $[a,b]$ 上连续，在 (a,b) 内二阶可导，证明存在 $\xi\in(a,b)$ 使

$$f(b)-2f\left(\frac{a+b}{2}\right)+f(a)=\frac{(b-a)^2}{4}f''(\xi).$$

证 1　左端 $=f\left(\frac{b-a}{2}+\frac{b+a}{2}\right)-f\left(\frac{a+b}{2}\right)-\left[f\left(\frac{b-a}{2}+a\right)-f(a)\right]$，令

$$\varphi(x)=f\left(\frac{b-a}{2}+x\right)-f(x),$$

连续使用拉格朗日中值定理有

$$f(b)-2f\left(\frac{a+b}{2}\right)+f(a)=\varphi\left(\frac{a+b}{2}\right)-\varphi(a)=\varphi'(\eta)\,\frac{b-a}{2}$$

$$=\frac{b-a}{2}\left[f'\left(\frac{b-a}{2}+\eta\right)-f'(\eta)\right]$$

$$=\frac{(b-a)^2}{4}f''(\xi)\qquad\left(a<\eta<\xi<\frac{b-a}{2}<\frac{b+a}{2}\right).$$

证 2　欲证式即为 $\dfrac{f(b)-2f\left(\frac{a+b}{2}\right)+f(a)}{(b-a)^2}=\dfrac{1}{4}f''(\xi)$，令

$$F(x)=f(x)-2f\left(\frac{a+x}{2}\right)+f(a),\quad G(x)=(x-a)^2,$$

由柯西中值定理得，

$$\frac{F(b)}{G(b)}=\frac{F(b)-F(a)}{G(b)-G(a)}=\frac{F'(\eta)}{G'(\eta)}=\frac{f'(\eta)-f'\left(\frac{a+\eta}{2}\right)}{2(\eta-a)}$$

$$=\frac{f''(\xi)\left(\frac{\eta-a}{2}\right)}{2(\eta-a)}=\frac{1}{4}f''(\xi).$$

证3　令$\dfrac{f(b)-2f\left(\frac{a+b}{2}\right)+f(a)}{\frac{(b-a)^2}{4}}=k$，则 $f(b)-2f\left(\frac{a+b}{2}\right)+f(a)=\frac{1}{4}k(b-a)^2$．令

$$F(x)=f(x)-2f\left(\frac{a+x}{2}\right)-\frac{1}{4}k(x-a)^2+f(a),$$

则

$$F(a)=0,$$

$$F(b)=f(b)-2f\left(\frac{a+b}{2}\right)-\frac{1}{4}\cdot 4\cdot\frac{f(b)-2f\left(\frac{a+b}{2}\right)+f(a)}{(b-a)^2}(b-a)^2+f(a)=0,$$

由罗尔定理，存在 $\eta\in(a,b)$ 使 $F'(\eta)=0$．即

$$f'(\eta)-f'\left(\frac{a+\eta}{2}\right)-\frac{1}{2}k(\eta-a)=0.$$

另一方面，对 $f'(x)$ 应用拉格朗日中值定理，有 $f'(\eta)=f'\left(\frac{a+\eta}{2}\right)+f''(\xi)\left(\frac{\eta-a}{2}\right)$，与上式比较得 $k=f''(\xi)$.

证4　由泰勒公式有

$$f(a)=f\left(\frac{a+b}{2}\right)+f'\left(\frac{a+b}{2}\right)\left(a-\frac{a+b}{2}\right)+\frac{1}{2}\left(\frac{b-a}{2}\right)^2f''(\xi_1),\quad a<\xi_1<\frac{a+b}{2},$$

$$f(b)=f\left(\frac{a+b}{2}\right)+f'\left(\frac{a+b}{2}\right)\left(b-\frac{a+b}{2}\right)+\frac{1}{2}\left(\frac{b-a}{2}\right)^2f''(\xi_2),\quad \frac{a+b}{2}<\xi_2<b,$$

$$f(a)+f(b)=2f\left(\frac{a+b}{2}\right)+\left(\frac{b-a}{2}\right)^2\left[\frac{f''(\xi_1)+f''(\xi_2)}{2}\right],$$

由达布定理，知存在 $\xi\in(\xi_1,\xi_2)$，$f''(\xi)=\dfrac{f''(\xi_1)+f''(\xi_2)}{2}$．从而有

$$f(b)-2f\left(\frac{a+b}{2}\right)+f(a)=\frac{(b-a)^2}{4}f''(\xi).$$

证5　令 $c=\dfrac{a+b}{2}$，经过三点 $(a,f(a))$，$(b,f(b))$，$(c,f(c))$ 的二次抛物线方程为

$$\varphi(x)=\frac{(x-b)(x-c)}{(a-b)(a-c)}f(a)+\frac{(x-c)(x-a)}{(b-c)(b-a)}f(b)+\frac{(x-a)(x-b)}{(c-a)(c-b)}f(c).$$

$\varphi(a)=f(a)$，$\varphi(b)=f(b)$，$\varphi(c)=f(c)$. 令 $F(x)=f(x)-\varphi(x)$，连续使用罗尔定理可知存在 $\xi\in(a,b)$，$F''(\xi)=0$，从而有

$$f''(\xi)=\varphi''(\xi)=\frac{4}{(b-a)^2}f(a)+\frac{4}{(b-a)^2}f(b)-\frac{8}{(b-a)^2}f(c),$$

整理得

$$f(b)-2f\left(\frac{a+b}{2}\right)+f(a)=\frac{(b-a)^2}{4}f''(\xi).$$

例 13.1.26 设 $f(x)$ 在 $[a,b]$ 上三阶可导，证明：存在 $\xi\in(a,b)$ 使

$$f(b)=f(a)+f'\left(\frac{a+b}{2}\right)(b-a)+\frac{1}{24}f'''(\xi)(b-a)^3.$$

证 令 $k=\dfrac{24}{(b-a)^3}\left[f(b)-f(a)-f'\left(\dfrac{a+b}{2}\right)(b-a)\right]$，设

$$F(x)=f(x)-f'\left(\frac{a+x}{2}\right)(x-a)-\frac{k}{24}(x-a)^3-f(a),$$

则 $F(a)=F(b)=0$，由罗尔定理，存在 $\eta\in(a,b)$ 使 $F'(\eta)=0$，即

$$f'(\eta)-f'\left(\frac{a+\eta}{2}\right)-f''\left(\frac{a+\eta}{2}\right)\frac{\eta-a}{2}-\frac{k}{8}(\eta-a)^2=0.$$

由泰勒公式知

$$f'(\eta)=f'\left(\frac{a+\eta}{2}\right)+f''\left(\frac{a+\eta}{2}\right)\frac{\eta-a}{2}+\frac{f'''(\xi)}{2}\left(\frac{\eta-a}{2}\right)^2,\quad \xi\in(a,b),$$

比较以上两式得 $k=f'''(\xi)$.

例 13.1.27 设 $f(x)$ 在 $[a,b]$ 上二阶可导，$f(a)=f(b)=0$，证明对每个 $x\in(a,b)$ 存在 $\xi\in(a,b)$ 使 $f(x)=\dfrac{f''(\xi)}{2}(x-a)(x-b)$.

证 固定 $x\in(a,b)$，取 $k=\dfrac{2f(x)}{(x-a)(x-b)}$，于是只需证明存在 $\xi\in(a,b)$ 使 $f''(\xi)=k$. 作辅助函数

$$F(t)=f(t)-\frac{1}{2}k(t-a)(t-b),$$

由 $f(a)=f(b)=0$ 知 $F(a)=F(b)=0$，由 k 的定义可知 $F(x)=0$. 在 $[a,x]$ 和 $[x,b]$ 上分别对 $F(t)$ 应用罗尔定理，存在 $a<\eta_1<\eta_2<b$ 使，$F'(\eta_1)=F'(\eta_2)=0$，再在 $[\eta_1,\eta_2]$ 上对 $F'(t)$ 应用罗尔定理可得，存在 $\xi\in(a,b)$ 使 $F''(\xi)=0$，即

$$f(x)=\frac{f''(\xi)}{2}(x-a)(x-b).$$

例 13.1.28　设 $f_n(x)=x^n+x^{n-1}+\cdots+x^2+x$，证明：

(1) 对任意自然数 $n>1$，方程 $f_n(x)=1$ 在 $\left(\frac{1}{2},1\right)$ 内只有一个根；

(2) 设 $x_n\in\left(\frac{1}{2},1\right)$ 是 $f_n(x)=1$ 的根，则 $\lim\limits_{n\to\infty}x_n=\frac{1}{2}$.

证　(1) 因为 $n>1$ 时，

$$f_n(1)-1=n-1>0,$$

$$f_n\left(\frac{1}{2}\right)-1=\frac{1}{2}+\frac{1}{2^2}+\cdots+\frac{1}{2^n}-1=-\frac{1}{2^n}<0,$$

根据连续函数的介值定理，存在 $x_n\in\left(\frac{1}{2},1\right)$ 使 $f_n(x)=1$. 又因为对任意 $x>0$，

$$f_n'(x)=nx^{n-1}+(n-1)x^{n-2}+\cdots+2x+1\geqslant 1>0,$$

即 $f_n(x)$ 严格递增，故 $f_n(x)=1$ 的根 $x_n\in\left(\frac{1}{2},1\right)$ 唯一.

(2) 采取两种证法.

证 1　根据拉格朗日中值定理，存在 $\xi\in\left(\frac{1}{2},x_n\right)$，使得

$$f_n(x_n)-f_n\left(\frac{1}{2}\right)=f_n'(\xi)\left(x_n-\frac{1}{2}\right)\geqslant\left(x_n-\frac{1}{2}\right)\quad(\text{因为 } f'_n(x)\geqslant 1),$$

所以 $0\leqslant\left|x_n-\frac{1}{2}\right|\leqslant\left|f_n(x_n)-f_n\left(\frac{1}{2}\right)\right|=\frac{1}{2^n}$，由夹逼原理得 $\lim\limits_{n\to\infty}x_n=\frac{1}{2}$.

证 2　考察 $\{x_n\}$ 的单调性，因为任意 $x>0$ 有 $f_n(x)<f_{n+1}(x)$，所以 $f_{n+1}(x_{n+1})=1=f_n(x_n)<f_{n+1}(x_n)$，而 $f_{n+1}(x)$ 严格递增，从而 $x_{n+1}<x_n$，即 $\{x_n\}$ 严格递减. 又 $x_n>\frac{1}{2}$，所以 $\{x_n\}$ 收敛，设 $\lim\limits_{n\to\infty}x_n=a$，由于 $x_n\leqslant x_2<1$，故有 $\lim\limits_{n\to\infty}x_n^{n+1}=0$. 在等式

$$1=f_n(x_n)=x_n^n+x_n^{n-1}+\cdots+x_n^2+x_n=\frac{x_n-x_n^{n+1}}{1-x_n}$$

两端取极限得 $1=\frac{a}{1-a}$，可得 $a=\frac{1}{2}$.

例 13.1.29　设 $f(x)$ 在 $[-1,1]$ 上有三阶连续导数，$f(-1)=0,f(1)=1$，$f'(0)=0$，证明：存在 $\xi\in(-1,1)$ 使 $f'''(\xi)=3$.

证　由泰勒公式，存在 $\eta_1\in(-1,0)$，$\eta_2\in(0,1)$ 使

$$0=f(-1)=f(0)+\frac{1}{2}f''(0)-\frac{1}{6}f'''(\eta_1),$$

$$1=f(1)=f(0)+\frac{1}{2}f''(0)+\frac{1}{6}f'''(\eta_2).$$

两式相减得 $f'''(\eta_1)+f'''(\eta_2)=6$，不妨设 $f'''(\eta_1)\leqslant f'''(\eta_2)$，则有 $f'''(\eta_1)\leqslant\dfrac{f'''(\eta_1)+f'''(\eta_2)}{2}=3\leqslant f'''(\eta_2)$，而 $f'''(x)$ 在 $[\eta_1,\eta_2]$ 上连续，由连续函数的介值定理，存在 $\xi\in(\eta_1,\eta_2)$ 使 $f'''(\xi)=3$.

注 若用达布定理则不需 $f(x)$ 三阶导数连续.

例 13.1.30 设 $f(x)$ 在 $[a,b]$ 上具有连续的二阶导数，证明：存在 $\xi\in(a,b)$，使得

$$\int_a^b f(x)\mathrm{d}x=(b-a)f\left(\frac{a+b}{2}\right)+\frac{1}{24}(b-a)^3f''(\xi).$$

证 设 $F(x)=\int_a^x f(t)\mathrm{d}t$，则 $F'(x)=f(x)$，$F''(x)=f'(x)$，$F'''(x)=f''(x)$. 将 $F(x)$ 在$x_0=\dfrac{1}{2}(a+b)$ 展开为二阶泰勒（Taylor）公式，得

$$F(b)=F(x_0)+F'(x_0)(b-x_0)+\frac{F''(x_0)}{2!}(b-x_0)^2$$
$$+\frac{F'''(\xi_1)}{3!}(b-x_0)^3\quad(x_0<\xi_1<b),$$
$$F(a)=F(x_0)+F'(x_0)(a-x_0)+\frac{F''(x_0)}{2!}(a-x_0)^2$$
$$+\frac{F'''(\xi_2)}{3!}(a-x_0)^3\quad(a<\xi_2<x_0),$$

将上述两式相减，由于 $b-x_0=\dfrac{1}{2}(b-a)=-(a-x_0)$，故

$$F(b)-F(a)=F'(x_0)(b-a)+\frac{1}{48}(b-a)^3[F'''(\xi_1)+F'''(\xi_2)],$$

因为 $f''(x)$ 连续，由介值定理，存在 $\xi\in[\xi_2,\xi_1]$，使得

$$F'''(\xi_1)+F'''(\xi_2)=f''(\xi_1)+f''(\xi_2)=2f''(\xi).$$

又 $F'(x_0)=f(x_0)=f\left(\dfrac{a+b}{2}\right)$，所以

$$\int_a^b f(x)\mathrm{d}x=F(b)-F(a)=(b-a)f\left(\frac{a+b}{2}\right)+\frac{1}{24}(b-a)^3f''(\xi).$$

习　题　13-1

1. 设 $f(x)$ 在 $[0,2a]$ 上连续，且 $f(0)=f(2a)$，证明在区间 $[0,a]$ 上至少存在一点 ξ，使得 $f(\xi)=f(\xi+a)$.

2. 证明函数 $f(x)=\left(\dfrac{2}{\pi}-1\right)\ln x-\ln 2+\ln(1+x)$ 在 $(0,1)$ 内只有一个零点.

3. 设 $f(x)$ 在 $[0,3]$ 上可微，$f(0)+f(1)+f(2)=3$，$f(3)=1$. 证明存在 $\xi\in(0,3)$，使 $f'(\xi)=0$.

4. 设 $f_n(x)=\cos^n x+\cos^{n-1}x+\cdots+\cos^2 x+\cos x$，求证：

(1) 对任意自然数 n，方程 $f_n(x)=1$ 在 $\left[0,\frac{\pi}{3}\right)$ 内有唯一实根；

(2) 设 $x_n\in\left[0,\frac{\pi}{3}\right)$ 是 $f_n(x)=1$ 的根，则 $\lim\limits_{n\to\infty}x_n=\frac{\pi}{3}$.

5. 设 $f(x)$ 在 $[a,b]$ 上连续，$\int_a^b f(x)\mathrm{d}x=0$，$\int_a^b xf(x)\mathrm{d}x=0$. 证明：至少存在两点 x_1，$x_2\in(a,b)$，使得 $f(x_1)=f(x_2)=0$.

6. 设 $f(x)$ 在 $[0,1]$ 上连续，在 $(0,1)$ 内可导，且 $2\int_0^{\frac{1}{2}}xf(x)\mathrm{d}x=f(1)$，证明在 $(0,1)$ 内存在一点 c，使 $f'(c)=-\frac{f(c)}{c}$.

7. 设 $f(x)$ 在 $[a,b]$ 上一阶可导，在 (a,b) 内二阶可导，且 $f(a)=f(b)=0$，$f'_+(a)f'_-(b)>0$. 证明存在 ξ_1，ξ_2，ξ_3，$\xi_4\in(a,b)$，使 $f(\xi_1)=0$，$f'(\xi_2)=0$，$f''(\xi_3)=0$，$f''(\xi_4)=f(\xi_4)$.

8. 设 $f(x)$ 在 $[0,1]$ 上连续，在 $(0,1)$ 内可导，且 $f(0)=0$，当 $0<x<1$ 时，$f(x)\neq0$. 证明对任意自然数 k，在 $(0,1)$ 内必有一点 $\xi\in(0,1)$，使得$\frac{kf'(\xi)}{f(\xi)}=\frac{f'(1-\xi)}{f(1-\xi)}$.

9. 设 $f(x)$ 在 $[a,b]$ 上连续，在 (a,b) 内可导，其中 $a>0$，且 $f(a)=0$. 证明存在 $\xi\in(a,b)$，使得 $f(\xi)=\frac{b-\xi}{a}f'(\xi)$.

10. 设 $f(x)$，$g(x)$ 在 $[a,b]$ 上可导，且 $g'(x)\neq0$，证明存在一点 $c\in(a,b)$，使

$$\frac{f(a)-f(c)}{g(c)-g(b)}=\frac{f'(c)}{g'(c)}.$$

11. 设 $f(x)$ 在 $[a,b]$ 上连续 $(a>0)$，在 (a,b) 内可导，证明在 (a,b) 内存在 ξ 和 η，使得

$$f'(\xi)=\frac{a+b}{2\eta}f'(\eta).$$

12. 设 $a<b<c$，函数 $f(x)$ 在 $[a,c]$ 上具有二阶导数，证明至少存在一点 $\xi\in(a,c)$，使得

$$\frac{f(a)}{(a-b)(a-c)}+\frac{f(b)}{(b-a)(b-c)}+\frac{f(c)}{(c-a)(c-b)}=\frac{1}{2}f''(\xi).$$

13. 设 $f(x)$ 在 $[a,+\infty)$ 上存在二阶导数，且 $f(a)=A>0$，$f'(a)<0$，$f''(x)\leqslant0$ $(x>a)$，证明方程 $f(x)=0$ 在区间 $[a,+\infty)$ 中有且仅有一个实根.

14. 已知 $f(x)$ 在 $[0,1]$ 二阶可导，且 $f(0)=f(1)$，证明对任意正整数 k，存在 $\xi\in(0,1)$，使得 $f''(\xi)=\frac{kf'(\xi)}{1-\xi}$.

15. 设函数 $f(x)$ 在闭区间 $[a,b]$ 上连续，在开区间 (a,b) 内可导，且 $f'(x)>0$. 若极

限 $\lim\limits_{x\to a^+}\dfrac{f(2x-a)}{x-a}$ 存在，证明：

(1) 在 (a,b) 内 $f(x)>0$；

(2) 在 (a,b) 内存在点 ξ，使 $\dfrac{b^2-a^2}{\int_a^b f(x)\mathrm{d}x}=\dfrac{2\xi}{f(\xi)}$；

(3) 在 (a,b) 内存在与 (2) 中 ξ 相异的点 η，使 $f'(\eta)(b^2-a^2)=\dfrac{2\xi}{\xi-a}\int_a^b f(x)\mathrm{d}x$.

16. 设 $f(x)$ 在 $[a,b]$ 上连续，在 (a,b) 内可导，如果 $a\geqslant 0$，证明在 (a,b) 内存在三个数，ξ_1，ξ_2，ξ_3，使得 $f'(\xi_1)=(b+a)\dfrac{f'(\xi_2)}{2\xi_2}=(b^2+ab+a^2)\dfrac{f'(\xi_3)}{3\xi_3^2}$ 成立.

17. 设 $f(x)$ 在 $[a,b]$ 上三阶可导，证明存在 $\xi\in(a,b)$ 使得

$$f(a)-f(b)+\frac{1}{2}(b-a)[f'(a)+f'(b)]=\frac{1}{12}(b-a)^3f'''(\xi).$$

13.2 不等式的证明

不等式问题几乎遍布数学的各个分支，甚至可以说不等式是许多数学分支的基石. 数学分析更是充满了各种各样的不等式，其证明五花八门、技巧横生. 这一节介绍证明不等式的常用方法和技巧.

1. 利用导数定义

例 13.2.1 设 $f(x)=a_1\sin x+a_2\sin 2x+\cdots+a_n\sin nx$，并且 $|f(x)|\leqslant|\sin x|$，证明：

$$|a_1+2a_2+\cdots+na_n|\leqslant 1.$$

分析 容易看出 $a_1+2a_2+\cdots+na_n=f'(0)$，于是问题转化为证明 $|f'(0)|\leqslant 1$.

证 因 $f(x)=a_1\sin x+a_2\sin 2x+\cdots+a_n\sin nx$，则

$$f'(x)=a_1\cos x+2a_2\cos 2x+\cdots+na_n\cos nx,$$

且 $f(0)=0$，$f'(0)=a_1+2a_2+\cdots+na_n$. 而 $f'(0)=\lim\limits_{x\to 0}\dfrac{f(x)-f(0)}{x-0}=\lim\limits_{x\to 0}\dfrac{f(x)}{x}$，故

$$|f'(0)|=\left|\lim_{x\to 0}\frac{f(x)}{x}\right|=\lim_{x\to 0}\left|\frac{f(x)}{x}\right|\leqslant\lim_{x\to 0}\left|\frac{\sin x}{x}\right|=1\quad(\text{因}\ |f(x)|\leqslant|\sin x|),$$

所以 $|a_1+2a_2+\cdots+na_n|\leqslant 1$.

例 13.2.2 设 $f(x)$ 在 x_1，x_2 $(x_1<x_2)$ 点可导，且对任意实数 λ $(0<\lambda<1)$，有

$$f[\lambda x_1+(1-\lambda)x_2]\leqslant\lambda f(x_1)+(1-\lambda)f(x_2),$$

证明：

$$f'(x_1) \leqslant \frac{f(x_2)-f(x_1)}{x_2-x_1} \leqslant f'(x_2).$$

证　由已知不等式两边减去 $f(x_2)$，则得

$$f[\lambda x_1+(1-\lambda)x_2]-f(x_2) \leqslant \lambda f(x_1)+(1-\lambda)f(x_2)-f(x_2),$$

即

$$f[x_2+\lambda(x_1-x_2)]-f(x_2)-\lambda[f(x_1)-f(x_2)] \leqslant 0,$$

从而

$$\frac{f[x_2+\lambda(x_1-x_2)]-f(x_2)}{\lambda(x_1-x_2)}-\frac{f(x_1)-f(x_2)}{x_1-x_2} \geqslant 0,$$

令 $\lambda \to 0^+$，由导数定义及极限的保号性知

$$f'(x_2)-\frac{f(x_2)-f(x_1)}{x_2-x_1} \geqslant 0,$$

即 $\dfrac{f(x_2)-f(x_1)}{x_2-x_1} \leqslant f'(x_2)$.

再由已知不等式两边减去 $f(x_1)$，则得

$$f[\lambda x_1+(1-\lambda)x_2]-f(x_1) \leqslant \lambda f(x_1)+(1-\lambda)f(x_2)-f(x_1),$$

令 $t=1-\lambda$，则 $0<t<1$，且

$$f[x_1+t(x_2-x_1)]-f(x_1) \leqslant t[f(x_2)-f(x_1)],$$

从而

$$\frac{f[x_1+t(x_2-x_1)]-f(x_1)}{t(x_2-x_1)}-\frac{f(x_2)-f(x_1)}{x_2-x_1} \leqslant 0.$$

令 $t \to 0^+$（即 $\lambda \to 1^-$），由导数定义有

$$f'(x_1)-\frac{f(x_2)-f(x_1)}{x_2-x_1} \leqslant 0,$$

即 $f'(x_1) \leqslant \dfrac{f(x_2)-f(x_1)}{x_2-x_1}$.

综上有 $f'(x_1) \leqslant \dfrac{f(x_2)-f(x_1)}{x_2-x_1} \leqslant f'(x_2)$.

2. 利用单调性

若 $f'(x) \geqslant 0$（或 $f'(x)>0$），则当 $x_1<x_2$ 时，有 $f(x_1) \leqslant f(x_2)$（或 $f(x_1)<f(x_2)$）. 由此可获得不等式.

例 13.2.3　证明：$\dfrac{|a+b|}{1+|a+b|} \leqslant \dfrac{|a|}{1+|a|}+\dfrac{|b|}{1+|b|}$.

证　令 $f(x)=\frac{x}{1+x}$ $(x>0)$，则 $f'(x)=\frac{1}{(1+x)^2}>0$，所以 $f(x)$ 在 $[0,+\infty)$ 上单调增加. 由于 $|a+b|\leqslant|a|+|b|$，故有

$$\frac{|a+b|}{1+|a+b|}\leqslant\frac{|a|+|b|}{1+|a|+|b|}=\frac{|a|}{1+|a|+|b|}+\frac{|b|}{1+|a|+|b|}$$
$$\leqslant\frac{|a|}{1+|a|}+\frac{|b|}{1+|b|}.$$

例 13.2.4　证明：当 $0<x<1$ 时，$e^{2x}<\frac{1+x}{1-x}$.

分析　欲证不等式等价于证 $(1-x)e^{2x}-(1+x)<0$. 为此，可作辅助函数 $f(x)=(1-x)e^{2x}-(1+x)$.

证　考虑函数 $f(x)=(1-x)e^{2x}-(1+x)$，$0\leqslant x\leqslant 1$. 则

$$f'(x)=-e^{2x}+2(1-x)e^{2x}-1=(1-2x)e^{2x}-1,$$

因 $f'(x)$ 的符号不易判定，可进一步考虑 $f''(x)$，

$$f''(x)=2(1-2x)e^{2x}-2e^{2x}=-4xe^{2x}<0\qquad(0<x\leqslant 1),$$

所以 $f'(x)$ 在 $[0,1]$ 上递减. 又 $f'(0)=0$，则当 $0<x\leqslant 1$ 时，$f'(x)<f'(0)=0$，从而 $f(x)$ 在 $[0,1]$ 上单调递减.

再由 $f(0)=0$ 知，当 $0<x<1$ 时，$f(x)<f(0)=0$，即

$$(1-x)e^{2x}-(1+x)<0\qquad(0<x<1),$$

亦即 $e^{2x}<\frac{1+x}{1-x}$ $(0<x<1)$.

注　当 $f'(x)$ 的符号不易判定时，可进一步考虑二阶导数 $f''(x)$ 的符号.

例 13.2.5　证明：$\frac{e^x-e^y}{x-y}<\frac{e^x+e^y}{2}$.

证　不妨设 $x>y$，原不等式可转化为

$$\frac{e^x-e^y}{e^x+e^y}<\frac{x-y}{2},\quad \frac{e^{x-y}-1}{e^{x-y}+1}<\frac{x-y}{2},$$

令 $t=x-y$，则转化为$\frac{e^t-1}{e^t+1}<\frac{t}{2}$，或 $te^t+t-2e^t+2>0$. 令 $f(t)=te^t+t-2e^t+2$，只需证明 $f(t)>0$.

由于 $f'(t)=te^t+1-e^t$，$f'(0)=0$，$f''(t)=te^t>0$，因此 $f'(t)>0$，$f(t)$ 单调递增，由 $f(0)=0$，得 $f(t)>0$.

例 13.2.6　证明：当 $x>0$ 时，有 $(x^2-1)\ln x\geqslant(x-1)^2$.

分析　原不等式等价于：当 $0<x<1$ 时，$(x+1)\ln x\leqslant(x-1)$，即 $\ln x-\frac{x-1}{x+1}\leqslant 0$；当 $x>1$ 时，$(x+1)\ln x\geqslant(x-1)$，即 $\ln x-\frac{x-1}{x+1}\geqslant 0$. 可设辅助函数

$\varphi(x)=\ln x-\frac{x-1}{x+1}$.

证　令 $\varphi(x)=\ln x-\frac{x-1}{x+1}$. 则 $\varphi(1)=0$，且当 $x>0$ 时，

$$\varphi'(x)=\frac{1}{x}-\frac{2}{(x+1)^2}=\frac{1+x^2}{x(1+x)^2}>0.$$

因此，$x>0$ 时 $\varphi(x)$ 单调增加.

当 $0<x\leqslant 1$ 时，$\varphi(x)\leqslant\varphi(1)=0$，即 $\ln x-\frac{x-1}{x+1}\leqslant 0$，由 $x^2-1<0$，可得

$$(x^2-1)\varphi(x)=(x^2-1)\ln x-(x-1)^2\geqslant 0.$$

当 $1\leqslant x<+\infty$时，$\varphi(x)\geqslant\varphi(1)=0$，即 $\ln x-\frac{x-1}{x+1}\geqslant 0$，由 $x^2-1>0$，可得

$$(x^2-1)\varphi(x)=(x^2-1)\ln x-(x-1)^2\geqslant 0.$$

于是，当 $x>0$ 时，$(x^2-1)\ln x-(x-1)^2\geqslant 0$. 即命题成立.

3. 利用微分中值定理

若函数 $f(x)$ 在 $[a,b]$ 上连续，在 (a,b) 内可导，则对任何 $x\in(a,b]$，有

$$f(x)=f(a)+f'(\xi)(x-a)\qquad(a<\xi<x\leqslant b).$$

因此，当 $f(a)=0$，且对 $x\in(a,b)$，$f'(x)\geqslant 0$（或 $f'(x)>0$）时，对任何 $x\in(a,b]$，有 $f(x)\geqslant 0$（或 $f(x)>0$）. 这一原理在证不等式时经常采用.

例 13.2.7　设 $\mathrm{e}<a<b<\mathrm{e}^2$，证明：$\ln^2 b-\ln^2 a>\frac{4}{\mathrm{e}^2}(b-a)$.

证　对 $f(x)=\ln^2 x$ 在 $[a,b]$ 上应用拉格朗日中值定理，可知存在 $\xi\in(a,b)$ 使得

$$\ln^2 b-\ln^2 a>\frac{2\ln\xi}{\xi}(b-a).$$

设 $\varphi(t)=\frac{\ln t}{t}$，则 $\varphi'(t)=\frac{1-\ln t}{t^2}$. 当 $t>\mathrm{e}$ 时，$\varphi'(t)<0$，所以 $\varphi(t)$ 单调递减，从而 $\varphi(\xi)>\varphi(\mathrm{e}^2)$，即 $\frac{\ln\xi}{\xi}>\frac{\ln\mathrm{e}^2}{\mathrm{e}^2}=\frac{2}{\mathrm{e}^2}$，故 $\ln^2 b-\ln^2 a>\frac{4}{\mathrm{e}^2}(b-a)$.

例 13.2.8　设 $a>0$，$b>0$，证明：当 $0<p<1$ 时，有 $(a+b)^p<a^p+b^p$.

证　设 $f(x)=x^p$，$x>0$，则 $f''(x)=p(p-1)x^{p-2}<0$，从而 $f'(x)$ 递减. 不妨设 $a\leqslant b$，则在 $[b,a+b]$ 上应用拉格朗日中值定理知，存在 $\xi\in(b,a+b)$，使得

$$\frac{f(a+b)-f(b)}{a}=f'(\xi)<f'(b)\leqslant f'(a).$$

故

$$(a+b)^p-b^p<a\cdot pa^{p-1}=pa^p<a^p.$$

所以 $(a+b)^p<a^p+b^p$.

例 13.2.9　设 $f(x)$ 在 $[0,1]$ 上连续，在 $(0,1)$ 内可导，且 $f(0)=f(1)$，$|f'(x)|<1$，证明：对任意 x_1，$x_2\in(0,1)$，$|f(x_1)-f(x_2)|<\frac{1}{2}$.

证　分两种情况考虑.

(1) 若 $x_2-x_1<\frac{1}{2}$，则由拉格朗日中值定理，有

$$|f(x_1)-f(x_2)|=|f'(\xi)|(x_2-x_1)\leqslant x_2-x_1<\frac{1}{2}.$$

(2) 若 $x_2-x_1\geqslant\frac{1}{2}$，则因 $0\leqslant x_1+(1-x_2)\leqslant\frac{1}{2}$，又 $f(0)=f(1)$，故由拉格朗日中值定理

$$\begin{aligned}|f(x_1)-f(x_2)|&\leqslant|f(x_1)-f(0)|+|f(1)-f(x_2)|\\&\leqslant|f'(\xi_1)|x_1+|f'(\xi_2)|(1-x_2)<x_1+(1-x_2)\leqslant\frac{1}{2},\end{aligned}$$

其中 $\xi_1\in(0,x_1)$，$\xi_2\in(x_2,1)$.

4. 利用泰勒公式

例 13.2.10　证明 (J. B. Wilke) 不等式：

$$\left(\frac{\sin x}{x}\right)^2+\frac{\tan x}{x}>2,\qquad x\in\left(0,\frac{\pi}{2}\right).$$

证　由泰勒公式 $f(x)=f(0)+f'(0)x+\frac{f''(0)}{2!}x^2+\frac{f'''(0)}{3!}x^3+\frac{f^{(4)}(\xi)}{4!}x^4$ 得

$$\sin x=x-\frac{x^3}{6}+\frac{\sin\xi}{24}x^4>x-\frac{x^3}{6}\qquad\left(0<\xi<x<\frac{\pi}{2}\right),$$

$$\begin{aligned}\tan x&=x+\frac{1}{3}x^3+\frac{16\sec^4\xi\tan\xi+8\sec^2\xi\tan^3\xi}{24}x^4\\&>x+\frac{x^3}{3}\qquad\left(0<\xi<x<\frac{\pi}{2}\right),\end{aligned}$$

由以上两式得

$$\left(\frac{\sin x}{x}\right)^2+\frac{\tan x}{x}>\left(1-\frac{x^2}{6}\right)^2+1+\frac{x^2}{3}=2+\frac{x^4}{36}>2.$$

例 13.2.11　设 $f(x)$ 在 $[0,1]$ 上有二阶导数，且当 $x\in[0,1]$ 时，恒有 $|f(0)|\leqslant1$，$|f(1)|\leqslant1$，$|f''(x)|\leqslant2$. 证明：对任何 $x\in[0,1]$，有 $|f'(x)|\leqslant3$.

证　对任何 $x\in(0,1)$，由泰勒公式，有

$$f(0)=f(x)+f'(x)(-x)+\frac{f''(\xi)}{2!}\cdot x^2 \qquad (0<\xi<x),$$

$$f(1)=f(x)+f'(x)(1-x)+\frac{f''(\eta)}{2!}\cdot(1-x)^2 \qquad (x<\eta<1),$$

两式相减并整理得

$$f'(x)=f(1)-f(0)+\frac{f''(\xi)}{2}\cdot x^2-\frac{f''(\eta)}{2}\cdot(1-x)^2,$$

从而

$$|f'(x)|\leqslant|f(1)|+|f(0)|+\frac{|f''(\xi)|}{2!}\cdot x^2+\frac{|f''(\eta)|}{2!}\cdot(1-x)^2$$

$$\leqslant 1+1+x^2+(1-x)^2=2\left(x-\frac{1}{2}\right)^2+\frac{5}{2}.$$

由连续性，上式对 $x=0$，1 自然成立，由于上式右端在区间 $[0,1]$ 的端点 $x=0$ 和 $x=1$ 处达到最大值 3，于是 $|f'(x)|\leqslant 3$，$x\in[0,1]$.

例 13.2.12　设 $f(x)$ 在 $(-\infty,+\infty)$ 上二阶可导，且对 $x\in(-\infty,+\infty)$ 有 $|f(x)|\leqslant M_0$，$f''(x)\leqslant M_2$，证明：$|f'(x)|\leqslant\sqrt{2M_0M_2}$.

证　根据泰勒公式，对 $x\in(-\infty,+\infty)$，$h>0$，有

$$f(x+h)=f(x)+f'(x)h+\frac{f''(\xi_1)}{2}h^2, \qquad x<\xi_1<x+h,$$

$$f(x-h)=f(x)-f'(x)h+\frac{f''(\xi_2)}{2}h^2, \qquad x-h<\xi_2<x,$$

两式相减并移项得

$$2f'(x)h=f(x+h)-f(x-h)+\frac{1}{2}h^2[f''(\xi_2)-f''(\xi_1)],$$

取绝对值后利用题设条件得

$$2h|f'(x)|\leqslant|f(x+h)|+|f(x-h)|+\frac{1}{2}h^2[|f''(\xi_2)|+|f''(\xi_1)|],$$

$$2h|f'(x)|\leqslant 2M_0+\frac{1}{2}\times 2M_2h^2,$$

$$|f'(x)|\leqslant\frac{M_0}{h}+\frac{1}{2}M_2h,$$

令 $\varphi(h)=\frac{M_0}{h}+\frac{1}{2}M_2h$，则由算术几何平均不等式有

$$\varphi(h)\geqslant 2\sqrt{\frac{M_0}{h}\cdot\frac{1}{2}M_2h}=\sqrt{2M_0M_2}.$$

当且仅当$\frac{M_0}{h}=\frac{1}{2}M_2h$，即$h=\sqrt{\frac{2M_0}{M_2}}$时等式成立，注意到$|f'(x)|\leqslant\frac{M_0}{h}+\frac{1}{2}M_2h$左端与$h$无关，取$h=\sqrt{\frac{2M_0}{M_2}}$时，此不等式仍成立，故有$|f'(x)|\leqslant\sqrt{2M_0M_2}$.

例 13.2.13　当$x>0$时，证明：

$$x-\frac{x^2}{2}+\frac{x^3}{3}-\cdots+\frac{x^{2n}}{2n-1}-\frac{x^{2n-1}}{2n}<\ln(1+x)<x-\frac{x^2}{2}+\frac{x^3}{3}-\cdots+\frac{x^{2n-1}}{2n-1}.$$

证　对任意$x>0$，将$\ln(1+x)$展开至$2n-1$次幂，得到

$$\begin{aligned}&\ln(1+x)-\sum_{k=1}^{2n-1}\frac{(-1)^{k-1}}{k}x^k\\ =&R_{2n-1}(x)=\frac{(-1)^{2n-1}}{2n}\frac{x^{2n}}{(1+\xi_1)^{2n}}<0,\qquad \xi_1\in(0,x).\end{aligned}$$

再将$\ln(1+x)$展开至$2n$次幂，得到

$$\ln(1+x)-\sum_{k=1}^{2n}\frac{(-1)^{k-1}}{k}x^k=R_{2n}(x)=\frac{(-1)^{2n}}{2n+1}\frac{x^{2n+1}}{(1+\xi_2)^{2n}}>0,\qquad \xi_2\in(0,x).$$

因此$\sum\limits_{k=1}^{2n}\frac{(-1)^{k-1}}{k}x^k<\ln(1+x)<\sum\limits_{k=1}^{2n-1}\frac{(-1)^{k-1}}{k}x^k$，$x>0$.

例 13.2.14　设$f(x)$在$[a,b]$上二阶可导，且$f'(a)=f'(b)=0$. 证明：在(a,b)内存在一点c，使得

$$|f''(c)|\geqslant\frac{4}{(b-a)^2}|f(b)-f(a)|.$$

证　将$f(x)$分别在$x=a$和b处展成二阶泰勒公式，

$$f(x)=f(a)+f'(a)(x-a)+\frac{f''(\xi_1)}{2}(x-a)^2,\qquad a<\xi_1<x,$$

$$f(x)=f(b)+f'(b)(x-b)+\frac{f''(\xi_2)}{2}(x-b)^2,\qquad x<\xi_2<b,$$

两式相减，并注意到$f'(a)=f'(b)=0$，得

$$f(b)-f(a)=\frac{f''(\xi_1)}{2}(x-a)^2-\frac{f''(\xi_2)}{2}(x-b)^2.$$

特别取$x=\frac{a+b}{2}$，则

$$f(b)-f(a)=\frac{(b-a)^2}{8}[f''(\xi_1)-f''(\xi_2)],$$

其中$a<\xi_1<\frac{a+b}{2}<\xi_2<b$. 记$|f''(c)|=\max\{|f''(\xi_1)|,|f''(\xi_2)|\}$，则

$$|f(b)-f(a)|\leqslant\frac{(b-a)^2}{8}\{|f''(\xi_1)|+|f''(\xi_2)|\}\leqslant\frac{(b-a)^2}{4}|f''(c)|,$$

即$|f''(c)|\geqslant\frac{4}{(b-a)^2}|f(b)-f(a)|$，其中$|f''(c)|=\max\{|f''(\xi_1)|,|f''(\xi_2)|\}$.

5. 利用函数的极值和最值

若要证明 $f(x)\geqslant g(x)$，只要证明函数 $F(x)=f(x)-g(x)$ 的最小值 $\min F(x)\geqslant 0$.

例 13.2.15　若 $\alpha>1$，证明：对任意 $x\in[0,1]$，有$\frac{1}{2^{\alpha-1}}\leqslant x^\alpha+(1-x)^\alpha\leqslant 1$.

证　记 $f(x)=x^\alpha+(1-x)^\alpha$，$x\in[0,1]$，则 $f'(x)=\alpha[x^{\alpha-1}-(1-x)^{\alpha-1}]$，令 $f'(x)=0$，得驻点 $x_0=\frac{1}{2}$. 由于 $f(0)=f(1)=1$，$f\left(\frac{1}{2}\right)=\frac{1}{2^{\alpha-1}}$，所以 $f(x)$ 在 $[0,1]$ 上的最大值为 1，最小值为$\frac{1}{2^{\alpha-1}}$. 从而

$$\frac{1}{2^{\alpha-1}}\leqslant x^\alpha+(1-x)^\alpha\leqslant 1,\qquad x\in[0,1],\quad \alpha>1.$$

例 13.2.16　设 $a>\ln 2-1$ 为任一常数，证明：当 $x>0$ 时，恒有 $x^2-2ax+1<\mathrm{e}^x$.

证　问题等价于证明：当 $x>0$ 时，

$$f(x)=\mathrm{e}^x-x^2+2ax-1>0.$$

因 $f(0)=0$，所以只要证明当 $x>0$ 时，$f'(x)=\mathrm{e}^x-2x+2a>0$ 或$\min\limits_{x>0}f'(x)>0$ 即可. 为此，令 $f''(x)=\mathrm{e}^x-2=0$，得 $f'(x)$ 唯一驻点 $x=\ln 2$. 当 $x<\ln 2$ 时，$f''(x)<0$，当 $x>\ln 2$ 时，$f''(x)>0$，所以 $x=\ln 2$ 是 $f'(x)$ 的极小值点，也是最小值点. 再由 $a>\ln 2-1$，得

$$\min_{x>0}f'(x)=f'(\ln 2)=2-2\ln 2+2a=2(1-\ln 2)+2a>0.$$

例 13.2.17　证明对一切 $m>0$，$n>0$ 和 $0\leqslant x\leqslant\frac{\pi}{2}$，有

$$0\leqslant\sin^n x\cdot\cos^m x\leqslant\frac{n^{n/2}\cdot m^{m/2}}{(m+n)^{(m+n)/2}}.$$

证　令 $f(x)=\sin^n x\cdot\cos^m x$，则

$$\begin{aligned}f'(x)&=n\sin^{n-1}x\cdot\cos^{m+1}x-m\sin^{n+1}x\cdot\cos^{m-1}x\\&=\sin^{n-1}x\cdot\cos^{m-1}x[n\cos^2 x-m\sin^2 x],\end{aligned}$$

由 $f(0)=f\left(\frac{\pi}{2}\right)=0$，所以 $f(x)$ 在$\left(0,\frac{\pi}{2}\right)$内达到最大值，而 $f'(x)=0$，解得 x_0 满足$\tan^2 x_0=\frac{n}{m}$是 $f(x)$ 唯一的极大值点，也是最大值点. 此时

$$\cos x_0=\frac{1}{\sqrt{\sec^2 x_0}}=\frac{1}{\sqrt{1+\tan^2 x_0}}=\frac{m^{1/2}}{\sqrt{m+n}},\quad \sin x_0=\frac{n^{1/2}}{\sqrt{m+n}},$$

于是，对 $0\leqslant x\leqslant\frac{\pi}{2}$，有 $0\leqslant\sin^n x\cdot\cos^m x\leqslant\frac{n^{n/2}\cdot m^{m/2}}{(m+n)^{(m+n)/2}}$.

例 13.2.18 设 $1<a<b$，$f(x)=\frac{1}{x}+\ln x$，求证：$0<f(b)-f(a)\leqslant\frac{1}{4}(b-a)$.

证 根据微分中值定理，存在 $\xi\in(a,b)$，使得

$$f(b)-f(a)=f'(\xi)(b-a)=\frac{\xi-1}{\xi^2}(b-a)\qquad(1<a<\xi<b).$$

因为上式的右端大于零，所以 $f(b)-f(a)>0$. 作辅助函数 $g(x)=\frac{x-1}{x^2}$ $(x>1)$. 因为

$$g'(x)=\frac{(2-x)}{x^3}\begin{cases}>0, & 1<x<2,\\ =0, & x=2,\\ <0, & x>2,\end{cases}$$

由此可见 $x=2$ 是函数 $g(x)$ 在 $(0,+\infty)$ 内的唯一驻点，也是极大值点. 从而 $x=2$ 是函数 $g(x)$ 的最大值点. 于是 $g(x)\leqslant g(2)=\frac{1}{4}$.

6. 利用放缩法

例 13.2.19 证明：当 $x>0$ 时，$\frac{1}{2}\cdot\frac{2x+1}{x(x+1)}>\ln\left(1+\frac{1}{x}\right)>\frac{1}{1+x}$.

证 由 $x>0$ 时，$\int_x^{1+x}\frac{\mathrm{d}t}{t}=\ln\left(1+\frac{1}{x}\right)$ 及 $x<t<1+x$ 时，$\frac{1}{t}>\frac{1}{x+1}$，则有

$$\ln\left(1+\frac{1}{x}\right)=\int_x^{1+x}\frac{\mathrm{d}t}{t}>\int_x^{1+x}\frac{\mathrm{d}t}{1+x}=\frac{1}{1+x}.$$

另一方面，由于 $y=\frac{1}{t}$ 在 $(0,+\infty)$ 上是严格凸函数，可知 $0<\lambda<1$ 时，有

$$\frac{1}{\lambda x+(1-\lambda)(x+1)}<\lambda\frac{1}{x}+(1-\lambda)\frac{1}{x+1},$$

令 $t=\lambda x+(1-\lambda)(x+1)$，得 $\ln\left(1+\frac{1}{x}\right)=\int_x^{1+x}\frac{\mathrm{d}t}{t}=\int_0^1\frac{\mathrm{d}\lambda}{\lambda x+(1-\lambda)(x+1)}$，由积分的不等式性质有

$$\begin{aligned}\int_0^1\frac{\mathrm{d}\lambda}{\lambda x+(1-\lambda)(x+1)}&<\int_0^1\left(\lambda\frac{1}{x}+(1-\lambda)\frac{1}{x+1}\right)\mathrm{d}\lambda\\&=\frac{1}{2}\left(\frac{1}{x}+\frac{1}{1+x}\right)=\frac{2x+1}{2x(x+1)}.\end{aligned}$$

例 13.2.20 设 $f(x)$ 满足 $f(1)=1$，且对 $x\geqslant1$，有 $f'(x)=\frac{1}{x^2+f^2(x)}$. 证明：$f(x)\leqslant1+\frac{\pi}{4}$.

证　由于当 $x\geqslant 1$ 时，$f'(x)$ 存在，从而 $f(x)$ 连续. 又 $f'(x)=\dfrac{1}{x^2+f^2(x)}>0$，知 $f'(x)$ 连续. $f(x)$ 单调递增，$f(x)\geqslant f(1)=1$，且

$$f(x)=f(1)+\int_1^x f'(t)\mathrm{d}t=f(1)+\int_1^x \frac{1}{t^2+f^2(t)}\mathrm{d}t$$
$$<1+\int_1^x \frac{1}{t^2+1}\mathrm{d}t=1+\arctan x-\frac{\pi}{4}.$$

由于当 $x\geqslant 1$ 时，$\arctan x<\dfrac{\pi}{2}$，故 $f(x)<1+\dfrac{\pi}{4}$.

7. 利用辅助函数法

例 13.2.21　设 $f(x)$ 在 $(-\infty,+\infty)$ 有界且导数连续，又对于任意实数 x，有 $|f(x)+f'(x)|\leqslant 1$，证明：$|f(x)|\leqslant 1$.

证　令 $F(x)=\mathrm{e}^x f(x)$，$F'(x)=\mathrm{e}^x[f(x)+f'(x)]$，由 $|f(x)+f'(x)|\leqslant 1$ 得 $|F'(x)|\leqslant \mathrm{e}^x$，即 $-\mathrm{e}^x\leqslant F'(x)\leqslant \mathrm{e}^x$，从而 $-\int_{-\infty}^x \mathrm{e}^x\mathrm{d}x\leqslant\int_{-\infty}^x F'(x)\mathrm{d}x\leqslant\int_{-\infty}^x \mathrm{e}^x\mathrm{d}x$，即

$$-\mathrm{e}^x\leqslant \mathrm{e}^x f(x)-\lim_{x\to-\infty}\mathrm{e}^x f(x)=f(x)\mathrm{e}^x\leqslant \mathrm{e}^x,$$

故 $-1\leqslant f(x)\leqslant 1$，$|f(x)|\leqslant 1$.

例 13.2.22　设 $f(x)$ 在 $[0,1]$ 上连续，在 $(0,1)$ 内可导不恒为零，$f(0)=0$，证明：存在 $\xi\in(0,1)$，使 $f(\xi)f'(\xi)>0$.

证　反证法. 若不然，对任意 $x\in(0,1)$，有 $f(x)f'(x)\leqslant 0$. 令 $F(x)=f^2(x)$，则 $F'(x)=2f(x)f'(x)\leqslant 0$，所以 $F(x)$ 在 $(0,1)$ 内单调递减，而 $F(0)=0$，所以 $0\leqslant f^2(x)=F(x)\leqslant F(0)=0$，即 $F(x)=f^2(x)=0$，$f(x)=0$. 矛盾!

习　题　13-2

1. 证明：当 $0<x_1<x_2<\dfrac{\pi}{2}$ 时，有 $\dfrac{\tan x_2}{\tan x_1}>\dfrac{x_2}{x_1}$.

2. 设 $\mathrm{e}<x<y$，证明：$x^y>y^x$.

3. 证明：$\ln(1+x)<\dfrac{x}{\sqrt{1+x}}$，$x\in(0,+\infty)$.

4. 设 $f(x)$，$g(x)$ 皆为可微函数，且当 $x\geqslant a$ 时，有 $|f'(x)|\leqslant g'(x)$，证明：当 $x\geqslant a$ 时，有 $|f(x)-f(a)|\leqslant g(x)-g(a)$.

5. 设 $x>-1$，证明：

(1) 当 $0<\alpha<1$ 时，$(1+x)^{\alpha}\leqslant 1+\alpha x$；

(2) 当 $\alpha<0$ 或 $\alpha>1$ 时，$(1+x)^{\alpha}\geqslant 1+\alpha x$.

6. 证明：$\dfrac{\tan x}{x}>\dfrac{x}{\sin x}$，$x\in\left(0,\dfrac{\pi}{2}\right)$.

7. 不用泰勒公式证明：$\left(\dfrac{\sin x}{x}\right)^2+\dfrac{\tan x}{x}>2$，$x\in\left(0,\dfrac{\pi}{2}\right)$.

8. 设 $f(x)$ 在 $(a,+\infty)$ 内二阶可导，且 $f(x)$，$f''(x)$ 有界，证明 $f'(x)$ 有界.

9. 设 $f(x)$ 在 $[0,1]$ 上二次可微，且 $f(0)=f(1)=0$，$\max\limits_{0\leqslant x\leqslant 1}f(x)=1$，证明：存在 $\xi\in(0,1)$，使 $f''(\xi)\leqslant -8$.

10. 证明：当 $x<1$ 时，$\mathrm{e}^x\leqslant\dfrac{1}{1-x}$.

11. 证明：$2\arctan x<3\ln(1+x)$，$x\in(0,+\infty)$.

12. 设 m，$n>0$，证明：当 $0\leqslant x\leqslant 1$ 时，有 $x^m(1-x)^n\leqslant\dfrac{m^m\cdot n^n}{(m+n)^{m+n}}$.

13. 设 $f(x)$ 在 $[0,1]$ 上具有二阶导数，$|f(x)|\leqslant a$，$|f''(x)|\leqslant b$，a，b 为非负常数，c 是 $(0,1)$ 内任一点，证明：$|f'(c)|\leqslant 2a+\dfrac{b}{2}$.

14. 设 $f(x)$，$g(x)$ 在 $[a,b]$ 上连续，在 (a,b) 内可导，$f(a)=g(a)=0$，且在 (a,b) 内 $g'(x)\neq 0$，证明：若 $\dfrac{f'(x)}{g'(x)}$ 在 (a,b) 内单调递增，则 $\dfrac{f(x)}{g(x)}$ 也在 (a,b) 内单调递增，并且

$$\frac{f(x)}{g(x)}<\frac{f'(x)}{g'(x)},\qquad x\in(a,b).$$

15. 设 $f(x)$ 在 $[a,b]$ 上二阶可导，且 $f'\left(\dfrac{a+b}{2}\right)=0$. 证明：在 (a,b) 内存在一点 c，使得 $|f''(c)|\geqslant\dfrac{4}{(b-a)^2}|f(b)-f(a)|$，并说明右端常数 4 是最佳估计.

13.3 积分等式与积分不等式

积分学是数学分析的重要组成部分，既与微分学一脉相承、思想相通，又有其独特之处，本节专门介绍积分等式和积分不等式的常用证明方法和技巧，其中积分不等式的证明与上节某些方法有相通之处.

1. 积分等式的证明

1) 利用变量代换法

例 13.3.1 证明：$\displaystyle\int_1^a f\left(x^2+\frac{a^2}{x^2}\right)\frac{\mathrm{d}x}{x}=\int_1^a f\left(x+\frac{a^2}{x}\right)\frac{\mathrm{d}x}{x}$.

证 令 $x^2=t$，则 $2x\mathrm{d}x=\mathrm{d}t$，$\dfrac{\mathrm{d}x}{x}=\dfrac{\mathrm{d}t}{2t}$，所以

$$\int_1^a f\left(x^2+\frac{a^2}{x^2}\right)\frac{\mathrm{d}x}{x}=\frac{1}{2}\int_1^{a^2} f\left(t+\frac{a^2}{t}\right)\frac{\mathrm{d}t}{t}$$

$$=\frac{1}{2}\left[\int_1^a f\left(t+\frac{a^2}{t}\right)\frac{\mathrm{d}t}{t}+\int_a^{a^2} f\left(t+\frac{a^2}{t}\right)\frac{\mathrm{d}t}{t}\right].$$

再令$\frac{a^2}{t}=u$，则$-\frac{a^2}{t^2}\mathrm{d}t=\mathrm{d}u$，即$\frac{\mathrm{d}t}{t}=-\frac{\mathrm{d}u}{u}$，所以

$$\int_a^{a^2} f\left(t+\frac{a^2}{t}\right)\frac{\mathrm{d}t}{t}=-\int_a^1 f\left(u+\frac{a^2}{u}\right)\frac{\mathrm{d}u}{u}=\int_1^a f\left(u+\frac{a^2}{u}\right)\frac{\mathrm{d}u}{u},$$

代入前式即得所证.

例 13.3.2　证明：$\int_{-1}^1 \frac{1+x^2}{1+x^4}\mathrm{d}x=\int_0^\pi \frac{\mathrm{d}x}{1+\sin^2 x}$.

证　因为$$\int_{-1}^1 \frac{1+x^2}{1+x^4}\mathrm{d}x=2\int_0^1 \frac{1+\frac{1}{x^2}}{x^2+\frac{1}{x^2}}\mathrm{d}x$$

$$=2\int_0^1 \frac{1+\frac{1}{x^2}}{\left(x-\frac{1}{x}\right)^2+2}\mathrm{d}x=2\int_0^1 \frac{\mathrm{d}\left(x-\frac{1}{x}\right)}{\left(x-\frac{1}{x}\right)^2+2},$$

令 $x-\frac{1}{x}=\cot t$，则

$$\int_{-1}^1 \frac{1+x^2}{1+x^4}\mathrm{d}x=2\int_\pi^{\frac{\pi}{2}} \frac{\mathrm{d}\cot t}{\cot^2 t+2}=2\int_{\frac{\pi}{2}}^\pi \frac{\mathrm{d}t}{1+\sin^2 t},$$

再令 $u=\pi-t$，则

$$2\int_{\frac{\pi}{2}}^\pi \frac{\mathrm{d}t}{1+\sin^2 t}=2\int_0^{\frac{\pi}{2}} \frac{\mathrm{d}u}{1+\sin^2 u}=\int_0^\pi \frac{\mathrm{d}u}{1+\sin^2 u}.$$

例 13.3.3　(1) 设 $f(x)$ 为 $[-1,1]$ 上的三次多项式，求证：

$$\int_{-1}^1 f(x)\mathrm{d}x=\frac{1}{3}[f(-1)+4f(0)+f(1)].$$

(2) 设 $f(x)$ 为 $[a,b]$ 上的三次多项式，求证：

$$\int_a^b f(x)\mathrm{d}x=\frac{b-a}{6}\left[f(a)+4f\left(\frac{a+b}{2}\right)+f(b)\right].$$

证　(1) 设 $f(x)=\alpha x^3+\beta x^2+\gamma x+\delta$，则

$$\int_{-1}^1 f(x)\mathrm{d}x=\int_{-1}^1(\beta x^2+\delta)\mathrm{d}x=2\int_0^1(\beta x^2+\delta)\mathrm{d}x$$

$$=\frac{2\beta}{3}+2\delta=\frac{1}{3}[f(-1)+4f(0)+f(1)].$$

(2) 令 $x=\frac{a+b}{2}+\frac{b-a}{2}t$，则

$$\int_a^b f(x)\mathrm{d}x = \int_{-1}^1 f\left(\frac{a+b}{2}+\frac{b-a}{2}t\right)\frac{b-a}{2}\mathrm{d}t,$$

由（1）得

$$\int_a^b f(x)\mathrm{d}x = \frac{b-a}{6}\left[f(a)+4f\left(\frac{a+b}{2}\right)+f(b)\right].$$

2）利用分部积分法

当积分号下出现导函数时，常用分部积分法来证明.

例 13.3.4 设 $f'(x)$ 为连续函数. 证明：

$$f(0)f(2a)+\int_a^{2a} f(x)f'(2a-x)\mathrm{d}x = f^2(a)+\int_0^a f(x)f'(2a-x)\mathrm{d}x.$$

证 $\int_a^{2a} f(x)f'(2a-x)\mathrm{d}x = -\int_a^{2a} f(x)\mathrm{d}f(2a-x)$

$$= -f(x)f(2a-x)\Big|_a^{2a} + \int_a^{2a} f(2a-x)f'(x)\mathrm{d}x,$$

令 $t=2a-x$ 得

$$\int_a^{2a} f(2a-x)f'(x)\mathrm{d}x = -\int_a^0 f(t)f'(2a-t)\mathrm{d}t,$$

代入前式得

$$\int_a^{2a} f(x)f'(2a-x)\mathrm{d}x = f^2(a)-f(0)f(2a)+\int_0^a f(t)f'(2a-t)\mathrm{d}t,$$

移项得证.

例 13.3.5 设 $f(x)$ 在 $[0,1]$ 上具有二阶连续导数. 证明：

$$\int_0^1 f(x)\mathrm{d}x = \frac{1}{2}[f(0)+f(1)] - \frac{1}{2}\int_0^1 x(1-x)f''(x)\mathrm{d}x.$$

证 $\int_0^1 x(1-x)f''(x)\mathrm{d}x = \int_0^1 x(1-x)\mathrm{d}f'(x)$

$$= x(1-x)f'(x)\Big|_0^1 - \int_0^1 (1-2x)f'(x)\mathrm{d}x$$

$$= (2x-1)f(x)\Big|_0^1 - 2\int_0^1 f(x)\mathrm{d}x$$

$$= f(0)+f(1)-2\int_0^1 f(x)\mathrm{d}x,$$

移项得证.

例 13.3.6 设 $f(x)$ 在 $[a,b]$ 上具有二阶连续导数，证明：存在 $\xi\in(a,b)$ 使

$$\int_a^b f(x)\mathrm{d}x = \frac{f(a)+f(b)}{2}(b-a) - \frac{f''(\xi)}{12}(b-a)^3.$$

证 1 用分部积分法.

$$\int_a^b f(x)\mathrm{d}x=\int_a^b f(x)\mathrm{d}\left(x-\frac{a+b}{2}\right)=f(x)\left(x-\frac{a+b}{2}\right)\Big|_a^b-\int_a^b\left(x-\frac{a+b}{2}\right)f'(x)\mathrm{d}x$$

$$=(b-a)\frac{f(a)+f(b)}{2}+\frac{1}{2}\int_a^b f'(x)\mathrm{d}[(x-a)(b-x)]$$

$$=(b-a)\frac{f(a)+f(b)}{2}+\frac{1}{2}f'(x)(x-a)(b-x)\Big|_a^b-\frac{1}{2}\int_a^b(x-a)(b-x)f''(\xi)\mathrm{d}x$$

$$=(b-a)\frac{f(a)+f(b)}{2}-\frac{1}{2}f''(\xi)\int_a^b(x-a)(b-x)\mathrm{d}x$$

$$=(b-a)\frac{f(a)+f(b)}{2}-\frac{(b-a)^3}{12}f''(\xi),$$

其中 $\xi\in(a,b)$ 由积分第一中值定理得出.

证 2　用柯西中值定理.

令 $F(x)=(x-a)\dfrac{f(x)+f(a)}{2}-\displaystyle\int_a^x f(t)\mathrm{d}t$，$G(x)=(x-a)^3$，在 $[a,b]$ 上对 $F(x)$，$G(x)$ 用柯西中值定理，有

$$\frac{F(b)-F(a)}{G(b)-G(a)}=\frac{F'(\xi_1)}{G'(\xi_1)}=\frac{(\xi_1-a)f'(\xi_1)+f(a)-f(\xi_1)}{6(\xi_1-a)^2},\quad \xi_1\in(a,b),\tag{4}$$

再令 $F_1(x)=(x-a)f'(x)+f(a)-f(x)$，$G_1(x)=6(x-a)^2$，在 $[a,\xi_1]$ 上再用一次柯西中值定理，又有

$$\frac{F_1(\xi_1)-F_1(a)}{G_1(\xi_1)-G_1(a)}=\frac{F_1'(\xi)}{G_1'(\xi)}=\frac{f''(\xi)}{12},\quad \xi\in(a,\xi_1)\subset(a,b).$$

将上式的结果代入 (4) 便可得证.

例 13.3.7　设函数 $f(x)$ 在含有点 x_0 的区间 (a,b) 内有 $n+1$ 阶连续导数. 证明：对任意 $x\in(a,b)$，有

$$f(x)=\sum_{k=0}^{n}\frac{f^{(k)}(x_0)}{k!}(x-x_0)^k+\frac{1}{n!}\int_{x_0}^{x}(x-t)^n f^{(n+1)}(t)\mathrm{d}t,$$

称之为带有积分（或伯努利 Bernoulli）型余项的泰勒公式. 并由此推出带柯西型余项的泰勒公式.

证　反复应用定积分的分部积分公式

$$\frac{1}{n!}\int_{x_0}^{x}(x-t)^n f^{(n+1)}(t)\mathrm{d}t=\frac{1}{n!}\int_{x_0}^{x}(x-t)^n\mathrm{d}f^{(n)}(t)$$

$$=\frac{1}{n!}(x-t)^n f^{(n)}(t)\ \Big|_{x_0}^{x}+\frac{1}{(n-1)!}\int_{x_0}^{x}(x-t)^{n-1}f^{(n)}(t)\mathrm{d}t$$

$$=-\frac{1}{n!}f^{(n)}(x_0)(x-x_0)^n+\frac{1}{(n-1)!}\int_{x_0}^{x}(x-t)^{n-1}f^{(n)}(t)\mathrm{d}t$$

$=\cdots\cdots$(连续 n 次分部积分)

$$=-\sum_{k=1}^{n}\frac{f^{(k)}(x_0)}{k!}(x-x_0)^k+\int_{x_0}^{x}f'(t)\mathrm{d}t$$

$$=f(x)-\sum_{k=0}^{n}\frac{f^{(k)}(x_0)}{k!}(x-x_0)^k.$$

移项，便得带有积分型余项的泰勒公式.

注　因为 $(x-t)^n f^{(n+1)}(t)$ 是 t 的连续函数，由积分中值定理，得

$$\frac{1}{n!}\int_{x_0}^{x}(x-t)^n f^{(n+1)}(t)\mathrm{d}t=\frac{1}{n!}f^{(n+1)}(\xi)(x-\xi)^n(x-x_0)$$

$$=\frac{f^{(n+1)}(x_0+\theta(x-x_0))}{n!}(1-\theta)^n(x-x_0)^{n+1}\qquad(0<\theta<1).$$

即得带柯西型余项的泰勒公式

$$f(x)=\sum_{k=0}^{n}\frac{f^{(k)}(x_0)}{k!}(x-x_0)^k+\frac{f^{(n+1)}(x_0+\theta(x-x_0))}{n!}(1-\theta)^n(x-x_0)^{n+1}$$

$$(0<\theta<1).$$

3）利用变上限积分的导数

例 13.3.8　设 $f(x)=\int_2^x(\ln t)^{-1}\mathrm{d}t$，证明：当 $x>0$ 时，有 $\int_1^x t^{-1}\mathrm{e}^t\mathrm{d}t=f(\mathrm{e}^x)-f(\mathrm{e})$.

证　令 $F(x)=\int_1^x t^{-1}\mathrm{e}^t\mathrm{d}t-f(\mathrm{e}^x)+f(\mathrm{e})$，则 $F(1)=0$，由于 $f'(x)=(\ln x)^{-1}$，故 $f'(\mathrm{e}^x)=(\ln\mathrm{e}^x)^{-1}=\frac{1}{x}$，从而

$$F'(x)=x^{-1}\mathrm{e}^x-\mathrm{e}^x f'(\mathrm{e}^x)=0,$$

所以 $F(x)=C$（常数）. 又由 $F(1)=0$ 得 $C=0$，则 $F(x)=0$，因此欲证等式成立.

例 13.3.9　设 $f(x)\in C[a,b]$，x，$y\in[a,b]$，证明：

$$\int_a^b f(x)\mathrm{d}x\int_a^x f(y)\mathrm{d}y\int_a^y f(z)\mathrm{d}z=\frac{1}{6}\left[\int_a^b f(x)\mathrm{d}x\right]^3.$$

证 1　令 $F(y)=\int_a^y f(z)\mathrm{d}z$，即 $\mathrm{d}F(y)=f(y)\mathrm{d}y$，且 $F(a)=0$.

$$\int_a^x f(y)\mathrm{d}y\int_a^y f(z)\mathrm{d}z=\int_a^x f(y)F(y)\mathrm{d}y=\int_a^x F(y)\mathrm{d}F(y)=\frac{1}{2}F^2(x),$$

$$\int_a^b f(x)\mathrm{d}x\int_a^x f(y)\mathrm{d}y\int_a^y f(z)\mathrm{d}z=\frac{1}{2}\int_a^b f(x)F^2(x)\mathrm{d}x$$

$$=\frac{1}{2}\int_a^b F^2(x)\mathrm{d}F(x)=\frac{1}{6}F^3(x)\Big|_a^b=\frac{1}{6}F^3(b)=\frac{1}{6}\left[\int_a^b f(x)\mathrm{d}x\right]^3.$$

证 2　令 $\Phi(u)=\int_a^u f(x)\mathrm{d}x\int_a^x f(y)\mathrm{d}y\int_a^y f(z)\mathrm{d}z-\frac{1}{6}\left[\int_a^u f(x)\mathrm{d}x\right]^3$，$\Phi(a)=0$.

$$\Phi'(u)=f(u)\cdot\int_a^u f(y)\mathrm{d}y\int_a^y f(z)\mathrm{d}z-\frac{1}{2}\left[\int_a^u f(x)\mathrm{d}x\right]^2\cdot f(u)$$
$$=f(u)\cdot\left[\int_a^u f(y)\mathrm{d}y\int_a^y f(z)\mathrm{d}z-\frac{1}{2}\left[\int_a^u f(x)\mathrm{d}x\right]^2\right]=f(u)H(u),$$

其中

$$H(u)=\int_a^u f(y)\mathrm{d}y\int_a^y f(z)\mathrm{d}z-\frac{1}{2}\left[\int_a^u f(x)\mathrm{d}x\right]^2,$$
$$H'(u)=f(u)\cdot\int_a^u f(z)\mathrm{d}z-f(u)\cdot\int_a^u f(x)\mathrm{d}x=0.$$

因为 $H(a)=0$，所以 $H(u)=0$，即有 $\Phi'(u)=0$，$\Phi(u)=C$，由 $\Phi(a)=0$，得 $C=0$，故 $\Phi(u)=0$.

例 13.3.10　证明：$x\in\left(0,\frac{\pi}{2}\right)$时，$\int_0^{\sqrt{\tan x}}\frac{\mathrm{d}t}{\sqrt{1+t^4}}=\sqrt{2}\int_0^{\sqrt{x}}\frac{t\mathrm{d}t}{\sqrt{\sin(2t^2)}}$.

证　令 $F(x)=\int_0^{\sqrt{\tan x}}\frac{\mathrm{d}t}{\sqrt{1+t^4}}-\sqrt{2}\int_0^{\sqrt{x}}\frac{t\mathrm{d}t}{\sqrt{\sin(2t^2)}}$，则 $F(0)=0$. 由于

$$F'(x)=\frac{1}{\sqrt{1+\tan^2x}}\frac{\sec^2x}{2\sqrt{\tan x}}-\sqrt{2}\frac{\sqrt{x}}{\sqrt{\sin(2x)}}\frac{1}{2\sqrt{x}}=\frac{\sec x}{2\sqrt{\tan x}}-\frac{\sqrt{2}}{2}\frac{1}{\sqrt{\sin(2x)}}$$
$$\xlongequal{x\in(0,\pi/2)}\frac{\sec x}{2\sqrt{\tan x}}-\frac{\sqrt{2}}{2}\frac{\sec x}{\sqrt{2\sin x/\cos x}}=0,$$

故 $F(x)=C$，因 $F(0)=0$，所以 $C=0$，即有 $F(x)=0$.

例 13.3.11　设 $f(x)$，$g(x)$ 在 $[a,b]$ 上连续，试证至少有一点 $c\in(a,b)$，使

$$f(c)\int_c^b g(x)\mathrm{d}x=g(c)\int_a^c f(x)\mathrm{d}x.$$

分析　原式等价于

$$f(c)\int_c^b g(x)\mathrm{d}x-g(c)\int_a^c f(x)\mathrm{d}x=0,$$
$$\Leftrightarrow\left(f(x)\int_x^b g(t)\mathrm{d}t-g(x)\int_a^x f(t)\mathrm{d}t\right)_{x=c}=0,$$
$$\Leftrightarrow\left(\int_a^x f(t)\mathrm{d}t\cdot\int_x^b g(t)\mathrm{d}t\right)'_{x=c}=0,$$

为此，可作辅助函数 $F(x)=\int_a^x f(t)\mathrm{d}t\cdot\int_x^b g(t)\mathrm{d}t$.

证　令 $F(x)=\int_a^x f(t)\mathrm{d}t\cdot\int_x^b g(t)\mathrm{d}t$，则 $F(x)$ 满足：(i) 在 $[a,b]$ 上连续；(ii) 在 (a,b) 内可导；(iii) $F(a)=F(b)=0$，则在 (a,b) 内至少存在一点 c，使 $F'(c)=0$. 而

$$F'(x)=f(x)\int_x^b g(t)\mathrm{d}t-g(x)\int_a^x f(t)\mathrm{d}t,$$

故

$$F'(c)=f(c)\int_c^b g(x)\mathrm{d}x-g(c)\int_a^c f(x)\mathrm{d}x=0,$$

即

$$f(c)\int_c^b g(x)\mathrm{d}x=g(c)\int_a^c f(x)\mathrm{d}x.$$

例 13.3.12 设 $f(x)$ 在 $[a,b]$ 上存在二阶连续导数，证明：

$$\int_a^b f(x)\mathrm{d}x=(b-a)\frac{f(a)+f(b)}{2}-\frac{1}{2}\int_a^b(b-x)(x-a)f''(x)\mathrm{d}x.$$

证 将欲证等式移项，把积分变量 x 改写为 t，把 b 改写为 x，作辅助函数

$$F(x)=\int_a^x f(t)\mathrm{d}t-(x-a)\frac{f(a)+f(x)}{2}-\frac{1}{2}\int_a^x(x-t)(t-a)f''(t)\mathrm{d}t,$$

则

$$F'(x)=f(x)-\frac{f(a)+f(x)}{2}-\frac{1}{2}(x-a)f'(x)+\frac{1}{2}\int_a^x(t-a)f''(t)\mathrm{d}t,$$

即

$$2F'(x)=f(x)-f(a)-(x-a)f'(x)+\int_a^x(t-a)f''(t)\mathrm{d}t,$$

再求导数得

$$2F''(x)=-(x-a)f''(x)+(x-a)f''(x)=0,$$

所以 $F'(x)=C$（常数）. 又由 $F'(a)=0$ 得 $C=0$，则 $F'(x)=0$，从而 $F(x)=K$（常数），由 $F(a)=0$，得 $K=0$，故 $F(x)=0$.

例 13.3.13 设 $f(x)$ 是可导的正值函数，试证：

$$\int_0^1\ln f(x+t)\mathrm{d}t=\int_0^x\ln\frac{f(t+1)}{f(t)}\mathrm{d}t+\int_0^1\ln f(t)\mathrm{d}t.$$

证 令 $F(x)=\int_0^1\ln f(x+t)\mathrm{d}t-\int_0^x\ln\frac{f(t+1)}{f(t)}\mathrm{d}t-\int_0^1\ln f(t)\mathrm{d}t$，则

$$\begin{aligned}F'(x)&=\int_0^1\frac{f'(x+t)}{f(x+t)}\mathrm{d}t-\ln\frac{f(x+1)}{f(x)}\\&=\ln f(x+t)\Big|_0^1-\ln\frac{f(x+1)}{f(x)}\\&=\ln f(x+1)-\ln f(x)-\ln\frac{f(x+1)}{f(x)}=0,\end{aligned}$$

所以 $F(x)=C$. 又由

$$F(0)=\int_0^1\ln f(t)\mathrm{d}t-\int_0^1\ln f(t)\mathrm{d}t=0,$$

得 $C=F(0)=0$，故 $F(x)=0$.

例 13.3.14 设 $F(x)=\int_0^1 \frac{\mathrm{e}^{-x^2(y^2+1)}}{y^2+1}\mathrm{d}y$，$G(x)=\left(\int_0^x \mathrm{e}^{-y^2}\mathrm{d}y\right)^2$，$x\geqslant 0$. 证明：当 $x\geqslant 0$ 时，$F(x)+G(x)=\frac{\pi}{4}$.

证 记 $f(x,y)=\frac{\mathrm{e}^{-x^2(y^2+1)}}{y^2+1}$，$f'_x(x,y)=-2x\mathrm{e}^{-x^2(y^2+1)}$，显然 $f(x,y)$，$f'_x(x,y)$ 在 $x\geqslant 0$，$y\in[0,1]$ 上连续，所以

$$F'(x)=\int_0^1\left(\frac{\mathrm{e}^{-x^2(y^2+1)}}{y^2+1}\right)'_x\mathrm{d}y=\int_0^1 -2x\mathrm{e}^{-x^2(y^2+1)}\mathrm{d}y$$

$$=-2x\mathrm{e}^{-x^2}\int_0^1\mathrm{e}^{-x^2y^2}\mathrm{d}y\xlongequal{z=xy}-2\mathrm{e}^{-x^2}\int_0^x\mathrm{e}^{-z^2}\mathrm{d}z,$$

$$G'(x)=2\mathrm{e}^{-x^2}\int_0^x\mathrm{e}^{-y^2}\mathrm{d}y.$$

故 $F'(x)+G'(x)=0$，$F(x)+G(x)=C$，当 $x=0$ 时，

$$F(0)=\int_0^1\frac{1}{y^2+1}\mathrm{d}y=\arctan y\,\Big|_0^1=\frac{\pi}{4},\quad G(0)=0,$$

所以 $C=\frac{\pi}{4}$，即 $F(x)+G(x)=\frac{\pi}{4}$.

2. 积分不等式的证明

1）利用被积函数的不等式

例 13.3.15 已知 $f(x)$ 在 $[0,1]$ 上单调递减，证明：对任意 $a\in(0,1)$，都有

$$\int_0^a f(x)\mathrm{d}x\geqslant a\int_0^1 f(x)\mathrm{d}x.$$

证 令 $x=at$，则 $\frac{1}{a}\int_0^a f(x)\mathrm{d}x=\int_0^1 f(at)\mathrm{d}t$，依题意，$f(x)$ 在 $[0,1]$ 上递减，则对任意 $a\in(0,1)$，有 $f(ax)\geqslant f(x)$，$x\in[0,1]$，从而 $\int_0^1 f(at)\mathrm{d}t\geqslant\int_0^1 f(x)\mathrm{d}x$，所以

$$\int_0^a f(x)\mathrm{d}x\geqslant a\int_0^1 f(x)\mathrm{d}x.$$

例 13.3.16 设函数 $f(x)$ 在闭区间 $[0,1]$ 上有连续的一阶导数，证明：

$$\int_0^1|f(x)|\mathrm{d}x\leqslant\max\left\{\int_0^1|f'(x)|\mathrm{d}x,\left|\int_0^1 f(x)\mathrm{d}x\right|\right\}.$$

分析 若 $\left|\int_0^1 f(x)\mathrm{d}x\right|=\int_0^1|f(x)|\mathrm{d}x$，结论成立. 若 $\left|\int_0^1 f(x)\mathrm{d}x\right|<$

$\int_0^1 |f(x)|\mathrm{d}x$，只需证明$\int_0^1 |f(x)|\mathrm{d}x \leqslant \int_0^1 |f'(x)|\mathrm{d}x$即可.

证 若$\left|\int_0^1 f(x)\mathrm{d}x\right| = \int_0^1 |f(x)|\mathrm{d}x$，结论自然成立. 若$\left|\int_0^1 f(x)\mathrm{d}x\right| < \int_0^1 |f(x)|\mathrm{d}x$，则$f(x)$在$[0,1]$上变号，由$f(x)$的连续性，存在$x_0 \in (0,1)$使得$f(x_0)=0$，于是

$$\begin{aligned} |f(x)| = |f(x) - f(x_0)| &= \left|\int_{x_0}^x f'(x)\mathrm{d}x\right| \\ &\leqslant \int_{x_0}^x |f'(x)|\mathrm{d}x \leqslant \int_0^1 |f'(x)|\mathrm{d}x. \end{aligned}$$

两端从 0 到 1 积分有$\int_0^1 |f(x)|\mathrm{d}x \leqslant \int_0^1 |f'(x)|\mathrm{d}x$，原不等式获证.

例 13.3.17 设$f(x)$在$[0,1]$上有连续的导数，试证：$|f(x)| \leqslant \int_0^1 (|f(t)| + |f'(t)|)\mathrm{d}t$.

证 取$x \in [0,1]$，则

$$\int_0^x tf'(t)\mathrm{d}t = tf(t)\Big|_0^x - \int_0^x f(t)\mathrm{d}t = xf(x) - \int_0^x f(t)\mathrm{d}t,$$

$$\begin{aligned} \int_x^1 (t-1)f'(t)\mathrm{d}t &= (t-1)f(t)\Big|_x^1 - \int_x^1 f(t)\mathrm{d}t \\ &= -(x-1)f(x) - \int_x^1 f(t)\mathrm{d}t, \end{aligned}$$

两式相加得

$$f(x) = \int_0^1 f(t)\mathrm{d}t + \int_0^x tf'(t)\mathrm{d}t + \int_x^1 (t-1)f'(t)\mathrm{d}t,$$

从而有

$$\begin{aligned} |f(x)| &\leqslant \int_0^1 |f(t)|\mathrm{d}t + \int_0^x |tf'(t)|\mathrm{d}t + \int_x^1 |(t-1)f'(t)|\mathrm{d}t \\ &\leqslant \int_0^1 |f(t)|\mathrm{d}t + \int_0^x |f'(t)|\mathrm{d}t + \int_x^1 |f'(t)|\mathrm{d}t \\ &\leqslant \int_0^1 (|f(t)| + |f'(t)|)\mathrm{d}t. \end{aligned}$$

例 13.3.18 设$I_n = \int_0^{\frac{\pi}{4}} \tan^n x\mathrm{d}x$，$n$是大于 1 的整数. 证明：

(1) $I_n + I_{n-2} = \dfrac{1}{n-1}$；

(2) $\dfrac{1}{2(n+1)} < I_n < \dfrac{1}{2(n-1)}$，$n>1$.

证　(1) $I_n+I_{n-2}=\int_0^{\frac{\pi}{4}}\tan^n x\,\mathrm{d}x+\int_0^{\frac{\pi}{4}}\tan^{n-2}x\,\mathrm{d}x$

$$=\int_0^{\frac{\pi}{4}}\tan^{n-2}x\cdot(\tan^2 x+1)\mathrm{d}x=\int_0^{\frac{\pi}{4}}\tan^{n-2}x\cdot\sec^2 x\,\mathrm{d}x$$

$$=\int_0^{\frac{\pi}{4}}\tan^{n-2}x\,\mathrm{d}(\tan x)=\frac{1}{n-1}\tan^{n-1}x\Big|_0^{\frac{\pi}{4}}=\frac{1}{n-1}\quad(n>1).$$

(2) 当 $0<x<\frac{\pi}{4}$ 时，显然 $\tan^n x>\tan^{n+1}x$，故由定积分的性质知

$$I_n>I_{n+1},\qquad n=0,1,2,\cdots.$$

当 $n>1$ 时，由 (1) 有

$$\frac{1}{n-1}=I_n+I_{n-2}>2I_n,$$

故

$$I_n<\frac{1}{2(n-1)}.$$

由 (1) 还有

$$\frac{1}{n+1}=I_n+I_{n+2}<2I_n,$$

故

$$I_n>\frac{1}{2(n+1)}.$$

所以

$$\frac{1}{2(n+1)}<I_n<\frac{1}{2(n-1)}\qquad(n>1).$$

2) 利用微分中值定理和泰勒公式

例 13.3.19　设 $f(x)$ 在 $[0,1]$ 上可微，且当 $x\in(0,1)$ 时，$0<f'(x)<1$，$f(0)=0$. 试证：

$$\left(\int_0^1 f(x)\mathrm{d}x\right)^2>\int_0^1 f^3(x)\mathrm{d}x.$$

分析　由 $f(0)=0$，$0<f'(x)<1$，故 $f(x)>0$，可得积分 $\int_0^1 f^3(x)\mathrm{d}x>0$，所以，欲证不等式等价于证不等式 $\dfrac{\left(\int_0^1 f(x)\mathrm{d}x\right)^2}{\int_0^1 f^3(x)\mathrm{d}x}>1$.

证　为证不等式 $\dfrac{\left(\int_0^1 f(x)\mathrm{d}x\right)^2}{\int_0^1 f^3(x)\mathrm{d}x}>1$. 令 $F(x)=\left(\int_0^x f(t)\mathrm{d}t\right)^2$, $G(x)=\int_0^x f^3(t)\mathrm{d}t$,

则 $F(0)=0$，$G(0)=0$. 应用柯西中值定理有

$$\frac{\left(\int_0^1 f(x)\mathrm{d}x\right)^2}{\int_0^1 f^3(x)\mathrm{d}x}=\frac{F(1)-F(0)}{G(1)-G(0)}=\frac{F'(\xi)}{G'(\xi)}=\frac{2f(\xi)\int_0^\xi f(t)\mathrm{d}t}{f^3(\xi)}$$

$$=\frac{2\int_0^\xi f(t)\mathrm{d}t}{f^2(\xi)}\quad(0<\xi<1),$$

再用柯西中值定理，并注意到 $0<f'(x)<1$，$f(0)=0$，有

$$\frac{2\int_0^\xi f(t)\mathrm{d}t}{f^2(\xi)}=\frac{2\int_0^\xi f(t)\mathrm{d}t-2\int_0^0 f(t)\mathrm{d}t}{f^2(\xi)-f^2(0)}=\frac{2f(\eta)}{2f(\eta)f'(\eta)}$$

$$=\frac{1}{f'(\eta)}>1\quad(0<\eta<\xi<1).$$

例 13.3.20 设 $f(x)$ 在 $[0,a]$ 上有连续的导数，且 $f(0)=0$，证明：$\left|\int_0^a f(x)\mathrm{d}x\right|\leqslant\frac{Ma^2}{2}$，其中 $M=\max\limits_{0\leqslant x\leqslant a}|f'(x)|$.

证 由拉格朗日中值定理，对任意 $x\in(0,a]$，有

$$f(x)-f(0)=f'(\xi)\cdot x\quad(0<\xi<x).$$

由 $f(0)=0$，有 $|f(x)|=|xf'(\xi)|\leqslant Mx(0<x\leqslant a)$(上式对 $x=0$ 显然成立). 于是

$$\left|\int_0^a f(x)\mathrm{d}x\right|\leqslant\int_0^a|f(x)|\mathrm{d}x\leqslant M\int_0^a x\mathrm{d}x=\frac{Ma^2}{2}.$$

例 13.3.21 设 $f(x)$ 在 $[a,b]$ 上有连续的导数，且 $f(a)=f(b)=0$，证明：

$$\left|\int_a^b f(x)\mathrm{d}x\right|\leqslant\frac{(b-a)^2}{4}\max_{a\leqslant x\leqslant b}|f'(x)|.$$

证 记 $M=\max\limits_{a\leqslant x\leqslant b}|f'(x)|$，$c=\frac{a+b}{2}$，将区间 $[a,b]$ 分成两个子区间$[a,c]$，$[c,b]$，则

在 $[a,c]$ 上，$f(x)=f(a)+f'(\xi)(x-a)=f'(\xi)(x-a)$，$a<\xi<x$.

在 $[c,b]$ 上，$f(x)=f(b)+f'(\eta)(x-b)=f'(\eta)(x-b)$，$x<\eta<b$.

从而有

$$\int_a^c|f(x)|\mathrm{d}x\leqslant M\int_a^c(x-a)\mathrm{d}x=\frac{M}{8}(b-a)^2,$$

$$\int_c^b|f(x)|\mathrm{d}x\leqslant M\int_c^b(b-x)\mathrm{d}x=\frac{M}{8}(b-a)^2,$$

所以

$$\left|\int_a^b f(x)\mathrm{d}x\right| \leqslant \int_a^b |f(x)|\mathrm{d}x = \int_a^c |f(x)|\mathrm{d}x + \int_c^b |f(x)|\mathrm{d}x \leqslant \frac{M}{4}(b-a)^2.$$

例 13.3.22　设在区间 $[a,b]$ 上处处有 $f''(x)<0$. 证明：$\int_a^b f(x)\mathrm{d}x \leqslant (b-a) f\left(\frac{a+b}{2}\right)$.

证　将 $f(x)$ 在 $c=\frac{a+b}{2}$ 点展为一阶泰勒公式

$$f(x) = f(c) + f'(c)(x-c) + \frac{1}{2}f''(\xi)(x-c)^2,\quad \xi \text{介于} x \text{与} c \text{之间}.$$

因 $f''(x)<0$，所以 $f(x)\leqslant f(c)+f'(c)(x-c)$，由于 c 是 $[a,b]$ 的中点，故

$$\begin{aligned}\int_a^b f(x)\mathrm{d}x &\leqslant \int_a^b f(c)\mathrm{d}x + \int_a^b f'(c)(x-c)\mathrm{d}x \\ &= (b-a)f(c) = (b-a)f\left(\frac{a+b}{2}\right).\end{aligned}$$

例 13.3.23　设 $f(x)$，$p(x)$ 在区间 $[a,b]$ 上连续，$p(x)\geqslant 0$，$\int_a^b p(x)\mathrm{d}x > 0$，且 $m\leqslant p(x)\leqslant M$. $\varphi(x)$ 在 $[m,M]$ 上有定义，并有二阶导数，$\varphi''(x)>0$. 证明：

$$\varphi\left(\frac{\int_a^b p(x)f(x)\mathrm{d}x}{\int_a^b p(x)\mathrm{d}x}\right) \leqslant \frac{\int_a^b p(x)\varphi[f(x)]\mathrm{d}x}{\int_a^b p(x)\mathrm{d}x}.$$

证　记 $x_0 = \dfrac{\int_a^b p(x)f(x)\mathrm{d}x}{\int_a^b p(x)\mathrm{d}x}$，则

$$\varphi(y) - \varphi(x_0) = \varphi'(x_0)(y-x_0) + \frac{1}{2}\varphi''(\xi)(y-x_0)^2.$$

注意 $\varphi''(\xi)>0$，所以

$$\varphi(y) - \varphi(x_0) > \varphi'(x_0)(y-x_0).$$

在此式中，令 $y=f(x)$，然后两边同乘以 $\dfrac{p(x)}{\int_a^b p(x)\mathrm{d}x}$，再在 $[a,b]$ 上积分，并注意到 x_0 的定义，得

$$\frac{\int_a^b p(x)\varphi[f(x)]\mathrm{d}x}{\int_a^b p(x)\mathrm{d}x} - \varphi(x_0)\cdot\frac{\int_a^b p(x)\mathrm{d}x}{\int_a^b p(x)\mathrm{d}x}$$

$$>\frac{\int_a^b p(x)[f(x)-x_0]\mathrm{d}x}{\int_a^b p(x)\mathrm{d}x}\cdot\varphi'(x_0)=0.$$

所以 $\varphi(x_0)<\dfrac{\int_a^b p(x)\varphi[f(x)]\mathrm{d}x}{\int_a^b p(x)\mathrm{d}x}$，即得欲证不等式.

3）利用单调性或积分中值定理

例 13.3.24 设函数 $f(x)$ 在 $[a,b]$ 上连续且单调递增，证明：

$$\int_a^b xf(x)\mathrm{d}x\geqslant\frac{a+b}{2}\int_0^b f(x)\mathrm{d}x.$$

证 1 因为 $f(x)$ 单调递增，所以

$$\left(x-\frac{a+b}{2}\right)\left(f(x)-f\left(\frac{a+b}{2}\right)\right)\geqslant 0,$$

$$\int_a^b\left(x-\frac{a+b}{2}\right)\left(f(x)-f\left(\frac{a+b}{2}\right)\right)\mathrm{d}x\geqslant 0,$$

又

$$\int_a^b\left(x-\frac{a+b}{2}\right)f\left(\frac{a+b}{2}\right)\mathrm{d}x=f\left(\frac{a+b}{2}\right)\int_{\frac{b-a}{2}}^{-\frac{b-a}{2}}t\mathrm{d}t=0\quad\left(t=\frac{a+b}{2}-x\right),$$

所以得 $\int_a^b\left(x-\frac{a+b}{2}\right)f(x)\mathrm{d}x\geqslant 0$，即 $\int_a^b xf(x)\mathrm{d}x\geqslant\frac{a+b}{2}\int_0^b f(x)\mathrm{d}x.$

证 2 用积分第一中值定理

$$\int_a^b\left(x-\frac{a+b}{2}\right)f(x)\mathrm{d}x=\int_a^{\frac{a+b}{2}}\left(x-\frac{a+b}{2}\right)f(x)\mathrm{d}x+\int_{\frac{a+b}{2}}^b\left(x-\frac{a+b}{2}\right)f(x)\mathrm{d}x$$

$$=f(\xi_1)\int_a^{\frac{a+b}{2}}\left(x-\frac{a+b}{2}\right)\mathrm{d}x+f(\xi_2)\int_{\frac{a+b}{2}}^b\left(x-\frac{a+b}{2}\right)\mathrm{d}x\left(a\leqslant\xi_1\leqslant\frac{a+b}{2}\leqslant\xi_2\leqslant b\right)$$

$$=-f(\xi_1)\frac{(b-a)^2}{2}+f(\xi_2)\frac{(b-a)^2}{2}$$

$$=\frac{(b-a)^2}{2}(f(\xi_2)-f(\xi_1))\geqslant 0\quad(\text{因为 } f(x) \text{ 单调递增}).$$

证 3 令 $F(t)=\int_a^t xf(x)\mathrm{d}x-\frac{a+t}{2}\int_a^t f(x)\mathrm{d}x\ (a\leqslant t\leqslant b)$，则 $t\in(a,b)$ 时，有

$$F'(t)=t\cdot f(t)-\frac{1}{2}\int_a^t f(x)\mathrm{d}x-\frac{a+t}{2}f(t)=\frac{t-a}{2}f(t)-\frac{1}{2}\int_a^t f(x)\mathrm{d}x$$

$$=\frac{t-a}{2}[f(t)-f(\xi)]\quad(a<\xi<t).$$

因为 $f(x)$ 在 $[a,b]$ 上单调增加，所以当 $0<\xi<t<b$ 时，$f(t)-f(\xi)\geqslant 0$，从而在 (a,b) 内，$F'(t)\geqslant 0$，故 $F(t)$ 在 $(0,1]$ 上单调增加，于是有 $F(b)\geqslant F(a)=0$，即

$$\int_a^b xf(x)\mathrm{d}x \geqslant \frac{a+b}{2}\int_a^b f(x)\mathrm{d}x.$$

例 13.3.25　已知 $f(x)\geqslant 0$ 在 $[0,1]$ 上连续，且单调递减，$0<\alpha<\beta<1$，证明：

$$\int_0^\alpha f(x)\mathrm{d}x > \frac{\alpha}{\beta-\alpha}\int_\alpha^\beta f(x)\mathrm{d}x > \frac{\alpha}{\beta}\int_\alpha^\beta f(x)\mathrm{d}x.$$

证　在 $[0,\alpha]$ 上 $f(x)\geqslant f(\alpha)$，故 $f(\alpha)=\dfrac{1}{\alpha}\displaystyle\int_0^\alpha f(\alpha)\mathrm{d}x \leqslant \dfrac{1}{\alpha}\int_0^\alpha f(x)\mathrm{d}x$. 在 $[\alpha,\beta]$ 上 $f(\alpha)\geqslant f(x)$，故有

$$\begin{aligned}\frac{1}{\alpha}\int_0^\alpha f(\alpha)\mathrm{d}x &= f(\alpha)=\frac{1}{\beta-\alpha}\int_\alpha^\beta f(\alpha)\mathrm{d}x\\ &\geqslant \frac{1}{\beta-\alpha}\int_\alpha^\beta f(x)\mathrm{d}x > \frac{\alpha}{\beta-\alpha}\int_\alpha^\beta f(x)\mathrm{d}x > \frac{\alpha}{\beta}\int_\alpha^\beta f(x)\mathrm{d}x.\end{aligned}$$

例 13.3.26　设 $f(x)$ 的一阶导数在 $[0,1]$ 上连续，且 $f(0)=f(1)=0$. 求证：

$$\left|\int_0^1 f(x)\mathrm{d}x\right| \leqslant \frac{1}{4}\max_{0\leqslant x\leqslant 1}|f'(x)|.$$

证　由于
$$\begin{aligned}\int_0^1 f(x)\mathrm{d}x &= \int_0^1 f(x)\mathrm{d}\left(x-\frac{1}{2}\right)\\ &= f(x)\left(x-\frac{1}{2}\right)\Big|_0^1 - \int_0^1\left(x-\frac{1}{2}\right)f'(x)\mathrm{d}x\\ &= -\int_0^1\left(x-\frac{1}{2}\right)f'(x)\mathrm{d}x,\end{aligned}$$

因此由积分中值定理及基本积分不等式，有

$$\left|\int_0^1 f(x)\mathrm{d}x\right| \leqslant \int_0^1\left|\left(x-\frac{1}{2}\right)f'(x)\right|\mathrm{d}x = \int_0^1\left|x-\frac{1}{2}\right|\cdot|f'(x)|\mathrm{d}x$$
$$=|f'(\xi)|\int_0^1\left|x-\frac{1}{2}\right|\mathrm{d}x\quad(\xi\in[0,1]).$$

而

$$\int_0^1\left|x-\frac{1}{2}\right|\mathrm{d}x = \int_0^{1/2}\left(\frac{1}{2}-x\right)\mathrm{d}x + \int_{1/2}^1\left(x-\frac{1}{2}\right)\mathrm{d}x = \frac{1}{4},$$

所以

$$\left|\int_0^1 f(x)\mathrm{d}x\right| \leqslant \frac{1}{4}|f'(\xi)| \leqslant \frac{1}{4}\max_{0\leqslant x\leqslant 1}|f'(x)|.$$

注　有时可能一题多解，如例 13.3.24 就跨越多种方法，例 13.3.26 实为例

13.3.21 的特例，这里用以说明另一种方法.

4）利用分部积分法

例 13.3.27 设 $f(x)$ 在 $[a,b]$ 上具有连续导数，$f(c)=0$ $(a<c<b)$. 且 $F(x)=\int_a^x f(t)\mathrm{d}t$，求证：$\int_a^c F(x)f'(x)\mathrm{d}x\leqslant 0$.

证 $\int_a^c F(x)f'(x)\mathrm{d}x=\int_a^c F(x)\mathrm{d}f(x)$

$$=[F(x)f(x)]\Big|_a^c-\int_a^c f^2(x)\mathrm{d}x\quad（因\ F(a)=0,\ f(c)=0）$$

$$=-\int_a^c f^2(x)\mathrm{d}x\leqslant 0\quad（因\ a<c<b）.$$

例 13.3.28 设 $f(x)$ 在 $[0,1]$ 上连续可导，$f(x)\geqslant 0$，$f'(x)\leqslant 0$. 若 $F(x)=\int_0^x f(t)\mathrm{d}t$，证明：$xF(1)\leqslant F(x)\leqslant 2\int_0^1 F(t)\mathrm{d}t$，$x\in(0,1)$.

证 为证左边不等式，令 $g(x)=F(x)-xF(1)$，则 $g(0)=g(1)=0$. 再由积分中值定理知，存在 $\xi\in[0,1]$ 使 $F(1)=\int_0^1 f(t)\mathrm{d}t=f(\xi)$. 于是有 $g'(x)=f(x)-F(1)=f(x)-f(\xi)$. 由 $f'(x)\leqslant 0$ 知 $f(x)$ 单调递减. 因此，当 $x\in(0,\xi]$ 时 $g'(x)\geqslant 0$，从而有 $g(x)\geqslant g(0)=0$. 当 $x\in[\xi,1)$ 时 $g'(x)\leqslant 0$，从而有 $g(x)\geqslant g(1)=0$. 故当 $x\in(0,1)$ 时，有 $xF(1)\leqslant F(x)$.

为证右边不等式，用分部积分法.

$$\int_0^1 F(t)\mathrm{d}t=tF(t)\Big|_0^1-\int_0^1 tf(t)\mathrm{d}t=F(1)-\int_0^1 tf(t)\mathrm{d}t,$$

$$\int_0^1 F(t)\mathrm{d}t=\int_0^1 F(t)\mathrm{d}(t-1)=(t-1)F(t)\Big|_0^1-\int_0^1(t-1)f(t)\mathrm{d}t$$

$$=-\int_0^1(t-1)f(t)\mathrm{d}t,$$

以上两式相加，得

$$2\int_0^1 F(t)\mathrm{d}t=F(1)-\int_0^1(2t-1)f(t)\mathrm{d}t=F(1)-\int_0^1 f(t)\mathrm{d}[t(t-1)]$$

$$=F(1)+\int_0^1 t(t-1)f'(t)\mathrm{d}t$$

$$\geqslant F(1)\geqslant F(x)\quad（因为\ f'(t)\leqslant 0,F(x)\ 单调递增）.$$

5）利用函数凸性

例 13.3.29（Hadamard 定理） 设函数 $f(x)$ 是 $[a,b]$ 上连续的凸函数. 试证：对任意 x_1，$x_2\in[a,b]$，$x_1<x_2$，有

$$f\left(\frac{x_1+x_2}{2}\right)\leqslant\frac{1}{x_2-x_1}\int_{x_1}^{x_2}f(t)\mathrm{d}t\leqslant\frac{f(x_1)+f(x_2)}{2}.\tag{5}$$

证　令 $t=x_1+\lambda(x_2-x_1)$，$\lambda\in[0,1]$，则

$$\frac{1}{x_2-x_1}\int_{x_1}^{x_2}f(t)\mathrm{d}t=\int_0^1 f[x_1+\lambda(x_2-x_1)]\mathrm{d}\lambda,\tag{6}$$

同理，令 $t=x_2-\lambda(x_2-x_1)$，$\lambda\in[0,1]$，有

$$\frac{1}{x_2-x_1}\int_{x_1}^{x_2}f(t)\mathrm{d}t=\int_0^1 f[x_2-\lambda(x_2-x_1)]\mathrm{d}\lambda,$$

从而

$$\frac{1}{x_2-x_1}\int_{x_1}^{x_2}f(t)\mathrm{d}t=\frac{1}{2}\int_0^1\{f[x_1+\lambda(x_2-x_1)]+f[x_2-\lambda(x_2-x_1)]\}\mathrm{d}\lambda.\tag{7}$$

注意到两点 $x_1+\lambda(x_2-x_1)$，$x_2-\lambda(x_2-x_1)$ 关于点 $c=\frac{x_1+x_2}{2}$对称. 由于 $f(x)$ 是 $[a,b]$ 上连续的凸函数，故

$$\frac{1}{2}\{f[x_1+\lambda(x_2-x_1)]+f[x_2-\lambda(x_2-x_1)]\}\geqslant f\left(\frac{x_1+x_2}{2}\right).$$

由（7）式得

$$\frac{1}{x_2-x_1}\int_{x_1}^{x_2}f(t)\mathrm{d}t\geqslant f\left(\frac{x_1+x_2}{2}\right),$$

另外，对（6）式应用 $f(x)$ 的凸性得

$$\begin{aligned}\frac{1}{x_2-x_1}\int_{x_1}^{x_2}f(t)\mathrm{d}t&=\int_0^1 f[\lambda x_2+(1-\lambda)x_1]\mathrm{d}\lambda\\&\leqslant\int_0^1[\lambda f(x_2)+(1-\lambda)f(x_1)]\mathrm{d}\lambda\\&=f(x_2)\frac{\lambda^2}{2}\bigg|_0^1+f(x_1)\left[-\frac{(1-\lambda)^2}{2}\right]\bigg|_0^1=\frac{f(x_1)+f(x_2)}{2}.\end{aligned}$$

注 1　不等式（5）等价于

$$f\left(\frac{x_1+x_2}{2}\right)(x_2-x_1)\leqslant\int_{x_1}^{x_2}f(x)\mathrm{d}x\leqslant\frac{f(x_1)+f(x_2)}{2}(x_2-x_1).\tag{8}$$

如图 13-1 所示，由 $y=f(x)$ 是凸的，故弧段 $\overset{\frown}{X_1X_2}$ 在切线的上方，在弦 $\overline{X_1X_2}$ 的下方. 故曲边梯形的面积介于两个梯形 $x_1x_2X_2X_1$ 和 $x_1x_2X_2'X_1'$ 的面积之间，图 13-1 表示不等式（8）的几何意义.

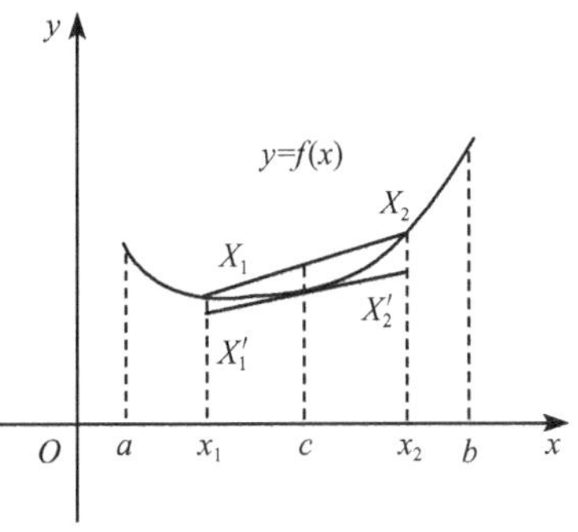

图 13-1

注 2　例 13.3.28 若利用凹凸性证明，则更为简便.

事实上，因为 $F''(x)=f'(x)\leqslant 0$，可知 $F(x)$ 是凹函数，故有

$$F(x)=F(x\cdot 1+(1-x)\cdot 0)\geqslant xF(1)+(1-x)F(0)=xF(1),$$

左边不等式得证.

至于右边不等式只需直接利用 Hadamard 不等式（5）的右半部分（对应凹函数）即得

$$\int_0^1 F(t)\,\mathrm{d}t\geqslant \frac{1}{2}[F(0)+F(1)]=\frac{1}{2}F(1)\geqslant \frac{1}{2}F(x),\quad x\in(0,1),$$

其中最后一个不等式用到 $F(x)$ 的单调递增性.

注 3　利用不等式(5)直接可得到 13.2.5 的不等式.

6）利用重积分

例 13.3.30　证明 $\mathrm{e}^{x^2}\int_x^{+\infty}\mathrm{e}^{-t^2}\,\mathrm{d}t\leqslant \frac{\sqrt{\pi}}{2}$，$x\geqslant 0$.

证　$$\left(\int_x^{+\infty}\mathrm{e}^{-t^2}\,\mathrm{d}t\right)^2=\int_x^{+\infty}\mathrm{e}^{-u^2}\,\mathrm{d}u\int_x^{+\infty}\mathrm{e}^{-v^2}\,\mathrm{d}v$$

$$=\int_x^{+\infty}\int_x^{+\infty}\mathrm{e}^{-(u^2+v^2)}\,\mathrm{d}u\mathrm{d}v\leqslant \iint\limits_{\substack{u^2+v^2\geqslant 2x^2\\ u\geqslant 0,v\geqslant 0}}\mathrm{e}^{-(u^2+v^2)}\,\mathrm{d}u\mathrm{d}v=\int_{\sqrt{2}x}^{+\infty}r\mathrm{e}^{-r^2}\,\mathrm{d}r\int_0^{\frac{\pi}{2}}\mathrm{d}\theta=\frac{\pi}{4}\mathrm{e}^{-2x^2}.$$

所以

$$\mathrm{e}^{2x^2}\left(\int_x^{+\infty}\mathrm{e}^{-t^2}\,\mathrm{d}t\right)^2\leqslant \frac{\pi}{4},$$

两边开平方得

$$\mathrm{e}^{x^2}\int_x^{+\infty}\mathrm{e}^{-t^2}\,\mathrm{d}t\leqslant \frac{\sqrt{\pi}}{2}.$$

例 13.3.31　设 $f(x)$ 在 $[0,1]$ 连续，$f(x)>0$，且单调减少，证明：

$$\frac{\int_0^1 xf^2(x)\,\mathrm{d}x}{\int_0^1 xf(x)\,\mathrm{d}x}\leqslant \frac{\int_0^1 f^2(x)\,\mathrm{d}x}{\int_0^1 f(x)\,\mathrm{d}x}.$$

证　问题等价于证明 $\int_0^1 xf^2(x)\,\mathrm{d}x\cdot\int_0^1 f(x)\,\mathrm{d}x\leqslant\int_0^1 f^2(x)\,\mathrm{d}x\cdot\int_0^1 xf(x)\,\mathrm{d}x$，即

$$I=\int_0^1 f^2(x)\,\mathrm{d}x\cdot\int_0^1 xf(x)\,\mathrm{d}x-\int_0^1 xf^2(x)\,\mathrm{d}x\cdot\int_0^1 f(x)\,\mathrm{d}x\geqslant 0.$$

由于

$$\int_0^1 f^2(x)\,\mathrm{d}x\cdot\int_0^1 xf(x)\,\mathrm{d}x=\int_0^1\int_0^1 xf(x)f^2(y)\,\mathrm{d}x\mathrm{d}y=\int_0^1\int_0^1 yf(y)f^2(x)\,\mathrm{d}x\mathrm{d}y,$$

$$\int_0^1 xf^2(x)\mathrm{d}x \cdot \int_0^1 f(x)\mathrm{d}x = \int_0^1\int_0^1 xf^2(x)f(y)\mathrm{d}x\mathrm{d}y = \int_0^1\int_0^1 yf^2(y)f(x)\mathrm{d}x\mathrm{d}y,$$

所以

$$\begin{aligned} I &= \int_0^1\int_0^1 [xf(x)f^2(y) - yf^2(y)f(x)]\mathrm{d}x\mathrm{d}y \\ &= \int_0^1\int_0^1 [yf(y)f^2(x) - xf^2(x)f(y)]\mathrm{d}x\mathrm{d}y \\ &= \frac{1}{2}\int_0^1\int_0^1 [xf(x)f^2(y) - yf^2(y)f(x) + yf(y)f^2(x) - xf^2(x)f(y)]\mathrm{d}x\mathrm{d}y \\ &= \frac{1}{2}\int_0^1\int_0^1 f(x)f(y)(x-y)[f(y)-f(x)]\mathrm{d}x\mathrm{d}y. \end{aligned}$$

而 $f(x)$，$f(y)$ 皆正，由 $f(x)$ 单调递减知 $(x-y)[f(y)-f(x)]\geqslant 0$，所以 $I\geqslant 0$，即

$$\frac{\int_0^1 xf^2(x)\mathrm{d}x}{\int_0^1 xf(x)\mathrm{d}x} \leqslant \frac{\int_0^1 f^2(x)\mathrm{d}x}{\int_0^1 f(x)\mathrm{d}x}.$$

7）若干经典积分不等式及其应用

为了应用方便，我们介绍几个经典的积分不等式. 即柯西—施瓦兹（Cauchy-Schwarz）不等式、赫尔德（Hölder）不等式、闵可夫斯基（Minkowski）不等式及杨格（Young）不等式. 这些不等式不仅本身是重要的，而且它们的证明方法也十分典型.

例 13.3.32　柯西-施瓦兹（Cauchy-Schwarz）不等式. 若 $f(x)$，$g(x)$ 在 $[a,b]$ 上可积，则有

$$\left[\int_a^b f(x)g(x)\mathrm{d}x\right]^2 \leqslant \int_a^b f^2(x)\mathrm{d}x\int_a^b g^2(x)\mathrm{d}x. \tag{9}$$

证 1　对任意实数 λ，由定积分的不等式性质，可知 $\int_a^b[\lambda f(x)-g(x)]^2\geqslant 0$，即

$$\lambda^2\int_a^b f^2(x)\mathrm{d}x - 2\lambda\int_a^b f(x)g(x)\mathrm{d}x + \int_a^b g^2(x)\mathrm{d}x \geqslant 0.$$

从而，关于 λ 的二次三项式的判别式

$$\left[\int_a^b f(x)g(x)\mathrm{d}x\right]^2 - \int_a^b f^2(x)\mathrm{d}x\int_a^b g^2(x)\mathrm{d}x \leqslant 0,$$

移项便得所证不等式（9）.

证 2　由于定积分与积分变量无关，故

$$\int_a^b f^2(x)\mathrm{d}x\int_a^b g^2(x)\mathrm{d}x - \left[\int_a^b f(x)g(x)\mathrm{d}x\right]^2$$

$$= \frac{1}{2}\int_a^b f^2(x)\mathrm{d}x\int_a^b g^2(y)\mathrm{d}y + \frac{1}{2}\int_a^b f^2(y)\mathrm{d}y\int_a^b g^2(x)\mathrm{d}x$$

$$-\int_a^b f(x)g(x)\mathrm{d}x\int_a^b f(y)g(y)\mathrm{d}y$$

$$= \frac{1}{2}\int_a^b \mathrm{d}y\int_a^b [f^2(x)g^2(y) + f^2(y)g^2(x) - 2f(x)g(x)f(y)g(y)]\mathrm{d}x$$

$$= \frac{1}{2}\int_a^b \mathrm{d}y\int_a^b [f(x)g(y) - f(y)g(x)]^2\mathrm{d}x \geqslant 0.$$

证 3 利用重积分证明. 因为

$$\int_a^b f^2(x)\mathrm{d}x\int_a^b g^2(x)\mathrm{d}x = \int_a^b\int_a^b f^2(x)g^2(y)\mathrm{d}x\mathrm{d}y = \int_a^b\int_a^b f^2(y)g^2(x)\mathrm{d}x\mathrm{d}y,$$

所以

$$\int_a^b f^2(x)\mathrm{d}x\int_a^b g^2(x)\mathrm{d}x = \frac{1}{2}\int_a^b\int_a^b [f^2(x)g^2(y) + f^2(y)g^2(x)]\mathrm{d}x\mathrm{d}y$$

$$\geqslant \int_a^b\int_a^b f(x)g(y)\cdot f(y)g(x)\mathrm{d}x\mathrm{d}y = \int_a^b f(x)g(x)\mathrm{d}x\int_a^b f(y)g(y)\mathrm{d}y$$

$$= \left[\int_a^b f(x)g(x)\mathrm{d}x\right]^2.$$

注 由证 3 可见，$f(x)$，$g(x)$ 连续时，在 (9) 中，等号成立的充分必要条件是存在 α，β（不全为零），使得 $\alpha f(x)=\beta g(x)$ 成立.

应用柯西—施瓦兹不等式，可以证明另外一些不等式.

例 13.3.33 试证：$\int_0^{\frac{\pi}{2}} \sqrt{x\sin x}\mathrm{d}x \leqslant \frac{\pi}{2\sqrt{2}}$.

证 由柯西—施瓦兹不等式即有

$$\int_0^{\frac{\pi}{2}} \sqrt{x\sin x}\mathrm{d}x \leqslant \left[\int_0^{\frac{\pi}{2}} x\mathrm{d}x\right]^{\frac{1}{2}}\left[\int_0^{\frac{\pi}{2}} \sin x\mathrm{d}x\right]^{\frac{1}{2}} = \frac{\pi}{2\sqrt{2}}.$$

例 13.3.34 已知 $f(x)\geqslant 0$，在 $[a,b]$ 上连续，$\int_a^b f(x)\mathrm{d}x = 1$，$k$ 为任意实数，求证：

$$\left(\int_a^b f(x)\cos kx\,\mathrm{d}x\right)^2 + \left(\int_a^b f(x)\sin kx\,\mathrm{d}x\right)^2 \leqslant 1.$$

证 由 $f(x)\geqslant 0$，及柯西—施瓦兹不等式有

$$\left(\int_a^b f(x)\cos kx\,\mathrm{d}x\right)^2 = \left[\int_a^b \sqrt{f(x)}(\sqrt{f(x)}\cos kx)\mathrm{d}x\right]^2$$

$$\leqslant \int_a^b f(x)\mathrm{d}x\int_a^b f(x)\cos^2 kx\,\mathrm{d}x = \int_a^b f(x)\cos^2 kx\,\mathrm{d}x,$$

同理

$$\left(\int_a^b f(x)\sin kx\,\mathrm{d}x\right)^2 \leqslant \int_a^b f(x)\sin^2 kx\,\mathrm{d}x,$$

故

$$\begin{aligned}&\left(\int_a^b f(x)\cos kx\,\mathrm{d}x\right)^2+\left(\int_a^b f(x)\sin kx\,\mathrm{d}x\right)^2\\ \leqslant&\int_a^b f(x)\cos^2 kx\,\mathrm{d}x+\int_a^b f(x)\sin^2 kx\,\mathrm{d}x\\ =&\int_a^b f(x)\,\mathrm{d}x=1.\end{aligned}$$

注　有时在应用柯西—施瓦兹不等式前，需要对积分进行适当变形.

例 13.3.35　设 $f(x)$ 在 $[a,b]$ 上连续可导，$f(a)=0$. 证明：

(1) $\max\limits_{x\in[a,b]} f^2(x)\leqslant(b-a)\int_a^b[f'(x)]^2\mathrm{d}x$；

(2) $\int_a^b f^2(x)\mathrm{d}x\leqslant\dfrac{(b-a)^2}{2}\int_a^b[f'(x)]^2\mathrm{d}x$.

证　(1) 由 Cauchy-Schwarz 不等式、$f(a)=0$ 及 Newton-Leibniz 公式得到，对任意 $x\in[a,b]$，

$$\begin{aligned}f^2(x)&=[f(x)-f(a)]^2=\left[\int_a^x f'(t)\mathrm{d}t\right]^2=\left[\int_a^x f'(t)\cdot 1\mathrm{d}t\right]^2\\ &\leqslant\int_a^x[f'(x)]^2\mathrm{d}x\cdot\int_a^x 1^2\mathrm{d}x=(x-a)\int_a^x[f'(x)]^2\mathrm{d}x\\ &\leqslant(b-a)\int_a^b[f'(x)]^2\mathrm{d}x,\end{aligned}$$

所以

$$\max_{x\in[a,b]} f^2(x)\leqslant(b-a)\int_a^b[f'(x)]^2\mathrm{d}x.$$

(2) 由 (1) 推得 $f^2(x)\leqslant(x-a)\int_a^b[f'(x)]^2\mathrm{d}x$，两边积分得

$$\begin{aligned}\int_a^b f^2(x)\mathrm{d}x&\leqslant\int_a^b\left\{\int_a^b[f'(x)]^2\mathrm{d}x\cdot(x-a)\right\}\mathrm{d}x\\ &=\int_a^b[f'(x)]^2\mathrm{d}x\cdot\int_a^b(x-a)\mathrm{d}x\\ &=\int_a^b[f'(x)]^2\mathrm{d}x\cdot\left.\frac{(x-a)^2}{2}\right|_a^b\\ &=\frac{(b-a)^2}{2}\int_a^b[f'(x)]^2\mathrm{d}x.\end{aligned}$$

例 13.3.36　设 $f(x)\in C^1[a,b]$，$f(a)=0$，试证：

$$\int_a^b|f(x)f'(x)|\mathrm{d}x\leqslant\frac{b-a}{2}\int_a^b f'^2(x)\mathrm{d}x.$$

证　令 $g(x)=\int_a^x|f'(t)|\mathrm{d}t\ (a\leqslant x\leqslant b)$，则 $g'(x)=|f'(x)|$. 由$f(a)=0$

知

$$|f(x)|=|f(x)-f(a)|=\left|\int_a^x f'(t)\mathrm{d}t\right|\leqslant\int_a^x|f'(t)|\mathrm{d}t=g(x).$$

因此

$$\begin{aligned}&\int_a^b|f(x)f'(x)|\mathrm{d}x\leqslant\int_a^b g(x)g'(x)\mathrm{d}x\\&=\int_a^b g(x)\mathrm{d}g(x)=\frac{1}{2}g^2(x)\Big|_a^b\\&=\frac{1}{2}\left[\int_a^b|f'(t)|\mathrm{d}t\right]^2=\frac{1}{2}\left[\int_a^b 1\cdot|f'(t)|\mathrm{d}t\right]^2\quad\text{（应用柯西—施瓦兹不等式）}\\&\leqslant\frac{1}{2}\int_a^b 1^2\mathrm{d}x\cdot\int_a^b|f'(t)|^2\mathrm{d}t\leqslant\frac{b-a}{2}\cdot\int_a^b|f'(t)|^2\mathrm{d}t.\end{aligned}$$

例 13.3.37 赫尔德（Hölder）不等式. 若 $f(x)>0$，$g(x)>0$，且在 $[a,b]$ 上连续，$p>1$，$\frac{1}{p}+\frac{1}{q}=1$，则有

$$\int_a^b f(x)g(x)\mathrm{d}x\leqslant\left[\int_a^b f^p(x)\mathrm{d}x\right]^{1/p}\cdot\left[\int_a^b g^q(x)\mathrm{d}x\right]^{1/q}.\tag{10}$$

证 令 $a=\dfrac{f(x)}{\left\{\int_a^b[f(x)]^p\mathrm{d}x\right\}^{1/p}}$，$b=\dfrac{g(x)}{\left\{\int_a^b[g(x)]^q\mathrm{d}x\right\}^{1/q}}$，由第 7 讲例 7.4 有

$$\frac{f(x)g(x)}{\left\{\int_a^b[f(x)]^p\mathrm{d}x\right\}^{1/p}\cdot\left\{\int_a^b[g(x)]^q\mathrm{d}x\right\}^{1/q}}\leqslant\frac{[f(x)]^p}{p\int_a^b[f(x)]^p\mathrm{d}x}+\frac{[g(x)]^q}{q\int_a^b[g(x)]^q\mathrm{d}x}.$$

对上式两端在 $[a,b]$ 上积分，并利用$\frac{1}{p}+\frac{1}{q}=1$，有

$$\begin{aligned}&\frac{\int_a^b f(x)g(x)\mathrm{d}x}{\left\{\int_a^b[f(x)]^p\mathrm{d}x\right\}^{1/p}\cdot\left\{\int_a^b[g(x)]^q\mathrm{d}x\right\}^{1/q}}\\&\leqslant\frac{\int_a^b[f(x)]^p\mathrm{d}x}{p\int_a^b[f(x)]^p\mathrm{d}x}+\frac{\int_a^b[g(x)]^q\mathrm{d}x}{q\int_a^b[g(x)]^q\mathrm{d}x}=\frac{1}{p}+\frac{1}{q}=1,\end{aligned}$$

即得赫尔德不等式.

注 在赫尔德不等式中，若取 $p=q=2$，则得柯西—施瓦兹不等式. 当 $f(x)$，$g(x)$ 并不都是正值函数时，可用$|f(x)|$，$|g(x)|$代替之，不等式 (10) 变形为

$$\int_a^b|f(x)g(x)|\mathrm{d}x\leqslant\left[\int_a^b|f(x)|^p\mathrm{d}x\right]^{1/p}\cdot\left[\int_a^b|g(x)|^q\mathrm{d}x\right]^{1/q}.\tag{11}$$

例 13.3.38　设 $a>0$，证明：$\int_0^{\pi} x a^{\sin x}\mathrm{d}x\int_0^{\pi/2} a^{-\cos x}\mathrm{d}x \geqslant \frac{\pi^3}{4}$.

证　令 $x=t+\frac{\pi}{2}$，则 $\int_0^{\pi} x a^{\sin x}\mathrm{d}x=\pi\int_0^{\pi/2} a^{\cos x}\mathrm{d}x$，于是

$$\int_0^{\pi} x a^{\sin x}\mathrm{d}x\int_0^{\pi/2} a^{-\cos x}\mathrm{d}x=\pi\int_0^{\pi/2} a^{\cos x}\mathrm{d}x\cdot\int_0^{\pi/2} a^{-\cos x}\mathrm{d}x \quad \text{（由赫尔德不等式）}$$

$$\geqslant \pi\left[\int_0^{\pi/2} a^{\frac{\cos x}{2}-\frac{\cos x}{2}}\mathrm{d}x\right]^2=\pi\cdot\frac{\pi^2}{4}=\frac{\pi^3}{4}.$$

例 13.3.39　康托洛维奇（Kantorovich）不等式. 设 $f(x)$ 在 $[a,b]$ 上是正值连续函数，记 $m=\min\limits_{x\in[a,b]}f(x)$，$M=\max\limits_{x\in[a,b]}f(x)$，证明：

$$\int_a^b f(x)\mathrm{d}x\int_a^b\frac{1}{f(x)}\mathrm{d}x\leqslant\frac{(m+M)^2}{4Mm}(b-a)^2.$$

证　由题设知 $(f(x)-m)(f(x)-M)/f(x)\leqslant 0$，即 $f^2(x)-(m+M)f(x)+mM\leqslant 0$，两边同除以 $f(x)$ 得 $f(x)-(m+M)+\frac{mM}{f(x)}\leqslant 0$，两边对 x 积分，得

$$\int_a^b f(x)\mathrm{d}x+mM\int_a^b\frac{1}{f(x)}\mathrm{d}x\leqslant(m+M)(b-a),$$

在由公式 $ab\leqslant\frac{1}{2}(a+b)^2$（其中 a，b 为正数）得

$$\int_a^b f(x)\mathrm{d}x+mM\int_a^b\frac{1}{f(x)}\mathrm{d}x\geqslant 2\left[mM\int_a^b f(x)\mathrm{d}x\int_a^b\frac{1}{f(x)}\mathrm{d}x\right]^{\frac{1}{2}}$$

从而得到

$$2\left[mM\int_a^b f(x)\mathrm{d}x\int_a^b\frac{1}{f(x)}\mathrm{d}x\right]^{\frac{1}{2}}\leqslant(m+M)(b-a),$$

上式两边平方并同除以 $4mM$，即得

$$\int_a^b f(x)\mathrm{d}x\int_a^b\frac{1}{f(x)}\mathrm{d}x\leqslant\frac{(m+M)^2}{4Mm}(b-a)^2.$$

例 13.3.40　闵可夫斯基（Minkowski）不等式. 若 $f(x)$，$g(x)$在 $[a,b]$ 上连续，$p\geqslant 1$，则有

$$\left(\int_a^b|f(x)+g(x)|^p\mathrm{d}x\right)^{1/p}\leqslant\left(\int_a^b|f(x)|^p\mathrm{d}x\right)^{1/p}+\left(\int_a^b|g(x)|^p\mathrm{d}x\right)^{1/p}. \tag{12}$$

证　当 $p=1$ 时，不等式显然成立. 当 $p>1$ 时，引进 q，使得 $\frac{1}{p}+\frac{1}{q}=1$，由赫尔德不等式可得

$$\int_a^b|f(x)+g(x)|^p\mathrm{d}x\leqslant\int_a^b|f(x)+g(x)|^{p-1}\cdot\{|f(x)|+|g(x)|\}\mathrm{d}x$$

$$
\begin{aligned}
&= \int_a^b |f(x)+g(x)|^{p-1} \cdot |f(x)|\,\mathrm{d}x + \int_a^b |f(x)+g(x)|^{p-1} \cdot |g(x)|\,\mathrm{d}x \\
&\leqslant \left[\int_a^b |f(x)+g(x)|^{(p-1)q}\mathrm{d}x\right]^{1/q} \cdot \left[\int_a^b |f(x)|^p\mathrm{d}x\right]^{1/p} \\
&\quad + \left[\int_a^b |f(x)+g(x)|^{(p-1)q}\mathrm{d}x\right]^{1/q} \cdot \left[\int_a^b |g(x)|^p\mathrm{d}x\right]^{1/p} \\
&= \left(\int_a^b |f(x)+g(x)|^p\mathrm{d}x\right)^{1-1/p} \cdot \left\{\left[\int_a^b |f(x)|^p\mathrm{d}x\right]^{1/p} + \left[\int_a^b |g(x)|^p\mathrm{d}x\right]^{1/p}\right\},
\end{aligned}
$$

两边同除以 $\left(\int_a^b |f(x)+g(x)|^p\mathrm{d}x\right)^{1-1/p}$，便得闵可夫斯基不等式.

例 13.3.41 杨格（Young）不等式. 设 $\varphi(0)=0$，又设 $x\geqslant 0$ 时，$\varphi(x)$ 连续，且严格单调递增，$\psi(x)$ 为其反函数. 则

$$ab \leqslant \int_0^a \varphi(x)\mathrm{d}x + \int_0^b \psi(x)\mathrm{d}x, \quad a,b \geqslant 0, \tag{13}$$

其中等号成立的充分必要条件是 $\varphi(a)=b$.

证 因 $y=\psi(x)$ 是 $y=\varphi(x)$ 的反函数，由反函数的连续性定理知 $\psi(x)$ 连续且单调递增，并且 $y=\varphi(x)$ 和 $x=\psi(y)$ 的图形是同一条曲线. 因定积分的值与积分变量记号无关，题设不等式可改写为

$$ab \leqslant \int_0^a \varphi(x)\mathrm{d}x + \int_0^b \psi(y)\mathrm{d}y.$$

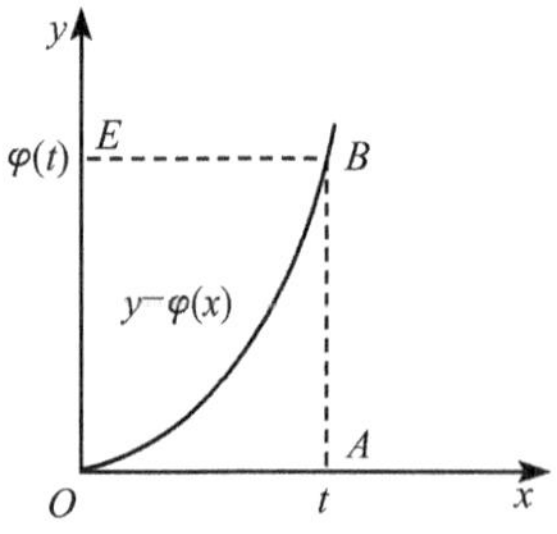

图 13-2

对任给 $t\geqslant 0$，由 $y=\varphi(x)$，$y=0$，$x=t$ 所围成的曲边梯形的面积为 $\int_0^t \varphi(x)\mathrm{d}x$. 由 $x=\psi(y)$，$x=0$，$y=\varphi(t)$ 所围成的曲边梯形的面积为 $\int_0^{\varphi(t)} \psi(y)\mathrm{d}y$. 且有

$$\int_0^t \varphi(x)\mathrm{d}x + \int_0^{\varphi(t)} \psi(y)\mathrm{d}y = t \cdot \varphi(t).$$

恰好是矩形 $OABE=\{(x,y)\,|\,0\leqslant x\leqslant t, 0\leqslant y\leqslant \varphi(t)\}$ 的面积（图 13-2）. 特别取 $t=a$，则 $\varphi(a)=b$ 时有

$$\int_0^a \varphi(x)\mathrm{d}x + \int_0^{\varphi(a)} \psi(y)\mathrm{d}y = a \cdot \varphi(a) = ab.$$

如果 $b\neq\varphi(a)$，不妨设 $b>\varphi(a)$，则

$$
\begin{aligned}
\int_0^a \varphi(x)\mathrm{d}x + \int_0^b \psi(x)\mathrm{d}x &= \int_0^a \varphi(x)\mathrm{d}x + \int_0^b \psi(y)\mathrm{d}y \\
&= \int_0^a \varphi(x)\mathrm{d}x + \int_0^{\varphi(a)} \psi(y)\mathrm{d}y + \int_{\varphi(a)}^b \psi(y)\mathrm{d}y \\
&= a \cdot \varphi(a) + \int_{\varphi(a)}^b \psi(y)\mathrm{d}y
\end{aligned}
$$

$$>a\cdot\varphi(a)+\psi[\varphi(a)][b-\varphi(a)]\quad（因\ \psi(x)\ 严格单增）$$
$$=a\cdot\varphi(a)+a[b-\varphi(a)]=a\cdot b.$$

即等号成立的充分必要条件是 $\varphi(a)=b$.

注　利用此定理可以证明许多不等式. 例如下述赫尔德不等式 $ab\leqslant\frac{1}{p}a^p+\frac{1}{q}b^q$，$\frac{1}{p}+\frac{1}{q}=1$ $(a,b,p,q>0)$.

取 $\varphi(x)=x^{p-1}$，则 $\psi(x)=x^{\frac{1}{p-1}}$. 从而

$$ab\leqslant\int_0^a x^{p-1}\mathrm{d}x+\int_0^b x^{\frac{1}{p-1}}\mathrm{d}x=\frac{a^p}{p}+\frac{1}{\frac{1}{p-1}+1}b^{\frac{1}{p-1}+1}.$$

令 $q=\frac{1}{p-1}+1=\frac{p}{p-1}>1$，则

$$ab\leqslant\int_0^a x^{p-1}\mathrm{d}x+\int_0^b x^{\frac{1}{p-1}}\mathrm{d}x=\frac{1}{p}a^p+\frac{1}{q}b^q.$$

其中 $\frac{1}{p}+\frac{1}{q}=\frac{1}{p}+\frac{p-1}{p}=1$.

例 13.3.42　证明：当 a，$b\geqslant1$ 时，$ab\leqslant\mathrm{e}^{a-1}+b\ln b$.

证　令 $f(x)=\mathrm{e}^x-1$，$f(x)$ 在 $[0,+\infty)$ 上单调递增且连续，$f(0)=0$，$f^{-1}(y)=\ln(1+y)$，由 a，$b\geqslant1$，则由杨格不等式，便有

$$(a-1)(b-1)\leqslant\int_0^{a-1}f(x)\mathrm{d}x+\int_0^{b-1}f^{-1}(y)\mathrm{d}y$$
$$=\int_0^{a-1}(\mathrm{e}^x-1)\mathrm{d}x+\int_0^{b-1}\ln(1+y)\mathrm{d}y$$
$$=\mathrm{e}^{a-1}-1-(a-1)+y\ln(1+y)\Big|_0^{b-1}-\int_0^{b-1}\frac{y}{1+y}\mathrm{d}y$$
$$=\mathrm{e}^{a-1}-1-(a-1)+(b-1)\ln b+(1-b)+\ln b$$
$$=\mathrm{e}^{a-1}-a+b\ln b+(1-b),$$

即 $ab\leqslant\mathrm{e}^{a-1}+b\ln b$.

习　题　13-3

1. 设 $f(x)$ 是连续函数，证明：$\int_0^x\left[\int_0^u f(t)\mathrm{d}t\right]\mathrm{d}u=\int_0^x(x-u)f(u)\mathrm{d}u$.

2. 设 $f'(x)$ 在 $[0,2a]$ 上连续，证明：对任意实数 a 有

$$\int_0^{2a}f(x)\mathrm{d}x=\int_0^a[f(x)+f(2a-x)]\mathrm{d}x.$$

3. 设 $f(x)$ 在 $[a,b]$ $(0<a<b)$ 上具有二阶连续导数，且 $f''(x)<0$. 证明：

$$\int_a^b f(x)\mathrm{d}x \geqslant \frac{f(a)+f(b)}{2}(b-a).$$

4. 设 $f(x)$，$g(x)$ 在 $[a,b]$ 上连续，并满足对任意 $x\in\left[0,\frac{b-a}{2}\right]$，

$$f\left(\frac{a+b}{2}+x\right)=f\left(\frac{a+b}{2}-x\right),\quad g\left(\frac{a+b}{2}+x\right)=-g\left(\frac{a+b}{2}-x\right),$$

证明：$\int_a^b f(x)\mathrm{d}x = 2\int_0^{\frac{b-a}{2}} f\left(\frac{a+b}{2}+x\right)\mathrm{d}x$，$\int_a^b g(x)\mathrm{d}x = 0$，并借此计算 $\int_0^\pi \frac{x}{1+\cos^2 x}\mathrm{d}x$.

5. 设 $a>0$，$f'(x)$ 在 $[0,a]$ 上连续，证明：$|f(0)|\leqslant \frac{1}{a}\int_0^a |f(x)|\mathrm{d}x+\int_0^a |f'(x)|\mathrm{d}x$.

6. 设 $f(x)$ 是以 T 为周期的连续函数，证明积分 $\int_a^{a+T} f(x)\mathrm{d}x$ 的值与 a 无关. 即求证

$$\int_a^{a+T} f(x)\mathrm{d}x = \int_0^T f(x)\mathrm{d}x.$$

7. 设奇函数 $f(x)$ 在 $(-\infty,+\infty)$ 上连续，周期为 T. 证明：$g(x)=\int_0^x f(x)\mathrm{d}x$ 是以 T 为周期的偶函数.

8. 证明：$\sqrt{2}\mathrm{e}^{-\frac{1}{2}} < \int_{-\frac{1}{\sqrt{2}}}^{\frac{1}{\sqrt{2}}} \mathrm{e}^{-x^2}\mathrm{d}x < \sqrt{2}$.

9. 证明：$\left|\int_x^{x+1} \sin t^2 \mathrm{d}t\right| < \frac{1}{x}$，$x>0$.

10. 设 $f(x)$ 连续可导，且 $f(0)=0$，$f(1)=1$. 证明：$\int_0^1 |f(x)-f'(x)|\mathrm{d}x \geqslant \frac{1}{\mathrm{e}}$.

11. 设 $f_0(x)$ 连续，$f_n(x)=\int_0^x f_{n-1}(t)\mathrm{d}t$，$n=1,2,\cdots$，证明：

$$f_n(x)=\frac{1}{(n-1)!}\int_0^x (x-t)^{n-1} f_0(t)\mathrm{d}t.$$

12. 设 $f(x)$ 是周期为 T（$T>0$）的连续函数. 证明：$\lim\limits_{x\to+\infty}\frac{1}{x}\int_0^x f(t)\mathrm{d}t = \frac{1}{T}\int_0^T f(t)\mathrm{d}t$.

13. 设 $f(x)$ 在 $[0,1]$ 上二阶可导，且 $f''(x)>0$. 证明：$\int_0^1 f(x^\lambda)\mathrm{d}x \geqslant f\left(\frac{1}{\lambda+1}\right)$，其中 λ 为任意正实数.

14. 设 $f(x)$ 在 $[a,b]$ 上递增，$g(x)=\int_a^x f(t)\mathrm{d}t$，$a\leqslant x\leqslant b$. 证明：

$$g(x)\leqslant \frac{x-a}{b-a}g(b),\qquad a\leqslant x\leqslant b.$$

15. 设 $f(x)$ 在 $[0,1]$ 上二阶连续可导，$f(0)=f(1)=0$，且对任意 $x\in(0,1)$，$f(x)\neq 0$. 证明：$\int_0^1 \left|\frac{f''(x)}{f(x)}\right|\mathrm{d}x \geqslant 4$.

参考答案

习 题 1-1

1. (**1**) p；(**2**) $\cos\alpha$；(**3**) $\frac{n}{m}$；(**4**) e^2；

(**5**) $a^a(\ln a-1)$；(**6**) $a^{a^a}\cdot\ln a$；(**7**) 20；(**8**) $m\frac{k(k+1)}{2}$.

2. $f''(x_0)$.

3. $f(x_0)-x_0f'(x_0)$.

4. $e^{af'(a)/f(a)}$.

习 题 1-2

1. (**1**) 0；(**2**) $\frac{1}{6}$；(**3**) 2；(**4**) $a^{a^2}\left(\ln a-\frac{1}{2}\right)$；(**5**) a；(**6**) $\frac{1}{n!}$；(**7**) $\frac{1}{3}$；(**8**) 1.

2. $e^{\frac{2f'(a)}{f(a)}}$.

习 题 1-3

1. (**1**) $\frac{\lambda}{\mu}$；(**2**) $\sum_{k=1}^{n}k^2$；(**3**) $\frac{1}{2}$；(**4**) 1；(**5**) $-\frac{1}{6}$；(**6**) 6.

3. (**1**) 1；(**2**) $\frac{2}{3}$；(**3**) 4；(**4**) $\frac{1}{2}(a^2-b^2)$.

习 题 1-4

1. $e^{-\frac{1}{2}}$.

2. $\frac{1}{2}$.

3. -1；2；2.

4. $-\frac{1}{4}$.

5. 1.

6. $a=2$，$b=-1$.

7. $\frac{1}{6}$.

8. e^2.

9. $\frac{1}{2}$.

10. $f'''(x_0)$.

习　题　1-5

1. (**1**) 2；(**2**) $\frac{2}{3}$；(**3**) $\frac{1}{a(a-1)}$；(**4**) 1.

2. (**1**) $\frac{a}{2}$；(**2**) $2a$；(**3**) a；(**4**) a.

3. (**1**) 0；(**2**) 0.

习　题　2-2

1. (**1**) 上确界 1，下确界 0；(**2**) 上确界 e，下确界 2；(**3**) 上确界 1，下确界 −1；(**4**) 上确界 1，下确界 0.

习　题　2-7

1. (**1**) 收敛；(**2**) 收敛；(**3**) 收敛.

习　题　8-1

1. 0.

2. 2.

3. $\frac{\pi^3}{324}$.

4. $\frac{2a^4}{3}$.

习　题　8-2

1. $\frac{1}{2}a^2b^2$.

2. a^4.

3. $\frac{1}{36}$.

4. C.

5. C.

6. $\frac{\pi}{4}R^4\left(\frac{1}{a^2}+\frac{1}{b^2}\right)$.

7. $-\frac{2}{3}$.

8. $e-1$.

9. $\frac{1}{2}A^2$.

10. $4\ln 2-\frac{5}{2}$.

习 题 8-3

1. (**1**) 0；(**2**) $2\pi a^4$；(**3**) πa；(**4**) 0.

2. $(4-2\sqrt{2})\ a^2$.

3. 0.

4. 0.

5. $20\sqrt{2}\pi$.

习 题 8-4

1. (**1**) $4\pi a$；(**2**) $\frac{4}{3}\pi a^4$.

2. (**1**) 0；(**2**) 0.

3. πa^3.

4. $\frac{a^9}{32}$.

5. $2\pi e(1-e)$.

6. 0.

习 题 9-1

1. -2π.

2. $\frac{9}{2}$；

习 题 9-2

2. $\frac{7\sqrt{2}}{6}\pi$.

3. $4\pi R^2$.

4. $2\pi R^2 h$.

5. $(2-\sqrt{2})\pi a^3+\frac{5}{6}\sqrt{2}\pi a^4$.

6. $\frac{2}{15}\pi a^6$.

习 题 9-3

1. $2\pi a^3$.

2. $-\frac{2}{5}$.

3. $-\frac{\pi h^4}{2}$.

4. $\frac{6}{5}\left(\frac{9}{2}\sqrt{2}-5\right)\pi$.

习　题　10-1

1.（**1**）C；（**2**）A.

2.（**1**）发散；（**2**）收敛；（**3**）$\lambda<-\frac{1}{2}$时收敛，$\lambda\geqslant-\frac{1}{2}$时发散；（**4**）收敛.

3. 收敛.

10. 当 $a<\mathrm{e}$ 时，级数收敛. 当 $a\geqslant\mathrm{e}$ 时级数发散.

习　题　10-2

1.（**1**）D；（**2**）D.

2.（**1**）收敛；（**2**）收敛；（**3**）收敛；（**4**）发散.

4. $\sum\limits_{n=1}^{\infty}\max(u_n,v_n)$ 发散，$\sum\limits_{n=1}^{\infty}\min(u_n,v_n)$ 敛散性不能确定.

习　题　10-3

（**1**）$p\leqslant1$ 发散 $p>1$ 收敛；（**2**）$p\leqslant1$ 发散 $p>1$ 收敛；（**3**）$\sigma>0$ 时收敛，$\sigma\leqslant0$ 时发散；（**4**）对任何 q，当 $p>1$ 时收敛，$p<1$ 时发散，当 $p=1$ 时，$q>1$ 时收敛，$q\leqslant1$ 时发散；（**5**）收敛.

习　题　10-4

1.（**1**）条件收敛；（**2**）绝对收敛；（**3**）条件收敛；（**4**）条件收敛.

习　题　10-5

1. 发散.

2. 收敛.

3. 当 $p+q>1$ 时级数收敛，当 $p+q<1$ 时级数发散.

习　题　10-6

1.（**1**）阿贝尔法，条件收敛；（**2**）狄利克雷法，条件收敛；（**3**）狄利克雷法，条件收敛；（**4**）阿贝尔法，当 $0\leqslant x<1$ 时绝对收敛；当 $1\leqslant x<+\infty$时条件收敛.

2.（**1**）条件收敛；（**2**）条件收敛；（**3**）条件收敛；（**4**）$\alpha\leqslant\frac{1}{2}$时发散；$\alpha>\frac{1}{2}$时收敛.

3.（**1**）条件收敛；（**2**）绝对收敛；（**3**）条件收敛.

习　题　11-1

1.（**1**）$(-\infty,+\infty)\backslash\{-1,1\}$；（**2**）$\left(-\infty,-\frac{2}{3}\right)\cup\left(\frac{2}{3},+\infty\right)$.

习　题　11-5

1.（**1**）R^k；（**2**）$\sqrt[k]{R}$；（**3**）R；（**4**）R；（**5**）R；（**6**）R.

2. **(1)** $(-2,0]$；**(2)** $(-\infty,-1]\cup\left(-\frac{1}{3},+\infty\right)$；**(3)** $(-2,4)$；**(4)** $\left(-\frac{1}{a},\frac{1}{a}\right)$.

3. ln2.

习 题 12-1

1. $\frac{3\sin y^3-2\sin y^2}{y}$.

4. $J(r)=0$，$|r|<1$.

5. $I(a)=\begin{cases}\frac{\pi}{2}\ln(1+a), & 当\ a\geqslant 0\ 时,\\ -\frac{\pi}{2}\ln(1-a), & 当\ a<0\ 时.\end{cases}$

6. $I(a)=\pi\ln(a+\sqrt{a^2-1})+C$.

7. $\arctan(b+1)-\arctan(a+1)$.

习 题 12-2

1. **(1)** 收敛；**(2)** 收敛；**(3)** 发散；**(4)** 收敛.

2. **(1)** 收敛；**(2)** 收敛.

习 题 12-3

2. **(1)** 一致收敛；**(2)** 一致收敛.

4. **(1)** 关于 $\alpha\in[a,b]$ 一致收敛；**(2)** 非一致收敛；**(3)** 在 (a,b) 内一致收敛，在 $(-\infty,+\infty)$ 内非一致收敛.

5. $\ln\frac{b}{a}$.

7. **(1)** 在 $[\delta,+\infty)$，$(\delta>0)$ 一致收敛，在 $(0,+\infty)$ 内非一致收敛；**(2)** 在 $(-1,1)$ 内闭一致收敛.